普通高等教育电子信息类系列教材

微波技术与天线(慕课版)

主　编　张　厚

副主编　王亚伟　朱　莉　许河秀

杨亚飞　田　超

西安电子科技大学出版社

内 容 简 介

全书共分七章，内容包括绪论、传输线理论、微波传输线、微波网络、微波元件、天线基本理论和电波传播基础等。

本书内容翔实，深入浅出，力求将基本概念、基本理论讲清、讲透，对相关章节内容中的新技术和发展进行了简单的介绍，既保证了每一章的独立性，又体现了全书知识点的完整性。内容这样安排，一方面给一贯被认为是看不见、摸不着、既难学又难懂的枯燥的微波技术注入了新的生命力；另一方面可以在学习基本概念的同时，了解最新的技术发展，增强了本书的可读性。另外，本书每章都附有习题，便于学生进一步掌握和巩固所学内容。

本书是高等学校工科无线电技术电子类专业本科生课程教材或教学参考书，也可供从事微波技术和天线工作的工程技术人员使用。

图书在版编目(CIP)数据

微波技术与天线：慕课版 / 张厚主编. —西安：西安电子科技大学出版社，2022.9
ISBN 978 - 7 - 5606 - 6525 - 2

Ⅰ. ①微… Ⅱ. ①张… Ⅲ. ①微波技术—高等学校—教材 ②微波天线—高等学校—教材 Ⅳ. ①TN015②TN822

中国版本图书馆 CIP 数据核字(2022)第 134638 号

策　　划　明政珠
责任编辑　于文平
出版发行　西安电子科技大学出版社(西安市太白南路 2 号)
电　　话　(029)88202421　88201467　　邮　　编　710071
网　　址　www.xduph.com　　电子邮箱　xdupfxb001@163.com
经　　销　新华书店
印刷单位　陕西日报社
版　　次　2022 年 9 月第 1 版　2022 年 9 月第 1 次印刷
开　　本　787 毫米×1092 毫米　1/16　印张 18
字　　数　426 千字
印　　数　1～3000 册
定　　价　49.00 元
ISBN 978 - 7 - 5606 - 6525 - 2/TN
XDUP 6827001 - 1

前　　言

现代电子技术如通信、广播、电视、导航、雷达、遥感、测控、电子对抗和测量系统等，都离不开电磁波的发射、控制、传播和接收，从家用电器、工业自动化到地质勘探，从电力、交通等工业、农业到医疗卫生等国民经济的各个领域，也几乎全都涉及微波技术与天线理论的应用，这充分表明了学习本课程的必要性。另外，学习本课程对培养学生严谨的科学学风、科学方法以及抽象思维能力、创新精神等都起着十分重要的作用。因此，在我国和世界先进工业国家中，各高等学校都把它列入电子类专业必修的专业基础课。

本书在编写过程中参照了全国普通高等学校工科微波技术与天线课程教学指导小组制定的教学基本要求，吸收了部分讲课教师的意见和建议，同时融入了编者长期的教学经验和体会。

全书共分七章。

第 1 章为绪论，介绍微波的概念和特点、危害与防护，微波技术与天线的应用与发展。

第 2 章阐述传输线理论，包括传输线的基本概念，传输线方程及其解，传输线的特性参数和状态参量，无耗传输线的工作状态，圆图和阻抗匹配。

第 3 章专门讨论微波传输线，在给出导波系统一般分析的基础上，重点讲述了矩形波导、圆波导、同轴线、微带线，对于耦合带状线和耦合微带线、椭圆波导、脊波导、表面波传输线、槽线、共面传输线及鳍线等其他形式的传输线，以及复合左右手传输线这种新型传输线进行了简要介绍。

第 4 章为微波网络，用电路中“路”的方法展开分析，首先给出了微波网络的基本概念和微波传输线等效为网络的方法，然后引入了双端口网络的 Z、Y、A 参数及归一化参数，重点分析讨论了 S 参数与 T 参数以及双端口网络的特性参数，最后简单介绍了用于建模和仿真的微波网络仿真商业软件。

第 5 章重点介绍常用的微波元件，包括阻抗匹配与变换元件、定向耦合元件、微波谐振器、衰减器和移相器、微波滤波器和微波铁氧体元件、天线收发开关，并简单介绍了最新发展和应用的微波集成器件。

第 6 章专门讲述天线基本理论，在介绍天线基本概念的基础上，对基本振子的辐射、天线的电参数、天线的互易性、对称振子天线、天线阵、面天线、常用天线等内容展开了分析，最后对最新发展的超材料天线进行了介绍。

第 7 章为电波传播基础，介绍了电波传播的四种方式和空间介质对电波传播的影响。

本书可以和在线运行的慕课配套使用，读者可以登录“学堂在线”平台观看教学视频、参与讨论区讨论、做题练习并参与课程考试，成绩合格的颁发合格证书。登录方式：电脑打开 http://www.xuetangx.com 页面，搜索查找“微波技术与天线”课程；也可以在微信中搜索并运行“学堂在线”小程序。两种方式均需要注册后才能学习。

为了帮助学生进一步理解和掌握相关知识点和概念，本书专门配套了30个相关知识点的讲解小视频，视频由编写本书的老师精心制作完成，读者可以扫描书中给出的相应的二维码观看学习。

本书由空军工程大学的老师根据多年的教学经验精心编写共同完成，提供慕课和小视频是本书的一大特色。书中第1、2章由张厚编写，第3章由朱莉编写，第4章由杨亚飞编写，第5章由王亚伟编写，第6章由许河秀编写，第7章由田超编写，最后由张厚负责全书的统稿工作。本书在编写过程中得到了许多同志的大力支持与帮助，他们提出了许多宝贵的意见和建议，在此对他们表示衷心的感谢。

由于编者水平有限，书中不当之处在所难免，衷心希望使用本书的老师、同学和读者批评指正。

编　者

2022年3月

目　　录

第 1 章　绪　　论

概述

微波技术与天线是无线电电子学门类中一门相当重要的学科，对雷达、通信等科学技术的发展起着重要的作用。目前，微波技术与天线已经成为无线电、电子工程、雷达、通信等专业的一门重要的专业基础课。本章简单介绍微波的概念、特点以及微波技术与天线的内涵，最后介绍了微波的应用和发展。

1.1　微波的概念和内涵

1.1.1　微波的概念

微波是一种微小的波，这里的"波"指的是无线电波(电磁波)，"微"是指波长微小，微小的程度为 1 m～0.1 mm，概括为一句话就是：微波是指波长为 1 m 至 0.1 mm 的无线电波，对应的频率为 300 MHz～3000 GHz。

无线电波按波长可划分为：超长波、长波、中波、短波、米波、分米波、厘米波、毫米波、亚毫米波和远红外等。其频谱图如图 1 - 1 所示。

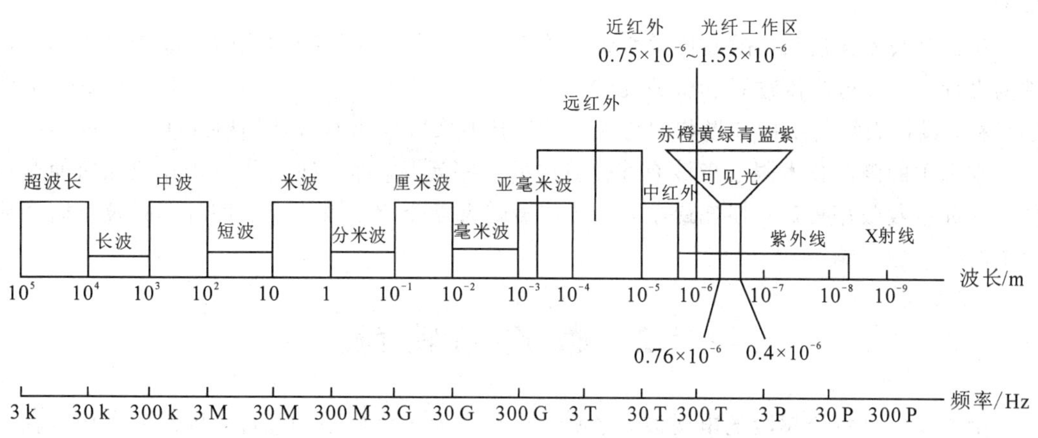

图 1 - 1　无线电波频谱图

从图 1 - 1 中可见，微波频率的低端与普通无线电波的"米波"波段相连接，其高端则与红外线的"远红外"区相衔接。

根据波长的高低，在微波波段范围内，还可细分为分米波、厘米波、毫米波及亚毫米波等波段。

在雷达和通信工程中常用拉丁字母代表微波波段的名称，表 1 - 1 给出了几种常用的不同波段对应的频率范围。

表 1-1 雷达和通信工程中对微波频段的划分

波 段	频率范围/GHz	波 段	频率范围/GHz
UHF	0.30～1.12	Ka	26.50～40.00
L	1.12～1.70	Q	33.00～50.00
S	2.60～3.95	M	50.00～75.00
C	3.95～5.85	E	60.00～90.00
X	8.20～12.40	G	140.00～220.00
Ku	12.40～18.00	R	220.00～325.00

1.1.2 微波技术与天线的内涵

微波技术是一门研究微波信号的产生、放大、传输和测量的技术，主要涉及微波的有线传输。天线是一门研究微波(广义上讲是电磁波)在空间传输时的发射和接收的技术，主要涉及微波的无线传输。而电波传播是一门研究电磁波在空间传输的技术。微波的具体应用需要将三者结合起来才能实现。

从物理学的角度讲，微波技术所研究的主要是微波产生和传输的机理，微波在各种特定的边界条件下的存在特性，以及微波与物质的作用。天线所研究的是微波发射和接收的机理，求解天线上的电流分布，这些电流在空间产生辐射，不同的分布产生不同的辐射。

从工程技术角度讲，微波技术所研究的主要是具备各种不同功能的微波传输线和元器件的设计，以及这些传输线和微波元器件的合理组合应用。天线所研究的是如何选择天线的材料，设计天线的结构和形状使得天线能够按照实际需求有效地辐射或接收电磁波。

本书中的微波技术限于微波有线传输中的一些问题，而天线部分主要介绍如何使微波的发射和接收效率最高，损耗最小，电波传播则重点介绍电波传播的四种方式及空间介质对电波传播的影响。

1.2 微波的特点

微波是一种特定频段的电磁波，之所以将其作为一个单独的频段，形成一个相对独立的学科，是因为它具有独特的性质，归纳起来有以下几个方面。

1. 似光性和似声性

微波的似光性主要表现为它具有反射、直线传播及集束性等特性。由于微波的波长与无线电设备的电长度及地球上一般物体(如飞机、导弹、舰船、火箭、汽车、建筑物等)的尺寸相当或小得多，因此当微波照射到这些物体时会产生强烈的反射，基于微波的反射特性，人们发明了雷达系统。微波如同光一样可聚焦成光束在空间以直线传播，所以，微波可通过天线装置形成定向辐射，从而可以定向传输或接收由空间传来的微弱信号以实现微波通信或探测。

此外，微波还表现出与声波相似的特征，即似声性。如微波波导类似声学中的传声筒，天线类似声学喇叭等。

2. 穿透性

微波照射到介质时能深入到介质内部的特点称为穿透性。一方面，大气中的云、雾、雪等对微波传播的影响较小，这使微波能够穿透这些介质而基本不受影响，为全天候微波通信和遥感技术打下基础。另一方面，微波是射频频谱中唯一能穿透电离层的电磁波(光波除外)，具有透射特性。实验证明，微波波段的几个分波段，如 1 GHz～10 GHz、20 GHz～30 GHz 及 91 GHz 附近受电离层的影响较小，这几个分段的微波可以较为容易地由地面向外层空间传播，从而成为人类探索外层空间的“无线电窗口”。这为空间通信、卫星通信、卫星遥感和射电天文学等领域的研究提供了难得的无线电通道。再一方面，微波能穿透生物体，这为微波生物医学打下了基础。

3. 高信息性

任何通信系统为了传递一定的信息必须占有一定的频带。为传输某信息所需的频带宽度称为带宽。显然，要传输的信息越多，所用的频带就越宽。一般地，一个传输信道的相对带宽(频带宽度与中心频率之比)不能超过百分之几，所以为了使多路电视、电话等信息能同时在一条线路上传送，就必须使信道中心频率比所要传递的信息总带宽高几十至几百倍。由于微波具有较宽的频带特性，其携带信息的能力远远超过中波、短波及超短波，因此现代多路无线通信几乎都工作在微波波段。目前，随着数字技术的发展，单位频带所能携带的信息越来越多，这为微波通信提供了更广阔的应用前景。

此外，当电磁波入射到某物体上时，会在除入射方向外的其他方向上产生散射。散射是入射波和该物体相互作用的结果，散射波携带了大量关于散射体的信息。由于微波具有频域信息、相位信息、极化信息、时域信息等多种信息，人们可通过对不同物体的散射特性的检测，从中提取目标的特征信息，从而进行目标识别，这是实现微波遥感、雷达成像等领域研究的基础。另外，还可利用大气对流层的散射实现远距离微波散射通信，这也是现代军事通信的热门课题。

4. 量子特性

根据量子理论，电磁辐射的能量不是连续的，由于低频电波的频率很低，量子能量很小，故量子特性不明显。微波波段的电磁波，单个量子的能量为 10^{-6}～10^{-3} eV。而一般顺磁物质在外磁场中所产生的能级间的能量差额介于 10^{-5}～10^{-4} eV 之间，电子在这些能级间跃迁时所释放或吸收的量子的频率是属于微波范畴的，因此，微波可用来研究分子和原子的精细结构。同样地，在超低温时物体吸收一个微波量子也可产生显著反应。上述两点对近代尖端科学，如微波波谱学、量子无线电物理的发展都起着重要作用。

5. 热效应特性

当微波电磁能量传送到有耗物体的内部时，电磁场会使物体内部的分子重新排列，从而使物体内部的分子加速运动以形成平衡状态。这就会使物体内部的分子相互碰撞、摩擦，最终使物体发热，这就是微波的热效应特性。

利用微波的热效应特性可以对物体进行微波加热。由于微波加热具有内外同热、效率高、加热速度快等优点，因此被广泛地应用于粮食、茶叶、卷烟、木材、纸张、皮革、食品等行业。另外，微波的热效应是医学透热疗法的重要手段。

6. 视距传播特性

电磁波中各波段的传播特性是不一样的，长波可沿地表传播，短波可利用电离层反射实现天波传播，而超短波和微波只能在视距内沿直线传播，这就是微波的视距传播特性。由于地球表面的弯曲和障碍物(高山、建筑物等)的阻拦，微波不能直接传播到很远的地方去(一般不超过 50 km)，因此在地面上利用微波进行远距离通信时，必须建立中继接力站，并使站与站之间的距离不超过视距。通过中继接力站的接收和发射，微波信号就像接力棒一样一站一站地传递下去，这样显然增加了通信的复杂程度。

7. 分布参数的不确定性

在低频情况下，电系统元件的尺寸远远小于电磁波的波长，因此稳定状态的电压和电流的效应可以被认为是在整个系统各处同时建立起来的。系统中各种不同的元件可用既不随时间也不随空间变化的参量来表征，这就是集总参数元件。而微波的频率很高，电磁波的振荡周期极短，与微波电路从一点到另一点的电效应的传播时间相比是可比拟的，因此就必须用随时间、空间变化的参量，即分布参量来表征。由于分布参量有明显的不确定性，这就增加了微波理论与技术的难度，从而也增加了微波设备的成本。

1.3 微波的危害与防护

随着越来越多的无线信号充斥于人们的生活空间，必然会对人体产生一定的影响，微波除具有有利的一面外，还有有害的一面。微波的危害主要体现在以下几个方面：

(1) 大功率的微波辐射对人体有明显的伤害和破坏作用。

(2) 频率在 150 MHz～2 GHz 范围内时，电磁能量易被生物体的中央部分吸收，对内脏器官的危害性较大。

(3) 频率在 1 GHz～3 GHz 范围内时，电磁能量易被生物体表皮和皮下深部组织吸收，并转化为热量。

(4) 3 GHz 的微波辐射对视网膜有损害。

(5) 频率高于 3 GHz 的微波辐射可使人体温度升高，产生高温生理反应。

(6) 人体最容易受微波伤害的是眼睛和睾丸。

目前对微波的主要防护措施大致有以下两种：

(1) 对微波辐射器件(微波管和发射机)进行屏蔽。

(2) 在大功率微波辐射场所工作的人员要穿防护衣，戴防护镜。

各种电磁波在大气中传输，使得越来越多的无线设备在相同的区域同时工作，这势必会引起相互干扰。另外，在十分拥挤的公共场所，众多移动用户之间的相互影响也是显而易见的，这就必须考虑电磁兼容的问题。同时，电磁环境污染已成为新的污染源。这些问题已引起各国政府和科技界的广泛重视。目前普遍采取的管控措施包括两个方面：一是加强对频率的管控，即对各种用途的无线电频段进行分配，以尽力减小其相互间的干扰；二是对微波源的功率泄漏提出要求，限定其在规定的安全指标范围内。

1.4　微波技术与天线的应用与发展

1.4.1　微波技术与天线的应用

微波技术与天线的应用极为广泛，主要包括以下几个方面。

1. 雷达

雷达是微波技术最先得到应用的典型例子，雷达是利用电磁波对目标的反射特性进行目标探测和定位的一种设备。在第二次世界大战期间，敌对双方为了能迅速准确地发现敌人的飞机和舰船的踪迹，为指引飞机或火炮准确地攻击目标，就发明了可以进行探测、导航和定位的装置——雷达。事实上，正是由于第二次世界大战期间对于雷达的迫切需求，微波技术才迅速发展起来。现代雷达多数是微波雷达，迄今为止，各种类型的雷达，如导弹跟踪雷达、火炮瞄准雷达、导弹制导雷达、地面警戒雷达，乃至大型国土管制相控阵雷达等，仍然代表微波技术的主要应用。这主要是由于这些雷达要求它所用的天线能像光探照灯那样，把发射机的功率基本上全部集中于一个窄波束内辐射出去。

除军事用途之外，还发展了多种民用雷达，如气象探测雷达、高速公路测速雷达、汽车防撞雷达、测距雷达及机场交通管制雷达等。这些雷达的工作频率多为微波频率。

2. 通信

由于微波具有频率高、频带宽、信息量大等特点，因此被广泛地应用于各种通信业务中，如微波多路通信、微波中继通信、散射通信、移动通信和卫星通信等。微波多路通信是利用微波中继站来实现高效率、大容量远程通信的。由于微波的传播只在视距内有效，因此，这种接力通信方式是把人造卫星作为微波接力站。美国在 1962 年 7 月发射的第一个卫星微波接力站——Telstar 卫星，首次把现场的电视图像由美国传送到欧洲。这种卫星的直径只有 88 cm，因而，有效的天线系统只可能工作在微波波段，利用互成 120°角的三个定点赤道轨道同步卫星，可以实现全球电视转播和通信联络。由平均分布在围绕地球的 6 个圆形轨道上的 24 颗人造地球卫星(导航卫星)所组成的全球定位系统(GPS)，如今已经成为当今世界上最实用，也是应用最广泛的全球精密导航、指挥和调度系统。目前，无线通信技术中，移动通信中的手机、蓝牙、无线接入、非接触式射频识别卡等新技术都典型地代表了当今微波技术与微电子技术发展的结合所形成的微波集成电路技术。

3. 微波加热

利用大功率微波产生的热效应可以进行微波加热。微波加热时，热量产生于物体内部，不依靠传导而依靠辐射，具有热效率高、节省能源、加热速度快、加热均匀等特点，用于食品加工时还具有消毒、灭菌作用，同时也具有清洁卫生等功能。微波加热最典型的应用是微波炉。微波加热现已广泛应用于食品加工、橡胶、塑料、化学、木材加工、造纸、印刷、卷烟等行业中。在农业上，微波加热可用于灭虫、育种、干燥粮食等。

4. 微波检测

微波检测属于微波的小功率应用，可用于各种电量和非电量(如长度、速度、湿度、温度等)的测量。其显著特点是不需要与被测对象接触，因而是非接触式的无损测量，多用于进行生产线上的测量或生产的自动控制，现在应用最多的是测量湿度，如物质(原油、煤等)中的含水量测量。

5. 生物医学应用

利用微波对生物体的热效应，选择局部加热，是一种有效的热疗方法，临床上可用来探测和治疗人体的相关疾病。微波的医学应用主要包括微波诊断、微波治疗、微波解冻、微波解毒和微波杀菌等。目前最常用的有以下几种产品：微波治疗仪、微波灭菌仪、血浆快速解冻器。

现在有人致力于用微波进行肿瘤治疗的研究。其基本原理是肿瘤细胞在 41～45℃的温度范围内会死亡，而正常细胞在 47℃以上才会死亡，因此利用微波加热肿瘤部位(一般为内部)达到 45℃就可以杀死肿瘤细胞，但是必须控制温度不能大于 47℃，否则会杀死正常细胞。

6. 高功率微波武器

高功率微波(High Power Microwave，HPM)是指微波的脉冲峰值功率在 100 MW 以上，频率在 0.5 GHz～300 GHz 范围内的电磁脉冲。高功率微波武器的作用是将高功率微波源产生的微波经高增益定向天线辐射，以极高的强度照射目标，从而达到杀伤敌方人员和破坏电子设备的目的。

HPM 可以在目标表面产生极强的瞬态电磁场，并通过目标天线、传感器、孔缝、线缆等耦合通道进入电子设备内部，对其中的电子系统产生扰乱或损伤效应，使系统失去通信联络与控制能力，造成雷达失灵、导弹失效、计算机误码等，是一种非常独特的作战方式。此外，高功率微波武器的进攻速度接近光速，被攻击的电子系统根本没有拦截时间。

1.4.2 微波技术与天线的发展

微波技术与天线的发展是和它的应用紧密联系在一起的，其发展过程大致可分为以下四个阶段。

1940 年以前为第一阶段。此阶段为实验室阶段，主要研究微波产生的方法。

1940～1945 年为第二阶段。这个阶段是微波技术与天线迅速发展并应用于实际的阶段。该阶段正处于第二次世界大战期间，由于军事应用的迫切需要，微波技术得到了巨大发展，产生了很多微波器件。但是各国都忙于实际应用，对理论研究得较少，使得理论落后于实际应用。

1945～1965 年为第三阶段。这一阶段不仅开辟了新波段，而且扩展了应用范围，并逐步形成了一系列新的科学领域，如微波波谱学、射电天文学、射电气象学等。同时在前一阶段的基础上，比较完整而系统地建立了一整套微波电子学，为微波技术的进一步发展打下了理论基础。

1965 年以后为第四阶段。微波固体器件特别是微波集成电路 MMIC 的发展与应用，为微波技术与天线的发展，也为微波设备的固体化与小型化开辟了一个新时代。

进入 21 世纪后，超材料、太赫兹等概念的引入，5G 以及 6G 通信技术的发展，都为微波技术与天线的发展注入了新鲜血液。

超材料(Metamaterial)指的是一些具有人工设计的结构并呈现出天然材料所不具备的

超常物理性质的复合材料，是21世纪以来出现的一类新材料，其具备天然材料所不具备的特殊性质，而且这些性质主要来自人工的特殊结构。

作为第5代移动通信技术，5G是具有高速率、低时延和大连接特点的新一代宽带移动通信技术，有力地促进了天线和微波元器件的宽带与小型化技术的发展。未来的6G通信具有更快的传输能力和更低的网络时延，其对天线和微波元器件提出了更高的要求，势必会更快地促进微波技术与天线的快速发展。

太赫兹的波长范围为3 mm～30 μm，对应频率为100 GHz～10 THz，处于电子学向光子学过渡的区域。太赫兹应用技术催生了太赫兹传输线(包括共面线、金属线、光纤)、太赫兹辐射源、太赫兹器件及检测等，已经发展成为一种独具特色的专门技术。

随着科学技术的不断进步，新材料、新技术、新成果会不断融入微波技术与天线中，引领其向着更高频段、更宽频带、更高功率、数字化、更高可靠性、小型化、智能化等方面发展。

习 题

1-1 什么是微波？微波有什么特点？

1-2 试举出在日常生活中微波应用的例子。

1-3 微波中的波段是如何划分的？

第 2 章　传输线理论

用于传输电磁能量和信息的线路称为传输线，由于微波频率很高，频率范围较宽，应用要求各不相同，因此它与低频传输线的不同之处在于，微波传输线不仅能够传输电磁波，而且可以用来构成各种结构形式的微波器件，如谐振器、定向耦合器等。

本章遵循从一般到特殊，从易到繁的认知规律，介绍传输线的基本概念、传输线方程及其解、传输线的特性参数和状态参量、无耗传输线的工作状态、圆图和阻抗匹配。

2.1　传输线的基本概念

2.1.1　长线与短线

传输线的基本概念

“长度”有绝对长度与相对长度两种概念。对于传输线的“长”或“短”，并不是以其绝对长度而是以其与波长比值的相对大小而论的。传输线的几何长度与波长的比值称为传输线的电长度。长线与短线的区别不在于它们的绝对长度，而在于其电长度。长线是指传输线的几何长度与工作波长可相比拟的传输线。短线是指几何长度与工作波长相比可忽略不计的线。例如，半米长的同轴电缆，传输频率为 3 GHz，是工作波长的 5 倍，应把它称为“长线”；相反，输送市电的电力传输线(频率为 50 Hz)即使长度为几千米，但与其波长(6000 km)相比也小得多，因此只能称为“短线”。前者对应于微波传输线，后者对应于低频率传输线。

短线和长线的分界线可认为是 $l/\lambda \geqslant 0.05$。因此，在微波频段的传输线均属于长线，传输线上各点的电压、电流不仅随时间变化，而且随空间变化。

2.1.2　分布参数

在低频电路中，由于传输线传输的电磁波的波长远远大于电系统的尺寸，传输线是短线。一般认为电能量全部集中在电容器中，磁能量全部集中在电感器中，只有电阻元件消耗能量，连接各元件的导线是理想导线。由这些参数元件构成的电路称为集总参数电路。在各元器件连接线上电流自一端到另一端的时间远小于一个信号周期，在稳态情况下，认为沿线电压、电流是同时建立起来的，并且它们的大小与相位和空间位置无关，即传输线上各点的电压、电流不随时间和空间变化。

在微波电路中，传输线传输的电磁波的波长与电系统的尺寸可以比拟，传输线是长线。由电磁场理论可知，传输线上各点的电压、电流不仅随时间变化，而且随空间变化。产生这种变化的原因是传输线上各点均有电阻、电导、电感、电容等参数在起作用。这些参数虽然看不见，但其呈现出对能量或信号传输的影响。因为它们是沿线分布着的，其影响分布在传输线上的每一点，故称之为分布参数。

如导线流过电流时，其周围产生高频磁场，因此传输线上各点产生串联分布的电感；

当两导线间加入电压时，导线间产生高频电场，因此导线间产生并联分布电容；当电导率有限的导线流过电流时，由于趋肤效应而产生热，电阻发生变化，表明产生了分布电阻；导线间的介质非理想时产生漏电流，表明产生了分布电导。在微波频段，这些参数都会引起沿线电压、电流的幅度和相位变化。用 R_1、L_1、G_1、C_1 分别表示传输线单位长度的电阻、电感、电导和电容，数值大小与传输线的截面尺寸、导体材料、填充介质以及工作频率有关。

R_1、L_1、G_1 和 C_1 沿线均匀分布，即与距离无关的传输线称为均匀传输线，反之则称为非均匀传输线。本章主要研究前者。表 2－1 列出了双导线和同轴线的各分布参数表达式。

表 2－1 双导线和同轴线的各分布参数表达式

种类	双导线	同轴线
结构	2r D	D d
L_1	$\dfrac{\mu}{\pi}\ln\dfrac{D}{r}$	$\dfrac{\mu}{2\pi}\ln\dfrac{D}{d}$
C_1	$\pi\varepsilon/\ln\dfrac{D}{r}$	$2\pi\varepsilon/\ln\dfrac{D}{d}$

2.2 传输线方程及其解

传输线方程是传输线理论的基本方程，是描述传输线上电压、电流的变化规律及其相互关系的微分方程。它可以从场的角度以某种 TEM 波传输线导出，也可以从路的角度，由分布参数得到的传输线电路模型导出。本章采用后一种方法导出，然后对时谐情况求解，最后研究传输线的传输特性。

传输线方程及其解

2.2.1 传输线的等效电路模型

TEM 波传输线在结构上与其他传输线的最大区别是：TEM 波传输线由双导体(如图 2－1 所示)构成，这正是 TEM 波传输线上的电磁波分布与非 TEM 波传输线上的电磁波分布存在差别的关键所在。

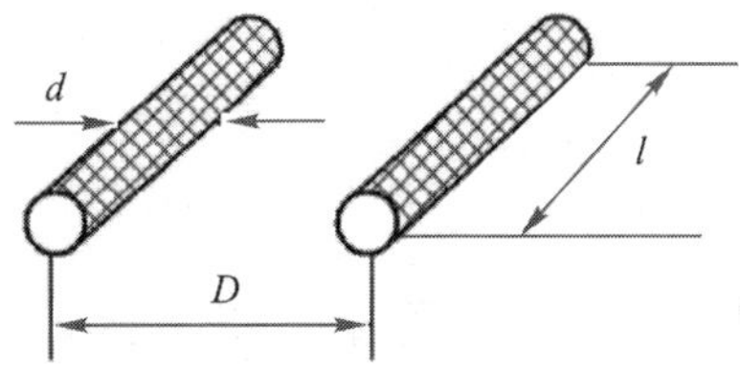

图 2－1 双导线

从双导体均匀传输线的电磁波形状(如图 2－2 所示)上可以知道，双导线传输的电磁波与在自由空间传输的情况有所不同。在自由空间中，电场与磁场互为前提，相互依存，缺一不可。而在 TEM 波传输线中，电力线起始于一个导体的正电荷，而终止于另一个导体的负电荷，它们靠正负电荷支持，不是封闭线。磁力线是围绕在导体周围的封闭线，是由导体上的电流激发的，并且在任意时刻电磁场分量皆同相。电场与磁场不仅相互正交，同时它们都与传输方向正交。这样电场可由单值电压确定，磁场可由单值电流确定，所以 TEM 波传输线是唯一可以用分布参数“路”的理论来描述的传输线。

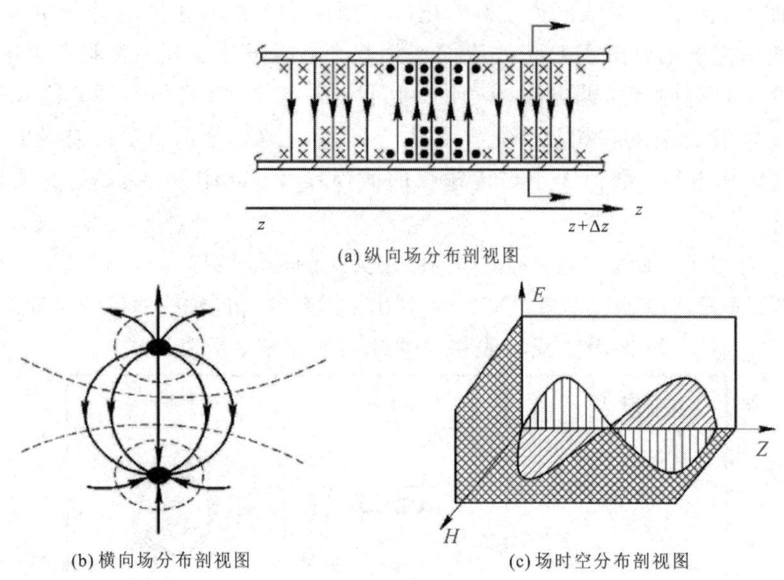

(a) 纵向场分布剖视图

(b) 横向场分布剖视图

(c) 场时空分布剖视图

图 2-2　双导体均匀传输线电磁场分布

对于均匀传输线，由于分布参数沿线均匀变化，因此均匀传输线的分析方法是将均匀无限长线划分为许多长度为 Δz($\Delta z \ll \lambda$)的微分段，称为线元。由于线元的长度相对于工作波长极短，因此根据上一节的分析，可视每一个线元为由集总参数组成的电路，其上有电阻 $R_1\Delta z$、电感 $L_1\Delta z$、电容 $C_1\Delta z$ 和漏电导 $G_1\Delta z$，其中，R_1、L_1、C_1 和 G_1 分别为单位长度传输线的电阻、电感、电容和漏电导。每个小线元的分布参数可用一个 Γ 形(或 T 形)网络来等效成集总参数电路，整个传输线可等效为各小线元等效电路的级联，如图 2-3 所示。

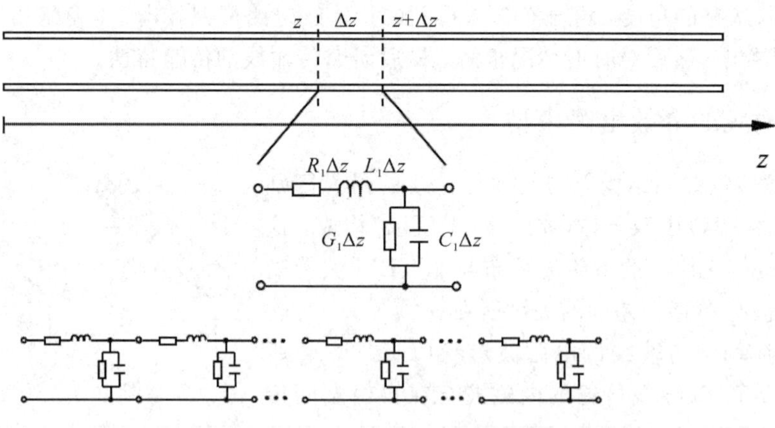

图 2-3　传输线的等效电路模型

尽管集总参数电路理论上不能应用于微波频段的整个传输线，但可以应用于可等效成集总参数的每一个传输线微分线元上。这样，将电路理论中的基尔霍夫定律应用到每个 Δz 段的等效电路中，可得出传输线上任意点电压、电流所服从的微分方程，解其微分方程可得到长线上任意一点的电压、电流的表达式，即电压、电流沿传输线的分布函数。

2.2.2　传输线方程

设传输线开始端接微波信号源(又称为波源或电源)，终端接负载。选取传输线的纵向坐标为 z，坐标原点选在开始端，电磁波沿 z 方向传播。长线上任意线元 Δz 段的等效电路可由图 2-4 表示。

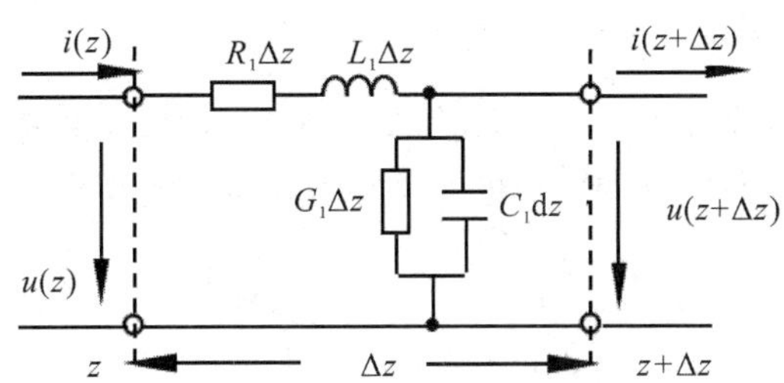

图 2-4　传输线上线元 Δz 段的等效电路

设在 t 时刻，位置 z 处的电压和电流分别为 $u(z, t)$、$i(z, t)$，而在位置 $z+\Delta z$ 处的电压和电流分别为 $u(z+\Delta z, t)$、$i(z+\Delta z, t)$，按泰勒级数展开并忽略很小的高阶项后有

$$\begin{cases} u(z+\Delta z, t)-u(z, t)=\dfrac{\partial u(z, t)}{\partial z}\Delta z \\ i(z+\Delta z, t)-i(z, t)=\dfrac{\partial i(z, t)}{\partial z}\Delta z \end{cases} \tag{2-1}$$

应用基尔霍夫定律可得

$$\begin{cases} u(z, t)-R_1\Delta z\cdot i(z, t)-L_1\Delta z\cdot\dfrac{\partial i(z, t)}{\partial t}-u(z+\Delta z, t)=0 \\ i(z, t)-G_1\Delta z\cdot u(z+\Delta z, t)-C_1\Delta z\cdot\dfrac{\partial u(z+\Delta z, t)}{\partial t}-i(z+\Delta z, t)=0 \end{cases} \tag{2-2}$$

对上式两边同除 Δz，并取 Δz 趋于 0 的极限，可得下列微分方程：

$$\begin{cases} -\dfrac{\partial u(z, t)}{\partial z}=R_1 i(z, t)+L_1\dfrac{\partial i(z, t)}{\partial t} \\ -\dfrac{\partial i(z, t)}{\partial z}=G_1 u(z, t)+C_1\dfrac{\partial u(z, t)}{\partial t} \end{cases} \tag{2-3}$$

此方程为一般传输线方程，亦称电报方程。该方程为一对偏微分方程，表明电压和电流既是空间的函数，又是时间的函数，其解析解的严格求解不可能，一般只能作数值解，只有作各种假定之后，才可求其解析解。

对于均匀微波传输线(分布参数不随空间位置变化)，式(2-3)可以简化。对于角频率为 ω 的时谐电路，电压、电流可以用角频率 ω 的复数形式来描述，其瞬时值 u、i 与复振幅 U、I 的关系为

$$\begin{cases} u(z, t)=\mathrm{Re}[U(z)e^{j\omega t}] \\ i(z, t)=\mathrm{Re}[I(z)e^{j\omega t}] \end{cases} \tag{2-4}$$

将式(2-4)代入式(2-3)可得时谐传输线方程为

$$\begin{cases}\dfrac{\mathrm{d}U(z)}{\mathrm{d}z}=-Z_1 I(z)\\ \dfrac{\mathrm{d}I(z)}{\mathrm{d}z}=-Y_1 U(z)\end{cases} \tag{2-5}$$

式中：$Z_1=R_1+\mathrm{j}\omega L_1$、$Y_1=G_1+\mathrm{j}\omega C_1$ 分别为传输线单位长度的串联阻抗和并联导纳。

2.2.3　传输线方程的解

下面来讨论时谐场情况下均匀传输线方程的通解，即时谐传输方程的解。从式(2-5)可以看到，传输线方程是对传输线纵坐标 z 的微分方程，因此对式(2-5)两边微分可得

$$\begin{cases}\dfrac{\mathrm{d}^2U(z)}{\mathrm{d}z^2}=-Z_1\dfrac{\mathrm{d}I(z)}{\mathrm{d}z}\\ \dfrac{\mathrm{d}^2I(z)}{\mathrm{d}z^2}=-Y_1\dfrac{\mathrm{d}U(z)}{\mathrm{d}z}\end{cases} \tag{2-6}$$

结合式(2-5)，可得均匀传输线电压和电流的波动方程，即

$$\begin{cases}\dfrac{\mathrm{d}^2U(z)}{\mathrm{d}z^2}-\gamma^2U(z)=0\\ \dfrac{\mathrm{d}^2I(z)}{\mathrm{d}z^2}-\gamma^2I(z)=0\end{cases} \tag{2-7}$$

式中：$\gamma^2=(R_1+\mathrm{j}\omega L_1)(G_1+\mathrm{j}\omega C_1)$。

显然，电压和电流分布满足一维波动方程，因此可直接写出该式的通解：

$$\begin{cases}U(z)=A_1\mathrm{e}^{-\gamma z}+A_2\mathrm{e}^{\gamma z}\\ I(z)=B_1\mathrm{e}^{-\gamma z}+B_2\mathrm{e}^{\gamma z}\end{cases} \tag{2-8}$$

结合式(2-5)、式(2-8)也可写成

$$\begin{cases}U(z)=A_1\mathrm{e}^{\gamma z}+A_2\mathrm{e}^{-\gamma z}\\ I(z)=\dfrac{1}{Z_0}(A_1\mathrm{e}^{\gamma z}-A_2\mathrm{e}^{-\gamma z})\end{cases} \tag{2-9}$$

式中：A_1、A_2 为待定常数，且

$$Z_0=\frac{Z_1}{\gamma}=\sqrt{\frac{Z_1}{Y_1}}=\sqrt{\frac{R_1+\mathrm{j}\omega L_1}{G_1+\mathrm{j}\omega C_1}}$$

$$\gamma=\sqrt{Z_1Y_1}=\sqrt{(R_1+\mathrm{j}\omega L_1)(G_1+\mathrm{j}\omega C_1)}$$

Z_0 具有阻抗特性，因此称为传输线的特性阻抗，γ 称为传输线的传输常数，一般情况下为复数。

令 $\gamma=\alpha+\mathrm{j}\beta$，将式(2-9)代入式(2-4)，可得传输线上的电压、电流瞬时值的表达式为

$$\begin{cases}u(z,t)=A_1\mathrm{e}^{-\alpha z}\mathrm{e}^{\mathrm{j}(\omega t-\beta z)}+A_2\mathrm{e}^{\alpha z}\mathrm{e}^{\mathrm{j}(\omega t+\beta z)}=u_i(z,t)+u_r(z,t)\\ i(z,t)=\dfrac{1}{Z_0}[A_1\mathrm{e}^{-\alpha z}\mathrm{e}^{\mathrm{j}(\omega t-\beta z)}-A_2\mathrm{e}^{\alpha z}\mathrm{e}^{\mathrm{j}(\omega t+\beta z)}]=i_i(z,t)+i_r(z,t)\end{cases} \tag{2-10}$$

由式(2-10)可见，传输线上任一点的电压、电流均包括两部分：第一项包含因子 $\mathrm{e}^{-\alpha z}\mathrm{e}^{\mathrm{j}(\omega t-\beta z)}$，它表示随着 z 的增大，其振幅将按 $\mathrm{e}^{-\alpha z}$ 的规律减小，且相位连续滞后。它代表由电源向负载方向($+z$ 方向)传播的行波，称为入射波，用下标 i 表示；第二项包含因子 $\mathrm{e}^{\alpha z}\mathrm{e}^{\mathrm{j}(\omega t+\beta z)}$，它表示随着 z 的增大，其振幅将按 $\mathrm{e}^{\alpha z}$ 的规律增大，且相位连续超前。它代表由负载电源方向($-z$ 方向)传播的行波，称为反射波，用下标 r 表示。这就是说，传输线上的

电压与电流都以波的形式传输，任一点的电压、电流通常都是由入射波和反射波两部分叠加而成的，当 z_0 为实数时，入射波的电压与电流的相位相同，反射波的电压与电流的相位相反，如图 2－5 所示。

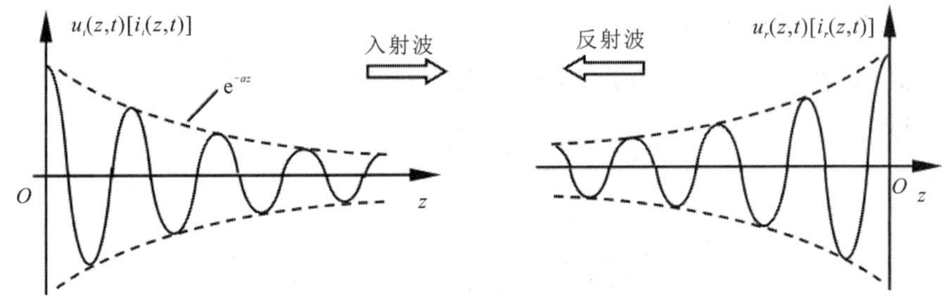

图 2－5　长线上的入射波与反射波

传输线方程解中的 A_1、A_2 为待定常数，或称为积分常数，它们必须由传输线的边界条件来确定。传输线的边界条件一般有以下三种情况：(1) 已知始端电压和电流；(2) 已知终端电压和电流；(3) 已知信号源的电动势和内阻以及负载阻抗。图 2－6 给出了一般传输线的端接条件。

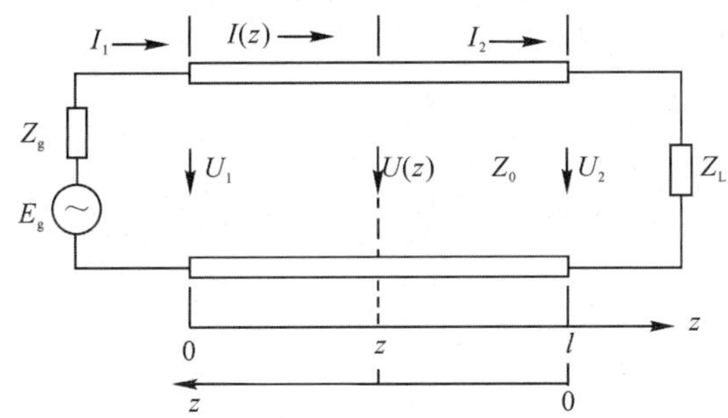

图 2－6　一般传输线的端接条件

1. 已知始端电压和电流的解

根据已知条件，在始端 $z=0$ 处，令 $U(0)=U_1$，$I(0)=I_1$，并代入式(2－9)可得

$$\begin{cases} A_1=\dfrac{U_1+I_1Z_0}{2} \\ A_2=\dfrac{U_1-I_1Z_0}{2} \end{cases} \tag{2-11}$$

将式(2－11)代入式(2－9)，整理后得

$$\begin{cases} U(z)=\dfrac{U_1+I_1Z_0}{2}e^{-\gamma z}+\dfrac{U_1-I_1Z_0}{2}e^{\gamma z}=U_{i1}e^{-\gamma z}+U_{r1}e^{\gamma z} \\ I(z)=\dfrac{U_1+I_1Z_0}{2Z_0}e^{-\gamma z}-\dfrac{U_1-I_1Z_0}{2Z_0}e^{\gamma z}=\dfrac{U_{i1}}{Z_0}e^{-\gamma z}-\dfrac{U_{r1}}{Z_0}e^{\gamma z} \end{cases} \tag{2-12}$$

式中：$U_{i1}=(U_1+I_1Z_0)/2$ 表示始端入射电压波，$U_{r1}=(U_1-I_1Z_0)/2$ 表示始端反射电压波。

式(2－12)也可用双曲函数表示成

$$\begin{cases} U(z)=U_1\text{ch}(\gamma z)-I_1Z_0\text{sh}(\gamma z) \\ I(z)=-\dfrac{U_1}{Z_0}\text{sh}(\gamma z)+I_1\text{ch}(\gamma z) \end{cases} \tag{2-13}$$

2. 已知终端电压和电流的解

这是最常见的情况，根据已知条件，在终端 $z=l$ 处，令 $U(l)=U_2$，$I(l)=I_2$，并代入式(2-9)，可得

$$\begin{cases} A_1=\dfrac{U_2+I_2Z_0}{2}\text{e}^{\gamma l} \\ A_2=\dfrac{U_2-I_2Z_0}{2}\text{e}^{-\gamma l} \end{cases} \tag{2-14}$$

将式(2-14)代入式(2-9)，可得其解为

$$\begin{cases} U(z)=\dfrac{U_2+I_2Z_0}{2}\text{e}^{\gamma(l-z)}+\dfrac{U_1-I_1Z_0}{2}\text{e}^{-\gamma(l-z)} \\ I(z)=\dfrac{U_2+I_2Z_0}{2Z_0}\text{e}^{\gamma(l-z)}-\dfrac{U_1-I_1Z_0}{2Z_0}\text{e}^{-\gamma(l-z)} \end{cases} \tag{2-15}$$

为了书写及以后计算的简化，这里引入新的变量 z'，并且 $z'=l-z$，即 z'是由终端计算起的坐标，则式(2-15)可写成

$$\begin{cases} U(z')=\dfrac{U_2+I_2Z_0}{2}\text{e}^{\gamma z'}+\dfrac{U_2-I_2Z_0}{2}\text{e}^{-\gamma z'}=U_{i2}\text{e}^{\gamma z'}+U_{r2}\text{e}^{-\gamma z'} \\ I(z')=\dfrac{U_2+I_2Z_0}{2Z_0}\text{e}^{\gamma z'}-\dfrac{U_2-I_2Z_0}{2Z_0}\text{e}^{-\gamma z'}=\dfrac{U_{i2}}{Z_0}\text{e}^{\gamma z'}-\dfrac{U_{r2}}{Z_0}\text{e}^{-\gamma z'} \end{cases} \tag{2-16}$$

式中，$U_{i2}=(U_2+I_2Z_0)/2$ 表示终端入射电压波，$U_{r2}=(U_2-I_2Z_0)/2$ 表示终端反射电压波。

同样也可表示成双曲函数形式：

$$\begin{cases} U(z')=U_2\text{ch}(\gamma z')-I_2Z_0\text{sh}(\gamma z') \\ I(z')=-\dfrac{U_2}{Z_0}\text{sh}(\gamma z')+I_2\text{ch}(\gamma z') \end{cases} \tag{2-17}$$

3. 已知信号源电动势和内阻以及负载阻抗的解

在这种情况下，在始端 $z=0$ 处，$U(0)=E_g-I_1Z_g$，$I(0)=I_1$；在终端 $z=l$ 处，$U(l)=U_2=I_2Z_L$，$I(l)=I_2$。将始端和终端条件分别代入式(2-9)，可得

$$\begin{cases} E_g-I_1Z_g=A_1+A_2 \\ I_1=\dfrac{1}{Z_0}(A_1-A_2) \end{cases} \tag{2-18}$$

和

$$\begin{cases} I_2Z_L=A_1\text{e}^{-\gamma l}+A_2\text{e}^{\gamma l} \\ I_2=\dfrac{1}{Z_0}(A_1\text{e}^{-\gamma l}-A_2\text{e}^{\gamma l}) \end{cases} \tag{2-19}$$

利用式(2-18)、式(2-19)分别消去 I_1 和 I_2，可以得到

$$\begin{cases} A_1=\dfrac{E_gZ_0}{(Z_g+Z_0)(1-\Gamma_g\Gamma_L\text{e}^{-2\gamma l})} \\ A_2=\dfrac{E_gZ_0\Gamma_L\text{e}^{-2\gamma l}}{(Z_g+Z_0)(1-\Gamma_g\Gamma_L\text{e}^{-2\gamma l})} \end{cases} \tag{2-20}$$

式中：$\Gamma_g=\dfrac{Z_g-Z_0}{Z_g+Z_0}$为传输线始端的反射系数；$\Gamma_L=\dfrac{Z_L-Z_0}{Z_L+Z_0}$为传输线终端的反射系数。代入式(2-9)可求得解为

$$\begin{cases}U(z)=\dfrac{E_g Z_0}{(Z_g+Z_0)(1-\Gamma_g\Gamma_L e^{-2\gamma l})}(e^{-\gamma z}+\Gamma_L e^{-2\gamma l}e^{\gamma z})\\ I(z)=\dfrac{E_g}{(Z_g+Z_0)(1-\Gamma_g\Gamma_L e^{-2\gamma l})}(e^{-\gamma z}-\Gamma_L e^{-2\gamma l}e^{\gamma z})\end{cases} \tag{2-21}$$

上述三种解的形式均说明，一般情况下，传输线上的电压和电流是从信号源向负载传播的入射波和从负载向信号源传播的反射波的叠加。

2.3　传输线的特性参数和状态参量

传输线状态一般用其传输特性参数和状态参数来描述。传输线的特性参数用来衡量传输线的传播特性，主要有特性阻抗、传播常数、相速度与波长等参量；状态参数用来衡量传输线的状态，主要有输入阻抗、反射系数和驻波系数等。

传输线的特性参数和状态参量

2.3.1　特性参数

在前面求解传输线方程的过程中得到的 Z_0 和 γ，直接与传输线的分布参数有关，称为传输线的特性参数。此外，传输线上导行波的波长和相速度都与传播特性有关。

1. 特性阻抗 Z_0

特性阻抗是分布参数电路中描述传输线固有特性的一个物理量，随着工作频率的升高，这种特性越显重要。

特性阻抗 Z_0 定义为行波电压与行波电流之比，实际上是传输线上入射波电压与电流之比，或反射波电压与电流之比的负值，即

$$Z_0=\frac{U_i(z)}{I_i(z)}=-\frac{U_r(z)}{I_r(z)}=\sqrt{\frac{R_1+j\omega L_1}{G_1+j\omega C_1}} \tag{2-22}$$

其倒数称为传输线的特性导纳，用 Y_0 来表示。

一般情况下特性阻抗 Z_0 是复数，与工作频率有关。它由传输线本身的分布参数决定，而与负载和信号源无关。在以下两种特殊情况下，Z_0 与频率无关，一般为实数。

(1) 对于无耗传输线，$R_1=G_1=0$，故

$$Z_0=\sqrt{\frac{L_1}{C_1}} \tag{2-23}$$

(2) 对于微波低损耗传输线，$R_1\ll\omega L_1$，$G_1\ll\omega C_1$，此时有

$$Z_0=\sqrt{\frac{R_1+j\omega L_1}{G_1+j\omega C_1}}\approx\sqrt{\frac{L_1}{C_1}}\left(1+\frac{1}{2}\frac{R_1}{j\omega L_1}\right)\left(1-\frac{1}{2}\frac{G_1}{j\omega C_1}\right)\approx\sqrt{\frac{L_1}{C_1}} \tag{2-24}$$

可见，在无耗或微波低损耗传输线情况下，传输线特性阻抗是实数，呈纯阻性，仅取决于传输线的分布参数 L_1 和 C_1，而与工作频率无关。

对于工程上常用的直径为 d、间距为 D 的平行双导线，由表 2-1 可以推导出其特性阻抗为

$$Z_0=\frac{120}{\sqrt{\varepsilon_r}}\ln\left(\frac{2D}{d}\right) \tag{2-25}$$

式中：ε_r 为导线周围填充介质的相对介电常数。一般 Z_0 为 100～1000 Ω，常用的平行双导线的特性阻抗有 200 Ω、250 Ω、300 Ω、400 Ω 和 600 Ω 等几种。

对于内外径分别为 a、b 的无耗同轴线，其特性阻抗为

$$Z_0=\frac{60}{\sqrt{\varepsilon_r}}\ln\left(\frac{a}{b}\right) \tag{2-26}$$

一般 Z_0 为 40～150 Ω，常用的同轴线的特性阻抗有 50 Ω 和 75 Ω 两种。

对于间距为 d，宽为 W 的平行板传输线，其特性阻抗为

$$Z_0=\frac{d}{W}\eta \tag{2-27}$$

2. 传播常数 γ

传播常数 γ 是描述传输线上波的幅度和相位变化的一个物理量，即是描述导行波传播过程中衰减和相移的物理量，由前面的讨论可知，传输线上波的传播常数的一般表达式为

$$\gamma=\sqrt{(R_1+\mathrm{j}\omega L_1)(G_1+\mathrm{j}\omega C_1)}=\alpha+\mathrm{j}\beta \tag{2-28}$$

式(2-28)表明，在一般情况下，传播常数 γ 为复数，其实部 α 称为衰减常数，表示传输线上波行进单位长度幅度的变化，其单位为 dB/m 或 Np/m(1 Np/m=8.686 dB/m)；虚部 β 称为相移常数，表示传输线上波行进单位长度相位的变化，单位为 rad/m。

γ 一般是频率的函数，对于无耗或低损耗微波传输线，其表达式可适当简化。

对于无耗传输线，$R_1=G_1=0$，$\gamma=\mathrm{j}\omega\sqrt{L_1C_1}=\mathrm{j}\beta$，故

$$\begin{cases}\alpha=0\\ \beta=\omega\sqrt{L_1C_1}\end{cases} \tag{2-29}$$

即无耗传输线上传输的波的振幅保持不变，只有相位沿线变化。

对于低损耗微波传输线，$R_1\ll\omega L_1$，$G_1\ll\omega C_1$，则

$$\begin{aligned}\gamma&=\sqrt{(R_1+\mathrm{j}\omega L_1)(G_1+\mathrm{j}\omega C_1)}\approx\mathrm{j}\omega\sqrt{L_1C_1}\left(1+\frac{R_1}{\mathrm{j}\omega L_1}\right)^{\frac{1}{2}}\left(1+\frac{G_1}{\mathrm{j}\omega C_1}\right)^{\frac{1}{2}}\\&\approx\frac{1}{2}\left(R_1\sqrt{\frac{C_1}{L_1}}+G_1\sqrt{\frac{L_1}{C_1}}\right)+\mathrm{j}\omega\sqrt{L_1C_1}=\left(\frac{R_1}{2Z_0}+\frac{G_1Z_0}{2}\right)+\mathrm{j}\omega\sqrt{L_1C_1}\end{aligned}$$

所以

$$\begin{cases}\alpha=\dfrac{R_1}{2Z_0}+\dfrac{G_1Z_0}{2}=\alpha_c+\alpha_d\\ \beta=\omega\sqrt{L_1C_1}\end{cases} \tag{2-30}$$

式中：$\alpha_c=\dfrac{R_1}{2Z_0}$ 表示由单位长度分布电阻决定的导体衰减常数，$\alpha_d=G_1Z_0/2$ 表示由单位长度漏电导决定的介质衰减常数。

这就是说，当传输线存在损耗时，线上传输的波的振幅将按指数规律减小。

3. 相速度 v_p 与波长 λ_p

相速度 v_p 是指单位时间内波的等相位面移动的距离。如图 2-7 所示，根据定义可知

$$\omega t_1-\beta z_1=\omega t_2-\beta z_2$$

故

$$v_p=\frac{z_2-z_1}{t_2-t_1}=\frac{\omega}{\beta} \tag{2-31}$$

对于无耗传输线，$\beta=\omega\sqrt{L_1C_1}$，有

$$v_p=\frac{\omega}{\beta}=\frac{1}{\sqrt{L_1C_1}} \tag{2-32}$$

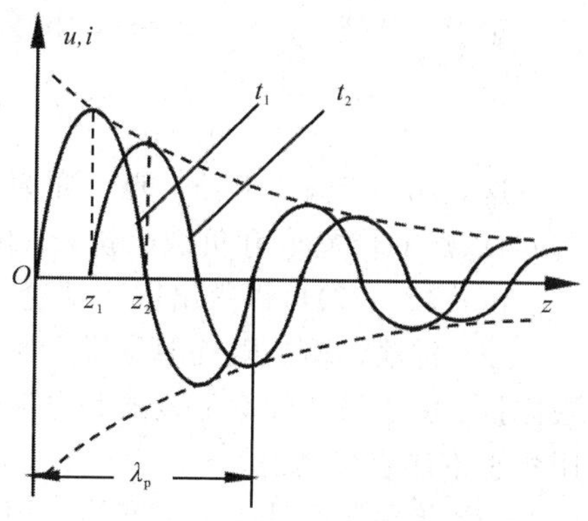

图 2-7 不同时刻入射波的瞬时分布

对于双导线和同轴线，将 L_1、C_1 代入式(2-32)，可得

$$v_p=\frac{1}{\sqrt{\mu\varepsilon}}=\frac{c}{\sqrt{\varepsilon_r}} \tag{2-33}$$

波长 λ_p 是指波的等相位面在一个周期内移动的距离，或者说同一瞬间相位相差 2π 的两点之间的距离，即

$$\lambda_p=v_pT=\frac{\omega}{\beta}\cdot\frac{1}{f}=\frac{2\pi}{\beta} \tag{2-34}$$

对于双导线和同轴线，有

$$\lambda_p=\frac{c}{f\sqrt{\varepsilon_r}}=\frac{\lambda_0}{\sqrt{\varepsilon_r}} \tag{2-35}$$

式中：λ_0 为自由空间的工作波长，c 为电磁波在自由空间中的传播速度。可见传输线中传输电磁波的波长 λ_p 与自由空间的波长 λ_0 是有差别的，这种差别可为微波器件和天线设计中的小型化带来好处。

2.3.2 状态参量

由传输线上的电压和电流决定的传输线阻抗是分布参数阻抗。微波阻抗是分布参数阻抗，而低频阻抗是集总参数阻抗。微波阻抗(包括传输线阻抗)是与导行系统上导波的反射或驻波特性紧密相关的，即与导行系统的状态和特性密切相关。微波阻抗不能直接测量，需要借助于反射参量或驻波参量的直接测量而间接获得。下面首先讨论传输线的输入阻抗(分布参数阻抗)，然后引入反射参量和驻波参量解决传输线阻抗测量问题。

1. 输入阻抗

传输线上任一点 z' 的输入阻抗 $Z_{in}(z')$ 定义为该点的电压和电流之比，如图 2-8 所示。由式(2-16)得

$$Z_{in}(z')=\frac{U_L\text{ch}(\gamma z')+I_LZ_0\text{sh}(\gamma z')}{I_L\text{ch}(\gamma z')+\dfrac{U_L\text{sh}(\gamma z')}{Z_0}}=Z_0\frac{Z_L+Z_0\text{th}(\gamma z')}{Z_0+Z_L\text{th}(\gamma z')} \tag{2-36}$$

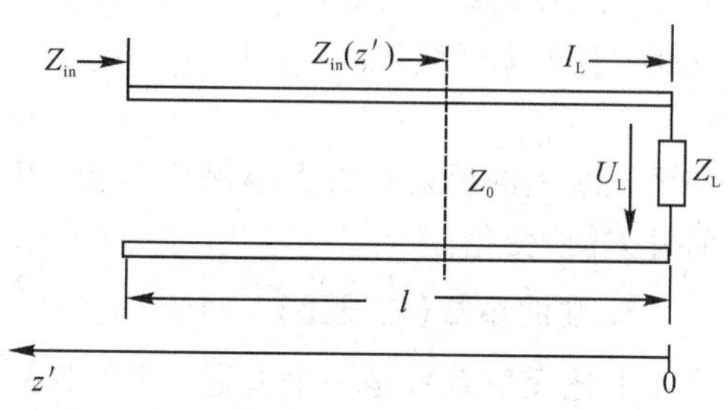

图 2-8 终端接负载时长线的输入阻抗

对于无耗线，$\alpha=0$，$\gamma=\mathrm{j}\beta$，$\mathrm{th}(\gamma z')=\mathrm{th}(\mathrm{j}\beta z')=\mathrm{j}\tan(\beta z')$，则可得到

$$Z_{\mathrm{in}}(z')=Z_0\frac{Z_{\mathrm{L}}+\mathrm{j}Z_0\tan(\beta z')}{Z_0+\mathrm{j}Z_{\mathrm{L}}\tan(\beta z')} \tag{2-37}$$

这表明，传输线上任一点 z' 的输入阻抗(由 z' 处向负载看去的输入阻抗，亦称视在阻抗)与该点的位置 z' 和负载阻抗 Z_{L} 有关。

由式(2-37)可以得出以下结论：

(1) 传输线输入阻抗随位置 z' 而变，分布于沿线各点，且与负载有关，是一种分布参数阻抗。由于微波频率下电压和电流缺乏明确的物理意义，不能直接测量，故传输线输入阻抗也不能直接测量。

(2) 传输线段具有阻抗变换作用，Z_{L} 通过线段 z' 变成 $Z_{\mathrm{in}}(z')$，或相反。

(3) 无耗线的阻抗呈周期性变化，具有 $\lambda/4$ 变换性和 $\lambda/2$ 重复性。由式(2-37)可见，若 $z'=\lambda/4+n\lambda/2$，则 $Z_{\mathrm{in}}=Z_0^2/Z_{\mathrm{L}}$；若 $z'=n\lambda/2$，则 $Z_{\mathrm{in}}=Z_{\mathrm{L}}$。

2. 反射系数

如上所述，传输线输入阻抗难以直接测量，解决的办法是引入可以直接测量的反射系数和驻波系数。

传输线上某点处的反射系数定义为该点的反射波电压(或电流)与该点的入射波电压(或电流)之比，即

$$\Gamma_U(z')=\frac{U_{\mathrm{r}}(z')}{U_{\mathrm{i}}(z')}\quad\text{——电压反射系数} \tag{2-38}$$

$$\Gamma_I(z')=\frac{I_{\mathrm{r}}(z')}{I_{\mathrm{i}}(z')}\quad\text{——电流反射系数} \tag{2-39}$$

式中：$U_{\mathrm{i}}(z')$ 和 $I_{\mathrm{i}}(z')$ 分别表示距终端负载 z' 处的入射波电压和入射波电流，$U_{\mathrm{r}}(z')$ 和 $I_{\mathrm{r}}(z')$ 分别表示 z' 处的入射波电压和入射波电流。由终端条件解(2-16)可见，$\Gamma_U(z')=-\Gamma_I(z')$，即电压反射系数和电流反射系数的模值相等，相位相差 π。通常采用便于测量的电压反射系数，以 $\Gamma(z')$ 表示。以后无特别说明，所提到的反射系数均指电压反射系数。由式(2-16)可得

$$\begin{aligned}\Gamma(z')&=\frac{U_{\mathrm{L}}-I_{\mathrm{L}}Z_0}{U_{\mathrm{L}}+I_{\mathrm{L}}Z_0}\mathrm{e}^{-2\gamma z'}=\frac{Z_{\mathrm{L}}-Z_0}{Z_{\mathrm{L}}+Z_0}\mathrm{e}^{-2\gamma z'}=\Gamma_{\mathrm{L}}\mathrm{e}^{-2\gamma z'}\\&=|\Gamma_{\mathrm{L}}|\mathrm{e}^{\mathrm{j}\varphi_{\mathrm{L}}}\mathrm{e}^{-2\gamma z'}=|\Gamma_{\mathrm{L}}|\mathrm{e}^{-2\alpha z'}\mathrm{e}^{\mathrm{j}(\varphi_{\mathrm{L}}-2\beta z')}\end{aligned} \tag{2-40}$$

式中：

$$\Gamma_{\mathrm{L}}=\frac{Z_{\mathrm{L}}-Z_0}{Z_{\mathrm{L}}+Z_0}=|\Gamma_{\mathrm{L}}|\mathrm{e}^{\mathrm{j}\varphi_{\mathrm{L}}} \tag{2-41}$$

称为终端反射系数。式(2-40)表明，$\Gamma(z')$ 的大小和相位均在单位圆内的向内螺旋轨道上变化。对于无耗线，$\alpha=0$，则为

$$\Gamma(z')=|\Gamma_{\mathrm{L}}|\mathrm{e}^{\mathrm{j}(\varphi_{\mathrm{L}}-2\beta z')} \tag{2-42}$$

即无耗线上的反射系数大小保持不变，仅其相位以 $-2\beta z'$ 的角度沿等圆周向信号源端(顺时针方向)变化。

3. 驻波系数(驻波比)

上述反射系数是一个复数，且不易测量。为了间接测量微波阻抗，还可引入驻波系数(驻波比)。

传输线上各点的电压和电流由入射波和反射波叠加，形成的合成波沿线各点的电压和电流的振幅不同，有的地方最大，有的地方最小，以 $\lambda/2$ 为周期变化。将电压(或电流)振幅最大值的点称为电压(或电流)波腹点，振幅最小值的点称为电压(或电流)波节点。

定义：传输线上波腹点和波节点的电压(或电流)振幅之比为电压驻波比，用 VSWR 表示，简称驻波比，或称电压驻波系数，用 ρ 表示，即有

$$\text{VSWR}(\text{或 }\rho)=\frac{|U|_{\max}}{|U|_{\min}}=\frac{|I|_{\max}}{|I|_{\min}} \tag{2-43}$$

其倒数称为行波系数(Travelling Wave Coefficient)，用 K 表示，即有

$$K=\frac{1}{\rho} \tag{2-44}$$

4. 输入阻抗、反射系数及驻波比之间的关系

引入反射系数后，传输线上 z' 处的电压和电流可以表示为

$$\begin{cases}U(z')=U_{\mathrm{i}}(z')+U_{\mathrm{r}}(z')=U_{\mathrm{i}}(z')[1+\Gamma(z')]\\ I(z')=I_{\mathrm{i}}(z')+I_{\mathrm{r}}(z')=I_{\mathrm{i}}(z')[1-\Gamma(z')]\end{cases} \tag{2-45}$$

由此得到

$$Z_{\mathrm{in}}(z')=\frac{U_{\mathrm{i}}(z')[1+\Gamma(z')]}{I_{\mathrm{i}}(z')[1-\Gamma(z')]}=Z_0\frac{1+\Gamma(z')}{1-\Gamma(z')} \tag{2-46}$$

或者

$$\Gamma(z')=\frac{Z_{\mathrm{in}}(z')-Z_0}{Z_{\mathrm{in}}(z')+Z_0} \tag{2-47}$$

可以看出，当传输线的特性阻抗 Z_0 一定时，传输线上任一点 z' 处的输入阻抗 $Z_{\mathrm{in}}(z')$ 与该点的反射系数 $\Gamma(z')$ 一一对应，$Z_{\mathrm{in}}(z')$ 可以通过测量 $\Gamma(z')$ 来确定。

为了通用起见，引入归一化阻抗：

$$z_{\mathrm{in}}(z')=\frac{Z_{\mathrm{in}}(z')}{Z_0}=\frac{1+\Gamma(z')}{1-\Gamma(z')} \tag{2-48}$$

则 $z_{\mathrm{in}}(z')$ 与 $\Gamma(z')$ 一一对应。$z_{\mathrm{in}}(z')=Z_{\mathrm{in}}(z')/Z_0$ 称为以 Z_0 归一化的阻抗。

由式(2-45)得

$$\begin{cases}U(z')=U_{\mathrm{i}}(z')[1+|\Gamma_{\mathrm{L}}|\mathrm{e}^{\mathrm{j}(\varphi_{\mathrm{L}}-2\beta z')}]\\ I(z')=I_{\mathrm{i}}(z')[1-|\Gamma_{\mathrm{L}}|\mathrm{e}^{\mathrm{j}(\varphi_{\mathrm{L}}-2\beta z')}]\end{cases} \tag{2-49}$$

其模值为

$$\begin{cases}|U(z')|=|U_{\mathrm{i}}(z')|[1+|\Gamma_{\mathrm{L}}|^2+2|\Gamma_{\mathrm{L}}|\cos(\varphi_{\mathrm{L}}-2\beta z')]^{1/2}\\ |I(z')|=|I_{\mathrm{i}}(z')|[1+|\Gamma_{\mathrm{L}}|^2-2|\Gamma_{\mathrm{L}}|\cos(\varphi_{\mathrm{L}}-2\beta z')]^{1/2}\end{cases} \tag{2-50}$$

于是得到

$$\begin{cases}|U(z')|_{\max}=|U_{\mathrm{i}}(z')|(1+|\Gamma_{\mathrm{L}}|)\\ |I(z')|_{\max}=|I_{\mathrm{i}}(z')|(1+|\Gamma_{\mathrm{L}}|)\end{cases} \tag{2-51}$$

$$\begin{cases}|U(z')|_{\min}=|U_{\mathrm{i}}(z')|(1-|\Gamma_{\mathrm{L}}|)\\ |I(z')|_{\min}=|I_{\mathrm{i}}(z')|(1-|\Gamma_{\mathrm{L}}|)\end{cases} \tag{2-52}$$

按照定义式(2-43)得

$$\rho=\frac{1+|\Gamma_{\mathrm{L}}|}{1-|\Gamma_{\mathrm{L}}|} \tag{2-53}$$

或者

$$|\Gamma_L|=\frac{\rho+1}{\rho-1} \tag{2-54}$$

当$|\Gamma_L|=0$时，$\rho=1$；当$|\Gamma_L|=1$时，$\rho=\infty$。电压驻波比和反射系数一样，可用来描述传输线的工作状态。

由式(2-37)可得

$$Z_L=Z_0\frac{Z_{in}(z')-jZ_0\tan(\beta z')}{Z_0-jZ_{in}(z')\tan(\beta z')} \tag{2-55}$$

通常选取电压波节点为测量点，其与负载的距离用z'_{min}表示，该点的阻抗为纯电阻，$Z_{in}(z'_{min})=Z_0/\rho$，代入式(2-46)得

$$Z_L=Z_0\frac{1-j\rho\tan(\beta z'_{min})}{\rho-j\tan(\beta z'_{min})} \tag{2-56}$$

可见，当传输线的特性阻抗Z_0一定时，传输线终端的负载阻抗与驻波系数一一对应。据此，Z_L可通过直接测量ρ和z'_{min}来确定。z'_{min}的实际测量有两种情况：一种情况是测量距离负载的第一个电压波节点的位置z'_{min1}；另一种情况是如果z'_{min1}不便测量时，则须先将终端短路，在线上某处确定一个电压波节点作为参考点，然后接上被测量负载，测量参考点附近的电压波节点z'_{min}，再利用无耗线阻抗的$\lambda/2$重复性计算得到参考点处的阻抗，该阻抗就是负载阻抗。

2.4 无耗传输线的工作状态

传输线终端接不同的负载阻抗时，线上电压和电流反射波的形式不同，因此合成电压、电流波的分布状态也不同。传输线的工作状态是指传输线终端接不同负载时，传输线上的电压和电流波沿线分布的状态。分析传输线的工作状态时，忽略线上的损耗，作为无耗线分析。归纳起来，无耗传输线有三种不同的工作状态，即行波状态、驻波状态和行驻波状态。本节分析得到的无耗线不同工作状态的特性对微波电路的分析和设计极为有用。

无耗传输线的工作状态

2.4.1 行波

传输线呈行波状态是指终端无反射状态，传输线上只有电压、电流的入射波而没有反射波。

1. 形成条件

终端无反射，即终端反射系数$\Gamma_L=0$，由式(2-41)可知，线上载行波的实际条件是$Z_L=Z_0$(称负载为匹配负载)，此时$\rho=1$，$K=1$。

2. 特性分析

由于线上只有入射波，由式(2-12)可得

$$\begin{cases} U(z)=\dfrac{U_1+I_1Z_0}{2}e^{-j\beta z}=U_{i1}e^{-j\beta z} \\ I(z)=\dfrac{U_1+I_1Z_0}{2Z_0}e^{-j\beta z}=I_{i1}e^{-j\beta z} \end{cases} \tag{2-57}$$

其瞬时形式为

$$\begin{cases} u(z,\ t)=|U_{i1}|\cos(\omega t+\varphi_0-\beta z) \\ i(z,\ t)=|I_{i1}|\cos(\omega t+\varphi_0-\beta z) \end{cases} \tag{2-58}$$

这里 $U_{i1}=|U_{i1}|e^{j\varphi_0}$。沿线各点的输入阻抗则为

$$Z_{in}(z)=Z_0 \tag{2-59}$$

由上面的分析可以看出，行波状态的特点如下：

(1) 沿线电压和电流的振幅不变；

(2) 电压和电流沿线各点均同相，并且其相位随 z 的增加连续滞后；

(3) 沿线各点的阻抗均等于传输线的特性阻抗。

行波状态下沿线电压、电流的瞬时分布和振幅分布如图 2-9 所示。

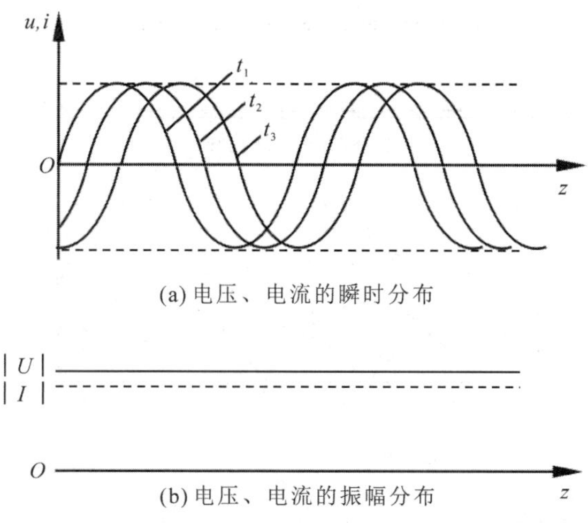

(a) 电压、电流的瞬时分布

(b) 电压、电流的振幅分布

图 2-9　行波状态下沿线电压、电流的瞬时分布和振幅分布

2.4.2　驻波

1. 形成条件

驻波状态就是传输线终端全反射时的状态，即终端反射系数 $|\Gamma_L|=1$，由式(2-41)可知，对于特性阻抗为实数的均匀无耗传输线，线上形成驻波的条件是 $Z_L=0$(终端短路)、$Z_L=\infty$(终端开路)和 $Z_L=\pm jX_L$(端接纯电抗负载短路)。

2. 特性分析

上述条件下线上的驻波特点是一样的，只是驻波在线上的分布情况不同，下面分别加以讨论。

1) 终端短路

此时 $Z_L=0$，$\Gamma_L=-1$，$\rho=\infty$。由式(2-43)得到线上的电压和电流为

$$\begin{cases} U(z')=j2U_{i2}\sin(\beta z') \\ I(z')=\dfrac{2U_{i2}}{Z_0}\cos(\beta z') \end{cases} \tag{2-60}$$

可见，负载处的电压 $U_L=0$，而电流有最大值 $I_L=2|U_{i2}|/Z_0$，即终端是电压波节点、电流波腹点。

由式(2-60)得到沿线的输入阻抗为

$$Z_{in}^{sc}(z')=jZ_0\tan(\beta z') \tag{2-61}$$

可见任意长度 z' 的终端短路线的输入阻抗都是纯电抗，可取 $-j\infty$ 和 $j\infty$ 之间的所有值。当线长为 $z'=(2n+1)\lambda/4(n=0, 1, 2, \cdots)$ 时，$Z_{in}^{sc}=\infty$，可等效为并联谐振电路；当 $z'=n\lambda/2(n=0, 1, 2, \cdots)$ 时，$Z_{in}^{sc}=0$，可等效为串联谐振电路；当 $n\lambda/2<z'<(2n+1)\lambda/2$ $(n=0, 1, 2, \cdots)$ 时，$Z_{in}^{sc}=jX(X>0)$，可等效为电感；当 $(2n+1)\lambda/2<z'<n\lambda/2(n=1, 2, \cdots)$ 时，$Z_{in}^{sc}=-jX(X>0)$，可等效为电容。图 2-10 所示为终端短路时线上的电压、电流及阻抗分布。

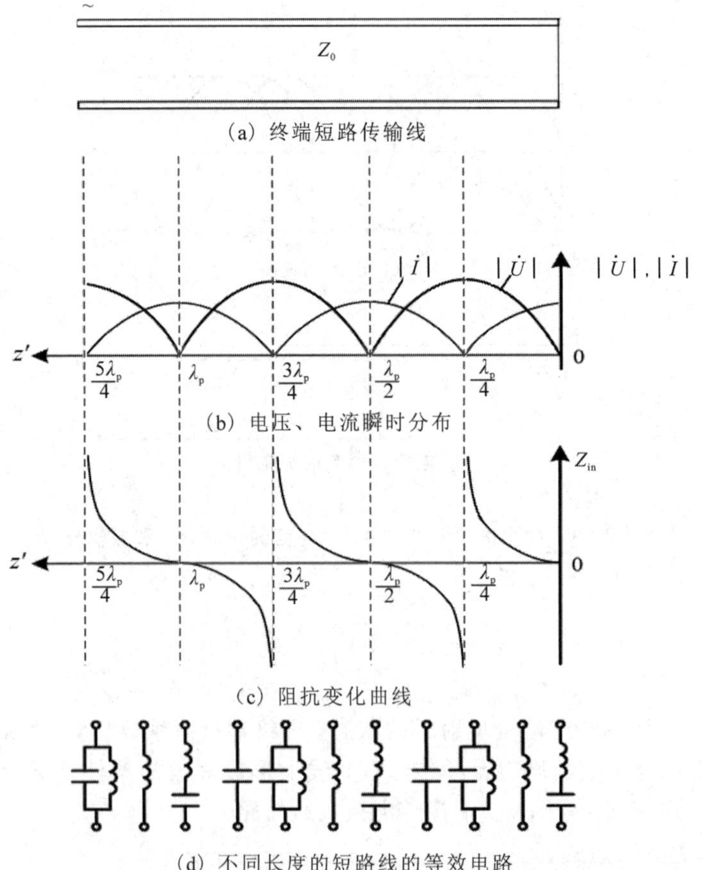

图 2-10　终端短路时线上的电压、电流及阻抗分布

2) 终端开路线

此时 $Z_L=\infty$，$\Gamma_L=1$，$\rho=\infty$。由式(2-43)得到线上的电压和电流为

$$\begin{cases} U(z')=2U_{i2}\cos(\beta z') \\ I(z')=j\dfrac{2U_{i2}}{Z_0}\sin(\beta z') \end{cases} \tag{2-62}$$

可见，负载处的电流 $I_L=0$，而电压有最大值 $U_L=2|U_{i2}|$，即终端是电压波腹点、电流波节点。

由式(2-62)得到沿线的输入阻抗为

$$Z_{in}^{oc}(z')=-jZ_0\cot(\beta z') \tag{2-63}$$

可见任意长度 z' 的终端短路线的输入阻抗都是纯电抗，可取 $-j\infty$ 和 $j\infty$ 之间的所有值。当线长为 $z'=(2n+1)\lambda/4(n=0, 1, 2, \cdots)$ 时，$Z_{in}^{oc}=0$，可等效为串联谐振电路；当 $z'=n\lambda/2(n=0, 1, 2, \cdots)$ 时，$Z_{in}^{oc}=\infty$，可等效为并联谐振电路；当 $n\lambda/2<z'<(2n+1)\lambda/2$ $(n=0, 1, 2, \cdots)$ 时，$Z_{in}^{oc}=-jX(X>0)$，可等效为电容；当 $(2n+1)\lambda/2<z'<n\lambda/2(n=1, 2, \cdots)$ 时，$Z_{in}^{oc}=jX(X>0)$，可等效为电感。图 2-11 所示为终端开路时线上的电压、电流及阻抗分布。

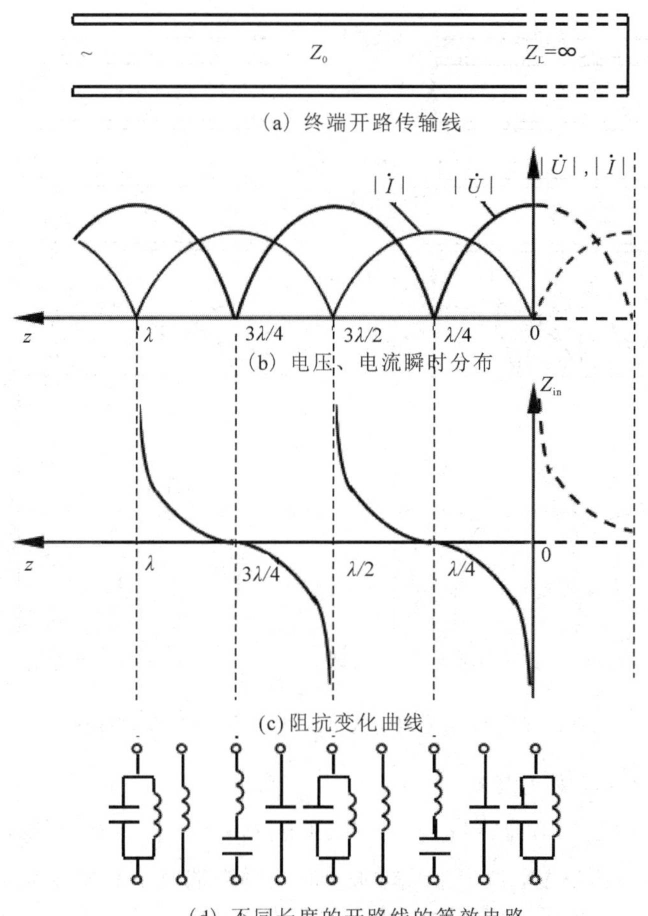

图 2-11　终端开路时线上的电压、电流及阻抗分布

由式(2-61)和式(2-63)可得

$$Z_{in}^{sc}(z')\cdot Z_{in}^{oc}(z')=Z_0^2 \tag{2-64}$$

对一定长度(z')的无耗传输线做两次测量，测得 $Z_{in}^{sc}(z')$ 和 $Z_{in}^{oc}(z')$，便可确定此线的特性参数 Z_0 和 β，即有

$$Z_0=\sqrt{Z_{\text{in}}^{\text{sc}}(z')\cdot Z_{\text{in}}^{\text{oc}}(z')} \tag{2-65}$$

$$\beta=\frac{1}{z'}\arctan\sqrt{\frac{Z_{\text{in}}^{\text{oc}}(z')}{Z_{\text{in}}^{\text{sc}}(z')}} \tag{2-66}$$

3) 终端接纯电感负载无耗线

此时 $Z_L=jX_L(X_L>0)$，$\Gamma_L=|\Gamma_L|e^{j\varphi_L}$，其中$|\Gamma_L|=1$，$\varphi_L=\tan^{-1}[2X_LZ_0/(X_L^2-Z_0^2)]$。可见，此时终端也产生全反射，线上形成驻波，但此时终端既不是电压波节点也不是电压波腹点。沿线的电压、电流和阻抗分布曲线可将电感负载用一段小于 $\lambda/4$ 的短路线等效后获得，如图 2-12(a)所示。等效短路线段的长度为

$$l_{\text{es}}=\frac{\lambda}{2\pi}\arctan\left(\frac{X_L}{Z_0}\right) \tag{2-67}$$

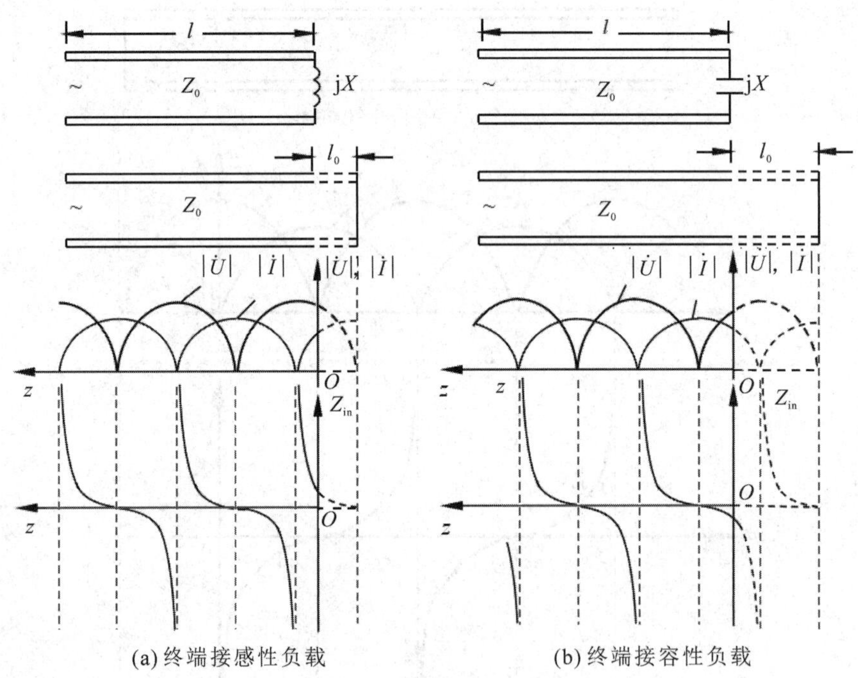

图 2-12　终端接纯电抗负载时电压、电流及阻抗分布

4) 终端接纯电容负载无耗线

此时 $Z_L=-jX_L(X_L>0)$，$\Gamma_L=|\Gamma_L|e^{-j\varphi_L}$，其中$|\Gamma_L|=1$，$\varphi_L=\tan^{-1}[2X_LZ_0/(X_L^2-Z_0^2)]$。可见，此时终端也产生全反射，线上形成驻波，但此时终端既不是电压波节点也不是电压波腹点。沿线的电压、电流和阻抗分布曲线可将电感负载用一段小于 $\lambda/4$ 的开路线等效后获得，如图 2-12(b)所示。等效短路线段的长度为

$$l_{\text{eo}}=\frac{\lambda}{2\pi}\text{arccot}\left(\frac{X_L}{Z_0}\right) \tag{2-68}$$

综上分析可得到驻波状态的特点如下：

(1) 电压、电流的振幅是位置的函数，具有固定不变的波节点和波腹点，两相邻节点之间的距离为 $\lambda/2$。短路线终端是电压波节点、电流波腹点；开路线终端是电压波腹点、电

流波节点；接纯电感负载时，距负载第一个出现的是电压波腹点；接纯电容负载时，距负载第一个出现的是电压波节点。

(2) 沿线各点的电压和电流随时间和位置的变化都有 $\pi/2$ 的相位差，故线上既不能传输能量也不消耗能量。

(3) 电压或电流波节点两侧各点的相位相反，相邻两节点之间各点的相位相同。

(4) 传输线的输入阻抗为纯电抗，且随频率和长度变化；当频率一定时，不同长度的驻波线可分别等效为电感、电容、串联谐振电路或并联谐振电路。

2.4.3　行驻波

1. 形成条件

由式(2-41)可知，当终端接一般复数阻抗负载时，将产生部分反射，这时的状态称为行驻波。此时 $Z_L=R_L\pm jX_L(X_L>0)$，$\Gamma_L=|\Gamma_L|e^{\pm j\varphi_L}$，其中：

$$|\Gamma_L|=\sqrt{\frac{(R_L-Z_0)^2+X_L^2}{(R_L+Z_0)^2+X_L^2}},\ \varphi_L=\tan^{-1}\left(\frac{2X_LZ_0}{R_L^2+X_L^2-Z_0^2}\right)$$

2. 特性分析

此时 $|\Gamma_L|<1$，终端产生部分反射，线上形成行驻波，电压和电流的最小值不等于零，最大值不等于终端入射波振幅的两倍。

由式(2-43)，有

$$\begin{cases}U(z')=U_{i2}e^{j\beta z'}\left[1+|\Gamma_L|e^{j(\varphi_L-2\beta z')}\right]\\ I(z')=\dfrac{U_{i2}}{Z_0}e^{j\beta z'}\left[1-|\Gamma_L|e^{j(\varphi_L-2\beta z')}\right]\end{cases}\tag{2-69}$$

由此可得行驻波状态下沿线电压、电流的最大值和最小值为

$$\begin{cases}|U|_{max}=|U_{i2}|(1+|\Gamma_L|)\\ |I|_{max}=\dfrac{|U_{i2}|}{Z_0}(1+|\Gamma_L|)\end{cases}\tag{2-70}$$

和

$$\begin{cases}|U|_{min}=|U_{i2}|(1-|\Gamma_L|)\\ |I|_{min}=\dfrac{|U_{i2}|}{Z_0}(1-|\Gamma_L|)\end{cases}\tag{2-71}$$

又由式(2-50)可知，当 $\cos(\varphi_L-2\beta z')=1$ 时，出现电压最大值点，这要求 $\varphi_L-2\beta z'=-2n\pi$，由此得到电压最大值点的位置为

$$z'_{max}=\frac{\lambda}{4\pi}\varphi_L+n\frac{\lambda}{2},\ n=0,1,2,\cdots\tag{2-72}$$

而当 $\cos(\varphi_L-2\beta z')=1$ 时，出现电压最小值点，这要求 $\varphi_L-2\beta z'=-2n\pi-\pi$，由此得到电压最小值点的位置为

$$z'_{min}=\frac{\lambda}{4\pi}\varphi_L+(2n+1)\frac{\lambda}{4},\ n=0,1,2,\cdots\tag{2-73}$$

确定了沿线电压、电流的最大值和最小值，以及第一个电压最小值点的位置或第一个电压最大值点的位置，就不难画出行驻波状态下沿线电压、电流和阻抗的分布曲线，如图 2-13 所示。

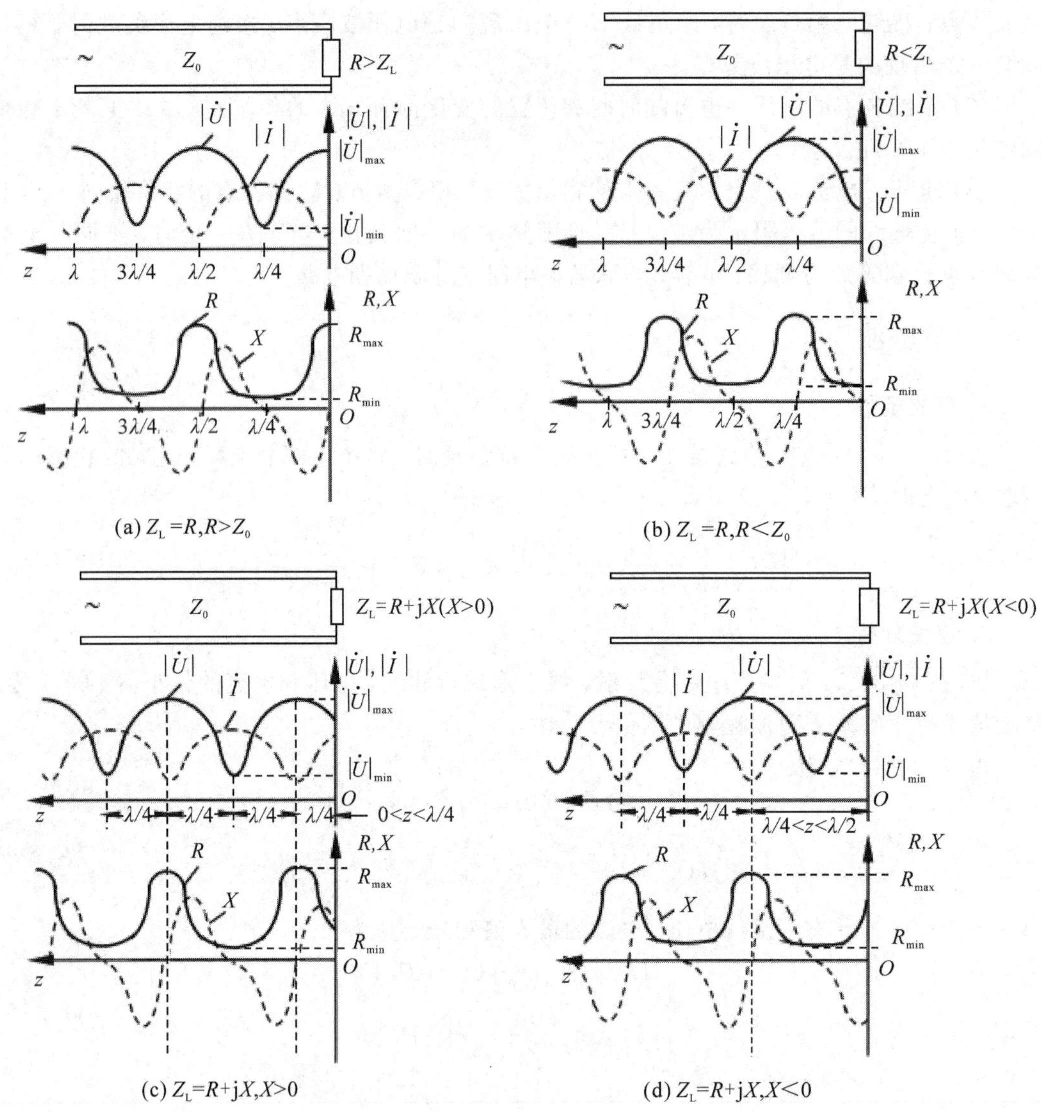

图 2-13　终端接一般负载阻抗时沿线电压、电流及阻抗分布

行驻波状态沿线各点的输入阻抗一般为复阻抗，但在电压最大值点处和最小值点处的输入阻抗为纯电阻。由式(2-70)和式(2-71)得

$$R_{max}=Z_0\rho \tag{2-74}$$

$$R_{min}=\frac{Z_0}{\rho} \tag{2-75}$$

相邻的 R_{max} 和 R_{min} 相距 $\lambda/4$，且有

$$R_{max}\cdot R_{min}=Z_0^2 \tag{2-76}$$

2.5　圆　　图

从前面的讨论可以看出，无耗传输线阻抗与反射系数等问题的计算一般都包含复数运

算，十分复杂。为了简化计算，可以采用图解的方法，以期很快求得计算结果。本节介绍的圆图便是为简化阻抗和反射系数的计算而设计的一套曲线图。即使在计算机技术高度发达的今天，圆图方法仍然是传输线计算的一种基本方法，它具有简单、快速、方便等优点。

2.5.1　圆图的组成

1. 等反射系数圆

无耗传输线上任一点的反射系数为

$$\Gamma(z')=\Gamma_u(z')+\mathrm{j}\Gamma_v(z')=|\Gamma(z')|\mathrm{e}^{\mathrm{j}\varphi} \tag{2-77}$$

还可以写为

$$\Gamma(z')=|\Gamma_L|\mathrm{e}^{\mathrm{j}(\varphi_L-2\beta z')}=|\Gamma_L|\mathrm{e}^{\mathrm{j}\varphi(z')} \tag{2-78}$$

可见反射系数在 Γ 复平面上的极坐标等值线簇 $|\Gamma|$＝常数（$\leqslant 1$）是单位圆内的一簇以原点为圆心、反射系数 $|\Gamma|$ 为半径的同心圆，如图 2－14(b)所示。由于 $|\Gamma|$ 与驻波比 ρ 是一一对应的，这些同心圆又称等驻波比圆。φ＝常数的等值线簇则以角度或向波源（又称为电源）和负载的波常数标刻在单位圆外的圆周上。

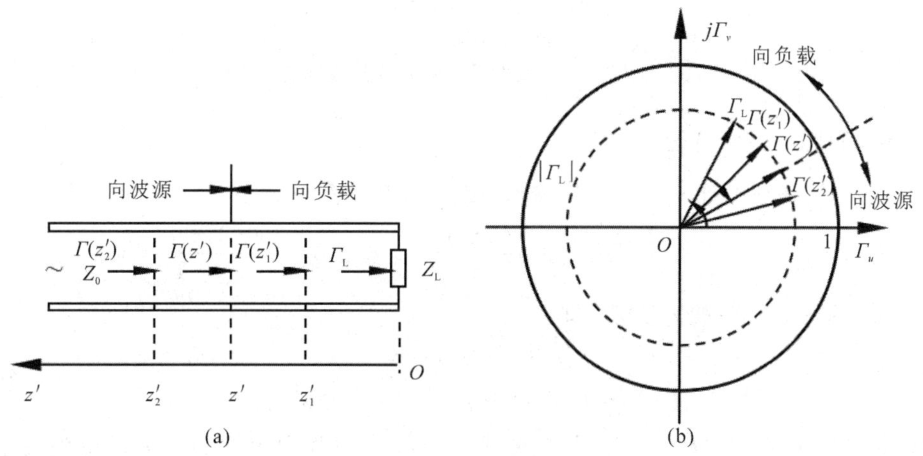

图 2－14　等反射系数圆

若已知终端反射系数为 $\Gamma_L=|\Gamma_L|\mathrm{e}^{\mathrm{j}\varphi_L}$，则传输线上任一点的反射系数在反射系数圆上的位置可由 Γ_L 确定。由于 $\varphi=\varphi_L-2\beta z'$，可以看出，该点离开负载向波源方向移动时，对应的 z'增大，φ 连续滞后，所以在反射系数圆上，向波源方向是顺时针转动的，向负载方向则是逆时针转动的，如图 2－14 所示。在传输线上移动距离 Δz 与对应的转动角度 $\Delta\varphi$ 之间的关系为

$$\Delta\varphi=2\beta\Delta z=4\pi\frac{\Delta z}{\lambda}=4\pi\Delta\bar{z}$$

上式表明，电长度 $\Delta\bar{z}$ 与转动角度 $\Delta\varphi$ 一一对应。当反射系数辐角改变 2π 时，对应电长度的变化是 0.5。这样就可以用电长度的改变量来描述反射系数辐角的变化。

电长度的零点可选在反射系数单位圆周上的任意位置，但由于当 $Z_L=0$ 时，对应的反射系数为-1，因此位于单位圆($|\Gamma|=1$)的左端点(-1, 0)即单位圆上的 $\varphi=\pi$ 点，在该点上恒有 $R=X=0$。这些参数都是描述传输线特性的物理量，为使图上的所有物理零点一致，选择电长度的零点位于(-1, 0)处。

将标有角度及电长度的单位圆与复平面上的反射系数圆簇叠加，就得到了反射系数圆。为了使用方便，一般在图上标有两个方向的电长度值，如图 2-15 所示，向波源方向移动读外圈的值，向负载方向移动读内圈的值。

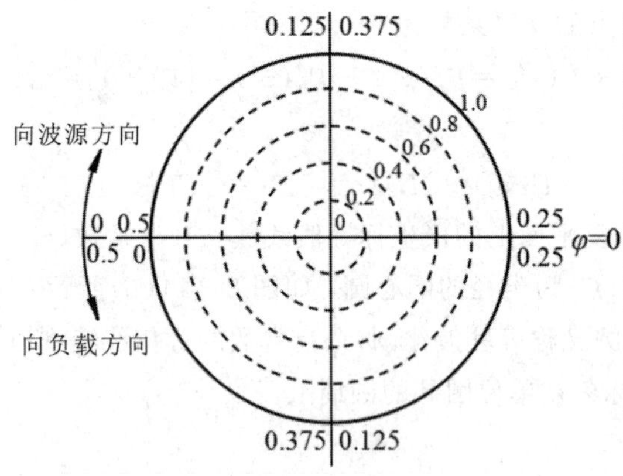

图 2-15　反射系数圆及波长数标度

2. 等电阻圆和等电抗圆

前面得到传输线上任一点归一化输入阻抗与反射系数的关系：

$$z(z')=\frac{Z(z')}{Z_0}=\frac{1+\Gamma(z')}{1-\Gamma(z')}\text{或者 }\Gamma(z')=\frac{z(z')-1}{z(z')+1} \tag{2-79}$$

式中：$z(z')$和$\Gamma(z')$一般为复数，即

$$z(z')=r(z')+\mathrm{j}x(z')$$

$$\Gamma(z')=\Gamma_u(z')+\mathrm{j}\Gamma_v(z')=|\Gamma(z')|\mathrm{e}^{\mathrm{j}\varphi}$$

以 $z=r+\mathrm{j}x$ 和 $\Gamma=\Gamma_u+\mathrm{j}\Gamma_v$ 代入式(2-79)，分开实部和虚部，整理得到两个圆的方程：

$$\left(\Gamma_u-\frac{r}{1+r}\right)^2+\Gamma_v^2=\left(\frac{1}{1+r}\right)^2 \tag{2-80}$$

$$(\Gamma_u-1)^2+\left(\Gamma_v-\frac{1}{x}\right)=\left(\frac{1}{x}\right)^2 \tag{2-81}$$

式(2-81)是归一化电阻 r 为常数时归一化电阻的轨迹方程，其轨迹为一簇圆，圆心坐标为($r/(1+r)$, 0)，半径为 $1/(1+r)$。式(2-81)是归一化电抗 x 为常数时归一化电抗的轨迹方程，其轨迹为一簇圆(直线是圆的特例)，圆心坐标为(1, $1/x$)，半径为 $1/x$。分别取不同的 r 和 x，得到如图 2-16 所示的归一化等电阻圆和归一化等电抗圆，简称为等电阻圆(等 r 圆)和等电抗圆(等 x 圆)。因为反射系数的模最大为 1，所以等电抗圆在图中的取值仅选取位于单位圆 1 内的部分。

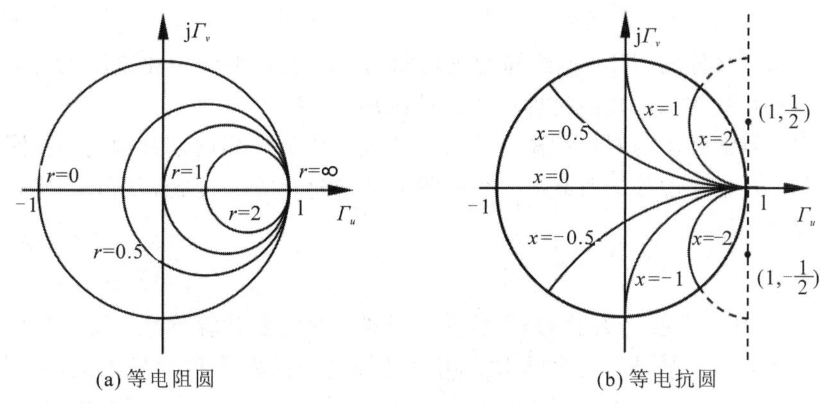

图 2-16　阻抗圆图的等电阻圆和等电抗圆

3. 阻抗圆图

将 z 复平面上 r=常数(≥0)和 x=常数的两簇相互正交的直线分别变换成 Γ 复平面上的二簇相互正交的圆，并同 Γ 复平面上 Γ 极坐标等值线簇 $|\Gamma|$=常数(≤1)和 φ=常数(−π，π)套印在一起，即将上述的等 r 圆、等 x 圆和等反射系数圆绘制在同一张图上，即构成了完整的阻抗圆图，如图 2-17 所示。

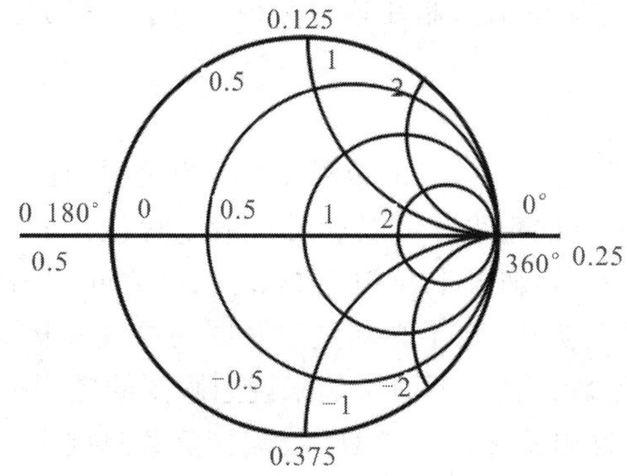

图 2-17　阻抗圆图

由上面的分析可知，由阻抗圆上的任一点都可以读出四个量值：r、x、$|\Gamma|$、φ。只要知道其中两个量，就可根据圆图求出另外两个量。

使用阻抗圆图时需注意以下几点：

(1) 阻抗圆图上半圆内的等电抗圆曲线代表感性电抗，即 $x>0$，故上半圆各点代表各不同数值的感性复阻抗归一化值。

(2) 阻抗圆图下半圆内的等电抗圆曲线代表容性电抗，即 $x<0$，故下半圆各点代表各不同数值的容性复阻抗归一化值。

(3) 阻抗圆图实轴上的点代表纯电阻点；实轴左半径上的点表示电压驻波最小点，电流驻波最大点，其上数据代表 $r_{\min}=K$；实轴右半径上的点表示电压驻波最大点，电流驻波最小点，其上数据代表 $r_{\max}=\text{VSWR}$；实轴左端点 $z=0$，代表阻抗短路点，即电压驻波节点；实轴右端点 $z=\infty$，代表阻抗开路点，即电压驻波腹点；圆图中心 $z=1$，代表阻抗匹配点。

(4) 阻抗圆图最外的$|\Gamma|=1$圆周为纯电抗圆，其上的点归一化电阻为零，表示纯电抗，短路线和开路线的归一化阻抗即应落在此圆周上。

(5) 线上位置的移动与对应圆图上的旋转方向：从负载移向信号源时，在圆图上应顺时针方向旋转；从信号源移向负载时，在圆图上应逆时针方向旋转；圆图上旋转一周对应线上移动的距离为$\lambda/2$。

4. 导纳圆图

在实际问题中，有时已知的不是阻抗而是导纳，并需要计算导纳；而微波电路常用并联元件构成，此时用导纳计算比较方便。用以计算导纳的圆图称为导纳圆图。分析表明，导纳圆图即阻抗圆图，两者可以通用。事实上，归一化导纳是归一化阻抗的倒数，即

$$y=g+\mathrm{j}b=\frac{1}{r+\mathrm{j}x}=\frac{1-\Gamma}{1+\Gamma}=\frac{1+\Gamma\mathrm{e}^{\mathrm{j}\pi}}{1-\Gamma\mathrm{e}^{\mathrm{j}\pi}} \tag{2-82}$$

因此，由阻抗圆图上某归一化阻抗点沿等$|\Gamma|$圆旋转180°，即得到该点相应的归一化导纳值。整个阻抗圆图旋转180°便得到导纳圆图，然而所得结果乃阻抗圆图本身，只是其上数据为归一化导纳值。

计算时要注意分清两种情况：一种是由导纳求导纳，此时便将圆图作为导纳圆图使用；另一种情况是由导纳求阻抗，相应的两值在同一圆图上为旋转180°的关系。

由于圆图将一切归一化阻抗值限制在单位圆内，易于读取Γ、ρ等值，故应用最广泛。

2.5.2 圆图的应用

圆图是天线和微波电路设计和计算的重要工具。应用圆图进行传输线问题的工程计算十分简便、直观，并具有一定的精度，可以满足一般工程设计的要求。应用圆图可以方便地进行归一化阻抗r、归一化导纳y和反射系数L_1三者之间的相互换算。

为了熟练地掌握圆图的应用，除了必须熟悉圆图的原理和构成外，更重要的是要在实践中经常运用，在运用中加深理解。下面举例来说明圆图的应用及其计算方法。

例 2-1 已知长线特性阻抗$Z_0=300\ \Omega$，终端接负载阻抗$Z_L=(180+\mathrm{j}240)\Omega$，求终端电压反射系数$\Gamma_L$。

解 参考示意如图 2-18 所示。

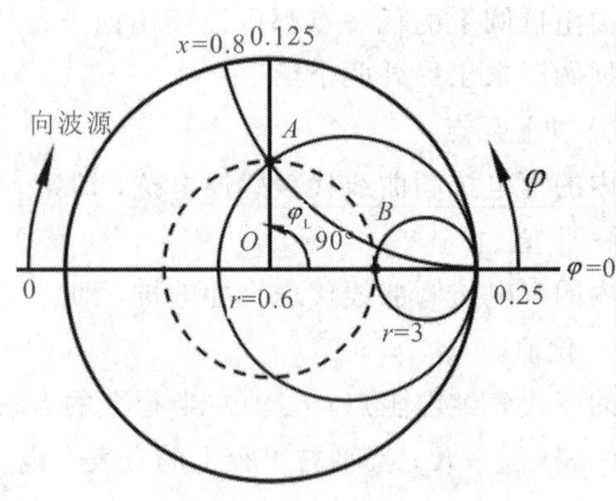

图 2-18 例 2-1 解题示意图

(1) 计算归一化负载阻抗：

$$z_L=\frac{Z_L}{Z_0}=\frac{180+j240}{300}=0.6+j0.8$$

在阻抗圆图上找到 $r=0.6$ 和 $x=0.8$ 的两个圆的交点 A，A 点即为 z_L 在原图中的位置，其对应的向波源波长数为 0.125。

(2) 确定终端反射系数的模 $|\Gamma_L|$。通过 A 点的等反射系数圆与右半轴交于 B 点，B 点归一化阻抗 $r_B=3$，即为驻波比 ρ 的值，因此 $|\Gamma_L|$ 为

$$|\Gamma_L|=\frac{\rho-1}{\rho+1}=\frac{3-1}{3+1}=0.5$$

(3) 确定终端反射系数的相角 φ_L。读得波源方向的波长数为 0.125，则 φ_L 对应的波长数的变化量为

$$\frac{\Delta z}{\lambda}=0.25-0.125=0.125$$

此时 φ_L 的度数为

$$\varphi_L=0.125\times\frac{2\pi}{0.5}=\frac{\pi}{2}$$

故终端的电压反射系数为

$$\Gamma_L=0.5e^{j\frac{\pi}{2}}$$

例 2-2　已知同轴线的特性阻抗 $Z_0=50\ \Omega$，信号波长 $\lambda=10$ cm，终端电压反射系数 $\Gamma_L=0.2e^{j50^\circ}$。求：(1) 终端负载阻抗 Z_L；(2) 电压波腹处和波节处的阻抗；(3) 靠近终端的第一个电压波腹及波节点与负载的距离。

解　参考示意如图 2-19 所示。

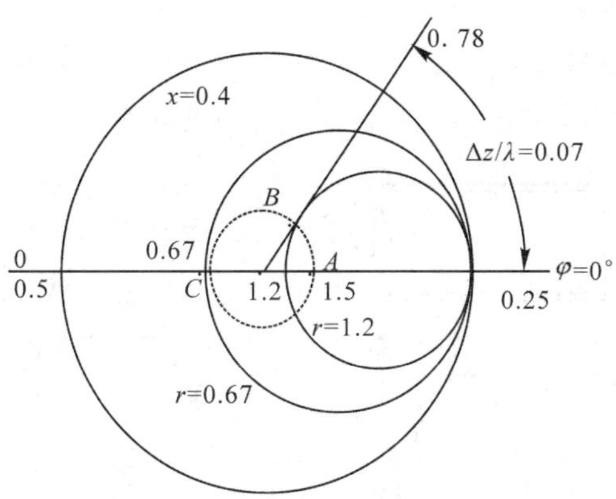

图 2-19　例 2-2 解题示意图

(注：$\Delta z/\lambda=0.07$，$\varphi=0$，$r=1.2$，$r=0.67$，$x=0.4$)

(1) 由反射系数模值 $|\Gamma_L|=0.2$，可得驻波比为

$$\rho=\frac{1+|\Gamma_L|}{1-|\Gamma_L|}=\frac{1+0.2}{1-0.2}=1.5$$

电压波腹及波节点的归一化阻抗分别为

$$r(\text{波腹})=\rho=1.5$$

$$r(\text{波节})=K=\frac{1}{\rho}=\frac{2}{3}$$

实际阻抗值须反归一化，得到

$$R(\text{波腹})=1.5\times50=75(\Omega)$$

$$R(\text{波节})=\frac{2}{3}\times50\approx33.3(\Omega)$$

(2) 确定负载阻抗 Z_L。将 $\varphi_L=50°$转化成电刻度量：

$$\frac{\Delta z}{\lambda}=0.5\times\frac{50}{360}=0.07$$

由 $\rho=1.5$ 的反射系数圆与右半实轴的交点 A 向负载方向逆时针沿等反射系数圆旋转 0.07 波长数，即由 0.25 电刻度转至 0.18 电刻度，至 B 点，则 B 点即为 z_L 对应的点，其反射系数即为 $\Gamma_L=0.2e^{j50°}$，可以读得

$$z_L=r+jx=1.2+j0.4$$

实际负载值为

$$Z_L=z_L\cdot Z_0=(1.2+j1.4)\times50=60+j70(\Omega)$$

(3) 由 B 点沿等反射系数圆顺时针方向旋转，先与右半实轴交于 A 点，即第一次遇到波腹点，则第一个波腹点与负载的距离为

$$l_{\max 1}=(0.25-0.18)\times\lambda=0.7(\text{cm})$$

继续由 A 点等反射系数圆顺时针旋转交左半实轴于 C 点，即第一次遇到波节点，由 B 点至 C 点共走过的电刻度数为 $0.5-0.18=0.32$，故第一个电压波节点与负载的距离为

$$l_{\min 1}=0.32\times\lambda=3.2(\text{cm})$$

例 2-3 用特性阻抗为 50 Ω 的同轴测量线测得负载的驻波比 $\rho=1.66$，第一个电压波节点距终端 10 mm，相邻两波节点之间的距离为 50 mm，求终端负载 Z_L。

解 参考示意如图 2-20 所示。

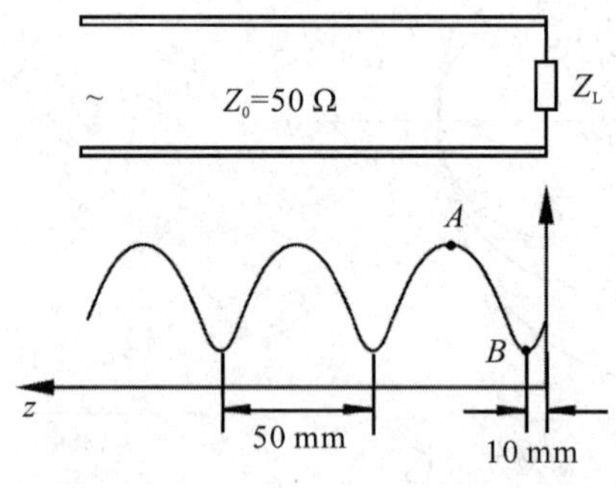

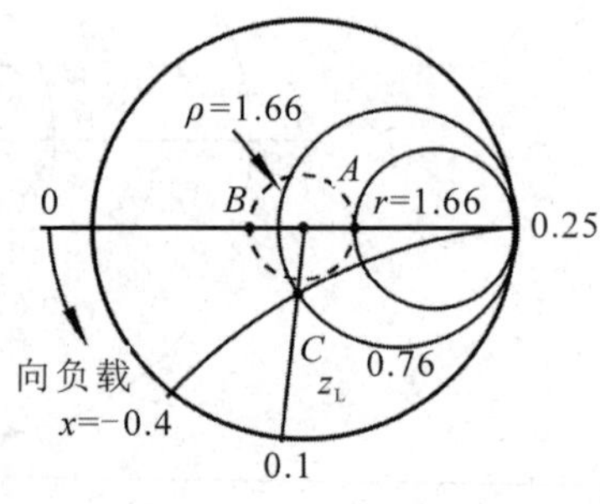

图 2-20 例 2-3 解题示意图

(1) 由驻波比 $\rho=1.66$ 知图中 A 点对应电压波腹点，B 点对应电压波节点。

(2) 离终端最近的电压波节点距负载波长数为

$$\frac{\Delta z}{\lambda}=\frac{10}{2\times50}=0.1$$

(3) 在 $\rho=1.66$ 的等反射系数圆上，从 B 点沿等反射系数圆逆时针旋转 0.1 电长度，至 C 点，则 C 点即为归一化负载点，可读得

$$z_L=0.76-j0.4$$

而实际负载值可反归一化得到，即

$$Z_L=z_L\cdot Z_0=(0.76-j0.4)\times 50=38-j20(\Omega)$$

例 2-4　特性阻抗为 50 Ω 的长线终端接匹配负载，距离终端 $l_1=0.2\lambda$ 处串接一阻抗 $Z=20+j30(\Omega)$，求离终端 $l_2=0.3\lambda$ 处的输入导纳。

解　参考示意如图 2-21 所示。

(1) 因传输线中有串接阻抗，故选用阻抗圆图求解。终端接匹配负载，故图 2-21(a) 中参考面 T_1 处向负载方向看去的输入阻抗 $Z'_{1in}=Z_0=50\ \Omega$，参考面 T_2 处向负载阻抗看去的阻抗为 Z 与 Z'_{1in} 的串联，$Z_{1in}=Z+Z'_{1in}=(70+j30)\Omega$。

归一化后得

$$z_{1in}=\frac{Z_{1in}}{Z_0}=\frac{70+j30}{50}=1.4+j0.6$$

将 z_{1in} 在圆图中标出，如图 2-21(b) 的 A 点所示，对应的电刻度为 0.19。

(2) 要求 $l_2=0.3\lambda$ 处的输入阻抗，只须从 z_{1in} 处向波源方向旋转 0.1 电刻度即可。

在图 2-21(b) 中，以 A 点为起点(对应传输线上 T_2 参考面处)，沿等反射系数圆顺时针旋转 0.1 电刻度，至 0.29 电刻度处，得到 D 点，则 D 点即输入端的 z_{in}，然后找到 D 点关于原点的对称点 D'，则 D' 处的值为归一化的输入导纳值 y_{in}，读得 D' 点处的值为

$$y_{in}=0.58+j0.16$$

将 y_{in} 反归一化即得实际的输入导纳值：

$$Y_{in}=y_{in}\cdot Y_0=\frac{y_{in}}{Z_0}=0.0116+j0.0032$$

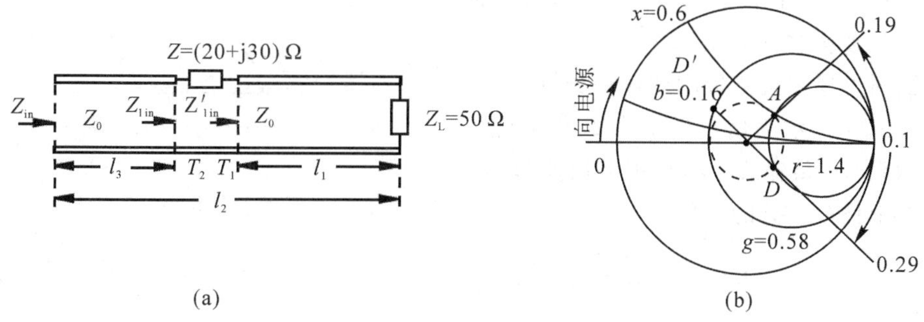

图 2-21　例 2-4 解题示意图

2.6　阻抗匹配

由前面的分析可知，当传输线负载阻抗不等于特性阻抗时，传输线上会产生反射，负载阻抗与特性阻抗的差别越大，产生的反射就越大。这对于微波的有效传输是不利的。本节专门研究消除这种反射的原理和方法。

2.6.1 阻抗匹配的概念

阻抗匹配是一种通过调节阻抗来消除微波电路或系统反射，使其尽量接近行波状态的技术措施。它是进行微波电路和系统(包括天线)设计时必须考虑的重要问题之一。传输系统存在反射时称为失配状态，反之则称为匹配状态。阻抗失配时传输大功率易导致传输系统被击穿，另外反射波会对信号源产生频率牵引作用，使信号源的工作不稳定，甚至不能正常工作。匹配时传输至传输线和负载的功率最大，且传输线中的功率损耗最小。

如图 2-22(a)所示的传输系统，通常 $Z_L \neq Z_0$，$Z_g \neq Z_0$，因此阻抗匹配分为以下两种情况。

1. 无反射匹配

无反射匹配指的是负载与传输线之间的阻抗匹配，目的是使负载无反射，条件是使 $Z_L = Z_0$。其方法是在负载与传输线之间接入阻抗匹配装置，使其输入阻抗作为等效负载而与传输线的特性阻抗相等，如图 2-22(b)所示。其实质是人为产生一种反射波，使之与实际负载的反射波相抵消。

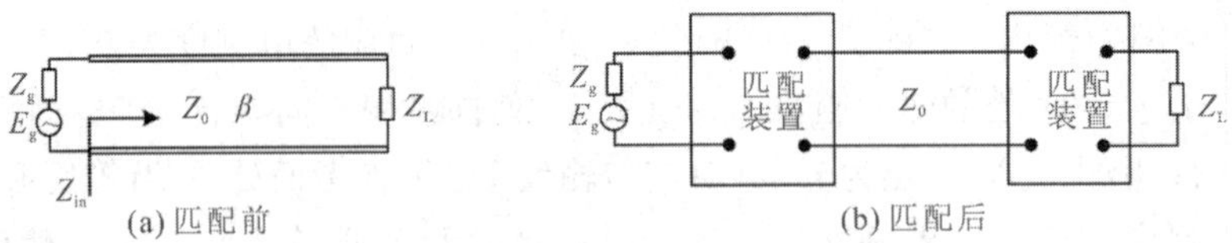

图 2-22 微波传输系统的匹配问题

2. 共轭匹配

信号源与传输线之间阻抗匹配的目的是使信号源的功率输出最大，条件是 $Z_{in} = Z_g^*$，或者 $R_{in} = R_g$，$X_{in} = -X_g$。方法是在信号源与被匹配电路之间接入匹配装置。微波有源电路的设计多属这种情况。

下面对上述阻抗匹配问题作一分析。

图 2-23 所示为信号源和负载均失配的无耗传输系统，传输线上将出现多次反射。可得传输线上任一点处的电压为

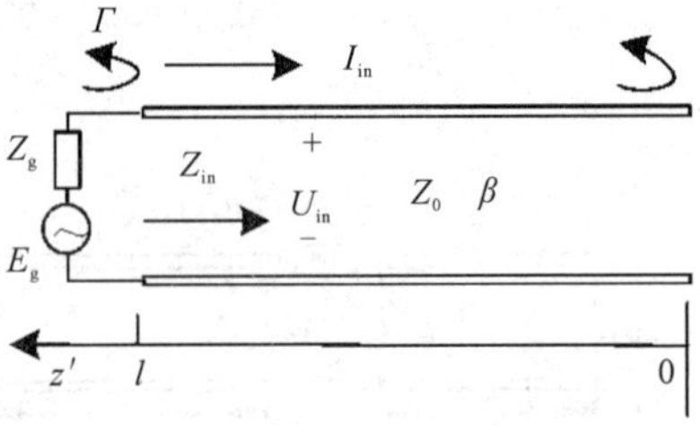

图 2-23 信号源和负载均失配的无耗传输系统

$$U(z') = \frac{E_g Z_0}{Z_g + Z_0} \cdot \frac{e^{-j\beta l}}{1 - \Gamma_g \Gamma_L e^{-2j\beta l}} (e^{j\beta z'} + \Gamma_L e^{-j\beta z'}) \tag{2-83}$$

输入端电压则为

$$U_{in} = U(l) = \frac{E_g Z_0}{Z_g + Z_0} \cdot \frac{e^{-j\beta l}}{1 - \Gamma_g \Gamma_L e^{-2j\beta l}} (e^{j\beta l} + \Gamma_L e^{-j\beta l}) \tag{2-84}$$

信号源向负载传送的功率为

$$P = \frac{1}{2}\mathrm{Re}(U_{in} I_{in}^*) = \frac{1}{2}|U_{in}|^2 \mathrm{Re}\left(\frac{1}{Z_{in}}\right) = \frac{1}{2}|E_g|^2 \left(\frac{Z_{in}}{Z_{in} + Z_g}\right) \mathrm{Re}\left(\frac{1}{Z_{in}}\right) \tag{2-85}$$

令 $Z_{in} = R_{in} + jX_{in}$，$Z_g = R_g + jX_g$，则式(2-85)可简化为

$$P = \frac{1}{2}|E_g|^2 \frac{R_{in}}{(R_{in} + R_g)^2 + (X_{in} + X_g)^2} \tag{2-86}$$

现在假定信号源内阻抗 Z_g 固定，讨论下面三种匹配问题。

(1) 负载与传输线匹配($Z_L=Z_0$)：此种情况 $\Gamma_L=0$，则传输线的输入阻抗 $Z_{in}=Z_0$，于是由式(2-86)可知传送至负载的功率为

$$P=\frac{1}{2}|E_g|^2\frac{R_{in}}{(Z_0+R_g)^2+X_g^2} \tag{2-87}$$

(2) 信号源与传输线匹配($Z_{in}=Z_g$)：此种情况下信号源与端接传输线所呈现的负载匹配，总的反射系数 $\Gamma_{in}=0$，此时传送至负载的功率为

$$P=\frac{1}{2}|E_g|^2\frac{R_g}{4(R_g^2+X_g^2)} \tag{2-88}$$

但由于 Γ_L 可能不等于零，此功率不一定被负载完全吸收，因此线上可能存在行驻波。

注意此种情况下虽然负载线与信号源匹配，但传送至负载的功率可能小于式(2-87)所示的传送至匹配负载情况下的功率，后者负载线并不必须与信号源匹配。

(3) 信号源的共轭匹配：此时，由于已假定信号源内阻抗 Z_g 固定，因此可以改变输入阻抗 Z_{in}，以使信号源传送至负载的功率最大。为使 P 最大，将 P 对 Z_{in} 的实部和虚部分别取微分，应用式(2-86)，由 $\partial P/\partial R_{in}=0$ 得到

$$R_g^2-R_{in}^2+(X_{in}+X_g)^2=0 \tag{2-89a}$$

由 $\partial P/\partial X_{in}=0$ 得到

$$X_{in}(X_{in}+X_g)=0 \tag{2-89b}$$

求解式(2-89a)和式(2-89b)，得到条件：

$$R_{in}=R_g,\ X_{in}=-X_g$$

或者

$$Z_{in}=Z_g^* \tag{2-90}$$

此即共轭匹配条件。在此条件下，对于内阻抗一定的信号源，其传送至负载的功率最大。由式(2-87)可得所传送的功率为

$$P=\frac{1}{2}|E_g|^2\frac{1}{4R_g} \tag{2-91}$$

可见，此功率大于或等于式(2-87)或式(2-88)的功率，同时注意到反射系数 Γ_L、Γ_g 和 Γ_{in} 可能不等于零。从物理意义的角度看，这意味着在某种情况下，失配线上多次反射后，相位可能相加，致使传送至负载的功率比线上无反射时传送的功率要大。假如信号源的内阻抗为实数($X_g=0$)，则后两种情况具有相同的结果：当负载线与信号源匹配时($R_{in}=R_g$，$X_{in}=X_g=0$)，传送至负载的功率最大。

2.6.2　阻抗匹配方法

阻抗匹配方法是在负载与传输线之间接入一个匹配装置(或称匹配网络)，使其输入阻抗等于传输线的特性阻抗 Z_0。对匹配网络的基本要求是简单易行、附加损耗小、频带宽、可调节。这里介绍四种典型的匹配方法。

1. 集总元件 L 节匹配

在 1 GHz 以下频段，可采用两个电抗元件组成的 L 节网络使任意负载阻抗与传输线匹配。这种 L 节匹配网络的可能结构如图 2-24 所示。对不同的负载阻抗，其中的电抗元件可以是电感或电容，因此有八种可能的匹配电路。它可借助于史密斯圆图来快速精确地设计。下面举例说明之。

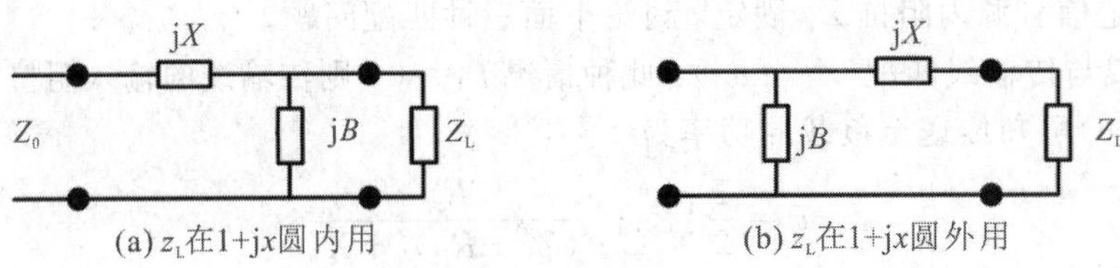

图 2-24　L 节匹配网络

例 2-5　设计一 L 节匹配网络，在 500 MHz 时使负载阻抗 $Z_L=(200-j100)\Omega$ 与特性阻抗 $Z_0=100\Omega$ 的传输线匹配。

解　归一化负载阻抗为 $z_L=(200-j100)/100=2-j1$，位于 $1+jx$ 圆内，如图 2-25(a)所示，故采用如图 2-24(a)所示的匹配网络。

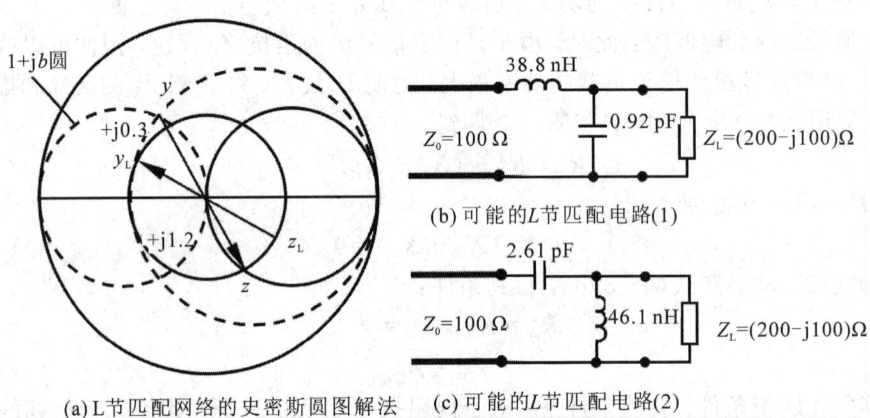

图 2-25　例 2-5 解题示意图

由于匹配网络中靠近负载的元件是并联电纳，因此须将归一化负载阻抗转换成归一化负载导纳，即将 z_L 旋转 180°得到 y_L。为达到匹配，y_L 加上并联电纳后再转换成归一化阻抗时应落在 $1+jx$ 圆周上，这样，再加上串联电抗以抵消 jx 即可做到匹配。

如图 2-25(a)所示，$y_L=0.4+j0.2$，加上 $jb=j0.3$ 的归一化电纳便可落于导纳圆图的 $1+jb$ 圆周上，读得与上半圆交点归一化导纳为 $y=0.4+j0.5$，再转换到阻抗圆图的 $1+jx$ 圆周上，读得 $z=1+j1.2$，为达到匹配就须串联一电抗 $jx=j1.2$。由此得到由并联电容和串联电感组成的 L 节匹配电路，如图 2-25(b)所示，其元件值在 500 MHz 时为

$$C=\frac{b}{2\pi f Z_0}=0.92(\text{pF}),\ L=\frac{xZ_0}{2\pi f}=38.8(\text{nH})$$

若 y_L 向下半圆移动，则交 $1+jx$ 圆周于 $y=0.4-j0.5$，得到并联电纳为 $jb=-j0.7$，然后转换回阻抗后，加上一串联电抗 $jx=-j1.2$ 也可做到匹配。由此得到由并联电感和串联电容组成的 L 节匹配电路，如图 2-25(c)所示，其元件值在 500 MHz 时为

$$C=-\frac{1}{2\pi f x Z_0}=2.61(\text{pF}),\ L=-\frac{Z_0}{2\pi f b}=46.1(\text{nH})$$

2. λ/4 变换器

λ/4 变换器是实现实负载阻抗与传输线匹配简单而实用的电路。

如图 2-26 所示，应用 λ/4 线段的阻抗变换特性，由式(2-37)有

$$Z_{in}=\frac{Z_0^2}{R_L} \tag{2-92}$$

匹配时，$Z_{in}=Z_0$，于是得到 λ/4 线段的特性阻抗应为

$$Z_{01}=\sqrt{Z_0 \cdot R_L} \tag{2-93}$$

据此便可设计 λ/4 变换器的尺寸。

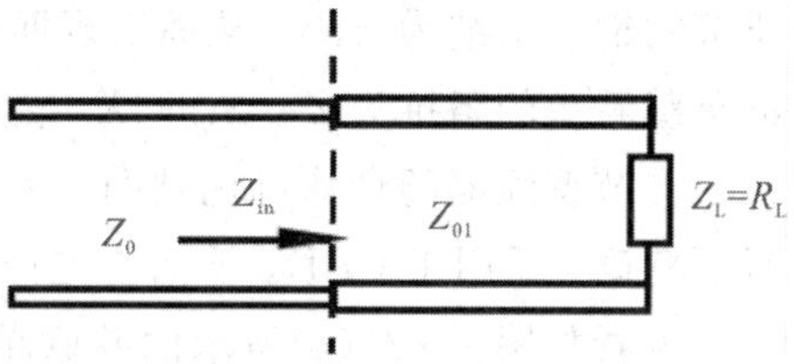

图 2-26　λ/4 变换器

线上多次部分反射叠加的原理分析表明，选取 $Z_{01}=\sqrt{Z_0 R_L}$，则有 $\Gamma_{in}=0$。这表明 λ/4 变换器的匹配是通过选择匹配线段的特性阻抗和长度使所有部分反射叠加为零的结果。

因为传输线的特性阻抗为实数，所以 λ/4 变换器只适用于匹配电阻性负载；若负载阻抗为复阻抗，仍须采用 λ/4 变换器来匹配，则可在负载与变换器之间加一段移相线段，或在负载处并联或串联适当的电抗短截线来变成实阻抗。不过这样做的结果将改变等效负载的频率特性，减小匹配的带宽。

若负载电阻与传输线特性阻抗的阻抗比过大(或过小)，或要求宽带工作时，则可采用双节、三节或多节 λ/4 变换器结构，其特性阻抗 Z_{01}、Z_{02}、Z_{03}、…按照一定的规律取值，可使匹配性能最佳。

3. 支节调配器

支节调配器是在距离负载的某固定位置并联或串联终端短路或开路的传输线段(称之为短截线或支节)构成的。支节数可以是一个、两个或多个。这种调配电路在微波频段便于用分布元件制作。常用的是并联调配支节，它特别容易用微带线或带状线来制作。

1) 单支节调配器

单支节调配器是在距离负载 d 处并联或串联长度为 l 的终端短路或开路的短截线而构成的，如图 2-27(a)、(b)所示。它是利用调节支节的位置 d 和长度 l 来实现匹配的。对于并联支节情况，总可以选择 d 使从支节接入处向负载看去的导纳为 $Y=Y_0+\mathrm{j}B$，然后选取

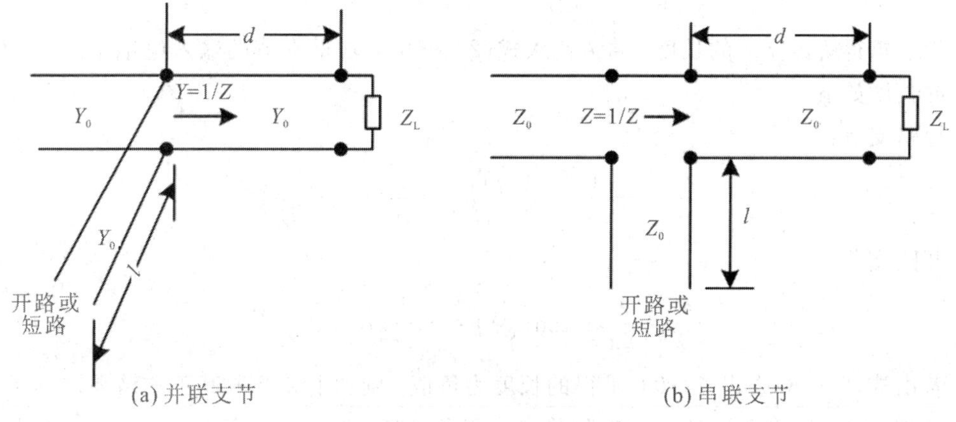

(a) 并联支节　　(b) 串联支节

图 2-27　单支节匹配电路

支节的输入电纳为$-\mathrm{j}B$，从而实现匹配。对于串联支节情况，可以选择d使从支节接入处向负载看去的阻抗为$Z=Z_0+\mathrm{j}X$，然后选取支节的输入电纳为$-\mathrm{j}X$，即可实现匹配。

支节调配器的计算可用圆图，也可用解析公式。前者快速、直观且有足够的精度；后者更精确，适用于CAD。下面首先推导解析公式，然后举例介绍圆图算法。

先看如图2-27(a)所示的并联单支节调配电路，令$Z_L=1/Y_L=R_L+\mathrm{j}X_L$，则从支节接入处向负载看去的输入阻抗为

$$Z=Z_0\frac{(R_L+\mathrm{j}X_L)+\mathrm{j}Z_0\tan(\beta d)}{Z_0+\mathrm{j}(R_L+\mathrm{j}X_L)\tan(\beta d)} \tag{2-94}$$

设$t=\tan(\beta d)$，将上式有理化，可求得该处的输入导纳为

$$Y=\frac{1}{Z}=G+\mathrm{j}B$$

其中：

$$G=\frac{R_L(1+t^2)}{R_L^2+(X_L+Z_0t)^2} \tag{2-95a}$$

$$B=\frac{R_L^2t-(Z_0-X_Lt)(X_L+Z_0t)}{Z_0[R_L^2+(X_L+Z_0t)^2]} \tag{2-95b}$$

选择d使$G=Y_0=1/Z_0$，则由式(2-95a)可得到关于t的二次方程：

$$Z_0(R_L-Z_0)t^2-2X_LZ_0t+(R_LZ_0-R_L^2-X_L^2)=0$$

解得

$$t=\begin{cases}\dfrac{X_L\pm\sqrt{R_L[(Z_0-R_L)^2+X_L^2]/Z_0}}{R_L-Z_0}, & R_L\neq Z_0\\[2ex] -\dfrac{X_L}{2Z_0}, & R_L=Z_0\end{cases} \tag{2-96}$$

d的两个主要解为

$$\frac{d}{\lambda}=\begin{cases}\dfrac{1}{2\pi}\arctan t, & t\geqslant 0\\[2ex] \dfrac{1}{2\pi}(\pi+\arctan t), & t<0\end{cases} \tag{2-97}$$

为了求得所需支节的长度，将t代入式(2-95b)，求得支节的输入电纳$B_t=-B$，则支节的长度如下：

短路支节：

$$\frac{l_{sc}}{\lambda}=-\frac{1}{2\pi}\arctan\left(\frac{Y_0}{B_t}\right)=\frac{1}{2\pi}\arctan\left(\frac{Y_0}{B}\right) \tag{2-98}$$

开路支节：

$$\frac{l_{oc}}{\lambda}=\frac{1}{2\pi}\arctan\left(\frac{B_t}{Y_0}\right)=-\frac{1}{2\pi}\arctan\left(\frac{B}{Y_0}\right) \tag{2-99}$$

若由式(2-98)或式(2-99)求得的长度为负值，则加上$\lambda/2$取其正的结果。

同理，如图2-27(b)所示的串联单支节调配电路，令$Y_L=1/X_L=G_L+\mathrm{j}B_L$，则从支节接入处向负载看去的输入导纳为

$$Y=Y_0\frac{(G_L+jB_L)+jY_0t}{Y_0+j(G_L+jB_L)t} \tag{2-100a}$$

式中：$t=\tan(\beta d)$，$Y_0=1/Z_0$，则可求得该处的输入阻抗为

$$Z=\frac{1}{Y}=R+jX$$

其中：

$$R=\frac{G_L(1+t^2)}{G_L^2+(B_L+Y_0t)^2} \tag{2-100b}$$

$$X=\frac{G_L^2t-(Y_0-B_Lt)(B_L+Y_0t)}{Y_0[G_L^2+(B_L+Y_0t)^2]} \tag{2-100c}$$

选择 d 使 $R=Z_0=1/Y_0$，则由式(2-100a)可得关于 t 的二次方程：

$$Y_0(G_L-Y_0)t^2-2B_LY_0t+(G_LY_0-G_L^2-B_L^2)=0$$

解得

$$t=\begin{cases}\dfrac{B_L\pm\sqrt{G_L[(Y_0-G_L)^2+B_L^2]/Y_0}}{G_L-Y_0}, & G_L\neq Y_0\\[2ex] -\dfrac{B_L}{2Y_0}, & G_L=Y_0\end{cases} \tag{2-101}$$

d 的两个主要解可由 t 求得，即为

$$\frac{d}{\lambda}=\begin{cases}\dfrac{1}{2\pi}\arctan t, & t\geqslant 0\\[2ex] \dfrac{1}{2\pi}(\pi+\arctan t), & t<0\end{cases} \tag{2-102}$$

为求得所需支节的长度，将 t 代入式(2-100b)，求得支节的输入电纳 $X_t=-X$，则支节的长度如下：

短路支节：

$$\frac{l_{sc}}{\lambda}=\frac{1}{2\pi}\arctan\left(\frac{X_t}{Z_0}\right)=-\frac{1}{2\pi}\arctan\left(\frac{X}{Z_0}\right) \tag{2-103}$$

开路支节：

$$\frac{l_{oc}}{\lambda}=-\frac{1}{2\pi}\arctan\left(\frac{Z_0}{X_t}\right)=\frac{1}{2\pi}\arctan\left(\frac{Z_0}{X}\right) \tag{2-104}$$

若由式(2-103)或式(2-104)求得的长度为负值，则加上 $\lambda/2$ 取其正的结果。

例 2-6　特性阻抗 Z_0 为 50 Ω 的无耗线终端接 $Z_L=(25+j75)\,\Omega$ 的负载，采用单支节匹配，如图 2-28(a)所示，求支节的位置和长度。

解　求归一化负载阻抗：

$$z_L=\frac{25+j75}{50}=0.5+j1.5$$

在圆图上标出此点，如图 2-28(b)所示，并查得 $\Gamma_L=0.74e^{j64°}$，$\rho=6.7$，相应的归一化负载导纳为 $y_L=0.2-j0.6$，其对应的向电源波长数为 0.412。

由 y_L 沿等 $|\Gamma_L|$ 圆顺时针旋转与 $g_1=1$ 的圆交于两点：

$$y_1=1+j2.2，波长数为 0.192$$

$$y_1'=1-\mathrm{j}2.2\text{，波长数为 }0.308$$

则求得支节的位置为

$$d=(0.088+0.192)\lambda=0.28\lambda\text{，}d'=(0.088+0.308)\lambda=0.396\lambda$$

短路支节的归一化输入电纳为

$$y_2=-\mathrm{j}2.2\text{，}y_2'=\mathrm{j}2.2$$

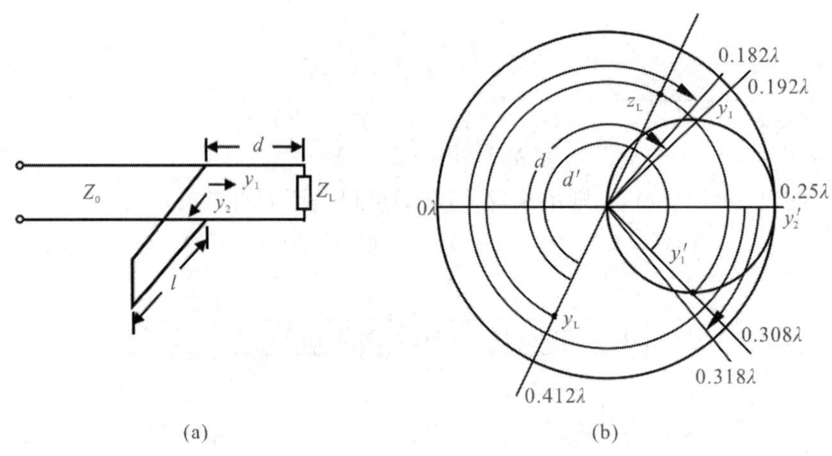

图 2-28　例 2-6 解题用图

下面求短路支节的长度。由于短路支节的负载为零，位于实轴右端点，因此由此点至支节归一化电纳点顺时针所旋转的波长数即为短路支节的长度，即可得

$$l=(0.318-0.25)\lambda=0.068\lambda\text{，}l'=(0.25+0.182)\lambda=0.432\lambda$$

需要指出的是，匹配的解答有两对值，通常选取其中较短的一对。

2）双支节调配器

单支节调配器可用于匹配任意负载阻抗，但它要求支节的位置 d 可调，这对同轴线、波导结构有困难，解决的办法是采用双支节调配器。

双支节调配器是在距离负载的两固定位置并联(或串联)接入终端短路或开路的支节构成的，常采用的是并联支节，如图 2-29(a)所示。两支节之间的距离通常选取 $d=\lambda/8$，

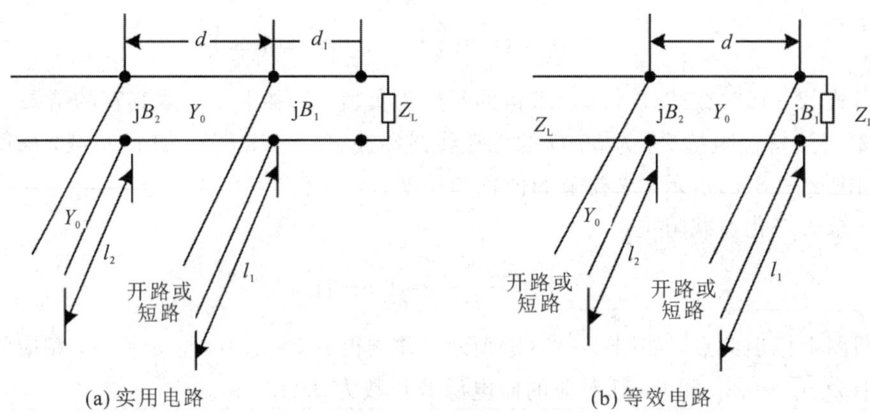

图 2-29　双支节匹配电路

$\lambda/4$，$3\lambda/8$，但不能取 $\lambda/2$。为了分析方便，将图 2-29(a)所示的实用电路转换为 2-29(b)所示的等效电路。双支节调配器是通过选择两支节的长度 l_1 和 l_2 来达到匹配的。

如图 2-29 所示的电路，第一个支节左侧的导纳为

$$Y_1=G_L+j(B_L+B_1) \tag{2-105}$$

式中：$Y_L=G_L+jB_L$ 是负载导纳，B_1 是第一个支节的输入导纳。此导纳经过长度 d 后变换至第二个支节右侧的导纳为

$$Y_2=Y_0\frac{(G_L+jB_L+jB_1)+jY_0t}{Y_0+j(G_L+jB_L+jB_1)t} \tag{2-106}$$

式中：$t=\tan(\beta d)$，$Y_0=1/Z_0$，为达到匹配，要求 Y_2 的实部必须等于 Y_0，由此得到方程：

$$G_L^2-G_LY_0\frac{1+t^2}{t^2}+\frac{(Y_0-B_Lt-B_1t)Y_0}{t^2}=0 \tag{2-107}$$

求得 G_L 为

$$G_L=Y_0\frac{1+t^2}{2t^2}\left[1\pm\sqrt{\frac{1-4t^2\ (Y_0-B_Lt-B_1t)^2}{Y_0\ (1+t^2)^2}}\right] \tag{2-108}$$

由于 G_L 为实数，这就要求式(2-108)平方根内的量必须为非负值，即

$$0\leqslant\frac{4t^2\ (Y_0-B_Lt-B_1t)^2}{Y_0\ (1+t^2)^2}\leqslant 1$$

亦即

$$0\leqslant G_L\leqslant Y_0\frac{1+t^2}{2t^2}=\frac{Y_0}{\sin^2(\beta d)} \tag{2-109}$$

此即给定间距 d 时可以匹配 G_L 值的范围。这说明当 d 一定时，双支节调配器不能对所有的负载阻抗匹配。当 d 固定后，第一个支节的输入电纳可由式(2-107)求得，即

$$B_1=-B_L+\frac{Y_0\pm\sqrt{(1+t^2)G_LY_0-G_L^2t^2}}{G_Lt} \tag{2-110}$$

第二个支节的输入电纳则可由式(2-106)虚部的负值求得，即

$$B_2=\frac{\pm Y_0\sqrt{(1+t^2)G_LY_0-G_L^2t^2}+G_LY_0}{G_Lt} \tag{2-111}$$

于是支节的长度可由 B 值求得：

短路支节：

$$\frac{l_{sc}}{\lambda}=-\frac{1}{2\pi}\arctan\left(\frac{Y_0}{B}\right) \tag{2-112}$$

开路支节：

$$\frac{l_{oc}}{\lambda}=\frac{1}{2\pi}\arctan\left(\frac{B}{Y_0}\right) \tag{2-113}$$

式中：$B=B_1=B_2$。

双支节匹配存在得不到匹配的禁区。如图 2-30 所示，当 $d=\lambda/8$ 时，如果 y_L 落在 $g>2$ 的圆内，则沿等 g_L 圆旋转不可能与辅助圆有交点，因此不能获得匹配。同理，当 $d=\lambda/4$ 时，y_L 落在 $g>1$ 的圆内也得不到匹配。为了克服此缺点，可以采用三支节或四支节调配器。

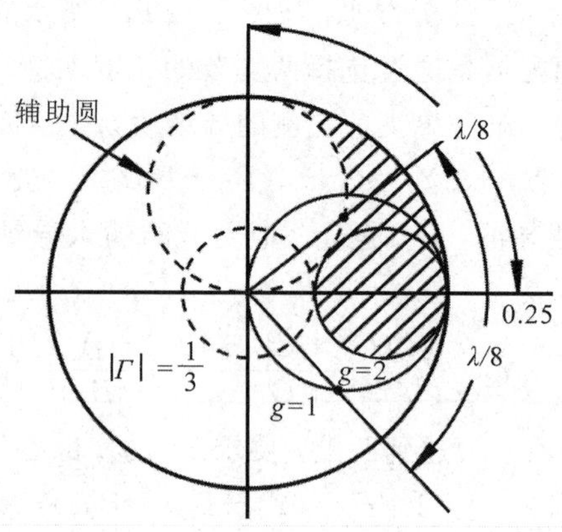

图 2-30 双支节匹配禁区

4. 渐变线

上述几种匹配方法的共有特点是频带较窄，为了能够实现宽频工作，可以采用渐变线进行匹配。如上所述，用 $\lambda/4$ 变换器匹配时，若阻抗变换比很大或要求宽频带工作时，可采用多节 $\lambda/4$ 变换器。当节数增加时，两节之间的特性阻抗阶梯变化就变得很小。在节数无限大的极限下就变成了连续的渐变线。这种渐变线匹配节的长度只要远大于工作波长，其输入驻波比就可以做到很小，而且频率越高，这个条件满足得越好。

如图 2-31(a)所示的渐变线匹配节，其特性阻抗从 $z=0$ 处的 Z_0 变至 $z=l$ 处的 Z_L(一般应为实阻抗 R_L)。渐变线可看成长度为 Δz 的许多增量节组成，从一节到下一节的阻抗变化为 ΔZ，如图 2-31(b)所示，则 z 处的阶梯增量反射系数为

$$\Delta\Gamma=\frac{(\bar{Z}+\Delta\bar{Z})-\bar{Z}}{(\bar{Z}+\Delta\bar{Z})+\bar{Z}}\approx\frac{\Delta\bar{Z}}{2\bar{Z}} \tag{2-114}$$

式中：Γ 和 $\bar{Z}$ 都是 z 的函数，符号“-”表示对 Z_0 的阻抗归一化。令 $\Delta Z\rightarrow 0$，则得

$$\mathrm{d}\Gamma=\frac{\mathrm{d}Z}{2Z}=\frac{1}{2}\frac{\mathrm{d}(\ln Z/Z_0)}{\mathrm{d}z}\mathrm{d}z \tag{2-115}$$

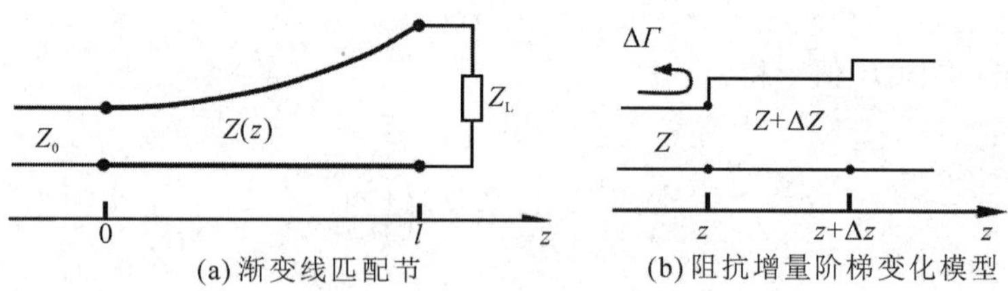

图 2-31 渐变线匹配原理

若渐变线无耗，则此阻抗变化所产生的对输入端反射系数的贡献为

$$\mathrm{d}\Gamma_{\mathrm{in}}=\frac{1}{2}\mathrm{e}^{-\mathrm{j}2\beta z}\frac{\mathrm{d}(\ln Z/Z_0)}{\mathrm{d}z}\mathrm{d}z$$

输入端总的反射系数则为

$$\Gamma_{\mathrm{in}}=\frac{1}{2}\int_{z=0}^{l}\mathrm{e}^{-\mathrm{j}2\beta z}\frac{\mathrm{d}(\ln Z/Z_0)}{\mathrm{d}z}\mathrm{d}z \tag{2-116}$$

此式是近似式，因为忽略了多次反射和损耗。由式(2－116)可见，若给定 $Z(z)$，则可求得 Γ_{in}。

用于阻抗匹配的渐变线有指数式、克洛普芬斯坦式、直线式、三角式、切比雪夫式等。下面仅对前两种作介绍。

1）指数渐变线

指数渐变线是一种按 $\ln Z/Z_0$ 作线性变化的渐变线。其 Z/Z_0 由 1 到 $\ln Z/Z_0$ 作指数变化，即

$$Z(z)=Z_0 e^{\alpha z}, \quad 0<z<l \tag{2-117}$$

如图 2－32(a)所示，在 $z=0$ 处，$Z(0)=Z_0$；在 $z=l$ 处，要求 $Z(l)=Z_L=Z_0 e^{\alpha l}$，由此求得常数 α 为

$$\alpha=\frac{1}{l}\ln\left(\frac{Z_L}{Z_0}\right) \tag{2-118}$$

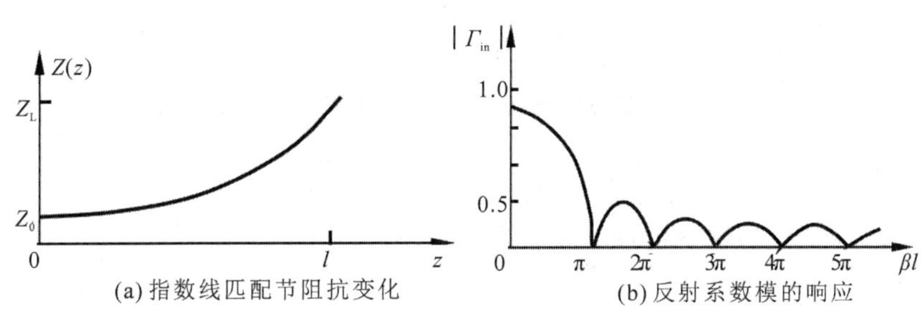

(a) 指数线匹配节阻抗变化　(b) 反射系数模的响应

图 2－31　指数线匹配电路

将式(2－117)和式(2－118)代入式(2－116)，可得

$$\Gamma_{in}=\frac{1}{2}\int_{z=0}^{l} e^{-j2\beta z}\frac{d}{dz}(\ln e^{\alpha z})dz=\frac{\ln Z_L/Z_0}{2}e^{-j\beta l}\frac{\sin(\beta l)}{\beta l} \tag{2-119}$$

注意：上式推导时已假定渐变线传播常数 β 不是 z 的函数，此假设只适用于 TEM 波传输线。

图 2－32(b)表示由式(2－119)求得的指数渐变线的反射特性，由图可见，当 $l\gg\lambda$ ($\beta l\gg 2\pi$)时，其反射系数很小。

指数渐变线在给定阻抗变换比(Z/Z_0)和终端反射系数 Γ_L 时，其最短长度为

$$l_{min}=\frac{1}{4\beta|\Gamma_L|}\left|\ln\frac{Z_L}{Z_0}\right|=\frac{\lambda_{max}}{8\pi|\Gamma_L|}\left|\ln\frac{Z_L}{Z_0}\right| \tag{2-120}$$

假如所要匹配的两阻抗相差不大，指数渐变线可近似作成直线过渡，以便于加工。

2）克洛普芬斯坦渐变线*

克洛普芬斯坦渐变线是由阶梯切比雪夫变换器的节数无限增加演变成的。对于给定长度，这种渐变线在通带内的反射系数最小，或者说，对于通带内的最大反射系数指标，这种渐变线的长度最短。

克洛普芬斯坦渐变线特性阻抗变化的对数为

$$\ln Z(z)=\frac{1}{2}\ln Z_0 Z_L+\frac{\Gamma_0}{\mathrm{ch}A}A^2\phi\left(\frac{2z}{l}-1, A\right), \quad 0\leqslant z\leqslant l \tag{2-121}$$

式中：函数 $\phi(x, A)$定义为

$$\phi(x, A)=-\phi(-x, A)=\int_0^x \frac{I_1(A\sqrt{1-y^2})}{A\sqrt{1-y^2}}dy,\ |x|\leqslant 1 \tag{2-122}$$

式中：$I_1(x)$为修正贝塞尔函数，此函数取如下特定值：

$$\phi(0, A)=0$$

$$\phi(x, 0)=\frac{x}{2}$$

$$\phi(1, A)=\frac{\mathrm{ch}A-1}{A^2}$$

其他形式则须作数值计算。

总的反射系数为

$$\Gamma_{in}=\Gamma_0 e^{-j\beta l}\frac{\cos\sqrt{(\beta l)^2-A^2}}{\mathrm{ch}A},\ \beta l>A \tag{2-123}$$

若 $\beta l<A$，则 $\cos\sqrt{(\beta l)^2-A^2}$ 项变成 $\mathrm{ch}\sqrt{A^2-(\beta l)^2}$。

式(2-121)和式(2-123)中的 Γ_0 是零频率反射系数：

$$\Gamma_0=\frac{Z_L-Z_0}{Z_L+Z_0}\approx\frac{1}{2}\ln\frac{Z_L}{Z_0} \tag{2-124}$$

通常定义 $\beta l\geqslant A$，因此通带内的最大波纹为

$$\Gamma_m=\frac{\Gamma_0}{\mathrm{ch}A} \tag{2-125}$$

有趣的是，式(2-121)表示的阻抗渐变线在 $z=0$ 和 $z=l$ 处具有突变，因此在渐变线的源端和负载端并非平滑连接。

习　题

2-1　传输线长度为10 cm，当信号频率为937.5 MHz时，此传输线是长线还是短线？当信号频率为6 MHz时，此传输线是长线还是短线？

2-2　今有一铜制的加空平行双线，两线间的距离 $D=15$ cm，导线半径 $r=0.1$ cm，工作频率为100 MHz，试求：单位长度上的分布参数 L_1 和 C_1、相位常数 β、特性阻抗 Z_0、相波长 λ_p 及相速度 v_p。

2-3　均匀无耗长线的分布电感 $L_1=1.665$ nH/mm，分布电容 $C_1=0.666$ pF/mm，介质为空气。求其长线的特性阻抗 Z_0。当信号频率分别为50 MHz和100 MHz时，计算每厘米线长引入的串联电抗和并联电纳。

2-4　设有一同轴线，外导体内直径为23 mm，内导体外直径为10 mm，求其特性阻抗；若内外导体间填充 ε_r 为2.5的介质，再求其特性阻抗。

2-5　试解释分布参数和均匀无耗长线的概念。

2-6　无耗长线特性阻抗 $Z_0=50\ \Omega$，终端负载 $Z_L=(100+j100)\Omega$，计算终端反射系数。

2-7　特性阻抗为50 Ω的长线，终端接负载时，测得反射系数的模为0.2，求线上驻

波比及电压波腹、波节处的输入阻抗。

2-8　无耗长线特性阻抗 $Z_0=50\ \Omega$，终端负载 $Z_L=(130-j70)\Omega$，线长 $l=30$ cm，信号频率为 $f=300$ MHz，用圆图确定始端的输入阻抗和输入导纳。

2-9　主传输线特性阻抗 $Z_0=500\ \Omega$，工作频率 $f=100$ MHz，现用 $\lambda/4$ 匹配器和单支节联合匹配，如下图所示。试求 $\lambda/4$ 线特性阻抗 Z_{01} 和单支节线的最短长度 l_{min}。

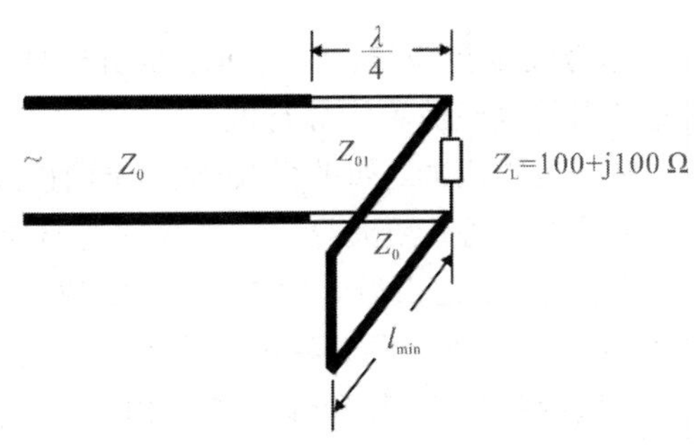

题 2-9 图

2-10　证明均匀无耗传输线的负载阻抗为

$$Z_L=Z_0\frac{K-j\tan(\beta l_{min\,1})}{1-jK\tan(\beta l_{min\,1})}$$

其中：K 为行波系数，$l_{min\,1}$ 为第一个电压波节点至负载的距离。

第3章　微波传输线

用于微波波段的传输线称为微波传输线。它的作用是引导电磁波沿一定的方向传输，因此亦称为导波系统，其所导引的电磁波称为导行波。

微波传输线种类繁多：有金属制成的，如平行双导线、同轴线；有空心金属管，如矩形波导、圆波导等；也有由电介质制成的介质波导等。本章讨论的导波系统是指无限长的均匀直波导，称为规则波导。所谓均匀，是指沿其轴向，波导横截面的形状和尺寸、波导管壁的结构和所用的材料以及波导内填充的介质的特性和分布均不变化。另外，还假定波导内无波源($\boldsymbol{J}=\boldsymbol{0}$，$\rho=0$)，波导内壁的材料为理想导体，波导内的介质为线性各向同性均匀的。除特别说明外，介质为理想介质。

本章介绍导波系统的一般分析、矩形波导、圆波导、同轴线、微带线及其他微波传输线，特别对最新发展的复合左右手传输线进行了介绍。

3.1　导波系统的一般分析

3.1.1　导行电磁波的分析方法

规则波导的截面为任意形状的柱形结构，因此，采用柱形坐标对其进行分析。例如，直角坐标(x，y，z)和圆柱坐标(ρ，φ，z)都为柱形坐标，其中直线坐标轴为 z 轴，并使其与波导轴重合。z 向称为纵向，即为电磁波的传输方向，而横向用 T 表示。

1. 导行电磁波的波型

波导中导行电磁波的求解，仍然是电磁波的边值问题，即求出满足波导中边界条件的波动方程的解。由于边界条件的要求，不同种类的波导中导行电磁波的场的结构有所不同。在规则波导中满足边界条件的波动方程的解，通常有以下四种基本类型，每种类型称为一种波型或模式。

(1) 横电磁波(TEM 模)：电场、磁场均无纵向分量。即 $E_z=H_z=0$，$\boldsymbol{E}$、$\boldsymbol{H}$ 完全在横向平面内。

(2) 横磁波(TM 模或 E 模)：磁场无纵向分量，但电场有纵向分量。即 $H_z=0$ 而 $E_z\neq0$，$\boldsymbol{H}$ 完全在横向平面内。

(3) 横电波(TE 模或 H 模)：电场无纵向分量，但磁场有纵向分量。即 $E_z=0$ 而 $H_z\neq0$，$\boldsymbol{E}$ 完全在横向平面内。

(4) 混合波(HE 模和 EH 模)：电场和磁场的纵向分量均不为零。即 $E_z\neq0$ 且 $H_z\neq0$，因此其电磁场分量可能共有六个。

本章介绍的金属传输线存在前三种模式，其中 TEM 模只能存在于多导体结构的传输线(如同轴线)中，而 TE 模和 TM 模一般存在于金属波导管中。

2. 矢量波动方程的分解

已知无源无耗波导中时谐场满足的亥姆霍兹方程为

$$\nabla^2 \boldsymbol{E}+k^2 \boldsymbol{E}=0$$
$$\nabla^2 \boldsymbol{H}+k^2 \boldsymbol{H}=0 \tag{3-1}$$

式中：$k^2=\omega^2\mu\varepsilon$。

设导行电磁波沿 z 轴正向传输，又设沿传输方向上的相位常数为 β，则式(3-1)的复矢量的解应为

$$\begin{cases}\boldsymbol{E}=\boldsymbol{E}(T)\mathrm{e}^{-\mathrm{j}\beta z}\\ \boldsymbol{H}=\boldsymbol{H}(T)\mathrm{e}^{-\mathrm{j}\beta z}\end{cases} \tag{3-2}$$

式中：T 表示横向坐标变量，如(x,y)等。

故拉普拉斯算符∇^2在此情况下可表示为

$$\nabla^2=\nabla_T^2+\frac{\partial^2}{\partial z^2}=\nabla_T^2-\beta^2 \tag{3-3}$$

式中：∇_T^2为∇^2的横向部分，如在直角坐标系中，$\nabla_T^2\boldsymbol{E}=\left(\frac{\partial^2}{\partial x^2}+\frac{\partial^2}{\partial y^2}\right)\boldsymbol{E}$。

另外，$\boldsymbol{E}$ 和 $\boldsymbol{H}$ 也可以分解为横向和纵向分量，分别为

$$\begin{cases}\boldsymbol{E}=[\boldsymbol{E}_T(T)+\boldsymbol{e}_z\boldsymbol{E}_z(T)]\mathrm{e}^{-\mathrm{j}\beta z}\\ \boldsymbol{H}=[\boldsymbol{H}_T(T)+\boldsymbol{e}_z\boldsymbol{H}_z(T)]\mathrm{e}^{-\mathrm{j}\beta z}\end{cases} \tag{3-4}$$

式中：下标 T 表示横向分量，下标 z 表示纵向分量。将式(3-3)及式(3-4)代入式(3-1)中，并消去 $\mathrm{e}^{-\mathrm{j}\beta z}$，有

$$\begin{cases}(\nabla_T^2-\beta^2)[\boldsymbol{E}_T(T)+\boldsymbol{e}_z\boldsymbol{E}_z(T)]+k^2[\boldsymbol{E}_T(T)+\boldsymbol{e}_z\boldsymbol{E}_z(T)]=\boldsymbol{0}\\ (\nabla_T^2-\beta^2)[\boldsymbol{H}_T(T)+\boldsymbol{e}_z\boldsymbol{H}_z(T)]+k^2[\boldsymbol{H}_T(T)+\boldsymbol{e}_z\boldsymbol{H}_z(T)]=\boldsymbol{0}\end{cases}$$

即为

$$\begin{cases}[\nabla_T^2\boldsymbol{E}_T(T)+(k^2-\beta^2)\boldsymbol{E}_T(T)]+\boldsymbol{e}_z[\nabla_T^2\boldsymbol{E}_T(T)+(k^2-\beta^2)\boldsymbol{E}_T(T)]=\boldsymbol{0}\\ [\nabla_T^2\boldsymbol{H}_T(T)+(k^2-\beta^2)\boldsymbol{H}_T(T)]+\boldsymbol{e}_z[\nabla_T^2\boldsymbol{H}_T(T)+(k^2-\beta^2)\boldsymbol{H}_T(T)]=\boldsymbol{0}\end{cases}$$

以上两式的左端均为两相互垂直的矢量之和，要使等式成立，只有两矢量均为零。

又令

$$k_c^2=k^2-\beta^2 \tag{3-5}$$

则得

$$\nabla_T^2\boldsymbol{E}_T(T)+k_c^2\boldsymbol{E}_T(T)=\boldsymbol{0} \tag{3-6a}$$

$$\nabla_T^2\boldsymbol{E}_z(T)+k_c^2E_z(T)=\boldsymbol{0} \tag{3-6b}$$

及

$$\nabla_T^2\boldsymbol{H}_T(T)+k_c^2\boldsymbol{H}_T(T)=\boldsymbol{0} \tag{3-7a}$$

$$\nabla_T^2\boldsymbol{H}_z(T)+k_c^2\boldsymbol{H}_z(T)=\boldsymbol{0} \tag{3-7b}$$

至此，通过拉普拉斯算符和场强矢量的纵横分离，得到了式(3-6)和式(3-7)所表示的场矢量的横向矢量和纵向矢量分量的二维亥姆霍兹方程。

3. 横向场和纵向场分量的关系

因为 $\boldsymbol{E}_T$、$\boldsymbol{H}_T$ 与 $\boldsymbol{E}_z$、$\boldsymbol{H}_z$ 之间不是相互独立的，故没有必要求解式(3-6)和式(3-7)

中的四个方程。可以由麦克斯韦方程组找到横向场分量 $\boldsymbol{E}_T$、$\boldsymbol{H}_T$ 与纵向场分量 $\boldsymbol{E}_z$、$\boldsymbol{H}_z$ 的关系，这样只须求解 $\boldsymbol{E}_z$ 和 $\boldsymbol{H}_z$ 的标量函数的亥姆霍兹方程即可求得波导中的电磁场解。

对于麦克斯韦方程组的第一方程：

$$\nabla\times\boldsymbol{H}=\mathrm{j}\omega\varepsilon\boldsymbol{E} \tag{3-8}$$

式中的算符∇可分解为横向和纵向两部分：

$$\nabla=\nabla_T+\boldsymbol{e}_z\frac{\partial}{\partial z}=\nabla_T-\mathrm{j}\beta\boldsymbol{e}_z \tag{3-9}$$

式中：∇_T 为∇的横向部分，如直角坐标系中，$\nabla_T=\boldsymbol{e}_x\dfrac{\partial}{\partial x}+\boldsymbol{e}_y\dfrac{\partial}{\partial y}$，$\dfrac{\partial}{\partial z}=-\mathrm{j}\beta$。而场矢量也作纵、横分解为

$$\boldsymbol{E}=\boldsymbol{E}_T(T)+\boldsymbol{e}_z\boldsymbol{E}_z,\ \boldsymbol{H}=\boldsymbol{H}_T(T)+\boldsymbol{e}_z\boldsymbol{H}_z \tag{3-10}$$

将式(3－9)及式(3－10)代入式(3－8)中，其左端为

$$(\nabla_T-\mathrm{j}\beta\boldsymbol{e}_z)\times[\boldsymbol{H}_T(\boldsymbol{T})+\boldsymbol{e}_z\boldsymbol{H}_z)=\nabla_T\times\boldsymbol{H}_T+\nabla_T\times\boldsymbol{e}_z\boldsymbol{H}_z-\mathrm{j}\beta\boldsymbol{e}_z\times\boldsymbol{H}_T$$

式中：

$$\nabla_T\times\boldsymbol{e}_z\boldsymbol{H}_z=\nabla_T\boldsymbol{H}_z\times\boldsymbol{e}_z+\boldsymbol{H}_z(\nabla\times\boldsymbol{e}_z)=\nabla_T\boldsymbol{H}_z\times\boldsymbol{e}_z$$

故有

$$\nabla_T\times\boldsymbol{H}_T+\nabla_T\boldsymbol{H}_z\times\boldsymbol{e}_z-\mathrm{j}\beta\boldsymbol{e}_z\times\boldsymbol{H}_T=\mathrm{j}\omega\varepsilon(\boldsymbol{E}_T+\boldsymbol{e}_z\boldsymbol{E}_z)$$

此式两端的横向和纵向矢量应分别相等，即两端的纵向矢量有

$$\nabla_T\times\boldsymbol{H}_T=\mathrm{j}\omega\varepsilon\boldsymbol{E}_z\boldsymbol{e}_z \tag{3-11a}$$

而两端的横向矢量有

$$\nabla_T\boldsymbol{H}_z\times\boldsymbol{e}_z-\mathrm{j}\beta\boldsymbol{e}_z\times\boldsymbol{H}_T=\mathrm{j}\omega\varepsilon\boldsymbol{E}_T \tag{3-11b}$$

同理，由麦克斯韦方程组的第二方程：

$$\nabla\times\boldsymbol{E}=-\mathrm{j}\omega\mu\boldsymbol{H}$$

将式(3－9)及式(3－10)代入上式中，则可得等式两端的纵向矢量有

$$\nabla_T\times\boldsymbol{E}_T=-\mathrm{j}\omega\mu\boldsymbol{H}_z\boldsymbol{e}_z \tag{3-11c}$$

而两端的横向矢量有

$$\nabla_T\boldsymbol{E}_z\times\boldsymbol{e}_z-\mathrm{j}\beta\boldsymbol{e}_z\times\boldsymbol{E}_T=-\mathrm{j}\omega\mu\boldsymbol{H}_T \tag{3-11d}$$

这样，由式(3－11b)及式(3－11d)两式，消去 $\boldsymbol{H}_T$ 或 $\boldsymbol{E}_T$，可分别得

$$\boldsymbol{E}_T=-\frac{\mathrm{j}\beta}{k_c^2}\nabla_T\boldsymbol{E}_z-\frac{\mathrm{j}\omega\mu}{k_c^2}\nabla_T\boldsymbol{H}_z\times\boldsymbol{e}_z \tag{3-12}$$

$$\boldsymbol{H}_T=-\frac{\mathrm{j}\beta}{k_c^2}\nabla_T\boldsymbol{H}_z+\frac{\mathrm{j}\omega\varepsilon}{k_c^2}\nabla_T\boldsymbol{E}_z\times\boldsymbol{e}_z \tag{3-13}$$

此式即为用纵向场分量 E_z 和 H_z 表示横向场 $\boldsymbol{E}_T$ 和 $\boldsymbol{H}_T$ 的公式。因此，只要求解纵向标量分量 E_z、H_z 的亥姆霍兹方程(3－6b)及(3－7b)后，将其解乘上因子 $\mathrm{e}^{-\mathrm{j}\beta z}$，再利用式(3－12)、式(3－13)的关系，即可求得横向场分量。此方法即为求解导行电磁波的纵向分量法。

4. TM 模及 TE 模的求解

下面应用纵向分量法，具体说明规则波导中 TM 模及 TE 模求解的公式及边界条件。

1) TM 模(E 模)

TM 模(E 模)为横磁波，即 $H_z=0$，而 $E_z\neq 0$，故只须求解方程(3-6b)，即

$$\nabla_T^2 E_z(T)+k_c^2 E_z(T)=0$$

再利用式(3-12)、式(3-13)，令其中的 $H_z=0$，得

$$\boldsymbol{E}_T=-\frac{\mathrm{j}\beta}{k_c^2}\nabla_T \boldsymbol{E}_z \tag{3-14a}$$

$$\boldsymbol{H}_T=\frac{\mathrm{j}\omega\varepsilon}{k_c^2}\nabla_T \boldsymbol{E}_z\times\boldsymbol{e}_z \tag{3-14b}$$

由以上两式可得横向场的关系为

$$\boldsymbol{E}_T=Z_{\mathrm{TM}}\boldsymbol{H}_T\times\boldsymbol{e}_z \tag{3-15a}$$

$$\boldsymbol{H}_T=\frac{1}{Z_{\mathrm{TM}}}\boldsymbol{e}_z\times\boldsymbol{E}_T \tag{3-15b}$$

式中：

$$Z_{\mathrm{TM}}=\frac{\mathrm{j}\beta}{\mathrm{j}\omega\varepsilon}=\frac{\beta}{\omega\varepsilon} \tag{3-16}$$

称为 TM 波的波阻抗。式(3-15)表示，TM 波的横向场 $\boldsymbol{E}_T$、$\boldsymbol{H}_T$ 和传播方向 $\boldsymbol{e}_z$ 三者相互垂直，并按 $\boldsymbol{E}_T\rightarrow\boldsymbol{H}_T\rightarrow\boldsymbol{e}_z$ 构成右螺旋关系。波阻抗 Z_{TM} 则表示横向电场和横向磁场之比。TM 波的电磁场分量最多为五个。

由于假定波导内壁的材料为理想导体，而理想导体表面电场的切向分量为零，即在波导的内壁 S 上有

$$(\boldsymbol{E}_z)_{\mathrm{S}}=0 \tag{3-17}$$

此式为波导内 TM 波的边界条件，也就是求解其纵向场分量 $\boldsymbol{E}_z$ 的方程(3-6b)的定解条件。

2) TE 模(H 模)

TE 模(H 模)为横电波，即 $E_z=0$，而 $H_z\neq 0$，故只须求解方程(3-7b)，即

$$\nabla_T^2 \boldsymbol{H}_z(T)+k_c^2 \boldsymbol{H}_z(T)=\boldsymbol{0}$$

再利用式(3-13)，令其中的 $\boldsymbol{E}_z=0$，得

$$\boldsymbol{H}_T=-\frac{\mathrm{j}\beta}{k_c^2}\nabla_T \boldsymbol{H}_z \tag{3-18a}$$

$$\boldsymbol{E}_T=-\frac{\mathrm{j}\omega\mu}{k_c^2}\nabla_T \boldsymbol{H}_z\times\boldsymbol{e}_z \tag{3-18b}$$

$\boldsymbol{E}_T$ 与 $\boldsymbol{H}_T$ 的关系为

$$\boldsymbol{E}_T=Z_{\mathrm{TE}}\boldsymbol{H}_T\times\boldsymbol{e}_z \tag{3-19a}$$

$$\boldsymbol{H}_T=\frac{1}{Z_{\mathrm{TE}}}\boldsymbol{e}_z\times\boldsymbol{E}_T \tag{3-19b}$$

式中：

$$Z_{\mathrm{TE}}=\frac{\mathrm{j}\omega\mu}{\mathrm{j}\beta}=\frac{\omega\mu}{\beta} \tag{3-20}$$

称为 TE 波的波阻抗。TE 波的 $\boldsymbol{E}_T$、$\boldsymbol{H}_T$ 与 $\boldsymbol{e}_z$ 亦相互垂直，并构成右螺旋关系。TE 波的场分量最多也是五个。

对于 TE 波，由于在波导内壁上的法向磁场应为零，在式(3-18a)中，若设波导内壁的法向为 $\boldsymbol{n}$，切向为 τ，则由该式在波导内壁 S 上有

$$(\boldsymbol{H}_T)_S=(\boldsymbol{e}_n\boldsymbol{H}_{Tn}+\boldsymbol{e}_\tau\boldsymbol{H}_{T\tau})_S\propto(\nabla_T\boldsymbol{H}_z)_S$$

而

$$(\nabla_T\boldsymbol{H}_z)_S=\left(\boldsymbol{e}_n\frac{\partial\boldsymbol{H}_n}{\partial_n}+\boldsymbol{e}_\tau\frac{\partial\boldsymbol{H}_z}{\partial_\tau}\right)_S$$

即

$$(H_{Tn})_S\propto\left(\frac{\partial H_z}{\partial_n}\right)_S$$

因 $(H_{Tn})_S=0$，故有

$$\left(\frac{\partial H_z}{\partial_n}\right)_S=0 \tag{3-21}$$

此式即为 TE 波的边界条件。

5. TEM 模的求解

TEM 模为横电磁波，即纵向场分量 $E_z=H_z=0$。因此，TEM 模不能应用纵向分量法求解。将 $E_z=H_z=0$ 代入式(3-11a)及式(3-11c)可得

$$\nabla_T\times\boldsymbol{H}_T=0 \tag{3-22a}$$

$$\nabla_T\times\boldsymbol{E}_T=0 \tag{3-22b}$$

传输的 TEM 波的波导系统虽然是由多导体所构成的，但在导行波传输的空间中是无源的，即无电荷和电流分布。因此有 $\nabla\cdot\boldsymbol{E}=0$ 和 $\nabla\cdot\boldsymbol{H}=0$。由 $\nabla\cdot\boldsymbol{E}=0$，即有

$$\nabla\cdot\boldsymbol{E}=(\nabla_T-\mathrm{j}\beta\boldsymbol{e}_z)\cdot\boldsymbol{E}_T=\nabla_T\cdot\boldsymbol{E}_T=0 \tag{3-23a}$$

由 $\nabla\cdot\boldsymbol{H}=0$，即有

$$\nabla\cdot\boldsymbol{H}=(\nabla_T-\mathrm{j}\beta\boldsymbol{e}_z)\cdot\boldsymbol{H}_T=\nabla_T\cdot\boldsymbol{H}_T=0 \tag{3-23b}$$

以上四式说明，TEM 模的场矢量函数 $\boldsymbol{E}_T$ 和 $\boldsymbol{H}_T$ 在波导的横向平面上都是既无旋又无源的，即 TEM 波在规则波导截面上的分布规律与静态的电场和磁场在相同条件下的分布规律相同。

对于 TEM 模，由式(3-12)、式(3-13)可知，由于 $E_z=H_z=0$，除非有

$$k_c^2=0 \tag{3-24}$$

否则 $\boldsymbol{E}$、$\boldsymbol{H}$ 只有零解。故将式(3-24)代入式(3-6a)和式(3-7a)得

$$\nabla_T^2\boldsymbol{E}_T=\boldsymbol{0} \tag{3-25a}$$

$$\nabla_T^2\boldsymbol{H}_T=\boldsymbol{0} \tag{3-25b}$$

或者对式(3-22)取旋度，并用式(3-23)代入，亦得式(3-25)。式(3-25)表示 TEM 波的 $\boldsymbol{E}_T$ 和 $\boldsymbol{H}_T$ 在波导的横向平面上满足二维拉普拉斯方程。这与静态的电场和磁场在相同区域中所满足的方程相同，那么 TEM 模在波导横截面上的分布与边界条件相同的静态场的解是相同的。

由以上讨论，可以得到如下重要结论：只有能存在静态场的导波装置才能导行 TEM 波，否则，不能导行 TEM 波。例如，同轴线中能存在静电场和恒定磁场，故可导行 TEM

波；而空心金属波导管内不能建立静态场，故不能导行 TEM 波。由于只有在多导体构成的导波装置中才能建立静态场，因此，也只有在多导体构成的导波装置中才能导行 TEM 波。

但要注意的是，首先，TEM 波与边界条件相同的静态场只是在规则波导的横向截面上的分布一致，而它们对变量 z 和 t 的关系是完全不同的：TEM 波与 z、t 的关系为 $e^{j(\omega t-\beta z)}$，即在 z 向为正弦行波，且各处的场量均随时间做简谐变化；静态场与 z、t 均无关，即在 z 向均匀分布，且场量不随时间变化。

其次，TEM 波的电场和磁场是由麦克斯韦方程相互联系的，它们相互激发，不可分割；静态的电场和磁场是相互独立而存在的。对于 TEM 波，因 $k_c=0$，故由式(3－5)知，TEM 波的相位常数 $\beta=k=\omega\sqrt{\mu\varepsilon}$。又将 $E_z=H_z=0$ 代入式(3－11b)和式(3－11d)，并应用 $\beta=k=\omega\sqrt{\mu\varepsilon}$，则得

$$\boldsymbol{E}_T=\eta\boldsymbol{H}_T\times\boldsymbol{e}_z \tag{3－26a}$$

$$\boldsymbol{H}_T=\frac{1}{\eta}\boldsymbol{e}_z\times\boldsymbol{E}_T \tag{3－26b}$$

式中：$\eta=\sqrt{\mu/\varepsilon}$ 为 TEM 波的波阻抗，η 与相同的无界介质中的均匀平面波的波阻抗相同。而且由式(3－26)可知，TEM 波的场矢量 $\boldsymbol{E}_T$、$\boldsymbol{H}_T$ 与传播方向单位矢量 $\boldsymbol{e}_z$ 也相互垂直并构成右螺旋关系。波导内的 TEM 模的电磁场分量最多为四个。

总之，导波装置中 TEM 波的求解可由静态场在相同边界条件下的解得到其电场和磁场在波导横截面上的场分布，再乘以波动因子 $e^{-j\beta z}$，即得到 TEM 波的场解。例如，先由静电场中所得到的 $\boldsymbol{E}_T$ 的解代入式(3－26b)得到 $\boldsymbol{H}_T$ 的解，或者由式(3－22b)可设 $\boldsymbol{E}_T=-\nabla_T\varphi(T)$，运用式(3－23a)有 $\nabla_T^2\varphi(T)=0$，由给定的边界上关于电位的条件求得 $\varphi(T)$，进而得到 $\boldsymbol{E}_T$，代入式(3－26b)得到 $\boldsymbol{H}_T$。

3.1.2　导行电磁波的传播特性

设导波系统为无源、无耗的规则波导，波导内填充的是线性、各向同性、均匀的理想介质。下面分别讨论在这样的波导内的 TM 波和 TE 波，以及 TEM 波沿波导轴向的传输特性。

1. TM 波和 TE 波的传输特性

1）工作波长和截止波长

（1）工作波长。在工作频率下，无界均匀理想介质中的 TEM 波的波长 λ 称为工作波长。这种介质与波导内填充的介质相同。可见，波导的工作波长即无界理想介质中均匀平面波的波长，为

$$\lambda=\frac{2\pi}{k}=\frac{2\pi}{\omega\sqrt{\mu\varepsilon}} \tag{3－27}$$

式中：ω 为工作频率，μ 及 ε 为波导内填充介质的电磁参量。

这里讨论波导内的 TM 波和 TE 波，而工作波长是指 TEM 波的波长，因此可知，工作波长并非波导内的波长。

（2）截止波长 λ_c。如果考虑到波导内的导波在传输方向产生的衰减，设波导中导行波的传播常数 $\gamma=\alpha+j\beta$，其中 α 为衰减常数，β 为相位常数。这样式(3－5)应为

$$k_c^2=k^2+\Gamma^2 \tag{3-28}$$

因此

$$\gamma=\sqrt{k_c^2-k^2}=\alpha+j\beta \tag{3-29}$$

式中：$k=\omega\sqrt{\mu\varepsilon}$，在无耗介质中 k 为实数。后面也会看到，在无耗的波导中 k 也为实数，因而

① 当 $k_c^2>k^2$ 时，$\gamma=\alpha$，导波不能传播。需要指出的是，由于波导及填充的介质均是无耗的，所以此时的衰减常数 α 不是能量损耗所产生的，而是由于工作频率太低，即 ω 较小，$k^2=\omega^2\mu\varepsilon<k_c^2$ 所引起的，这种状态称为波导的截止状态。此时，波导中场的振幅沿轴向按指数规律减小，但无相位的变化，波导内的场仅随时间做简谐振动。

② 当 $k_c^2<k^2$ 时，$\gamma=j\beta$，导波能够传播。此时工作频率较高，满足导波的传播条件，这种状态称为波导的传播状态。

③ 当 $k_c^2=k^2$ 时，$\gamma=0$ 称为临界状态。此时，导波也不能传播，即波导内场的振幅和相位沿轴向均不变化，场也仅随时间做简谐变化。虽然此时波导仍是截止的，但为导波能传输与不能传输的临界情况。设此时的频率为 ω_c，相应的波数 $k_c=\omega_c\sqrt{\mu\varepsilon}$ 称为截止波数，则

$$\begin{cases}\omega_c=\dfrac{k_c}{\sqrt{\mu\varepsilon}}\\ f_c=\dfrac{k_c}{2\pi\sqrt{\mu\varepsilon}}\end{cases} \tag{3-30}$$

ω_c 或 f_c 为临界状态的工作频率，称为临界频率或截止频率，其相应的工作波长为

$$\lambda_c=\frac{2\pi}{k_c} \tag{3-31}$$

称为临界波长或截止波长。

截止波数 k_c 为方程(3-6)及(3-7)中导波场横向分布函数的本征值，它决定于波导的结构尺寸和模式，故 k_c 及 λ_c 与波导的结构、形状、尺寸及波型有关，而与填充的介质无关。由 k_c 或 λ_c 可求得 f_c，则 f_c 与介质有关。

综上可知，只有当 $f>f_c$ 或 $\lambda<\lambda_c$ 时，TM 波及 TE 波才能传播。

2) 波导波长和轴向波数

(1) 波导波长 λ_g。

波导中的导波在同一时刻沿其轴向相位相差 2π 的两点之间的距离称为波导波长 λ_g。

由于波导中的导波沿轴向的相位常数即单位距离上的相位变化为 β，故有 $\beta=2\pi/\lambda_g$，又 $k_c=2\pi/\lambda_c$，$k=2\pi/\lambda$。将此三式代入式(3-28)，得

$$\left(\frac{2\pi}{\lambda_c}\right)^2=\left(\frac{2\pi}{\lambda}\right)^2-\left(\frac{2\pi}{\lambda_g}\right)^2$$

则有

$$\lambda_g=\frac{\lambda}{\sqrt{1-\left(\dfrac{\lambda}{\lambda_c}\right)^2}} \tag{3-32}$$

(2) 轴向波数 β。

轴向波数即为导波沿波导轴向的相位常数，即

$$\beta=\frac{2\pi}{\lambda_g}=\frac{2\pi}{\lambda}\sqrt{1-\left(\frac{\lambda}{\lambda_c}\right)^2}=k\sqrt{1-\left(\frac{\lambda}{\lambda_c}\right)^2} \tag{3-33}$$

由于 $\lambda=2\pi/k$，$k=\omega\sqrt{\mu\varepsilon}$，因此 λ_g、β 与工作频率及填充的介质有关，而且由于 λ_g、β 还与 λ_c 有关，故 λ_g、β 还与波导的结构尺寸和波型有关。另外，$\lambda_g>\lambda$，$\beta<k$。

3）相速度与群速度

（1）相速度 v_p。

波导中正弦行波的等相位面沿波导轴向的移动速度称为导波的相速度，即

$$v_p=\frac{\omega}{\beta}=\frac{\omega/k}{\sqrt{1-\left(\frac{\lambda}{\lambda_c}\right)^2}}=\frac{v}{\sqrt{1-\left(\frac{\lambda}{\lambda_c}\right)^2}} \tag{3-34}$$

式中：$v=1/\sqrt{\mu\varepsilon}$ 为均匀平面波在该介质中的相速度。

（2）群速度 v_g。

经调制后由多频率成分构成的波群沿波导轴向的传播速度称为导波的群速度。群速度只有在频带足够窄，而且频带内各频率分量的相速度相差不大时才有意义。群速度为

$$v_g=\frac{d\omega}{d\beta}$$

因为 $k_c^2=k^2-\beta^2=\omega^2\mu\varepsilon-\beta^2$，故有

$$\omega=\sqrt{\frac{k_c^2+\beta^2}{\mu\varepsilon}}=v\sqrt{k_c^2+\beta^2}$$

因而

$$\frac{d\omega}{d\beta}=\frac{v}{2}\cdot\frac{2\beta}{\sqrt{k_c^2+\beta^2}}=v\cdot\frac{\beta}{k}=v\cdot\frac{k\sqrt{1-\left(\frac{\lambda}{\lambda_c}\right)^2}}{k}$$

所以得

$$v_g=\frac{d\omega}{d\beta}=v\sqrt{1-\left(\frac{\lambda}{\lambda_c}\right)^2} \tag{3-35}$$

由式(3-34)和式(3-35)可知：

① 相速度 v_p 和群速度 v_g 都与频率和介质有关，且与波导的结构尺寸和波型有关。

② $v_p>v$，$v_g<v$，且 $v_p\cdot v_g=v^2=\frac{1}{\mu\varepsilon}$。

③ 导波系统中的 TM 波和 TE 波有 $\frac{dv_p}{d\omega}<0$，而 $\frac{dv_g}{d\omega}>0$。即

$$v_g=\frac{v_p}{1-\frac{\omega}{v_p}\frac{dv_p}{d\omega}}$$

有 $v_g<v_p$。

因此 TM 波和 TE 波都是色散波，且为正常色散。这是导行波必须满足波导内边界条件的结果。

当频率很高时，$\beta\approx k$，$v_p\approx v_g\approx v$。

④ 可以证明，群速度 v_g 在数值上等于导波能量传播的速度，即能速度 v_e。

4) 波阻抗

波导中导行波的电场强度与磁场强度的横向正交分量的复振幅之比称为该波型的模式阻抗，也称为波阻抗。TM 波和 TE 波的波阻抗分别记为 Z_{TM}和 Z_{TE}。当电场强度分量的方向与磁场强度分量的方向和导波的传播方向之间满足右螺旋关系时，此比值为$+Z_{TM}$和$+Z_{TE}$，反之为$-Z_{TM}$和$-Z_{TE}$。由式(3-16)和式(3-20)可知，在无损耗的波导中

$$Z_{TM}=\frac{\beta}{\omega\varepsilon}=\frac{k\sqrt{1-\left(\frac{\lambda}{\lambda_c}\right)^2}}{\omega\varepsilon}=\eta\sqrt{1-\left(\frac{\lambda}{\lambda_c}\right)^2} \tag{3-36}$$

$$Z_{TE}=\frac{\omega\mu}{\beta}=\frac{\omega\mu}{k\sqrt{1-\left(\frac{\lambda}{\lambda_c}\right)^2}}=\frac{\eta}{\sqrt{1-\left(\frac{\lambda}{\lambda_c}\right)^2}} \tag{3-37}$$

式中：$\eta=\frac{k}{\omega\varepsilon}=\frac{\omega\mu}{k}=\sqrt{\frac{\mu}{\varepsilon}}$为填充介质的本征阻抗。

可见，在无损耗的波导中，TM 及 TE 模的波阻抗对于传输波型均为正实数，且有$Z_{TM}<\eta$，$Z_{TE}>\eta$。而对于$\lambda>\lambda_c$的截止波型，Z_{TM}为一正的纯电抗，Z_{TE}为一负的纯电抗，说明波导中没有实功率传输，波导成为一个储能元件。能量在波源与波导间来回反射。

2. TEM 波的传输特性

在上一节中讨论 TEM 波场的求解时已知，对于 TEM 波有 $k_c=0$，则由式(3-31)得

$$\lambda_c=\infty \tag{3-38}$$

此式说明 TEM 波无低频截止，即 $f_c=0$。对于双导线、同轴线等这些多导体构成的传输线，理论上可以传输任意低频率的 TEM 波。

又将式(3-38)分别代入式(3-32)～式(3-37)得

$$\lambda_g=\lambda \tag{3-39}$$

$$\beta=k=\omega\sqrt{\mu\varepsilon} \tag{3-40}$$

$$v_p=v_g=v=\frac{1}{\sqrt{\mu\varepsilon}} \tag{3-41}$$

$$Z_{TEM}=\eta=\sqrt{\frac{\mu}{\varepsilon}} \tag{3-42}$$

由于 TEM 波的相位常数β等于无界均匀介质中均匀平面波的相位常数k，故 TEM 波的波导波长、相速度、波阻抗就分别与无界介质中均匀平面波的相应参量必然相同，而 TEM 波的相速度与频率无关，即无色散，因而其相速度与群速度也必然相等。

3.1.3　导波的传输功率和衰减

1. 传输功率

导波传输的功率即为其传输的有功功率，等于轴向平均坡印亭矢量在导波横截面上的

积分值。在不计波导损耗的行波状态下，通过规则波导的任一横截面的传输功率都是相等的。设波导的横截面为 S，导波沿 $+\boldsymbol{e}_z$ 方向传输，则导波的传输功率为

$$
\begin{aligned}
P &= \frac{1}{2}\mathrm{Re}\int_S (\boldsymbol{E}\times\boldsymbol{H}^*)\cdot\boldsymbol{e}_z\mathrm{d}S \\
&= \frac{1}{2}\mathrm{Re}\int_S (\boldsymbol{E}_T+\boldsymbol{e}_z\boldsymbol{E}_z)\times(\boldsymbol{H}_T^*+\boldsymbol{e}_z\boldsymbol{H}_z^*)\cdot\boldsymbol{e}_z\mathrm{d}S \\
&= \frac{1}{2}\mathrm{Re}\int_S (\boldsymbol{E}_T\times\boldsymbol{H}_T^*)\cdot\boldsymbol{e}_z\mathrm{d}S
\end{aligned}
\tag{3-43}
$$

式中：$\boldsymbol{E}_T$ 为导波的横向电场复矢量，$\boldsymbol{H}_T^*$ 为导波的横向磁场共轭复矢量。可见导波的传输功率取决于它的横向场。

如果用 Z_W 表示 TEM 波、TE 波或 TM 波的波阻抗，则由式(3－15)、式(3－19)和式(3－26)可知有

$$\boldsymbol{E}_T = Z_W\boldsymbol{H}_T\times\boldsymbol{e}_z \tag{3-44a}$$

$$\boldsymbol{H}_T = \frac{1}{Z_W}\boldsymbol{e}_z\times\boldsymbol{E}_T \tag{3-44b}$$

将式(3－44a)代入式(3－43)，考虑到 Z_W 为实数且与波导横截面无关，则有

$$P = \frac{1}{2}Z_W\cdot\mathrm{Re}\int_S (\boldsymbol{H}_T\times\boldsymbol{e}_z)\times\boldsymbol{H}_T^*\cdot\boldsymbol{e}_z\mathrm{d}S$$

由三重矢积公式

$$\boldsymbol{A}\times(\boldsymbol{B}\times\boldsymbol{C})=(\boldsymbol{A}\cdot\boldsymbol{C})\boldsymbol{B}-(\boldsymbol{A}\cdot\boldsymbol{B})\boldsymbol{C}$$

有

$$(\boldsymbol{H}_T\times\boldsymbol{e}_z)\times\boldsymbol{H}_T^*=(\boldsymbol{H}_T\cdot\boldsymbol{H}_T^*)\boldsymbol{e}_z$$

故得

$$P = \frac{1}{2}Z_W\int_S \boldsymbol{H}_T\cdot\boldsymbol{H}_T^*\mathrm{d}S \tag{3-45}$$

同理，将式(3－44b)代入式(3－43)，可得

$$P = \frac{1}{2Z_W}\int_S \boldsymbol{E}_T\cdot\boldsymbol{E}_T^*\mathrm{d}S \tag{3-46}$$

对于 TM 波、TE 波或 TEM 波，只需将其波阻抗 Z_{TM}、Z_{TE}或 Z_{TEM}代入式(3－45)或者式(3－46)中取代其中的 Z_W，即可由以上两式求得导波的传输功率。

2. 衰减

以上讨论都是假定导波系统没有损耗，即假定构成波导的材料为理想导体而且填充的介质也是理想介质。所以，导波在传播过程中没有能量的损失，导行波的幅度没有衰减，即衰减常数 $\alpha=0$，$\gamma=\mathrm{j}\beta$。实际上，导体的电导率不可能为无限大(δ 为有限值)，电介质也是有一定损耗的(μ、ε 为复数)，因此，导波电磁场的振幅沿传播方向按指数规律衰减，衰减的计算就在于计算其衰减常数 α。由于在一般情况下波导内填充的介质的损耗很小，可以忽略不计，因此只讨论由于导体损耗而引起的衰减。

当导波系统有损耗时，沿 $+\boldsymbol{e}_z$ 方向传播的导波电磁场振幅的衰减因子为 $\mathrm{e}^{-\alpha z}$，而传输

功率则按 $e^{-2\alpha z}$ 的规律变化。设在 $z=0$ 处的传输功率为 P_0，则在 z 处的传输功率为

$$P=P_0 e^{-2\alpha z} \tag{3-47}$$

故有

$$\frac{dP}{dz}=-2\alpha P$$

因为传输功率沿 z 的减少率(变化率的负值)等于导波系统单位长度上的损耗功率 P_1，所以

$$P_1=-\frac{dP}{dz}=2\alpha P$$

于是得衰减常数 α 为

$$\alpha=\frac{P_1}{2P} \tag{3-48}$$

式中：P 由式(3-47)知，为存在衰减时 z 处的传输功率。但要计算 P 值，需要先知道衰减常数，为方便计算，近似用 P_0(不计损耗时的传输功率)取代 P。而要计算波导单位长度上的损耗功率 P_1，应根据考虑到损耗时的实际电磁场值求取，而有衰减的电磁场的分布也取决于待求的衰减常数。为克服这一困难，一般采用下列近似方法，即在波导壁为理想导体的情况下求解电磁场分布，然后利用此电磁场分布计算导体具有有限电导率时所产生的损耗功率 P_1，这种方法称为微扰法。由于通常构成波导内壁的金属导体均为良导体，导电率很大，因而这样计算的 P_1 是足够准确的。

综上所述，由式(3-45)知，式(3-48)中的传输功率 P 为

$$P=\frac{1}{2}Z_W\int_S \boldsymbol{H}_T\cdot\boldsymbol{H}_T^*\,dS$$

又因为良导体表面单位面积上的损耗功率为

$$p_1=\frac{1}{2}R_s\boldsymbol{H}_\tau\cdot\boldsymbol{H}_\tau^* \tag{3-49}$$

式中：R_s 为导体的表面电阻，且 $R_s=\sqrt{\frac{\omega\mu}{2\delta}}$，$\mu$、$\gamma$ 分别为导体的磁导率和电导率，$\boldsymbol{H}_\tau$ 为导体表面的总切向磁场的复振幅矢量。故波导中沿其轴向单位长度上的损耗功率为

$$P_1=\frac{1}{2}R_s\oint_L \boldsymbol{H}_\tau\cdot\boldsymbol{H}_\tau^*\,dl \tag{3-50}$$

式中：L 为波导横截面 S 的周界。因此可得

$$\alpha=\frac{P_1}{2P}\approx\frac{R_s}{2Z_W}\cdot\frac{\oint_L \boldsymbol{H}_\tau\cdot\boldsymbol{H}_\tau^*\,dl}{\oint_S \boldsymbol{H}_T\cdot\boldsymbol{H}_T^*\,dS} \tag{3-51}$$

此式即为计算衰减常数的一般公式。由式(3-47)可知，α 的单位为奈培/米(Np/m)，也可化为分贝/米(dB/m)。

需要补充说明的是，实际的导波系统的衰减还与导波装置的光洁程度有关。因此，应使其内壁达到一定的光滑度，以保证不平度小于导行电磁波的趋肤深度。同时，还应保持表面清洁，表面氧化、油污等均会使衰减增大。

3.2　矩形波导

3.2.1　矩形波导的形成

矩形波导能够传输电磁波，可定性用长线理论说明。图 3－1(a)是两条扁平状的平行双线，图 3－1(b)表示线上任意位置并联四分之一波长的短路线，其输入阻抗为无穷大，相当于开路，它并接在平行双导线上与不并接是等效的。若并联的短路线数目无限增多，以至连成一个整体，便成了一个矩形波导，如图 3－1(c)所示。

矩形波导

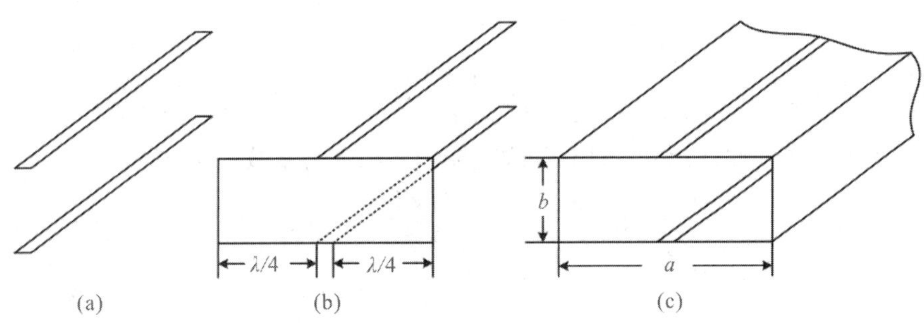

图 3－1　矩形波导的形成

3.2.2　矩形波导的一般解

矩形波导是横截面为矩形的金属波导管，如图 3－2 所示。设其截面宽边尺寸为 a，窄边为 b。采用直角坐标系，x、y、z 轴与其宽边、窄边及波导轴向重合。

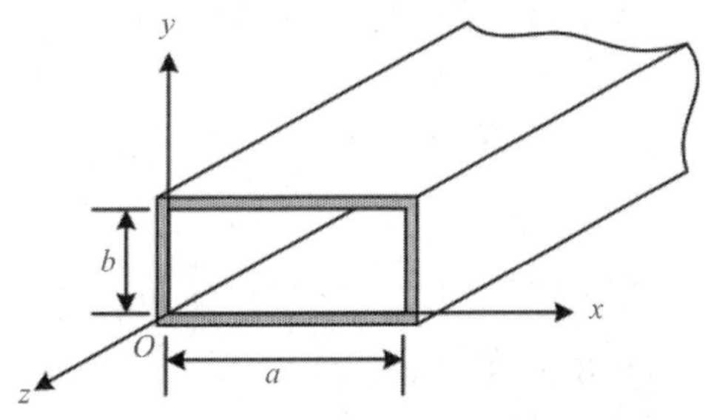

图 3－2　矩形波导几何结构示意图

由于在金属空心波导管中不可能存在 TEM 模，故只分析其中可以独立存在的 TM 模和 TE 模。

1. TM 模(E 模)

矩形波导中的 TM 模，用纵向分量法求解其电磁场，即解方程：

$$\nabla_T^2 \boldsymbol{E}_z(T) + k_c^2 \boldsymbol{E}_z(T) = \boldsymbol{0}$$

在直角坐标系中，即为

$$\left(\frac{\partial^2}{\partial x^2}+\frac{\partial^2}{\partial y^2}\right)\boldsymbol{E}_z(x, y)+k_c^2\boldsymbol{E}_z(x, y)=\boldsymbol{0} \tag{3-52}$$

其边界条件应满足

$$(\boldsymbol{E}_z)_S=\boldsymbol{0}$$

在图 3-2 所示的坐标系中即为

$$E_z\Big|_{\substack{x=0,\ a\\ y=0,\ b}}=0 \tag{3-53}$$

应用分离变量法解方程(3-52)，设

$$E_z(x, y)=X(x)Y(y) \tag{3-54}$$

式中：X 及 Y 分别为只含变量 x 及 y 的函数。将式(3-54)代入式(3-52)，有

$$Y\frac{\mathrm{d}X}{\mathrm{d}x^2}+X\frac{\mathrm{d}^2Y}{\mathrm{d}y^2}+k_c^2XY=0$$

即

$$\frac{1}{X}\frac{\mathrm{d}X}{\mathrm{d}x^2}+\frac{1}{Y}\frac{\mathrm{d}^2Y}{\mathrm{d}y^2}=-k_c^2 \tag{3-55}$$

因为 k_c^2 为常数，欲使此式成立，只有等式左端的两项均为常数，故令

$$\frac{1}{X}\frac{\mathrm{d}X}{\mathrm{d}x^2}=-k_x^2,\ \frac{1}{Y}\frac{\mathrm{d}^2Y}{\mathrm{d}y^2}=-k_y^2$$

即为

$$\frac{\mathrm{d}X}{\mathrm{d}x^2}+Xk_x^2=0 \tag{3-56}$$

$$\frac{\mathrm{d}^2Y}{\mathrm{d}y^2}+Yk_y^2=0 \tag{3-57}$$

而且有

$$k_x^2+k_y^2=k_c^2 \tag{3-58}$$

将式(3-54)代入边界条件(3-53)中，有

$$X(0)Y(y)=0 \text{ 及 } X(a)Y(y)=0$$

所以得

$$X(0)=X(a)=0 \tag{3-59}$$

因此方程(3-56)的解为

$$X(x)=A\sin\frac{m\pi}{a}x,\ m=0, 1, 2\cdots \tag{3-60}$$

同理，由边界条件(3-53)及式(3-54)，有

$$X(x)Y(0)=0 \text{ 及 } X(x)Y(b)=0$$

故得

$$Y(0)=Y(b)=0 \tag{3-61}$$

因此方程(3-57)的解为

$$Y(y)=B\sin\frac{n\pi}{b}y,\ n=0, 1, 2\cdots \tag{3-62}$$

将式(3-54)乘上波动因子 $\mathrm{e}^{-\mathrm{j}\beta z}$ 后，即得

$$E_z=E_0\sin\frac{m\pi}{a}x\cdot\sin\frac{n\pi}{b}y\cdot\mathrm{e}^{-\mathrm{j}\beta z} \tag{3-63}$$

将 E_z 的解代入式(3-14)中，即可求得 TM 模的所有横向场分量。故矩形波导中 TM 模的五个场分量为

$$\begin{cases} E_x=-\dfrac{\mathrm{j}\beta}{k_c^2}\cdot\dfrac{m\pi}{a}E_0\cos\dfrac{m\pi}{a}x\cdot\sin\dfrac{n\pi}{b}y\cdot \mathrm{e}^{-\mathrm{j}\beta z} \\ E_y=-\dfrac{\mathrm{j}\beta}{k_c^2}\cdot\dfrac{n\pi}{b}E_0\sin\dfrac{m\pi}{a}x\cdot\cos\dfrac{n\pi}{b}y\cdot \mathrm{e}^{-\mathrm{j}\beta z} \\ E_z=E_0\sin\dfrac{m\pi}{a}x\cdot\sin\dfrac{n\pi}{b}y\cdot \mathrm{e}^{-\mathrm{j}\beta z} \\ H_x=\dfrac{\mathrm{j}\omega\varepsilon}{k_c^2}\cdot\dfrac{n\pi}{b}E_0\sin\dfrac{m\pi}{a}x\cdot\cos\dfrac{n\pi}{b}y\cdot \mathrm{e}^{-\mathrm{j}\beta z} \\ H_y=-\dfrac{\mathrm{j}\omega\varepsilon}{k_c^2}\cdot\dfrac{m\pi}{a}E_0\sin\dfrac{m\pi}{a}x\cdot\sin\dfrac{n\pi}{b}y\cdot \mathrm{e}^{-\mathrm{j}\beta z} \end{cases} \tag{3-64}$$

且由式(3-58)有

$$k_c^2=\left(\frac{m\pi}{a}\right)^2+\left(\frac{n\pi}{b}\right)^2,\ m=0,\ 1,\ 2\cdots;\ n=0,\ 1,\ 2\cdots \tag{3-65}$$

由式(3-64)所表示的矩形波导中 TM 模的场分量可见，它们沿波导轴向的分布取决于行波因子 $\mathrm{e}^{-\mathrm{j}\beta z}$，即沿波导轴向为正弦行波；而在波导的横向平面内，场的分布取决于横向分布函数，可见在横向平面内的 x 和 y 方向均为驻波分布，m 和 n 分别表示场分量沿 x 及 y 方向的半驻波的个数。m 和 n 的取值不同，场在横截面内的分布就不同。对应一组给定的 m 和 n 值的场分布，称为波导内的一种 TM 模式或 TE 波型，以 TM_{mn} 或 TE_{mn}(m、n 不能同时为 0)表示。一般来说，波导内可能存在无限多种 TM_{mn} 模，但对给定尺寸的波导，能存在多少工作模式，由工作频率和激励方式等条件决定。

2. TE 模(H 模)

矩形波导中的 TE 模，对于纵向分量 H_z 应解方程(3-7b)，在直角坐标系中为

$$\left(\frac{\partial^2}{\partial x^2}+\frac{\partial^2}{\partial y^2}\right)\boldsymbol{H}_z(x,\ y)+k_c^2\boldsymbol{H}_z(x,\ y)=0 \tag{3-66}$$

其边界条件在图 3-2 所示的坐标系中即为

$$\begin{cases} \left.\dfrac{\partial H_z}{\partial x}\right|_{x=0,\ a}=0 \\ \left.\dfrac{\partial H_z}{\partial y}\right|_{y=0,\ b}=0 \end{cases} \tag{3-67}$$

采用分离变量法求解方程(3-66)，设

$$H_z(x,\ y)=X(x)Y(y) \tag{3-68}$$

将式(3-68)代入方程(3-66)中可得方程(3-56)与式(3-57)。将式(3-68)代入边界条件(3-67)，有

$$\left.\frac{\mathrm{d}X}{\mathrm{d}x}\right|_{x=0,\ a}=0 \quad 及 \quad \left.\frac{\mathrm{d}Y}{\mathrm{d}y}\right|_{y=0,\ b}=0 \tag{3-69}$$

在此边界条件下，即可得方程(3-56)及方程(3-57)的解：

$$X(x)=C\cos\frac{m\pi}{a}x \tag{3-70}$$

$$Y(y)=D\cos\frac{n\pi}{b}y \tag{3-71}$$

故

$$H_z=H_0\cos\frac{m\pi}{a}x\cdot\cos\frac{n\pi}{b}y\cdot e^{-j\beta z} \tag{3-72}$$

将 H_z 代入式(3-18)，即可求得TE模的所有横向场分量。故得矩形波导中TE模的场分量为

$$\begin{cases}H_x=\dfrac{j\beta}{k_c^2}\cdot\dfrac{m\pi}{a}H_0\sin\dfrac{m\pi}{a}x\cdot\cos\dfrac{n\pi}{b}y\cdot e^{-j\beta z}\\ H_y=\dfrac{j\beta}{k_c^2}\cdot\dfrac{n\pi}{b}H_0\cos\dfrac{m\pi}{a}x\cdot\sin\dfrac{n\pi}{b}y\cdot e^{-j\beta z}\\ H_z=H_0\cos\dfrac{m\pi}{a}x\cdot\cos\dfrac{n\pi}{b}y\cdot e^{-j\beta z}\\ E_x=\dfrac{j\omega\mu}{k_c^2}\cdot\dfrac{n\pi}{b}H_0\cos\dfrac{m\pi}{a}x\cdot\sin\dfrac{n\pi}{b}y\cdot e^{-j\beta z}\\ E_y=-\dfrac{j\omega\mu}{k_c^2}\cdot\dfrac{m\pi}{a}H_0\sin\dfrac{m\pi}{a}x\cdot\cos\dfrac{n\pi}{b}y\cdot e^{-j\beta z}\end{cases} \tag{3-73}$$

且由式(3-58)有

$$k_c^2=\left(\frac{m\pi}{a}\right)^2+\left(\frac{n\pi}{b}\right)^2 \tag{3-74}$$

式中：$m=0,1,2\cdots$；$n=0,1,2\cdots$(m 和 n 不能同时为零)。

由式(3-73)可知，矩形波导的TE模对应一组给定的 m 和 n 值，代表了一个TE模式或波型，用 TE_{mn} 或 H_{mn}(m 和 n 不能同时为0)表示。m 和 n 分别表示场分量在宽边 a 及窄边 b 的半驻波的个数。波导一般可能存在无限多个不同的TE模，但实际存在的模式由波导尺寸、工作频率及激励条件等决定。

3.2.3 矩形波导的场结构

电力线和磁力线的疏密可表示波导中电场和磁场的强弱程度。所谓场结构(或称场分布图)是某种导波模式在固定时刻用电力线和磁力线表示场强空间变化规律的图形。画场结构不仅能够形象地看到某种型波的电磁场在波导内的分布情况，而且可以帮助加深对所学型波的理解及运用。

1. TE_{10} 模的场分布图

TE_{10} 模，即 TE_{mn} 模中下标 $m=1$、$n=0$ 对应的模式，是矩形波导中波传播的主模式，应用广泛。下面对 TE_{10} 模的场结构等进行详细论述。

将 $m=1$、$n=0$ 代入式(3-73)及式(3-74)，可得

$$\begin{cases}H_z=H_0\cos\left(\dfrac{\pi}{a}x\right)e^{-j\beta z}\\ H_x=\dfrac{j\beta a}{\pi}H_0\sin\left(\dfrac{\pi}{a}x\right)e^{-j\beta z}\\ E_y=-\dfrac{j\omega\mu a}{\pi}H_0\sin\left(\dfrac{\pi}{a}x\right)e^{-j\beta z}\\ H_y=E_x=E_z=0\end{cases} \tag{3-75}$$

令$-\frac{j\omega\mu a}{\pi}H_0=E_0$，则式(3-75)可写为

$$\begin{cases} E_y=E_0\sin\left(\frac{\pi}{a}x\right)e^{-j\beta z} \\ H_x=-\frac{\beta}{\omega\mu}E_0\sin\left(\frac{\pi}{a}x\right)e^{-j\beta z} \\ H_z=\frac{\pi}{a}\frac{j}{\omega\mu}E_0\cos\left(\frac{\pi}{a}x\right)e^{-j\beta z} \end{cases} \tag{3-76}$$

式(3-76)表明 TE_{10} 模仅存在 E_y、H_x、H_z 三个分量，其他场分量为 0。场分量 E_y、H_x 和 H_z 之间有 $\pi/2$ 的相位差。由于 $n=0$，场强与 y 无关，故场结构沿 y 轴均匀分布。各场分量沿 x 轴的变化规律为

$$E_y\propto\sin\frac{\pi x}{a},\ H_x\propto\sin\frac{\pi x}{a},\ H_z\propto\cos\frac{\pi x}{a}$$

变化曲线如图 3-3(a)所示。

在 $x=0$ 及 $x=a$ 处，$E_y=0$、$H_x=0$ 而 H_z 具有最大值。在 $x=a/2$ 处，E_y 和 H_x 具有最大值而 $H_z=0$。通过波导宽边中心的纵向剖面的三个场分量沿 z 轴的变化规律为

$$E_y\propto\sin(\omega t-\beta z),\ H_x\propto\cos(\omega t-\beta z+\pi),\ H_z\propto\cos\left(\omega t-\beta z+\frac{\pi}{2}\right)$$

场分量随 z 轴的分布曲线如图 3-3(b)所示。波导横截面上的场分布如图 3-3(c)所示，某一时刻的场纵向分布如图 3-3(d)所示。

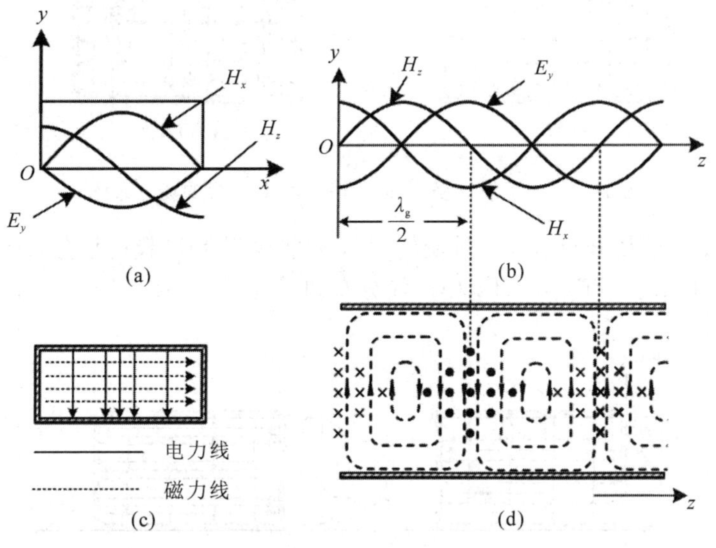

图 3-3　矩形波导 TE_{10} 模场分量的变化规律

磁场与电场有着固定的关系，磁力线一定要包围电力线，而且与电力线正交，将 E_y、H_x、H_z 的分布综合在一起，就可以画出波导中 TE_{10} 型波的完整场结构图。图 3-4 所示为矩形波导 TE_{10} 模的场分布($t=0$ 瞬间)，随着时间的推移，整个场结构以相速度 v_p 沿传输方向移动。

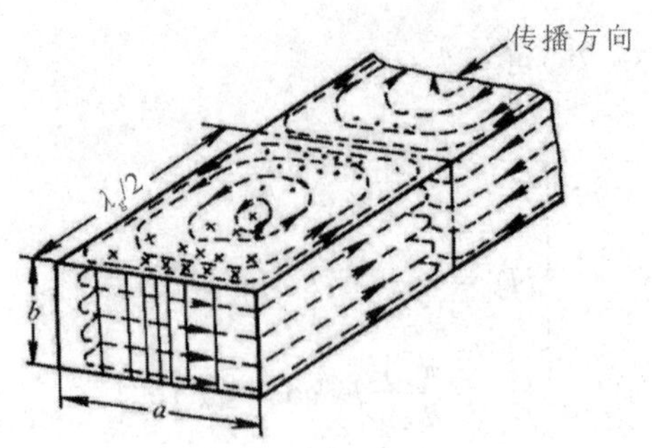

图 3-4 矩形波导 TE_{10} 模的场分布图($t=0$ 瞬间)

2. TE_{m0} **和** TE_{0n} **模的场分布图**

与 TE_{10} 模类似，TE_{m0} 也只有 E_y、H_x 及 H_z 三个分量，而且与坐标 y 无关。若以 TE_{10} 模的场分布作为 TE_{m0} 模场分布的基本单元，则可以直接得知 TE_{m0} 高次模的场分布沿波导宽边有 m 个基本单元，E_y 沿 x 轴的变化规律为 $E_y \propto \sin(m\pi x/a)$，故相邻两个基本单元场分量的相位相反，因此力线图中的箭头方向也相反。图 3-5 所示为矩形波导横截面上 TE_{20}、TE_{30} 模的场分布。

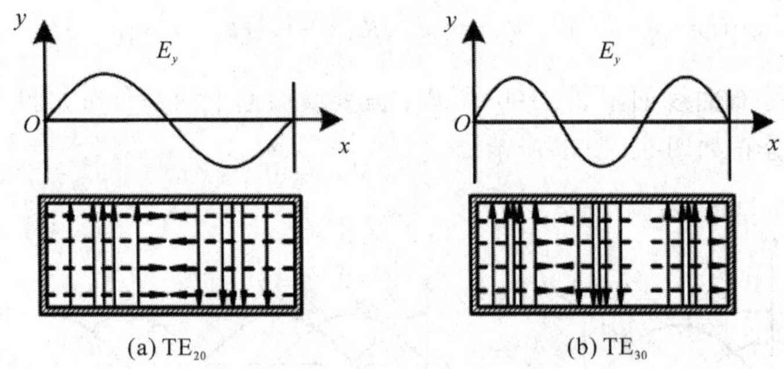

图 3-5 矩形波导横截面上 TE_{20} 和 TE_{30} 模的场分布图

只要将 TE_{m0} 模的场分布沿波导轴旋转 90°，就能得到 TE_{0n} 模的场分布图，TE_{0n} 模的场分量为 E_x、H_y 和 H_z。TE_{02} 和 TE_{03} 模的场分布如图 3-6 所示。

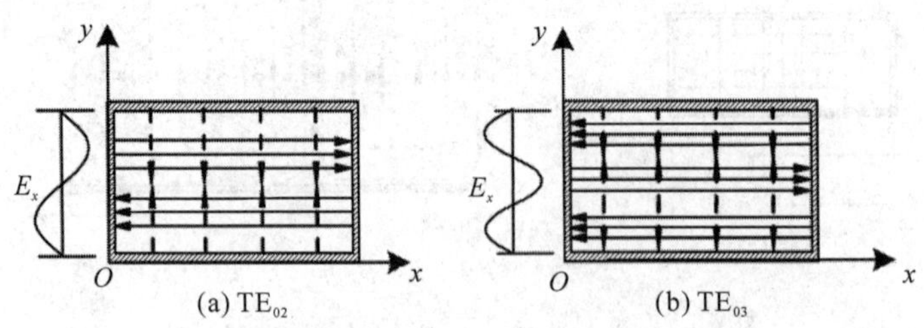

图 3-6 矩形波导横截面上 TE_{02} 和 TE_{03} 模的场分布图

3. TE_{mn} **模的场分布图**

首先来分析 TE_{11} 模的场分布，因为 TE_{11} 模除 $E_z=0$ 之外有五个场分量，所以由 E_x 和 E_y 构成的电力线为平面曲线，由 H_x、H_y 及 H_z 构成的磁力线为空间曲线。电力线与磁力线处处正交，场沿波导宽边 a 和窄边 b 都只有半个驻波分布，由此可知 TE_{11} 模在波导横截面上的场分布如图 3－7(a)所示。若以 TE_{11} 模的场分布作为 TE_{mn} 模场分布的基本单元，则可直接得到 TE_{21} 模的场分布，如图 3－7(b)所示，而 TE_{mn} 模的场分布沿宽边 a 有 m 个基本单元，沿窄边 b 有 n 个基本单元。

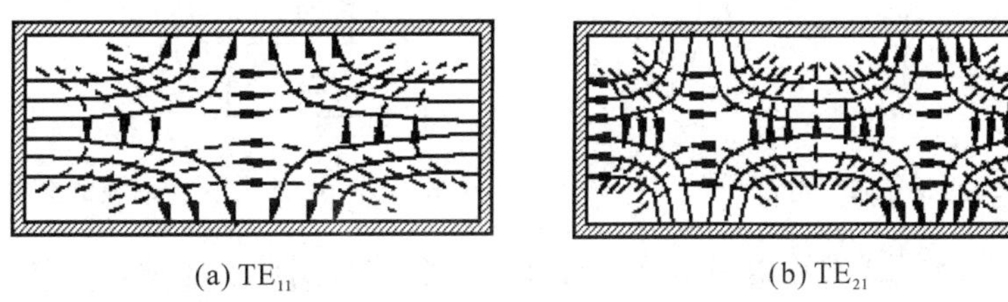

(a) TE_{11}　　(b) TE_{21}

图 3－7　矩形波导横截面上 TE_{11} 和 TE_{21} 模的场分布图

4. TM_{mn} 模的场分布图

由于 TM 模中最简单的模式为 TM_{11} 模，因此可以由 TM_{11} 模的场分布来推导出 TM_{mn} 高次模的场分布。TM_{11} 模除 $H_z=0$ 之外，其余五个场分量均存在。场沿波导宽边 a 和窄边 b 均有半个驻波分布。由 H_x 和 H_y 构成的磁力线为平面闭合曲线，由 E_x、E_y 及 E_z 构成的电力线为空间曲线，电力线与磁力线处处正交，由此可知 TM_{11} 模在波导横截面上的场分布如图 3－8(a)所示。若以 TM_{11} 模的场分布作为 TM_{mn} 模场分布的基本单元，则可推导出 TM_{21} 模的场分布如图 3－8(b)所示。

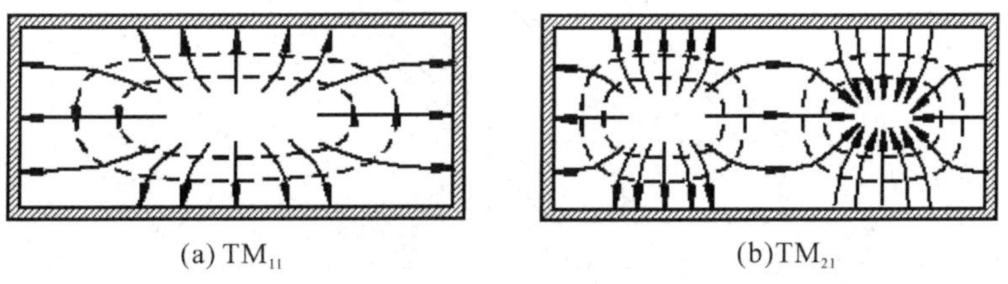

(a) TM_{11}　　(b) TM_{21}

图 3－8　矩形波导横截面上 TM_{11} 和 TM_{21} 模的场分布图

3.2.4　矩形波导内壁表面电流的分布

当波导内传输电磁波时，波导壁将感应产生高频电流，由于波导材料是作为理想导体来处理的，故仅波导壁表面有高频电流流过。通常用电流线描述电流分布，并用这种分布图来分析和解决许多实际问题。

由电磁场理论可知，如果导体表面上的交变磁场强度为 $\boldsymbol{H}$，那么导体的表面电流密度为

$$\boldsymbol{J}_S=\boldsymbol{n}\times\boldsymbol{H} \tag{3-77}$$

其中 $\boldsymbol{n}$ 是波导内壁表面的法线方向，如图 3－9 所示。

波导内传输 TE_{10} 型波时，在宽边上，既有 H_x 分量，又有 H_z 分量，所以面电流密度也既有 z 分量，又有 x 分量。在窄壁上只有 H_z 分量，所以面电流密度只有 y 分量。根据波导各内壁表面磁场的大小和方向，就可以画出各壁上电流的分布，矩形波导 TE_{10} 模的壁电流分布如图 3－10 所示。

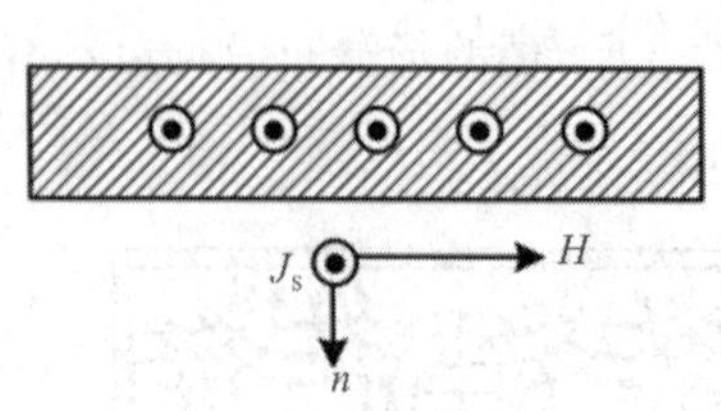

图 3-9　波导内壁电流分布

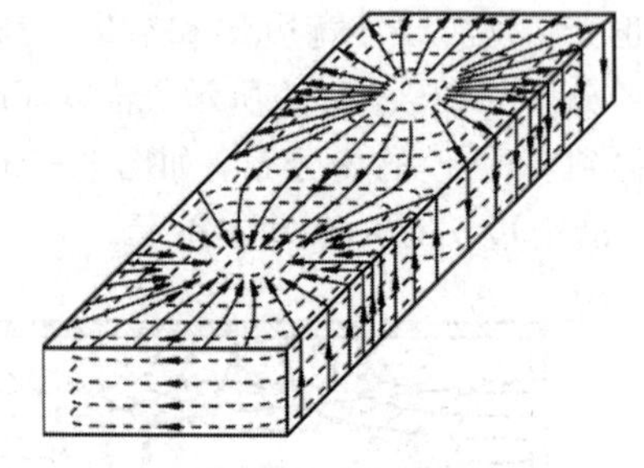

图 3-10　矩形波导 TE_{10} 模的壁电流分布

了解波导中传播模式的壁电流分布，对处理许多技术问题有重要的指导意义。例如，在微波测量中需要在矩形波导上开槽来构成波导测量线。测量线上开的槽应尽可能减小测量线中电磁波的辐射和反射，且不要破坏波导内各型波的场结构，因此应沿波导宽壁中心纵向开窄槽，如图 3-11 中的 A 槽。若是制作矩形波导开槽天线，其目的是利用槽有效地辐射电磁波能量，则可垂直于壁电流方向开槽，如图 3-11 中的 B 槽。此时槽缝中呈现出很强的电场，它和槽缝处的磁场组成指向波导外的坡印廷矢量 $\boldsymbol{S}$，因而有较多的电磁能量通过槽缝向外辐射。

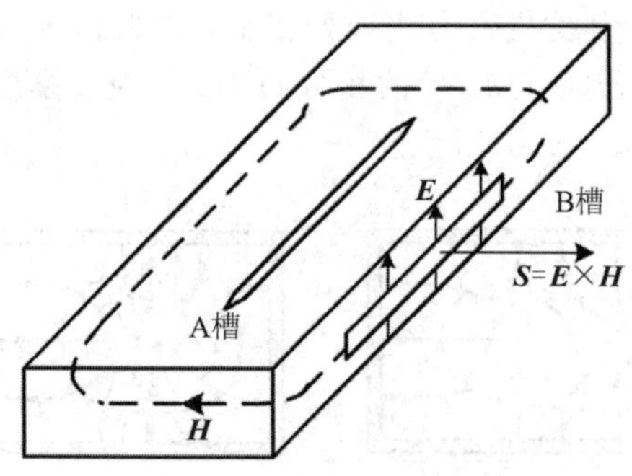

图 3-11　矩形波导上开槽

3.2.5　传输特性

在平面波和传输线的内容中，讨论的都是 TEM 波(横电磁波)，电场、磁场均无纵向分量，但矩形波导中传输的既有 TEM 波又有 TM 波，传输特性在很多方面与 TEM 波有显著的区别。下面主要以 TE_{10} 型波为例来讨论其传输特性。

1. 波长

在自由空间或长线中，所谓波长是指电磁波在介质中的传输速度与电磁波频率的比值。在波导中，就有三个有关波长的概念。

1) 工作波长 λ

工作波长是指微波振荡源所产生的电磁波的波长。如果波导中所填充介质的介电常数为 ε，磁导率为 μ，那么工作波长 λ 的定义为

$$\lambda=\frac{v}{f}=\frac{1}{f\sqrt{\mu\varepsilon}}$$

显然，这个工作波长的定义与平面波的波长相同，即为平面波两个相差 2π 的等相位面之间的距离，或者说平面波等相位面在一个周期内所走的路程。若波导内填充空气，$\varepsilon=\varepsilon_0$、$\mu=\mu_0$，则 λ 就为

$$\lambda=\frac{1}{f\sqrt{\mu_0\varepsilon_0}}=\frac{c}{f}\quad(c\ 为真空中的光速)$$

2）截止波长 λ_c

前面讨论的导波系统中 TE 波与 TM 波的传输特性，对矩形波导同样适用。在矩形波导中，TE 模和 TM 模的截止波数 k_c 是相同的，即

$$k_c=\sqrt{\left(\frac{m\pi}{a}\right)^2+\left(\frac{n\pi}{b}\right)^2}\tag{3-78}$$

故 TE 模和 TM 模的截止波长 λ_c 也相同，即

$$\lambda_c=\frac{2\pi}{k_c}=\frac{2}{\sqrt{\left(\frac{m\pi}{a}\right)^2+\left(\frac{n\pi}{b}\right)^2}}\tag{3-79}$$

由式(3-79)可以看出，不同的 TE_{mn} 和 TM_{mn} 具有相同的截止波长，但它们的场结构明显不同。这种场结构不同而截止波长相同的现象称为简并现象。具有相同截止波长的模式称为简并模，如 TE_{11} 和 TM_{11} 为简并模。

对于给定尺寸的波导，截止波长最长的模式称为最低模式或最低波型，也称为主模或主波形，而其他的模式则称为高次模或高次波型。在矩形波导中，TE_{10} 波具有最长的截止波长，因此称其为波导的主模式或最低模式。其截止波长为

$$\lambda_c(TE_{10})=2a$$

矩形波导中不同传输模式的截止波长分布如图 3-12 所示。由图 3-12 可以看出，当 $a<\lambda<2a$ 时，矩形波导只可以传输 TE_{10} 波。随着工作波长 λ 减小，波导中依次出现 TE_{20}、TE_{11}、TM_{11} 等传播模式，这些模式均为波导的高次模式。显然要使波导中只传输单模（主模式），就得抑制所有的高次模式。

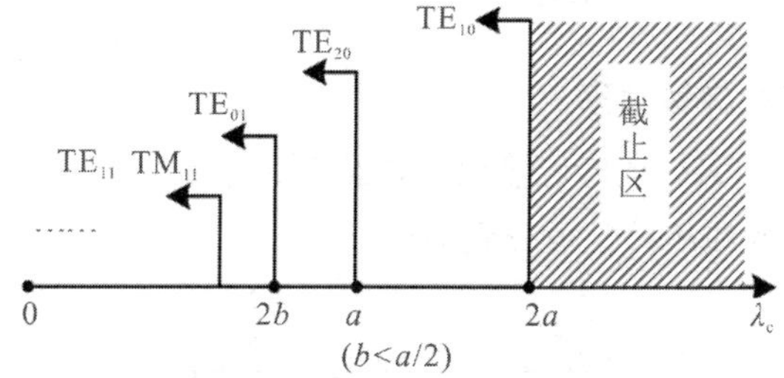

图 3-12　矩形波导中不同传输模式的截止波长分布

3）波导波长 λ_g

波导波长定义为波导中合成波的等相位面在一个周期内所走过的距离，记为 λ_g。TE_{10} 模的波导波长为

$$\lambda_g=\frac{\lambda}{\sqrt{1-(\lambda/\lambda_c)^2}}=\frac{\lambda}{\sqrt{1-(\lambda/2a)^2}}\tag{3-80}$$

2. 传播速度

1) 相速度

矩形波导导波模的相速度为

$$v_p=\frac{v}{\sqrt{1-(\lambda/\lambda_c)^2}} \tag{3-81}$$

式中：v 和 λ 分别表示介质中平面波的速度($v=1/\sqrt{\mu\varepsilon}$)和波长($\lambda=\lambda_0/\sqrt{\varepsilon_r}$，$\lambda_0$ 为自由空间中的波长)。TE_{10} 模的相速度为

$$v_p(TE_{10})=\frac{v}{\sqrt{1-(\lambda/2a)^2}} \tag{3-82}$$

2) 群速度

矩形波导的群速度为

$$v_g=v\sqrt{1-\left(\frac{\lambda}{\lambda_c}\right)^2} \tag{3-83}$$

TE_{10} 模的群速度为

$$v_g=v\sqrt{1-\left(\frac{\lambda}{2a}\right)^2} \tag{3-84}$$

3. 波阻抗

矩形波导中 TE 模的波阻抗为

$$Z_{TE}=\frac{\eta}{\sqrt{1-(\lambda/\lambda_c)^2}} \tag{3-85}$$

矩形波导中 TM 模的波阻抗为

$$Z_{TM}=\eta\sqrt{1-(\lambda/\lambda_c)^2} \tag{3-86}$$

TE_{10} 模的波阻抗为

$$Z_{TE_{10}}=\frac{\eta}{\sqrt{1-(\lambda/2a)^2}} \tag{3-87}$$

4. 矩形波导 TE_{10} 模的传输功率

矩形波导主要工作在 TE_{10} 主模传输状态，因此主要讨论矩形波导 TE_{10} 模的传输功率。对于 TE_{10} 模，其截止波数和相移常数分别为

$$k_{cTE_{10}}=\frac{\pi}{a},\ \beta_{TE_{10}}=\sqrt{k^2-\left(\frac{\pi}{a}\right)^2} \tag{3-88}$$

根据式(3-43)可以计算传输 TE_{10} 模时矩形波导的传输功率为

$$\begin{aligned}P_{TE_{10}}&=\frac{1}{2}\mathrm{Re}\int_0^a\int_0^b \boldsymbol{E}\times\boldsymbol{H}^*\cdot\boldsymbol{e}_z\,\mathrm{d}y\mathrm{d}x=\frac{1}{2}\mathrm{Re}\int_0^a\int_0^b \boldsymbol{E}_y\boldsymbol{H}_x^*\,\mathrm{d}y\mathrm{d}x\\&=\frac{\omega\mu a^3 b}{4\pi^2}|H_0|^2\beta_{TE_{10}}=\frac{ab}{4}\frac{|E_0|^2}{Z_{TE_{10}}}\end{aligned} \tag{3-89}$$

式中：E_0 是 TE_{10} 模 E_y 分量的振幅常数，若 $|E_0|$ 以空气的击穿场强 $E_{br}=30$ kV/cm 代入，则可得 TE_{10} 模空气矩形波导的脉冲功率容量为

$$P_{br}=0.6ab\sqrt{1-\left(\frac{\lambda}{2a}\right)^2}\quad (\mathrm{MW}) \tag{3-90}$$

式中：a、b 的单位为 cm。

5. 矩形波导 TE_{10} 模的损耗

1）介质损耗

金属波导中填充均匀介质的损耗引起的导波衰减常数由下式决定：

$$\alpha_d=\frac{k^2\tan\delta}{2\beta}\quad (\mathrm{Np/m})$$

2）导体损耗

矩形波导 TE_{10} 模的有限电导率金属壁单位长度的功率损耗为

$$\begin{aligned}P_l&=\frac{R_S}{2}\int_c|\boldsymbol{J}_S|^2\mathrm{d}l=R_S\int_0^b|\boldsymbol{J}_{Sy}|^2\mathrm{d}y+R_S\int_0^a[|\boldsymbol{J}_{Sx}|^2+|\boldsymbol{J}_{Sz}|^2]\mathrm{d}x\\&=R_S|H_0|^2\left(b+\frac{a}{2}+\frac{a^3}{2\pi^2}\beta_{TE10}^2\right)\end{aligned} \tag{3-91}$$

矩形波导 TE_{10} 模的导体衰减常数为

$$\begin{aligned}\alpha_c&=\frac{P_l}{2P_{TE10}}=\frac{2\pi^2R_S\left(b+\dfrac{a}{2}+\dfrac{a^3}{2\pi^2}\beta_{TE10}^2\right)}{\omega\mu a^3b\beta_{TE10}}=\frac{R_S}{a^3bk\eta\beta_{TE10}}(2b\pi^2+a^3k^2)\\&=\frac{R_S}{b\eta}\left[1+2\frac{b}{a}\left(\frac{\lambda}{2a}\right)^2\right]\frac{1}{\sqrt{1-(\lambda/2a)^2}}\quad(\mathrm{Np/m})\end{aligned} \tag{3-92}$$

6. TE_{10} 模矩形波导的等效阻抗

由式(3-87)可见，TE_{10} 模的波阻抗只与波导宽边的尺寸有关，而与窄边的尺寸无关。当宽边尺寸相同而窄边尺寸不相同的两段矩形波导连接时，波在连接处将产生反射，因此不能应用波阻抗来处理不同尺寸波导的匹配问题，为此需要引入波导的等效阻抗的概念。

根据电路理论，等效阻抗可以用如下三种形式定义：

$$Z_e=\frac{U_e}{I_e},\ Z_e=\frac{U_e^2}{2P},\ Z_e=\frac{2P}{I_e^2} \tag{3-93}$$

定义等效电压为波导宽边中心电场从顶边到底边的线积分：

$$U_e=\int_b^0E_y|_{x=a/2}\mathrm{d}y=\int_b^0E_0\sin\left(\frac{\pi}{2}\right)\mathrm{e}^{-\mathrm{j}\beta z}\mathrm{d}y=-E_0b\mathrm{e}^{-\mathrm{j}\beta z} \tag{3-94}$$

定义等效电流为波导宽边纵向电流之和：

$$I_e=\int_0^aI_z\mathrm{d}x=\int_0^aH_x\mathrm{d}x=\int_0^a\left[-\frac{\beta_{TE10}}{\omega\mu}E_0\sin\left(\frac{\pi x}{a}\right)\mathrm{e}^{-\mathrm{j}\beta z}\right]\mathrm{d}x=-\frac{2aE_0}{\omega\pi\mu}\beta_{TE10}\mathrm{e}^{-\mathrm{j}\beta z} \tag{3-95}$$

将上述定义和式(3-89)代入式(3-93)，可得

$$Z_e(I-U)=\frac{\pi}{2}\frac{b}{a}\frac{\eta}{\sqrt{1-(\lambda/2a)^2}} \tag{3-96a}$$

$$Z_e(U-P)=2\frac{b}{a}\frac{\eta}{\sqrt{1-(\lambda/2a)^2}} \tag{3-96b}$$

$$Z_e(P-I)=\frac{\pi^2}{8}\frac{b}{a}\frac{\eta}{\sqrt{1-(\lambda/2a)^2}} \tag{3-96c}$$

可见三种定义得到的等效阻抗具有不同的系数，这说明等效电压、电流定义的非唯一性，但它们与波导截面尺寸有关的部分相同。等效阻抗可以用来计算与波导匹配有关的问题，但不能用来计算功率。

为了简化计算，常以截面尺寸有关的部分作为公认的等效阻抗：

$$Z_{eTE_{10}}=\frac{b}{a}\frac{\eta}{\sqrt{1-(\lambda/2a)^2}} \tag{3-97a}$$

令 $\eta=1$，定义 TE_{10} 模矩形波导的无量纲等效阻抗为

$$Z_{eTE_{10}}=\frac{b}{a}\frac{\eta}{\sqrt{1-(\lambda/2a)^2}} \tag{3-97b}$$

3.2.6　矩形波导的截面尺寸选择

矩形波导截面尺寸选择的首要条件是保证只传输主模 TE_{10} 模，为了满足单模传输，可以通过适当选择波导尺寸来实现。实现单模传输的条件为

$$\begin{matrix}\lambda_{cTE_{20}}\\ \lambda_{cTE_{01}}\end{matrix}<\lambda<\lambda_{cTE_{10}} \tag{3-98}$$

即

$$\begin{matrix}a\\ 2b\end{matrix}<\lambda<2a$$

于是得到

$$\frac{\lambda}{2}<a<\lambda,\ 0<b<\frac{\lambda}{2} \tag{3-99}$$

若考虑到损耗要小，由式(3-91)可知波导窄边 b 应当小，若考虑到传输的功率要大，由式(3-89)可知 b 应当大，综合考虑抑制高次模传输、损耗小和传输功率大等条件，则矩形波导横截面尺寸选择为

$$a=0.7\lambda,\ b=(0.4\sim0.5)a \tag{3-100}$$

当波导尺寸确定后，其工作频率的范围便可确定，其工作波长范围取：

$$1.05\lambda_{cTE_{10}}\leqslant\lambda\leqslant0.8\lambda_{cTE_{10}} \tag{3-101}$$

即

$$1.05a\leqslant\lambda\leqslant1.6a$$

例如，BJ-100 波导的工作波长范围为 24.003 mm$\leqslant\lambda\leqslant$36.576 mm，相应的频率范围为 8.20 GHz$\leqslant f\leqslant$12.5 GHz，可见矩形波导的通频带并不宽，这是矩形波导的缺点之一。

例 3-1　截面尺寸为 72 mm×34 mm 的矩形波导管，传输 TE_{10} 型波，当信号频率为 3000 MHz 时，求它的截止波长 λ_c、波导波长 λ_g，相速度 v_p 和群速度 v_g。

解　由题意可知

$$\lambda_c=2a=2\times72=144\quad(\text{mm})$$

已知 $f=3000$ MHz，则可得

$$\lambda=\frac{c}{f}=\frac{3\times10^8}{3000\times10^6}=100\quad(\text{mm})$$

波导波长

$$\lambda_g=\frac{\lambda}{\sqrt{1-\left(\frac{\lambda}{2a}\right)^2}}=\frac{100}{\sqrt{1-\left(\frac{100}{144}\right)^2}}=139\quad(\text{mm})$$

相速度

$$v_p=\frac{c}{\sqrt{1-\left(\frac{\lambda}{2a}\right)^2}}=\frac{3\times10^8}{\sqrt{1-\left(\frac{100}{144}\right)^2}}=4.17\times10^8\quad(\text{m/s})$$

群速度

$$v_g=c\sqrt{1-\left(\frac{\lambda}{2a}\right)^2}=3\times10^8\times\sqrt{1-\left(\frac{100}{144}\right)^2}=2.16\times10^8\quad(\text{m/s})$$

3.3　圆　波　导

圆波导

圆波导是截面形状为圆形的空心金属管，如图 3－13 所示。其内壁半径为 a，与矩形波导一样，圆波导也只能传输 TE 和 TM 导波。圆波导加工方便，具有损耗小和双极化特性，常用于要求双极化模的天馈线中。圆波导段广泛用于各种谐振腔波长计。本节研究圆波导的导波模及其传输特性，并着重讨论三个常用模式(TE°_{11}、TE°_{01}和 TM°_{11})的特点及其应用(上标°表示圆波导以区别矩形波导中的模式，当不引起混淆时可省略上标)。

3.3.1　圆波导的导波模

如图 3－13 所示的圆柱坐标系(r、φ、z)，其拉梅系数 $h_1=1$、$h_2=r$、$h_3=1$，其纵横场关系式为

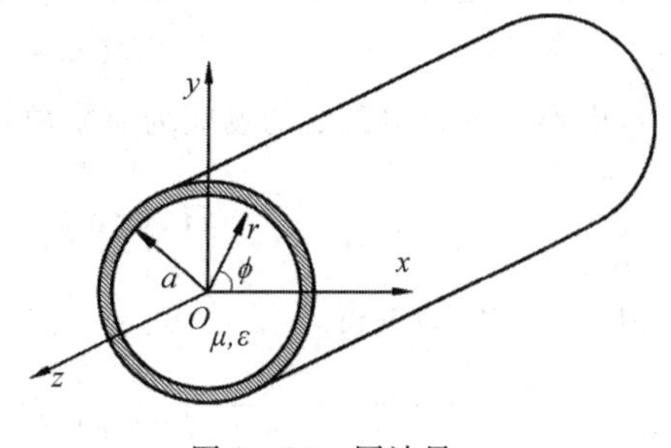

图 3－13　圆波导

$$\begin{bmatrix}E_r\\H_\phi\\H_r\\E_\phi\end{bmatrix}=\frac{-\mathrm{j}}{k_c^2}\begin{bmatrix}\frac{\omega\mu}{r} & \beta & 0 & 0\\ \frac{\beta}{r} & \omega\varepsilon & 0 & 0\\ 0 & 0 & \beta & -\frac{\omega\varepsilon}{r}\\ 0 & 0 & -\omega\mu & \frac{\beta}{r}\end{bmatrix}\begin{bmatrix}\frac{\partial H_z}{\partial\phi}\\ \frac{\partial E_z}{\partial r}\\ \frac{\partial H_z}{\partial r}\\ \frac{\partial E_z}{\partial\phi}\end{bmatrix}\tag{3-102}$$

式中：$k_c^2=k^2-\beta^2$。

纵向场 E_z 和 H_z 满足的二维亥姆霍兹方程可写为

$$\left(\frac{\partial^2}{\partial r^2}+\frac{1}{r}\frac{\partial}{\partial r}+\frac{1}{r^2}\frac{\partial^2}{\partial\phi^2}+k_c^2\right)\begin{Bmatrix}E_{0z}(r,\ \phi)\\H_{0z}(r,\ \phi)\end{Bmatrix}=0\tag{3-103}$$

边界条件为

$$\begin{aligned} E_{0\phi}(r,\ \phi)|_{r=a}&=0 \quad (\text{TE 导波}) \\ E_{0z}(r,\ \phi)|_{r=a}&=0 \quad (\text{TM 导波}) \end{aligned} \tag{3-104}$$

1. TE 模

对于 TE 模，$E_z=0$，$H_z(r,\ \phi,\ z)=H_{0z}(r,\ \phi)\mathrm{e}^{-\mathrm{j}\beta z}\neq 0$，令

$$H_{0z}(r,\ \phi)=R(r)\Phi(\phi)$$

代入方程(3-103)得

$$\frac{r^2}{R(r)}\frac{\mathrm{d}^2R(r)}{\mathrm{d}r^2}+\frac{r}{R(r)}\frac{\mathrm{d}R(r)}{\mathrm{d}r}+k_c^2r^2=-\frac{1}{\Phi(\phi)}\frac{\mathrm{d}^2\Phi(\phi)}{\mathrm{d}\phi^2}$$

令分离变量常数为 k_ϕ^2，则得方程：

$$\frac{\mathrm{d}^2\Phi(\phi)}{\mathrm{d}\phi^2}+k_\phi^2\Phi(\phi)=0 \tag{3-105}$$

和

$$r^2\frac{\mathrm{d}^2R(r)}{\mathrm{d}r^2}+r\frac{\mathrm{d}R(r)}{\mathrm{d}r}+(k_c^2r^2-k_\phi^2)R(r)=0 \tag{3-106}$$

式(3-105)的一般解为

$$\Phi(\phi)=B_1\cos k_\phi\phi+B_2\sin k_\phi\phi$$

由于 H_{0z} 的解在 ϕ 方向必须是周期性的(应有 $H_{0z}(r,\ \phi)=H_{0z}(r,\ \phi\pm 2m\phi)$)，因此 k_ϕ 必须为整数 m，于是 $\Phi(\phi)$的解变成如下形式：

$$\Phi(\phi)=B_1\cos m\phi+B_2\sin m\phi=B\begin{cases}\cos m\phi\\ \sin m\phi\end{cases}\quad (m=0,\ 1,\ 2,\ \cdots) \tag{3-107}$$

式(3-107)中的后一种表示形式考虑到圆波导结构具有轴对称性，场的极化方向具有不确定性，导波场在 ϕ 方向存在 $\cos m\phi$ 和 $\sin m\phi$ 两种可能的分布，它们独立存在，相互正交，截止波长相同，构成同一导模的极化简并。式(3-106)为贝塞尔方程，其解为

$$R(r)=A_1\mathrm{J}_m(k_cr)+A_z\mathrm{Y}_m(k_cr) \tag{3-108}$$

考虑到圆波导中心处的场应为有限值，而$\mathrm{Y}_m(k_cr)|_{r=0}=-\infty$，所以应令 $A_2=0$，于是得到解：

$$H_z(r,\ \phi,\ z)=A_1B\mathrm{J}_m(k_cr)\begin{cases}\cos m\phi\\ \sin m\phi\end{cases}\mathrm{e}^{-\mathrm{j}\beta z} \tag{3-109}$$

由式(3-102)可得

$$E_\phi(r,\ \phi,\ z)=\frac{\mathrm{j}\omega\mu}{k_c}A_1B\mathrm{J}_m'(k_cr)\begin{cases}\cos m\phi\\ \sin m\phi\end{cases}\mathrm{e}^{-\mathrm{j}\beta z} \tag{3-110}$$

代入边界条件式(3-104)，则应有 $\mathrm{J}_m'(k_ca)=0$。

令 $\mathrm{J}_m'(k_ca)$的根为 u_{mn}'，则有 $\mathrm{J}_m'(u_{mn}')=0$，因此得到本征值为

$$k_{cmn}=\frac{u_{mn}'}{a},\ n=1,\ 2,\ \cdots \tag{3-111}$$

这样，H_z 的基本解则为

$$H_z(r,\ \phi,\ z)=H_{mn}\mathrm{J}_m\left(\frac{u_{mn}'}{a}r\right)\begin{cases}\cos m\phi\\ \sin m\phi\end{cases}\mathrm{e}^{-\mathrm{j}\beta z} \tag{3-112a}$$

式中：$H_{mn}=A_1B$ 为任意振幅常数。H_z 的一般解应为

$$H_z(r,\phi,z)=\sum_{m=0}^{\infty}\sum_{n=1}^{\infty}H_{mn}\mathrm{J}_m\left(\frac{u'_{mn}}{a}r\right)\begin{Bmatrix}\cos m\phi\\ \sin m\phi\end{Bmatrix}\mathrm{e}^{-\mathrm{j}\beta z} \tag{3-112b}$$

将式(3-112b)代入纵横关系式(3-102)，最后可求得传输型 TE 导波模的场分量为

$$\begin{cases}E_r=\pm\sum\limits_{m=0}^{\infty}\sum\limits_{n=1}^{\infty}\dfrac{\mathrm{j}\omega\mu m a^2}{u'^2_{mn}r}H_{mn}\mathrm{J}_m\left(\dfrac{u'_{mn}}{a}r\right)\begin{Bmatrix}\sin m\phi\\ \cos m\phi\end{Bmatrix}\mathrm{e}^{\mathrm{j}(\omega t-\beta z)}\\ E_\phi=\sum\limits_{m=0}^{\infty}\sum\limits_{n=1}^{\infty}\dfrac{\mathrm{j}\omega\mu a}{u'_{mn}}H_{mn}\mathrm{J}'_m\left(\dfrac{u'_{mn}}{a}r\right)\begin{Bmatrix}\cos m\phi\\ \sin m\phi\end{Bmatrix}\mathrm{e}^{\mathrm{j}(\omega t-\beta z)}\\ E_z=0\\ H_r=\sum\limits_{m=0}^{\infty}\sum\limits_{n=1}^{\infty}\dfrac{\mathrm{j}\beta a}{u'_{mn}}H_{mn}\mathrm{J}'_m\left(\dfrac{u'_{mn}}{a}r\right)\begin{Bmatrix}\cos m\phi\\ \sin m\phi\end{Bmatrix}\mathrm{e}^{\mathrm{j}(\omega t-\beta z)}\\ H_\phi=\pm\sum\limits_{m=0}^{\infty}\sum\limits_{n=1}^{\infty}\dfrac{\mathrm{j}\beta m a^2}{u'^2_{mn}r}H_{mn}\mathrm{J}_m\left(\dfrac{u'_{mn}}{a}r\right)\begin{Bmatrix}\sin m\phi\\ \cos m\phi\end{Bmatrix}\mathrm{e}^{\mathrm{j}(\omega t-\beta z)}\\ H_z=\sum\limits_{m=0}^{\infty}\sum\limits_{n=1}^{\infty}H_{mn}\mathrm{J}'_m\left(\dfrac{u'_{mn}}{a}r\right)\begin{Bmatrix}\cos m\phi\\ \sin m\phi\end{Bmatrix}\mathrm{e}^{\mathrm{j}(\omega t-\beta z)}\end{cases} \tag{3-113}$$

结果表明，圆波导中可以存在无穷多种 TE 导波模，以 TE_{mn} 表示。由式(3-113)可见，场沿半径按贝塞尔函数或按其导数的规律变化，波型指数 n 表示场沿半径分布的最大值个数；场沿圆周方向按正弦或余弦函数形式变化，波型指数 m 表示场沿圆周分布的整波数。

TE_{mn} 导波模的波阻抗为

$$Z_{\mathrm{TE}}=\frac{E_r}{H_\phi}=\frac{-E_\phi}{H_r}=\frac{\omega\mu}{\beta}=\frac{k\eta}{\beta} \tag{3-114}$$

由式(3-111)得 TE_{mn} 模的相移常数为

$$\beta_{mn}=\sqrt{k^2-k^2_{cmn}}=\sqrt{k^2-\left(\frac{u'_{mn}}{a}\right)^2} \tag{3-115}$$

截止波长为

$$\lambda_{cmn}=\frac{2\pi a}{u'_{mn}} \tag{3-116}$$

截止频率为

$$f_{cmn}=\frac{k_{cmn}}{2\pi\sqrt{\mu\varepsilon}}=\frac{u'_{mn}}{2\pi a\sqrt{\mu\varepsilon}} \tag{3-117}$$

TE_{mn} 波的 λ_c 值如表 3-1 所示。其中 TE_{11} 是圆波导最常用的导波模。

表 3-1　TE_{mn} 波的 λ_c 值

波型	TE_{11}	TE_{21}	TE_{01}	TE_{31}	TE_{12}	TE_{32}	TE_{02}	TE_{13}
μ'_{mn}	1.841	3.054	3.832	4.201	5.332	6.705	7.016	8.536
λ_c	$3.41a$	$2.06a$	$2.06a$	$1.50a$	$1.18a$	$0.94a$	$0.90a$	$0.74a$

2. TM 模

对于 TM 模，$H_z=0$，$E_z(r,\phi,z)=E_{0z}(r,\phi)\mathrm{e}^{-\mathrm{j}\beta z}\neq0$，采用与 TE 模类似的分离变

量法，可以求得

$$E_z(r,\phi,z)=E_{mn}\mathrm{J}_m(k_c r)\begin{cases}\cos m\phi\\ \sin m\phi\end{cases}\mathrm{e}^{-\mathrm{j}\beta z} \tag{3-118}$$

由边界条件式(3-104)，则要求 $\mathrm{J}_m(k_c a)=0$，令其根为 u_{mn}，则得

$$k_{cmn}=\frac{u_{mn}}{a},\ m=0,1,2,\cdots,n=1,2,3,\cdots \tag{3-119}$$

于是 E_z 的基本解为

$$E_z(r,\phi,z)=E_{mn}\mathrm{J}_m\left(\frac{u_{mn}}{a}r\right)\begin{cases}\cos m\phi\\ \sin m\phi\end{cases}\mathrm{e}^{-\mathrm{j}\beta z} \tag{3-120a}$$

E_z 的一般解为

$$E_z(r,\phi,z)=\sum_{m=0}^{\infty}\sum_{n=1}^{\infty}E_{mn}\mathrm{J}_m\left(\frac{u_{mn}}{a}r\right)\begin{cases}\cos m\phi\\ \sin m\phi\end{cases}\mathrm{e}^{-\mathrm{j}\beta z} \tag{3-120b}$$

将式(3-120b)代入式(3-102)，最后可得传输型 TM 导波模的场分量为

$$\begin{cases}E_r=\sum\limits_{m=0}^{\infty}\sum\limits_{n=1}^{\infty}\dfrac{-\mathrm{j}\beta a}{u_{mn}}E_{mn}\mathrm{J}_m'\left(\dfrac{u_{mn}}{a}r\right)\begin{cases}\cos m\phi\\ \sin m\phi\end{cases}\mathrm{e}^{\mathrm{j}(\omega t-\beta z)}\\ E_\phi=\pm\sum\limits_{m=0}^{\infty}\sum\limits_{n=1}^{\infty}\dfrac{\mathrm{j}\beta m a^2}{u_{mn}^2}E_{mn}\mathrm{J}_m\left(\dfrac{u_{mn}}{a}r\right)\begin{cases}\sin m\phi\\ \cos m\phi\end{cases}\mathrm{e}^{\mathrm{j}(\omega t-\beta z)}\\ E_z=\sum\limits_{m=0}^{\infty}\sum\limits_{n=1}^{\infty}E_{mn}\mathrm{J}_m\left(\dfrac{u_{mn}}{a}r\right)\begin{cases}\cos m\phi\\ \sin m\phi\end{cases}\mathrm{e}^{-\mathrm{j}(\omega t-\beta z)}\\ H_r=\mp\sum\limits_{m=0}^{\infty}\sum\limits_{n=1}^{\infty}\dfrac{\mathrm{j}\omega\varepsilon m a^2}{u_{mn}^2 r}E_{mn}\mathrm{J}_m\left(\dfrac{u_{mn}}{a}r\right)\begin{cases}\sin m\phi\\ \cos m\phi\end{cases}\mathrm{e}^{\mathrm{j}(\omega t-\beta z)}\\ H_\phi=\sum\limits_{m=0}^{\infty}\sum\limits_{n=1}^{\infty}\dfrac{-\mathrm{j}\omega\varepsilon a}{u_{mn}r}E_{mn}\mathrm{J}_m'\left(\dfrac{u_{mn}}{a}r\right)\begin{cases}\cos m\phi\\ \sin m\phi\end{cases}\mathrm{e}^{\mathrm{j}(\omega t-\beta z)}\\ H_z=0\end{cases} \tag{3-121}$$

结果表明，圆波导中可以存在无穷多种 TM 导波模，以 TM_{mn} 表示，波型指数 m、n 的意义与 TM_{mn} 模相同。

TM 导波模的波阻抗为

$$Z_{\mathrm{TE}}=\frac{E_r}{H_\phi}=\frac{-E_\phi}{H_r}=\frac{\beta}{\omega\varepsilon}=\frac{\beta\eta}{k} \tag{3-122}$$

由式(3-119)可得 TM_{mn} 模的相移常数为

$$\beta_{mn}=\sqrt{k^2-k_{cmn}^2}=\sqrt{k^2-\left(\frac{u_{mn}}{a}\right)^2} \tag{3-123}$$

截止波长为

$$\lambda_{cmn}=\frac{2\pi a}{u_{mn}} \tag{3-124}$$

截止频率为

$$f_{cmn}=\frac{k_{cmn}}{2\pi\sqrt{\mu\varepsilon}}=\frac{u_{mn}}{2\pi a\sqrt{\mu\varepsilon}} \tag{3-125}$$

TM_{mn} 导波模的截止波长如表 3-2 所示。

表 3-2 TM_{mm} 导波模的截止波长

波型	TM_{01}	TM_{11}	TM_{21}	TM_{02}	TM_{12}	TM_{22}	TM_{03}	TM_{13}
μ_{mn}	2.405	3.832	5.135	5.520	7.016	8.417	8.650	10.170
λ_c	$2.62a$	$1.64a$	$1.22a$	$1.14a$	$0.90a$	$0.75a$	$0.72a$	$0.62a$

TM_{01} 模是 TM_{mn} 模中的最低次模，是整个圆波导模中的次主模。

由上述分析结果可以得到如下重要结论：

(1) 圆波导中导波模的传输条件是 $\lambda_c>\lambda$(工作波长)或 $f_c<f$(工作频率)。圆波导中导波模的传输特性与矩形波导相似。

(2) 圆波导的导波模存在两种简并现象：一种是 TE_{0n} 模与 TM_{1n} 模简并，即有 $\lambda_{c\mathrm{TE}_{0n}}=\lambda_{c\mathrm{TM}_{1n}}$；另一种是 $m\neq0$ 的 TE_{mn} 或 TM_{mn} 模的极化简并。

(3) 圆波导的主模是 TE_{11} 模，其截止波长最长，$\lambda_{c\mathrm{TE}_{11}}=3.41a$，$\mathrm{TM}_{01}$ 模为次主模，$\lambda_{c\mathrm{TM}_{01}}=2.62a$。

3.3.2 三个常用模

1) 主模 TE_{11} 模

其 $\lambda_c=3.41a$，由式(3-113)得到其场分量(取 $\sin\phi$ 解)为

$$\begin{cases}E_r=\dfrac{-\mathrm{j}\omega\mu}{k_c^2 r}H_{11}\cos\phi\mathrm{J}_1(k_c r)\mathrm{e}^{-\mathrm{j}\beta z}\\[2ex] E_\phi=\dfrac{\mathrm{j}\omega\mu}{k_c}H_{11}\sin\phi\mathrm{J}_1'(k_c r)\mathrm{e}^{-\mathrm{j}\beta z}\\[2ex] E_z=0\\[1ex] H_r=\dfrac{-\mathrm{j}\beta}{k_c}H_{11}\sin\phi\mathrm{J}_1'(k_c r)\mathrm{e}^{-\mathrm{j}\beta z}\\[2ex] H_\phi=\dfrac{-\mathrm{j}\beta}{k_c^2 r}H_{11}\cos\phi\mathrm{J}_1(k_c r)\mathrm{e}^{-\mathrm{j}\beta z}\\[2ex] H_z=H_{11}\sin\phi\mathrm{J}_1(k_c r)\mathrm{e}^{-\mathrm{j}\beta z}\end{cases}\tag{3-126}$$

其场结构如图 3-14 所示。由图可知，TE_{11} 模的场结构与矩形波导 TE_{10} 模的场结构相似。实际使用中，圆波导 TE_{11} 模便是由矩形波导 TE_{10} 模来激励的，将矩形波导的截面逐渐过渡成圆形，则 TE_{10} 模便会自然地过渡变成 TE_{11} 模。

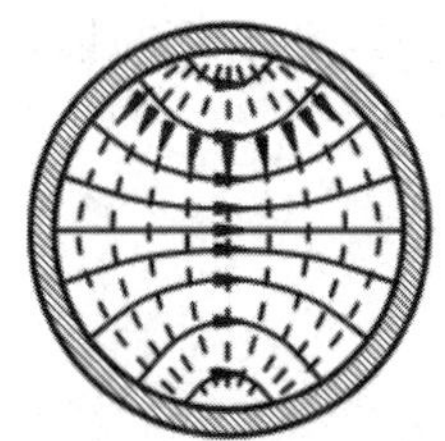
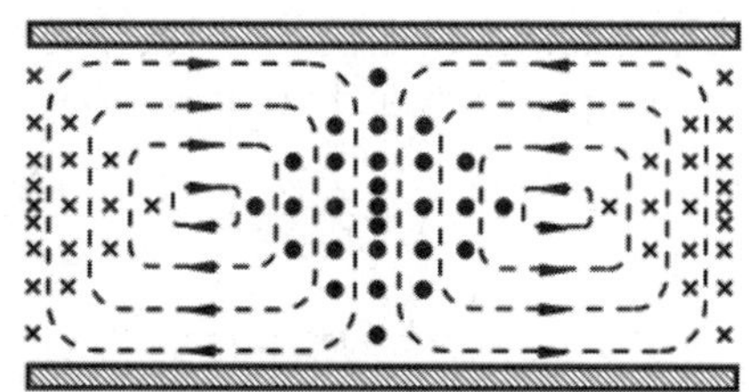

图 3-14 圆波导 TE_{11} 模的场结构

TE_{11} 模虽然是圆波导的主模，但它存在极化简并，当圆波导出现椭圆度时，就会分裂

出 $\cos\phi$ 和 $\sin\phi$ 模，如图 3-15 所示，所以一般情况下不宜采用 TE_{11} 模来传输微波能量和信号。这也是实际使用中不采用圆波导而采用矩形波导作微波传输系统的基本原因。

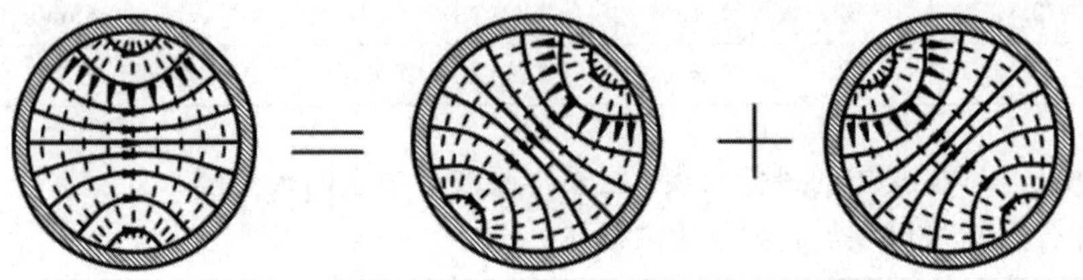

图 3-15　TE_{11} 模的极化简并

不过，利用 TE_{11} 模的极化简并特性可以构成一些双极化元件，如极化分离器、极化衰减器等。

TE_{11} 模圆波导的传输功率(以 $\sin\phi$ 模计)为

$$\begin{aligned}P_{11}&=\frac{1}{2}\mathrm{Re}\int_0^a\int_0^{2\pi}\boldsymbol{E}\times\boldsymbol{H}^*\cdot\hat{z}r\,\mathrm{d}\phi\,\mathrm{d}r=\frac{1}{2}\mathrm{Re}\int_0^a\int_0^{2\pi}(\boldsymbol{E}_r\boldsymbol{H}_\phi^*-\boldsymbol{E}_\phi\boldsymbol{H}_r^*)r\,\mathrm{d}\phi\,\mathrm{d}r\\&=\frac{\omega\mu\beta_{11}\,|\boldsymbol{H}_{11}|^2}{2k_c^2}\int_0^a\int_0^{2\pi}\left[\frac{1}{r^2}\cos^2\phi\,\mathrm{J}_1^2(k_cr)+k_c^2\sin^2\phi\,\mathrm{J}_1'^2(k_cr)\right]r\,\mathrm{d}\phi\,\mathrm{d}r\\&=\frac{\pi\omega\mu\beta_{11}\,|\boldsymbol{H}_{11}|^2}{4k_c^2}(u_{11}'-1)\mathrm{J}_1^2(k_ca)\end{aligned}\tag{3-127}$$

有限导电率金属圆波导的单位长度功率损耗为

$$\begin{aligned}P_l&=\frac{R_s}{2}\int_0^{2\pi}|\mathrm{J}_s|^2a\,\mathrm{d}\phi=\frac{R_s}{2}\int_0^{2\pi}(|H_\phi|^2+|H_z|^2)a\,\mathrm{d}\phi\\&=\frac{\pi R_sa\,|H_{11}|^2}{2}\left(1+\frac{\beta_{11}^2}{k_c^4a^2}\right)\mathrm{J}_1^2(k_ca)\end{aligned}\tag{3-128}$$

易得 TE_{11} 模圆波导的导体衰减常数为

$$\alpha_{c11}=\frac{P_l}{2P_{11}}=\frac{R_s}{ak\eta\beta_{11}}\left(k_c^2+\frac{k_c^2}{u_{11}'^2-1}\right)(\mathrm{Np/m})\tag{3-129}$$

其介质衰减常数为

$$\alpha_d=\frac{k^2\tan\delta}{2\beta_{11}}(\mathrm{Np/m})\tag{3-130}$$

传输 TE_{11} 模的圆波导的半径一般选取为 $\lambda/3$。

2) 圆对称 TM_{01} 模

TM_{01} 模是圆波导的最低型横磁模，是圆波导的次主模，没有简并模，其 $\lambda_c=2.62a$。将 $m=0$、$n=1$ 代入式(3-121)，得到 TM_{01} 模的场分量为

$$\begin{cases}E_r=\dfrac{\mathrm{j}\beta a}{2.405}E_{01}\mathrm{J}_1\left(\dfrac{2.405}{a}\right)\mathrm{e}^{-\mathrm{j}\beta z}\\E_z=E_{01}\mathrm{J}_1\left(\dfrac{2.405}{a}r\right)\mathrm{e}^{-\mathrm{j}\beta z}\\H_\phi=\dfrac{\mathrm{j}\omega\varepsilon a}{2.405}E_{01}\mathrm{J}_1\left(\dfrac{2.405}{a}r\right)\mathrm{e}^{-\mathrm{j}\beta z}\\H_r=H_z=E_\phi=0\end{cases}\tag{3-131}$$

其场结构如图 3－16 所示。由图 3－16 和式(3－131)可知其场结构具有如下特点：

(1) 磁场沿 ϕ 方向不变化，场分布具有圆对称性(或轴对称性)；

(2) 电场相对集中在中心线附近，磁场则相对集中于波导壁附近；

(3) 磁场只有 H_ϕ 分量，因而管壁电流只有 J_z 分量。

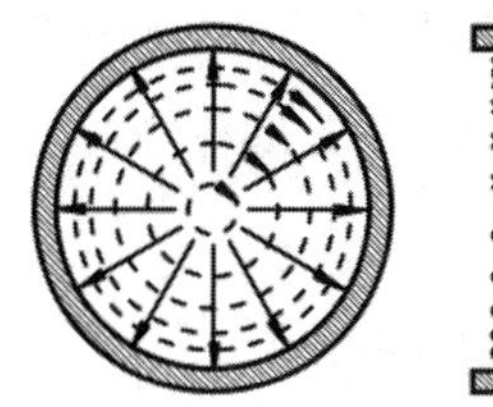

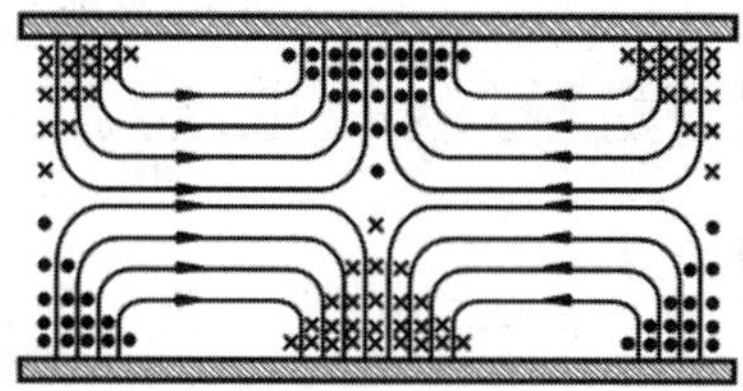

图 3－16　圆波导 TM_{01} 模的场结构图

由于 TM_{01} 模具有上述特点，因此特别适于作天线扫描装置的旋转关节的工作模式。

3) 低损耗 TE_{01} 模

TE_{01} 模是圆波导的高次模，其 $\lambda_c=1.64a$，由式(3－113)可得其场分量为

$$\begin{cases}E_\phi=\dfrac{-\mathrm{j}\omega\mu a}{3.832}H_{01}\mathrm{J}_1\left(\dfrac{3.832}{a}r\right)\mathrm{e}^{-\mathrm{j}\beta z}\\ H_r=\dfrac{\mathrm{j}\beta a}{3.832}H_{01}\mathrm{J}_1\left(\dfrac{3.832}{a}r\right)\mathrm{e}^{-\mathrm{j}\beta z}\\ H_z=H_{01}\mathrm{J}_1\left(\dfrac{3.832}{a}r\right)\mathrm{e}^{-\mathrm{j}\beta z}\\ E_r=E_z=H_\phi=0\end{cases}\tag{3-132}$$

其场结构如图 3－17 所示。由图 3－17 和式(3－132)可知，其场结构具有如下特点：

(1) 磁场沿 ϕ 方向不变化，亦具有轴对称性；

(2) 电场只有 E_ϕ 分量，在中心和管壁附近为零；

(3) 在管壁附近只有 H_z 分量，故管壁只有 J_ϕ 分量。

因此，当传输功率一定时，随频率增高，损耗将减小，衰减常数变小。这一特性使 TE_{01} 模适于作毫米波长距离低损耗传输与高 Q 值圆柱谐振腔的工作模式。在毫米波波段，圆波导 TE_{01} 模的理论衰减约为矩形波导 TE_{01} 模衰减的 1/4～1/8。但是 TE_{01} 模不是圆波导的主模，实际使用时，须设法抑制其他的低次传输模。

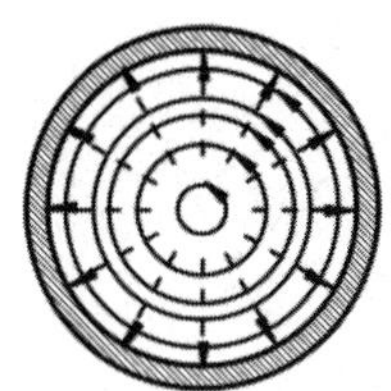

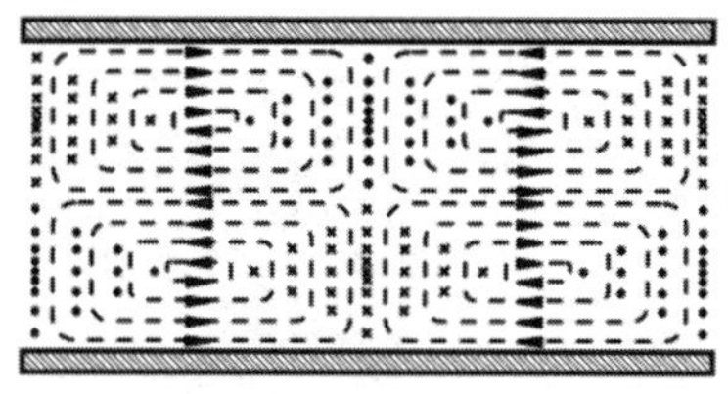

图 3－17　圆波导 TE_{01} 模的场结构图

例 3－2　求半径为 0.5 cm，填充 ε_r 为 2.25 的介质($\tan\delta=0.001$)的圆波导前两个传输模的截止频率，设其内壁镀银，计算工作频率为 13.0 GHz 时 50 cm 长波导的衰减值。

解　前两个传输模是 TE_{11} 和 TM_{01}，其截止频率分别为

$$f_{cTE_{11}}=\frac{u'_{11}c}{2\pi a\sqrt{\varepsilon_r}}=\frac{1.841\times3\times10^8}{2\pi\times0.005\times\sqrt{2.25}}=11.72\quad(\text{GHz})$$

$$f_{cTM_{01}}=\frac{u_{01}c}{2\pi a\sqrt{\varepsilon_r}}=\frac{2.405\times3\times10^8}{2\pi\times0.005\times\sqrt{2.25}}=15.31\quad(\text{GHz})$$

显然，当工作频率 $f_0=13.0$ GHz 时，该波导只能传输 TE_{11} 模，其波数为

$$k=\frac{2\pi f_0\sqrt{\varepsilon_r}}{c}=\frac{2\pi\times13\times10^9\times\sqrt{2.25}}{3\times10^8}=408.4\quad(\text{m}^{-1})$$

TE_{11} 模的相移常数为

$$\beta_{11}=\sqrt{k^2-\left(\frac{u'_{11}}{a}\right)^2}=\sqrt{408.4^2-\left(\frac{1.841}{0.005}\right)^2}=176.7\quad(\text{m}^{-1})$$

介质衰减常数为

$$\alpha_d=\frac{k^2\tan\delta}{2\beta_{11}}=\frac{408.4^2\times0.001}{2\times176.7}=0.47\quad(\text{Np/m})$$

银的导电率为 $\sigma=6.17\times10^7$ S/m，其表面电阻 $R_S=\sqrt{\omega\mu/(2\sigma)}=0.029(\Omega)$，于是金属导体衰减常数为

$$\alpha_c=\frac{R_S}{ak\eta\beta_{11}}\left(k_c^2+\frac{k_c^2}{u'^2_{11}-1}\right)=0.066\quad(\text{Np/m})$$

总的衰减常数为 $\alpha=\alpha_c+\alpha_d=0.536(\text{Np/m})$，50 cm 长波导的衰减值则为

$$L=-20\lg e^{-\alpha l}=-20\lg e^{-0.536\times0.5}=2.33\quad(\text{dB})$$

3.4 同　轴　线

3.4.1 同轴线结构及应用

同轴线也称同轴圆柱波导，它是一种双导体传输线，其结构如图 3-18 所示。内导体的半径为 a，外导体的内半径为 b，同轴线在结构上又可分为硬同轴线和软同轴线。硬同轴线内外导体之间的介质通常为空气，内导体用高频介质垫圈等支撑。软同轴线又称为同轴电缆，电缆的内、外导体之间填充高频介质，内导体由单根或多根导线组成，外导体由铜线编织而成，外面再包一层软塑料介质。

同轴线

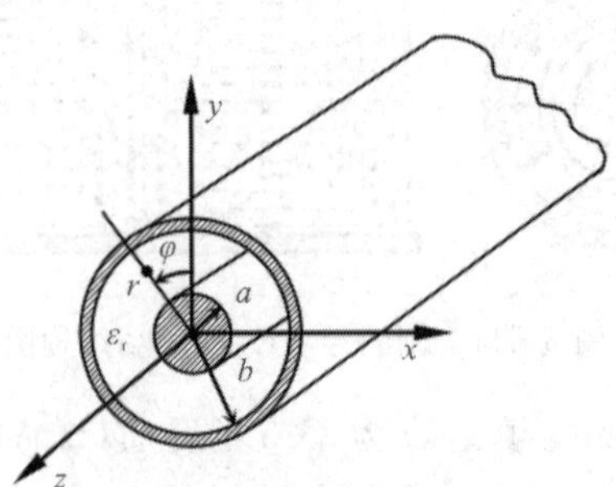

图 3-18　同轴线及其坐标系

由于同轴线属于双导体类传输线，因此线上电压、电流有确切的定义。分析同轴线的边界条件可知，同轴线既能传输TEM波，也能传输TE波或TM波。究竟哪些波型能在同轴线中传输取决于同轴线的尺寸和电磁波的频率。

同轴线是一种宽频带微波传输线，当工作波长大于10 cm时，矩形波导和圆波导都显得尺寸过大而笨重，而相应的同轴线尺寸却不大。同轴线的特点之一是可以从直流一直工作到毫米波波段，一般常用于频率在2500 MHz以下微波波段，作为传输线或制作宽频带微波元器件。因此，无论在微波整机系统、微波测量系统或微波元件中，同轴线都得到了广泛的应用。

3.4.2 同轴线的主模TEM模

1）同轴线的主模与高次模

在同轴线中，可以传输TEM、TE或TM模，但由于同轴线是双导体系统，与平行双线的双导体传输系统一样，其主模为TEM模，TE、TM模则为同轴线的高次模。

2）同轴线中TEM模的场结构

同轴线中TEM模的场结构如图3-19所示。

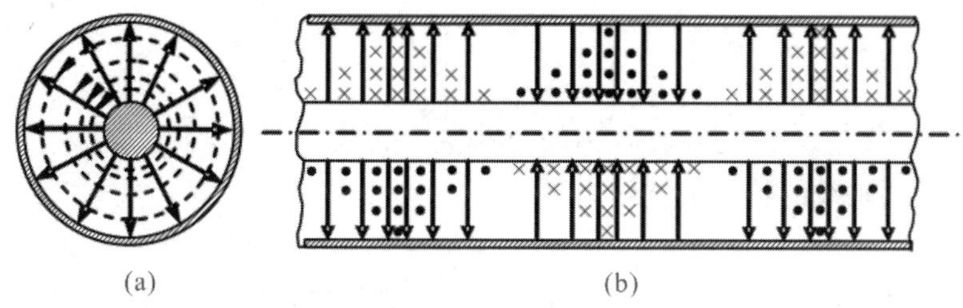

图3-19 同轴线中TEM模的场结构

可见，愈靠近内导体表面，电磁场愈强。因此内导体的表面电流密度较外导体表面的电流密度大得多。所以同轴线的热耗主要发生在截面尺寸较小的内导体上。

3）同轴线的主要参量

（1）特性阻抗 Z_c：

$$Z_c=\frac{60}{\sqrt{\varepsilon_r}}\ln\frac{b}{a}\quad(\Omega)\tag{3-133}$$

（2）传输TEM波时的相移常数 β：

$$\beta=\omega\sqrt{\mu\varepsilon}\quad(\text{rad/m})\tag{3-134}$$

（3）传输TEM波时的相速度 v_p：

$$v_p=\frac{1}{\sqrt{\mu\varepsilon}}=\frac{c}{\sqrt{\varepsilon_r}}\quad(\text{m/s})\tag{3-135}$$

（4）传输TEM波时的波导波长 λ_g：

$$\lambda_g=\frac{2\pi}{\beta}=\frac{v_p}{f}=\frac{\lambda}{\sqrt{\varepsilon_r}}\tag{3-136}$$

（5）传输TEM波时，空气同轴线的导体衰减为

$$d_c=\frac{R_s}{2\pi b}\cdot\frac{1+\frac{b}{a}}{120\ln\frac{b}{a}}\quad(\mathrm{Np/m})\tag{3-137}$$

其中：$R_s=1/(\sigma\delta)$为金属导体的面电阻(σ 为导体的电导率，δ 为导体的趋肤深度)。

(6) 传输 TEM 波时的功率容量为

$$P_{br}=\frac{|U_{br}|^2}{2Z_c}=\sqrt{\varepsilon_r}\frac{a^2}{120}E_{br}^2\ln\frac{b}{a}\quad(\mathrm{W})\tag{3-138}$$

式中：ε_r 为介质的相对介电常数，E_{br}为介质的击穿场强。

3.4.3 同轴线尺寸的确定

确定同轴线的尺寸时主要考虑以下几方面的因素：

(1) 保证 TEM 单模传输，因此工作波长与同轴线尺寸的关系满足：

$$\lambda>\pi(a+b)\tag{3-139}$$

(2) 获得最小的导体损耗衰减。衰减最小的条件是$\frac{\mathrm{d}a_c}{\mathrm{d}a}=0$，代入 $a_c=\frac{R_b}{2\pi b}\frac{1+\frac{b}{a}}{120\ln\frac{b}{a}}$可得

$$\frac{b}{a}=3.591\tag{3-140a}$$

根据此值计算的同轴线的特性阻抗约为

$$Z_c=76.71\pi$$

(3) 获得最大的功率容量。限定 b，若改变 a，则传输功率也将改变。功率容量最大的条件是 $\mathrm{d}P_{br}/\mathrm{d}a=0$，将 P_{br}的计算式代入可得

$$\frac{b}{a}=1.649\tag{3-140b}$$

根据此值计算出的同轴线的特性阻抗约为 30 Ω。

如果两者兼顾，即要求衰减最小而功率容量最大，则一般取

$$\frac{b}{a}=2.303\tag{3-140c}$$

根据此值计算出的空气同轴线的特性阻抗约为 50 Ω。

同轴线已有标准化尺寸，设计同轴元件时可参考有关资料。在使用同轴线时，要经常用标准锥对其进行校准，以免内外导体不同心及内导体不圆而产生高次模增大损耗。另外，还要确保同轴线处于良好的工作状态。

3.4.4 同轴线中的高次模——TE 模和 TM 模

理论分析表明，当工作波长与同轴线尺寸满足一定的关系时，同轴线除了传输 TEM 主模以外，还传输高次模。分析高次模的意义在于，可以选择合适的同轴线尺寸抑制高次模的传输。

分析同轴线 TE 模和 TM 模的方法和圆波导类似，其横向分布函数为

$$\Phi(r, \phi)=[CJ_m(k_c r)+DN_m(k_c r)]\begin{cases}\cos m\phi\\ \sin m\phi\end{cases} \tag{3-141}$$

需要注意的是：对于 TM 模，$\Phi(r, \phi)$代表电位分布函数；对于 TE 模，$\Phi(r, \phi)$代表磁位分布函数，且两种模的 k_c 也不相同。此外，同轴线中的电磁场限制在区域 $a<r<b$ 中，故式(3-141)中保留了纽曼函数 $N_m(k_c r)$，因此同轴线中高次模的横向分布函数较圆波导中的要复杂。

1. 同轴线 TM 模

同轴线 TM 模的边界条件可由导波理论分析知道，$\Phi(r, \phi)|_{r=a, b}=0$，将式(3-141)代入其中可得

$$CJ_m(k_c a)+DN_m(k_c a)=0$$
$$CJ_m(k_c b)+DN_m(k_c b)=0$$

由上述两式得

$$\frac{J_m(k_c a)}{J_m(k_c b)}=\frac{N_m(k_c a)}{N_m(k_c b)} \tag{3-142a}$$

式(3-142a)为包含贝塞尔函数和纽曼函数的超越方程，严格求解比较困难，通常采用近似解。当自变量很大时，$J_m(k_c a)$和 $N_m(k_c a)$可用其渐近式表示如下：

$$J_m(k_c a)\approx\sqrt{\frac{2}{\pi k_c a}}\cos\left(k_c a-\frac{\pi}{4}-\frac{m\pi}{2}\right)$$

$$N_m(k_c a)\approx\sqrt{\frac{2}{\pi k_c a}}\sin\left(k_c a-\frac{\pi}{4}-\frac{m\pi}{2}\right)$$

将上述公式代入式(3-142a)得

$$\frac{\cos\left(k_c a-\frac{\pi}{4}-\frac{m\pi}{2}\right)}{\cos\left(k_c b-\frac{\pi}{4}-\frac{m\pi}{2}\right)}=\frac{\sin\left(k_c a-\frac{\pi}{4}-\frac{m\pi}{2}\right)}{\sin\left(k_c b-\frac{\pi}{4}-\frac{m\pi}{2}\right)} \tag{3-142b}$$

令

$$x=k_c a-\frac{\pi}{4}-\frac{m\pi}{2},\ y=k_c b-\frac{\pi}{4}-\frac{m\pi}{2} \tag{3-142c}$$

则式(3-142b)可简化为

$$\frac{\cos x}{\cos y}=\frac{\sin x}{\sin y}$$

经变换得

$$\sin(y-x)=0$$

将式(3-142c)表示的 x 和 y 代入上式可得

$$\sin[k_c(b-a)]=0$$

由此得到 TM 模的截止波数 k_c 与同轴线尺寸的关系为

$$k_c\approx\frac{n\pi}{b-a},\ n=1, 2, 3\cdots \tag{3-142d}$$

TM 模的截止波长 λ_c 与同轴线尺寸的关系为

$$(\lambda_c)_{\mathrm{TM}}\approx\frac{2}{n}(b-a) \tag{3-142e}$$

TM 模的最低次模 TM_{01} 模截止波长的计算公式为

$$(\lambda_c)_{TM_{01}} \approx 2(b-a) \tag{3-142f}$$

2. 同轴线 TE 模

同轴线 TE 模的边界条件有

$$\left.\frac{\partial \Phi(r, \phi)}{\partial r}\right|_{r=a, b} = 0$$

将式(3-141)代入上式得

$$\begin{cases} C\mathrm{J}'_m(k_c a) + D\mathrm{N}'_m(k_c a) = 0 \\ C\mathrm{J}'_m(k_c b) + D\mathrm{N}'_m(k_c b) = 0 \end{cases} \tag{3-143a}$$

仍用近似方法求解上述超越方程。当 $m=0$ 时，有 $\mathrm{J}'_0(k_c r) = -\mathrm{J}_1(k_c r)$ 及 $N'_0(k_c r) = -N_1(k_c r)$，将这些关系式代入式(3-143a)中得

$$\frac{\mathrm{J}_1(k_c a)}{\mathrm{J}_1(k_c b)} = \frac{\mathrm{N}_1(k_c a)}{\mathrm{N}_1(k_c b)} \tag{3-143b}$$

将式(3-143b)与式(3-143a)对比，可知 TE_{0n} 模的截止波数 k_c 的近似解也为

$$k_c \approx \frac{n\pi}{b-a}, \ n=1, 2, 3\cdots$$

因而 TE_{0n} 模截止波长的计算公式为

$$(\lambda_c)_{TE_{0n}} \approx \frac{2}{n}(b-a) \tag{3-143c}$$

其中 TE_{01} 模截止波长的计算公式为

$$(\lambda_c)_{TE_{01}} \approx 2(b-a) \tag{3-143d}$$

对于 $m \neq 0$，$n=1$ 的 TE_{m1} 模，用近似解得到的截止波长的计算公式为

$$(\lambda_c)_{TE_{m1}} \approx \frac{\pi(b+a)}{m} \tag{3-143e}$$

利用式(3-142f)和式(3-143d)、式(3-143e)来计算几种 TE 模和 TM 模的截止波长，所以选同轴线型号为 50-16，即 $2b=16$ mm，$2a=6.95$ mm，得到的 λ_c 值如表 3-3 所示。

表 3-3 同轴线高次模的截止波长

波型	TE_{11}	TE_{21}	TE_{31}	TE_{41}	TE_{01}，TM_{01}	TE_{51}
λ_c 计算公式	$\pi(a+b)$	$\frac{\pi}{2}(a+b)$	$\frac{\pi}{3}(a+b)$	$\frac{\pi}{4}(a+b)$	$2(a+b)$	$\frac{\pi}{5}(a+b)$
λ_c/cm	3.61	1.81	1.20	0.901	0.905	0.72

按表中 λ_c 值排成的截止波长的分布如图 3-20 所示。

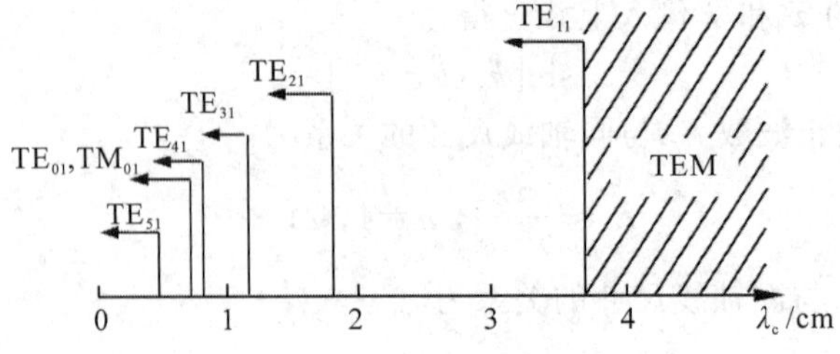

图 3-20 同轴线高次模的截止波长分布图

同轴线 TE_{11}、TE_{01} 和 TM_{01} 三种模式的场分布如图 3-21 所示。其分布规律与圆波导相应模式的分布相类似。同轴线 TE_{01} 模和 TM_{01} 模的场分布也具有轴对称性。

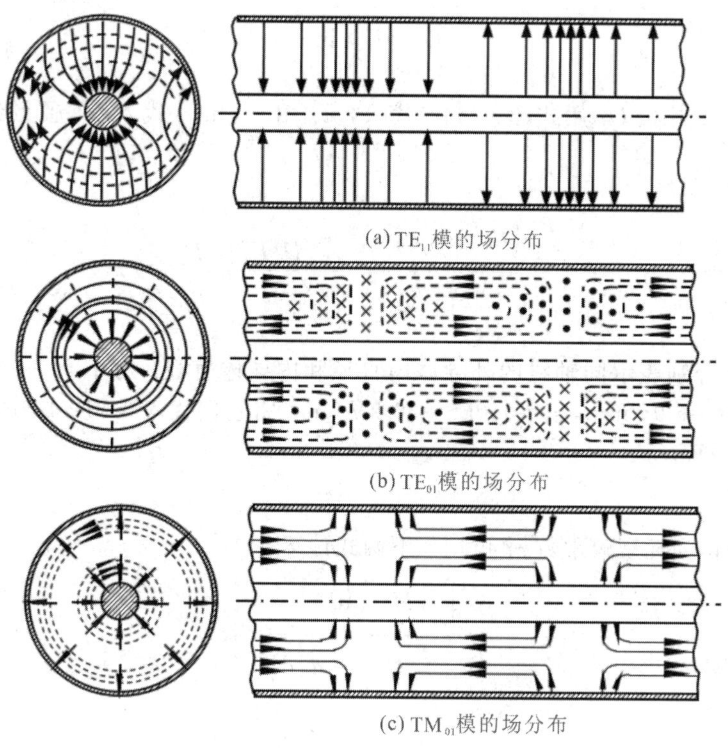

(a) TE_{11}模的场分布

(b) TE_{01}模的场分布

(c) TM_{01}模的场分布

图 3-21 同轴线 TE_{11}、TE_{01} 及 TM_{01} 模的场分布

3.4.5 传输功率与损耗

1. 功率容量

在行波状态下同轴线传输 TEM 模时的平均传输功率为

$$P=\frac{1}{2}U_0I_0=\frac{1}{2}\frac{U_0^2}{Z_0} \tag{3-144a}$$

若 U_c 表示同轴线的击穿电压，则同轴线的功率容量 P_c 按下式表示：

$$P=\frac{1}{2}\frac{U_c^2}{Z_0} \tag{3-144b}$$

击穿电压 U_c 所对应的击穿电场强度用 E_c 表示，而同轴线内导体表面 $r=a$ 处的电场最强，令其为 E_c，由式

$$\begin{cases} \boldsymbol{E}_T=\boldsymbol{e}_r\dfrac{U_0}{\ln\dfrac{b}{a}}\dfrac{1}{r}\mathrm{e}^{-\mathrm{j}kr} \\ \boldsymbol{H}_T=\boldsymbol{e}_\phi\dfrac{U_0}{\eta\ln\dfrac{b}{a}}\dfrac{1}{r}\mathrm{e}^{-\mathrm{j}kr} \end{cases}$$

得

$$E_c = \frac{U_c}{a\ln\frac{b}{a}}$$

或

$$U_c = E_c a\ln\frac{b}{a} \tag{3-144c}$$

式(3-144b)中的 U_c 用式(3-144c)代入，Z_0 用$\frac{60}{\sqrt{\varepsilon_r}}\ln\frac{b}{a}$代入后，便得到功率容量 P_c 的计算公式为

$$P = \frac{1}{2}\frac{\left(E_c a\ln\frac{b}{a}\right)^2}{\frac{60}{\sqrt{\varepsilon_r}}\ln\frac{b}{a}} = \frac{\sqrt{\varepsilon_r}D^2E_c^2}{240}\ln\frac{D}{d}\ (\text{W}) \tag{3-144d}$$

式中：D 和 d 分别表示同轴线的外导体内直径和内导体直径。对于 50-16 型硬同轴线，$D=16$ mm，$d=6.95$ mm，$\varepsilon_r=1$，$E_c=30$ kV/cm。将它们代入式(3-144d)，计算出功率容量约为 760 kW。

2. 损耗

同轴线导体损耗衰减常数 α_c 可用如下两式计算：

$$\alpha = \frac{R_s}{2}\frac{\oint_C |H_t|^2 \mathrm{d}l}{\iint_S (\boldsymbol{E}_T \times \boldsymbol{H}_T^*)\cdot \boldsymbol{a}_z \mathrm{d}S},\ R_s = \sqrt{\frac{\omega\mu}{2\sigma}}$$

及

$$\alpha_c = \frac{1}{2}R_0\sqrt{\frac{C_0}{L_0}}\ 或\ \alpha_c = \frac{R_0}{2Z_0}$$

传输 TEM 波时，用后一公式更为方便，即

$$\alpha_c = \frac{R_0}{2Z_0} \tag{3-145a}$$

式中：Z_0 表示同轴线特性阻抗，R_0 表示同轴线单位长度电阻，R_0 按下式计算：

$$R_0 = \frac{1}{\sigma S_1} + \frac{1}{\sigma S_2}$$

而

$$S_1 = \pi d\delta,\ S_2 = \pi D\delta,\ \delta = \sqrt{\frac{2}{\omega\mu\sigma}}$$

式中：S_1 和 S_2 分别表示内导体和外导体横截面上高频电流流过的有效面积，δ 表示导体的趋肤深度，σ 和 μ 分别表示导体材料的电导率和磁导率。

式(3-145a)中的 R_0 和 Z_0 用各自的表示式代入后，便得到计算空气同轴线衰减常数 α_c 的公式为

$$\alpha_c = \frac{R_s}{\eta_0 D}\frac{\left(1+\frac{D}{d}\right)}{\ln\frac{D}{d}}\ (\text{Np/m}) \tag{3-145b}$$

式中：

$$R_s=\sqrt{\frac{\pi f\mu}{\sigma}},\ \eta_0=120\pi$$

其中：R_s 是导体材料的表面电阻，η_0 是介质为空气时 TEM 波的波阻抗。

通常情况下硬同轴线空气介质的损耗很小，可不予考虑。对于同轴电缆，其介质损耗衰减常数按下式计算：

$$\alpha_d=\frac{\pi\sqrt{\varepsilon_r}}{\lambda}\tan\delta \quad (\text{Np/m}) \tag{3-146c}$$

式中：$\tan\delta$ 是同轴线中填充介质的损耗角正切。由式(3-146c)可以看出，介质损耗与频率成正比。而 $\tan\delta$ 也是随频率升高而增加的。因此同轴电缆必须选用高频损耗小的填充介质。

3.5 微　带　线

微带线

微带线在微波集成电路和混合集成电路中得到了广泛的应用。主要原因是微带线体积小、重量轻、稳定性好，又便于与微波固体器件连接成为整体，因而采用微带线易于实现微波电路的小型化和集成化。

微带线结构如图 3-22 所示，它由介质基片上的导带和基片底面的金属接地板构成。整个微带线利用微波工艺制作而成。基片采用介电常数高、高频损耗小的陶瓷、石英或蓝宝石等介质材料，导带采用良导体材料。

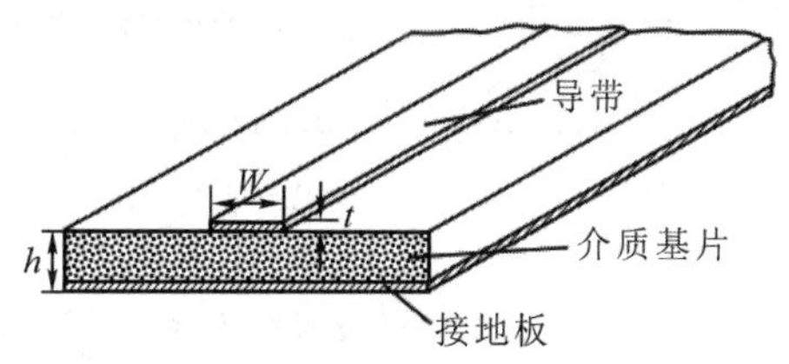

图 3-22　微带线结构

微带线属于半敞开式部分填充介质的双导体传输线。微带线可以看作由平行双线演变而来，如图 3-23 所示。在图 3-23(a)所示的平行双线对称面上放置一个无限薄的导电平板，由于电力线垂直于导电平板，因此并不影响原来的场分布。若去掉导电平板下面的一根导体，如图 3-23(b)所示，导电平板上的场分布也并不改变。再将圆柱导体换成薄导带，如图 3-23(c)所示，且导带与导电平板之间填充介质，即成标准的微带线。微带线横截面上的场分布可认为是平行双线横截面上场分布的一半。因此微带传输线的主模也近似认为是 TEM 模，称为准 TEM 模。

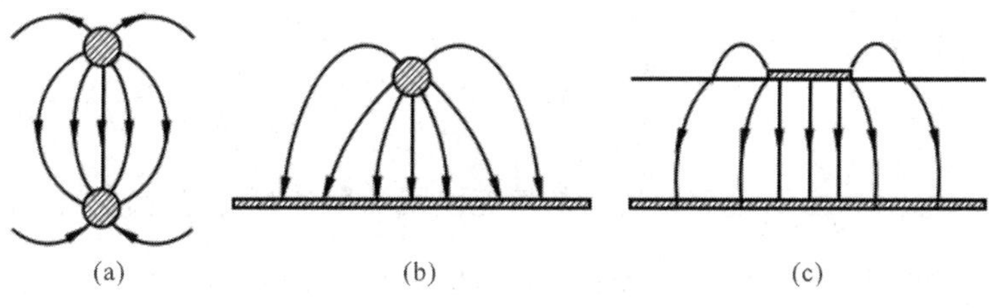

图 3-23　平行双线演变成微带线

3.5.1 微带线的主要传输特性

对于前面两节分析的同轴线和带状线来说，若填充介质的相对介电常数为 ε_r，则其中TEM 模的相速度、相波长和特性阻抗按下面的公式计算：

$$v_p=\frac{c}{\sqrt{\varepsilon_r}},\ \lambda_p=\frac{\lambda}{\sqrt{\varepsilon_r}},\ Z_0=\frac{1}{v_p C_0} \tag{3-147}$$

然而微带线导带周围并非填充单一介质，导带上方是空气，导带下方是介质基片，因此微带线属于部分填充介质的双导体传输线，线上电磁波的相速度、相波长不能再按式(3-147)计算。

分析微带线特性的示意图如图 3-24 所示。其中图 3-24(d)是真实微带的结构图；如果将导带下面的截止基片拿掉，就成了图 3-24(a)所示的全部填充空气的微带线；如果导带上方也填充和基片材料同样的介质，则成为图 3-24(b)所示的全部填充介质常数为 $\varepsilon_r\varepsilon_0$ 的介质的微带线。不难理解，微带线传输的 TEM 波的相速度 v_p 一定在下述范围内：

$$c>v_p>\frac{c}{\sqrt{\varepsilon_r}}$$

式中：c 为光速。v_p 的具体数值取决于微带尺寸及介质特性。

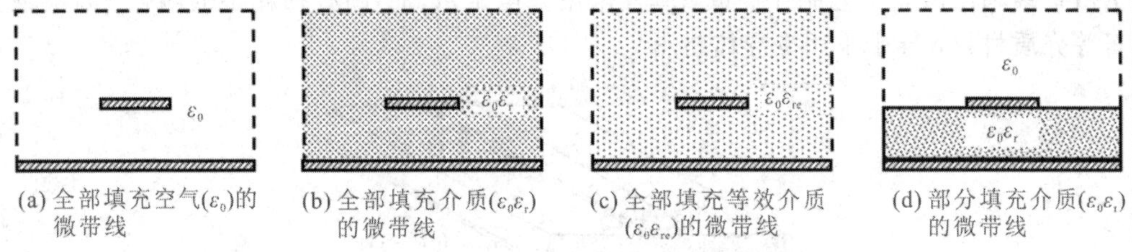

(a) 全部填充空气(ε_0)的微带线　(b) 全部填充介质($\varepsilon_0\varepsilon_r$)的微带线　(c) 全部填充等效介质($\varepsilon_0\varepsilon_{re}$)的微带线　(d) 部分填充介质($\varepsilon_0\varepsilon_r$)的微带线

图 3-24　分析微带线特性的示意图

如果令 C_{01} 表示图 3-24(a)所示的填充空气的微带线的分布电容，则图 3-24(b)所示的微带线的分布电容为 $\varepsilon_r C_{01}$，而图 3-24(d)所示的标准微带线的分布电容 C_{01} 则一定在 $C_{01}<C_0<\varepsilon_r C_{01}$ 范围内。

根据以上分析可以定义一种全部填充等效介质的微带线，如图 3-24(c)所示，等效介质的相对介电常数用 ε_{re} 表示。这种等效的微带线和图 3-24(d)所示的标准微带线具有相同的相速度和特性阻抗，其等效关系由有效相对介电常数 ε_{re} 决定，且 ε_{re} 在 $1<\varepsilon_{re}<\varepsilon_r$ 范围内。引入 ε_{re} 的概念之后，图 3-24(c)所示的等效微带线的分布电容应为 $\varepsilon_{re}C_{01}$，因此，只要将式(3-147)一组公式中的 ε_r 用 ε_{re} 替换，就可直接得到微带线传输 TEM 的相速度、相波长及特性阻抗的计算公式：

$$v_p=\frac{c}{\sqrt{\varepsilon_{re}}},\ \lambda_p=\frac{\lambda}{\sqrt{\varepsilon_{re}}},\ Z_0=\frac{Z_{01}}{\sqrt{\varepsilon_{re}}} \tag{3-148}$$

式中：$Z_{01}=\dfrac{1}{cC_{01}}$，$Z_{01}$ 为图 3-25(a)所示的填充空气的微带线的特性阻抗。可见，求微带线的 v_p、λ_p 和 Z_0 最终可归结为求 C_{01} 和 ε_{re}。C_{01} 和 ε_{re} 可用保角变换的方法确定，它们都是微带线结构尺寸 W 和 h 的函数，计算 ε_{re} 的公式为

$$\varepsilon_{re}=1+q(\varepsilon_r-1) \tag{3-149}$$

式中：q 称为“有效填充因子”，它是表征导带周围空气和介质($\varepsilon_r\neq1$)比例关系的常数。当 $q=0$ 时，$\varepsilon_{re}=1$，表示导带周围全部填充空气；当 $q=1$ 时，$\varepsilon_{re}=\varepsilon_r$，表示导带周围全部填充相对介电常数为 ε_r 的介质。

3.5.2　微带线的色散和高次模

1. 微带线的色散

微带线是部分填充介质的双导体传输线，因此线上传输的主模并非完全的 TEM 波，通常称为准 TEM 波。准 TEM 波的纵向场分量并不等于零，这是因为微带线除介质与导体的边界之外还有不同介质的边界，因此微带线传输波型必须同时满足导体边界和介质边界两类边界条件。分析表明，为了满足微带线的两类边界条件，纵向场分量 $E_z\neq0$、$H_z\neq0$。因此微带线实际传输的是电波和磁波的混合波，记作 EH 波。确切地说微带线传输的是 EH 色散波。但是当微带线传输电磁波的频率很低时，混合波的纵向场分量很小，色散很弱，这时传输波很接近 TEM 波，这就是称为准 TEM 波的原因。

现在用麦克斯韦方程组结合微带边界条件证明线上传输波型的纵向场分量 E_z 和 H_z 不等于零。

微带介质边界上的场分量如图 3-25 所示，标有符号“′”的表示空气一侧的场量，无符号“′”的表示介质基片一侧的场量。由于微带介质表面无自由电荷和传导电流，根据理想介质边界条件，电位移矢量 $\boldsymbol{D}$ 和磁通密度矢量 $\boldsymbol{B}$ 的法向分量连续，因此

$$D'_y=D_y,\ B'_y=B_y \tag{3-150}$$

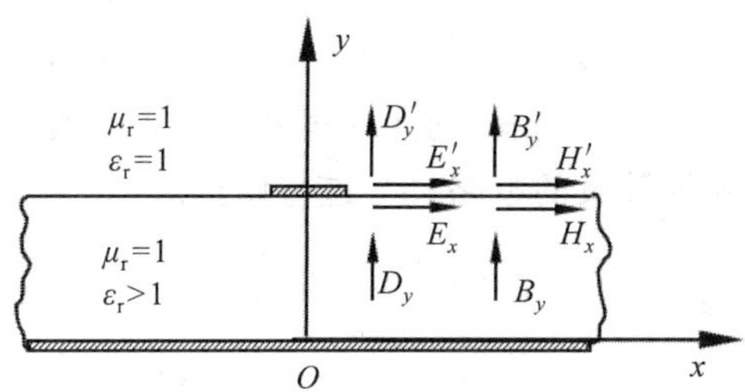

图 3-25　微带介质边界上的场分量

因为空气一侧的 $\varepsilon_r=1$，非铁磁介质的 $\mu_r=1$，故

$$E'_y=\varepsilon_r E_y,\ H'_y=\mu_r H_y=H_y \tag{3-151}$$

边界上电场强度和磁场强度的切向分量也分别连续，因此

$$E'_x=E_x,\ H'_x=H_x \tag{3-152}$$

边界两侧的场量均应满足方程：

$$\nabla\times\boldsymbol{H}=\mathrm{j}\omega\varepsilon\boldsymbol{E}$$

在图 3-25 所示直角坐标系中，上式介质边界一侧的 x 方向分量为

$$\frac{\partial H_x}{\partial y}-\frac{\partial H_y}{\partial z}=\mathrm{j}\omega\varepsilon_0\varepsilon_r E_x$$

空气一侧的 x 方向分量为

$$\frac{\partial H'_z}{\partial y}-\frac{\partial H'_y}{\partial z}=\mathrm{j}\omega\varepsilon_0 E'_x$$

利用边界条件式(3-152)，由上述两式得

$$\frac{1}{\varepsilon_r}\left(\frac{\partial H_z}{\partial y}-\frac{\partial H_y}{\partial z}\right)=\frac{\partial H'_z}{\partial y}-\frac{\partial H'_y}{\partial z} \tag{3-153a}$$

边界两侧，场的相移常数应相同，均为 β，场量的相位因子为 $\mathrm{e}^{\mathrm{j}(\omega t-\beta z)}$，因此有

$$\frac{\partial H_y}{\partial z}=-\mathrm{j}\beta H_y,\ \frac{\partial H'_y}{\partial z}=-\mathrm{j}\beta\partial H'_y=-\mathrm{j}\beta H_y$$

将上述关系式代入式(3-153a)得

$$\frac{\partial H_z}{\partial y}-\varepsilon_r\frac{\partial H'_z}{\partial y}=-\mathrm{j}\beta(1-\varepsilon_r)H_y \tag{3-153b}$$

当 $\varepsilon_r>1$ 时，式(3-153b)的右边不等于零，因此等式左边的纵向磁场分量也不可能等于零。

用同样的方法，在方程：

$$\nabla\times\boldsymbol{E}=-\mathrm{j}\omega\mu\boldsymbol{H}$$

的边界两侧取 x 方向的分量，代入边界条件，可以得到类似式(3-153b)的电场分量关系式：

$$\frac{\partial E_z}{\partial y}-\frac{\partial E'_z}{\partial y}=-\mathrm{j}\beta(1-\varepsilon_r)E_y \tag{3-153c}$$

由于式(3-153c)右边不等于零，因而左边的纵向场分量也不等于零。

微带线传输的是具有纵向场分量的色散波，色散强弱随频率而变。微带线 ε_{re} 与 f 的关系曲线如图 3-26 所示，微带的有效相对介电常数 ε_{re} 是频率的函数，当频率 f 低于某一临界值 f_0 时，微带的色散可不予考虑。例如，对于特性阻抗为 50 Ω、基片相对介电常数 $\varepsilon_r=9$、基片厚度 $h=1$ mm 的微带线，$f_0=4$ GHz。图 3-26 中水平虚线表示不考虑色散时 ε_{re} 的近似理论值，符号"×"表示实验取得的 ε_{re} 值。由图可见，当频率升高到 X 波段以上时，实线所示的 ε_{re} 比不计色散时约大 10%，相应的相速度和特性阻抗约小 5%，因此，当微带电路的工作频率较高时，必须对所涉及的电路尺寸进行修正。

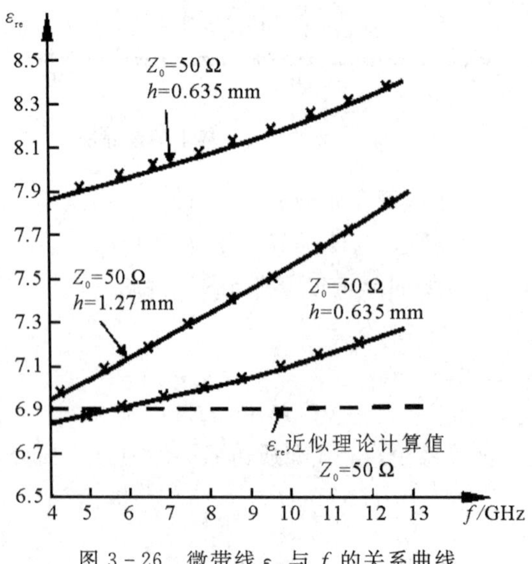

图 3-26　微带线 ε_{re} 与 f 的关系曲线

2. 微带线的高次模

当工作频率提高时，除了微带线传输的准 TEM 波的色散显著之外，还可能出现两类高次模，即波导模和表面波模。微带线 TE_{10} 模的场分布如图 3-27 所示。

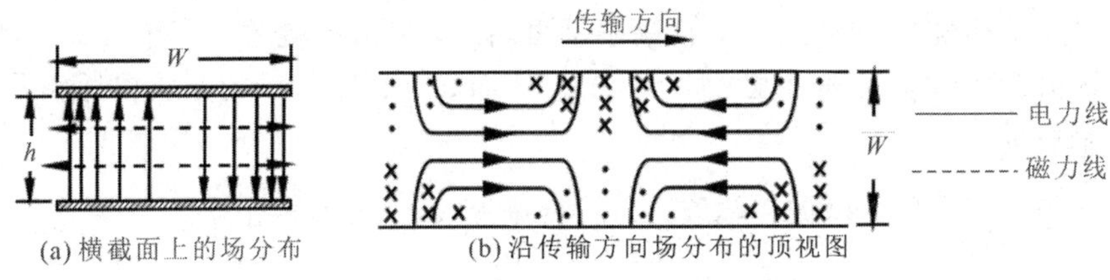

(a) 横截面上的场分布　(b) 沿传输方向场分布的顶视图

图 3-27　微带线 TE_{10} 模的场分布

1) 波导模

波导模是指 TE 模或 TM 模。定性地讲，产生这种高次模是因为宽度为 W 的导带与接地平面直接按实际构成了高度为 h、填充介质(相对介电常数为 ε_r)的平板波导，它的最低次模是 TE_{10} 模，其截止波长为

$$(\lambda_c)_{TE10}=2W\sqrt{\varepsilon_r}$$

场沿 y 方向均匀分布，沿 x 方向为半个驻波分布。由于平板波导两侧无短路金属板，因此两侧是电场波腹，平板中心是电场波节，为了抑制 TE_{10} 模，最短工作波长 λ_{min} 应满足下述条件：

$$\lambda_{min}>2W\sqrt{\varepsilon_r} \tag{3-153d}$$

微带线 TM 模的最低次模是 TM_{01} 模，TM_{01} 模的场分布如图 3-28 所示。TM_{01} 模的截止波长为

$$(\lambda_c)_{TM01}=2h\sqrt{\varepsilon_r}$$

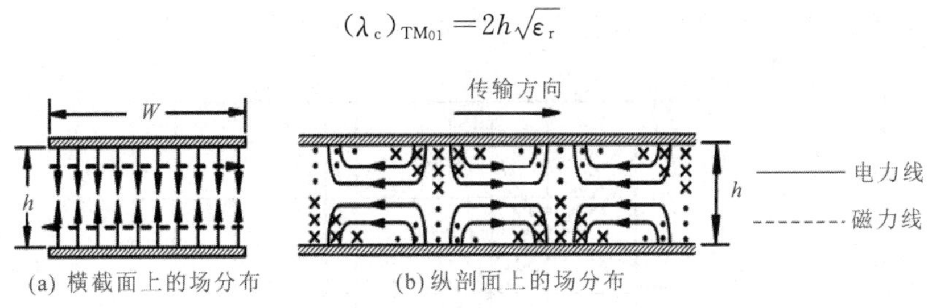

(a) 横截面上的场分布　(b) 纵剖面上的场分布

图 3-28　微带线 TM_{01} 模的场分布

为了抑制 TM_{01} 模，最短工作波长 λ_{min} 应满足：

$$\lambda_{min}>2h\sqrt{\varepsilon_r} \tag{3-153e}$$

场沿 x 方向均匀分布，沿 y 方向为半个驻波分布。电场 E_x 在 $y=0$、h 处是波腹，在 $y=h/2$ 处是波节；而电场 E_z 在 $y=0$、b 处是波节，在 $y=h/2$ 处是波腹。

2) 表面波模

所谓表面波模就是沿介质表面传输的波型。TM 型表面波最低次型的截止波长 $\lambda_c=\infty$，因此所有工作波长下它都存在。最低次 TE 型表面波的截止波长公式为

$$(\lambda_c)_{TE}=4h\sqrt{\varepsilon_r-1} \tag{3-153f}$$

3.5.3 微带线的损耗

特性阻抗和工作频率都相同时，微带线的损耗大于同轴线和带状线。微带线属于半开放式传输线，除了导体损耗和介质损耗之外，还存在辐射损耗。只有在介质基片相对介电常数 ε_r 较大，导带宽度 W 大于 h，且频率不很高时，辐射损耗才可不予考虑。目前，关于微带线的辐射损耗尚无完整的理论计算公式，下面只分析微带线的介质损耗和导体损耗。

1. 介质损耗

对于均匀填充介质的微波传输线，介质衰减常数 α_d 按下式计算：

$$\alpha_d=\frac{1}{2}G_0\sqrt{\frac{L_0}{C_0}}=\frac{1}{2}\frac{G_0}{\omega C_0}\omega\sqrt{L_0C_0}=\frac{\pi\sqrt{\varepsilon_r}}{\lambda}\tan\delta\quad(\text{Np/m})$$

而微带线只是部分填充介质，电场主要集中在 $\varepsilon_r>1$ 的介质基片内，在导带上方的空气中场强很小，因此，微带线的介质衰减常数 α_d 值不应该再按上式计算，进行适当修正后的计算公式为

$$\alpha_d=\frac{8.686\pi}{\lambda_p}\left(\frac{q\varepsilon_r}{\varepsilon_{re}}\right)\tan\delta\quad(\text{dB/m})\tag{3-154}$$

式中：括号部分($q\varepsilon_r/\varepsilon_{re}$)称为介质损耗角的填充因子，它是微带线尺寸 W/h 和基片的相对介电常数 ε_r 的函数。

2. 导体损耗

将在长线理论中导出的导体损耗衰减常数 α_c 的基本计算公式 $\alpha_c=R_0/(2Z_0)$ 用于微带时，Z_0 为微带线特性阻抗，R_0 为微带线单位长度的损耗电阻。由于高频电流在微带线导体横截面周界上并非均匀分布，推导 R_0 的过程及其计算公式较为复杂，这里不再给出，只给出如图 3-29 所示的 α_c 与 W/h 的关系曲线。图中纵坐标 $\frac{\alpha_c Z_0 h}{R_s}$ 里的 R_s 为导体材料的表面电阻。R_s 随频率 f 的变化关系如图 3-30 所示。

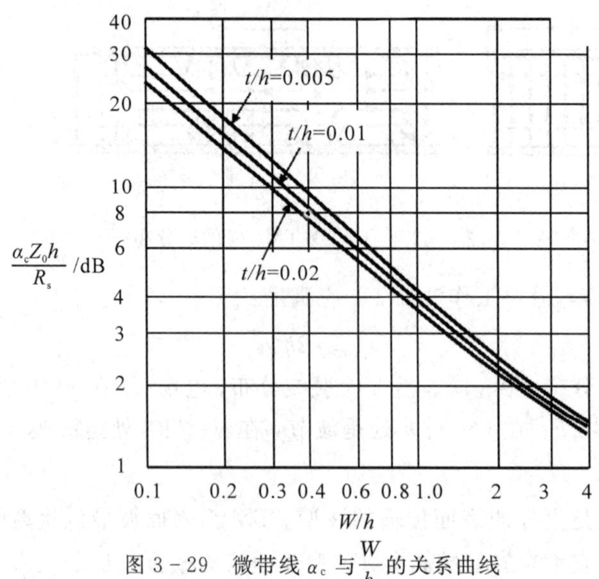

图 3-29 微带线 α_c 与 $\frac{W}{h}$ 的关系曲线

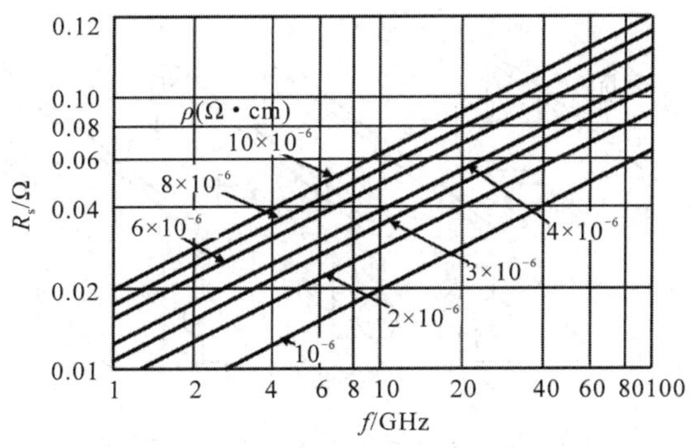

图 3-30 表面电阻 R_s 与频率 f 的关系曲线

当工作频率在 10 GHz 以下时，微带线的导体损耗远比介质损耗大，因此导体损耗占主要地位。当频率提高时，介质损耗将随着增加，因此选用高频损耗小的介质基片是很重要的。

3.6 其他形式的传输线

微波技术的发展很快，工作频率又在不断提高，因此除前面介绍的几种基本形式之外，还有一些特殊形式的微波传输线，其中某些新型传输线还处在实验研制阶段，这些微波传输线的边界一般都不规则，因而分析它们所用的数学方法也较复杂。但是分析的基本步骤仍然是结合边界条件求解麦克斯韦方程组。逐一分析它们已超出本书范围，这里只就其中几种定性地予以介绍。

3.6.1 耦合带状线和耦合微带线

当两对平行放置的双导体传输线彼此靠得很近时，线上的电磁波相互间必然存在电磁能量的耦合。这两对线就构成了耦合传输线。其中耦合双线和耦合“同轴线”在微波波段很少应用，而耦合带状线和耦合微带线却应用得很广泛。耦合传输线的主要作用是构成各种用途的微波元件，如各种耦合形式的微波滤波器和定向耦合器等。

耦合传输线的几种基本形式如图 3-31 所示。这里只限于讨论耦合带状线和耦合微带线。

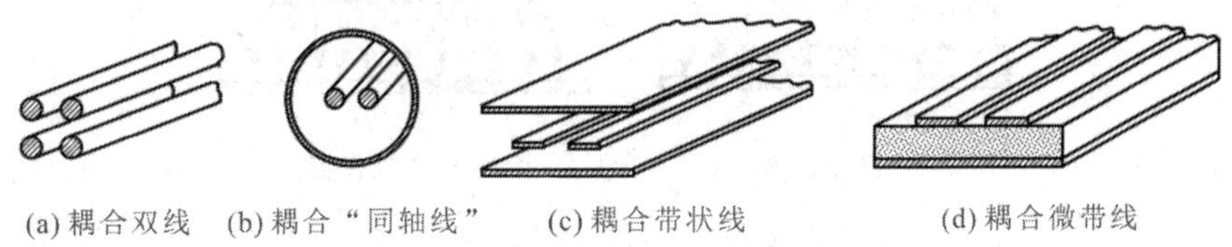

图 3-31 耦合传输线的几种基本形式

如果有电磁耦合作用的两对传输线的尺寸完全相同，则称为对称耦合传输线；尺寸不相同则称为非对称耦合传输线。两者的分析方法相同，为简单起见，这里只分析对称耦合线。由于耦合线横截面上的导电边界面增多，求解场分布将十分困难，因此广泛采用奇偶模的方法分析，其实质仍然是长线的分析方法，即采用如图 3-32 所示的迭加原理进行分析。

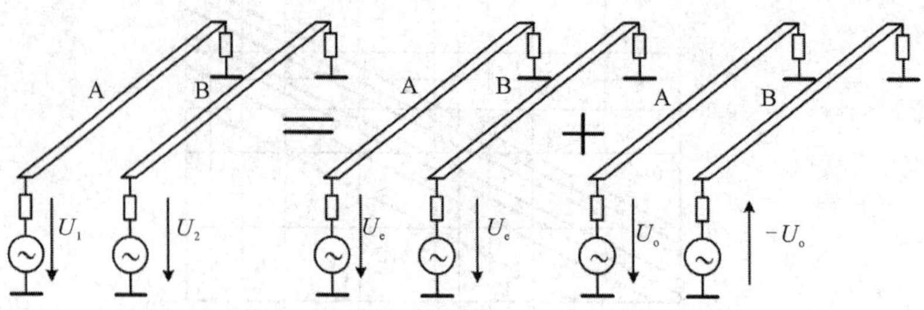

图 3-32 用奇偶模方法分析耦合传输线

为叙述方便，令 A、B 与地分别构成一对传输线，任何一对激励电压 U_1 和 U_2 作用在线 A 和 B 上，总可以分解成一对等幅同相的偶模激励电压 U_e 和一对等幅反相的奇模激励电压 U_o，即

$$U_1 = U_e + U_o,\ U_2 = U_e - U_o \tag{3-155}$$

故

$$U_e = \frac{U_1 + U_2}{2},\ U_o = \frac{U_1 - U_2}{2} \tag{3-156}$$

通常的情况是 $U_2 = 0$，因此 $U_e = U_1/2$，$U_o = U_1/2$。

偶模激励时，场分布如图 3-33(a)所示，对称面上磁场的切向分量为零(电力线平行于对称面)，对称面等效为"磁壁"；奇模激励时，对称面上电场的切向分量为零，对称面等效为"电壁"。所以在两种激励条件下对称面可以分别用磁壁、电壁代替，此时两对传输线的特性相同。奇偶模法分析对称耦合传输线时，只须求出具有附加边界条件的一对传输线(由一根线 A 或 B 及地组成)的特性参量就可以了。偶模激励时，一根线对地的单位长电容称为偶模电容 C_{oe}，对应的特性阻抗为偶模特性阻抗 Z_{oe}；奇模激励时，则为奇模电容 C_{oo} 及奇模特性阻抗 Z_{oo}。C_{oe}的计算过程可用长线理论进行分析。至于耦合带状线详细的具体分析过程可参见有关微波技术书籍，此处不再详述。

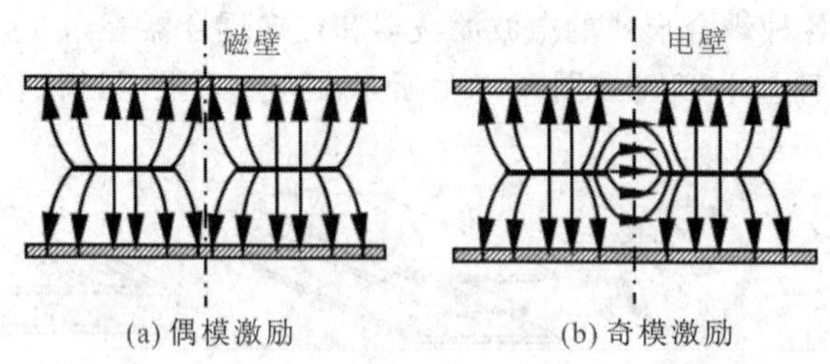

(a) 偶模激励　　(b) 奇模激励

图 3-33 对称耦合线的偶模、奇模场分布(电力线)

对称耦合微带线的结构如图 3-34 所示。利用耦合微带线节可以设计出多种形式的微波滤波器和定向耦合器，它们通常是微波混合集成电路的重要组成部分。

(a) 横截面形状　　(b) 偶模场型　　(c) 奇模场型

图 3-34 对称耦合微带线的结构

对耦合微带线的分析仍然采用奇偶模的方法。须注意的是，耦合微带线仍属于部分填充介质的传输线，因此它的传输特性并不完全同于耦合带状线。

3.6.2 椭圆波导与脊波导

图 3-35 所示波导都为封闭的金属管，只是波导的截面形状不同。其中介质膜波导和螺旋波导在 20 世纪 60 年代有资料介绍，认为这是两种有希望用于远距离传输的传输线，后来被光纤的实际应用所取代。但是螺旋线作为慢波结构却广泛应用在中、小功率的行波管或返波管中。

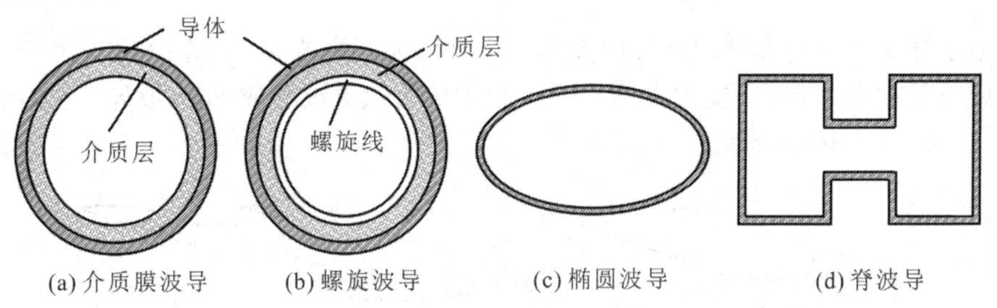

图 3-35 几种封闭波导的横截面

1. 椭圆波导

实用价值较大的是椭圆波导。因为圆波导轻微变形会产生波型的转换和极化面的偏转，而矩形波导又不便于弯曲，故一般圆波导和矩形波导多用于短距离传输，而椭圆波导则适于较长距离的传输。椭圆波导属于单导体微波传输线，其边界条件决定了它只能传输电波和磁波。椭圆波导横截面上的场分布如图 3-36 所示。椭圆波导的最低次模是 eTE_{11} 模，其场分布和矩形波导的 TE_{10} 模、圆波导的 TE_{11} 模的场分布相类似，如图 3-37 所示。

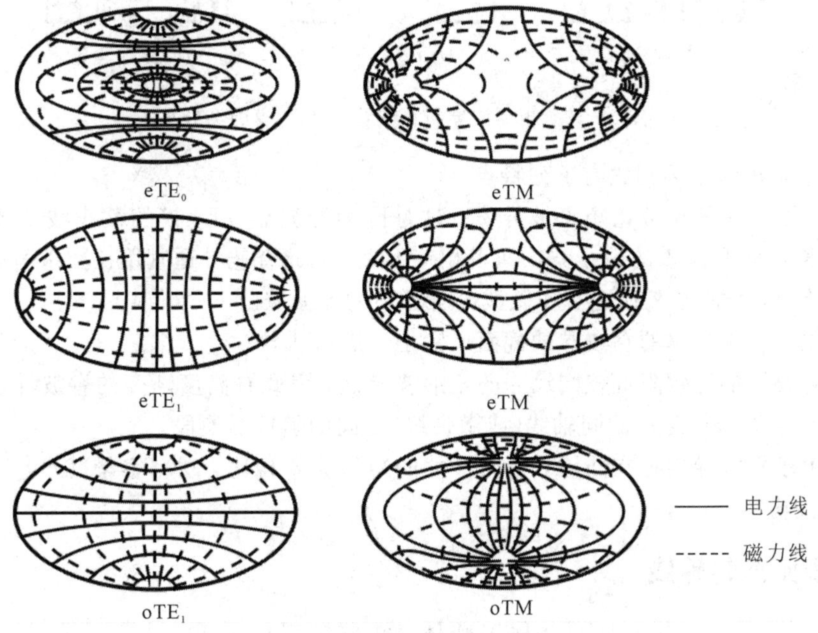

图 3-36 椭圆波导横截面上的场分布

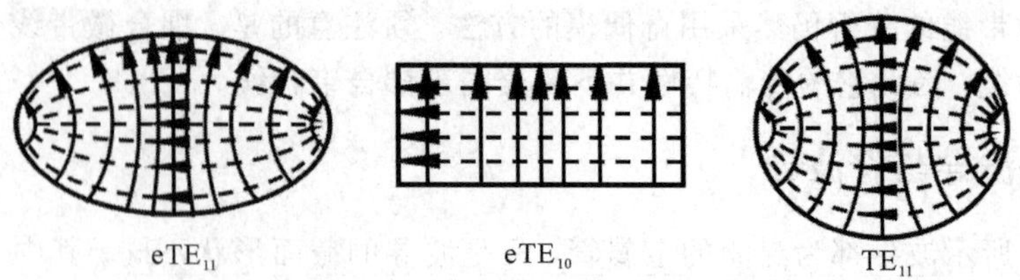

图 3-37 椭圆波导 eTE_{11} 模、矩形波导 TE_{10} 模及圆波导 TE_{11} 模的场分布

2. 脊波导

矩形波导宽壁中心部分向波导内突出一个脊就成了脊波导。单壁突出一个脊的称为单脊波导或 π 形波导，上、下宽壁各突出一个脊的称为双脊波导或 H 形波导，它们分别如图 3-38(a)、图 3-38(b)所示。

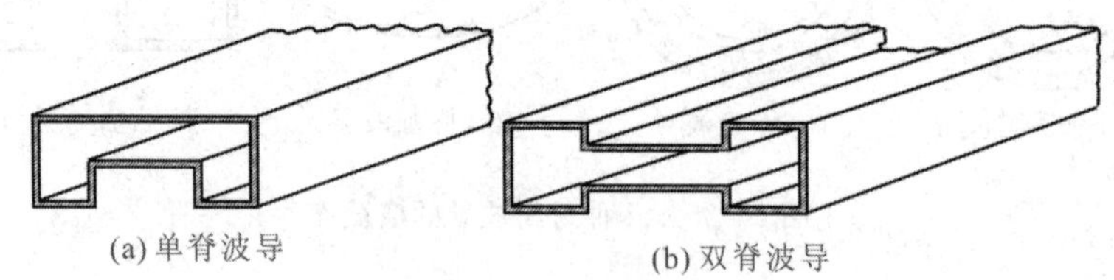

图 3-38 单脊波导和双脊波导

脊波导也属于单导体传输线，因此满足边界条件的只能是 TE 波或 TM 波。其中 TE_{10} 波是最低次波型，其场分布类似矩形波导 TE_{10} 波，如图 3-39 所示。

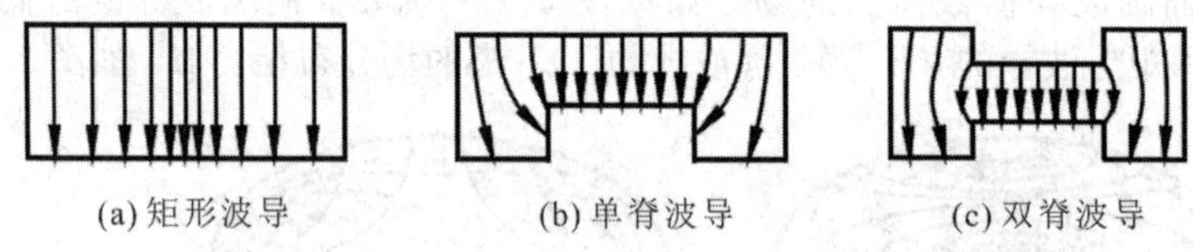

图 3-39 矩形波导与脊波导中 TE_{10} 模的场分布

脊波导与矩形波导相比有下列特点：

(1) 单模传输的频带比矩形波导宽。这是因为脊波导 TE_{10} 模的截止波长比矩形波导 TE_{10} 模的长，而 TE_{20} 模的截止波长两者相差不大，因此脊波导适宜用在要求宽频带的电子设备中。此外，脊波导腔还适宜作微波电子管中的谐振腔。

(2) 同一工作频率的脊波导的截面尺寸小于矩形波导。

(3) 脊波导的等效阻抗较同尺寸的矩形波导低，因此脊高度渐变的脊波导适宜作为高阻抗的矩形波导与低阻抗的同轴线(或微带线)之间的阻抗变换段。

(4) 由于脊波导内存在凸缘，与同尺寸的矩形波导相比，功率容量减小，因此脊波导不宜传输大功率。

3.6.3 表面波传输线

表面波传输线没有封闭的金属屏蔽体，它传输表面波型。表面波有以下两个主要特点：

(1) 电磁波的能量集中在传输线表面附近，场量随离开传输线表面距离的增加按指数规律衰减；

(2) 在所传输的各种表面波型中，存在一种没有截止频率的波型。

表面波传输线的几种典型结构如图 3-40 所示。

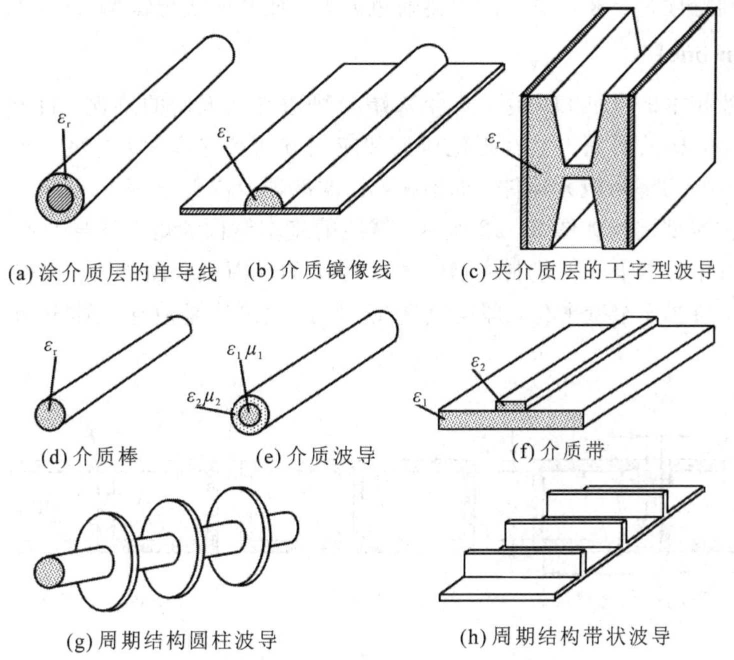

图 3-40　表面波传输线的几种典型结构

其中图(a)、(b)及(c)一类传输线的结构特点是在金属导体上敷涂介质层或金属板之间夹介质层；图(d)、(e)及(f)一类传输线是全部由一种介质或两种介质构成的介质传输线，介质线的横截面可以是圆形或矩形，也可以是其他形状。图(g)及(h)是具有周期结构的金属导体。

3.6.4　槽线、共面传输线及鳍线

1. 槽线与共面传输线

槽线与共面传输线的结构如图 3-41 所示。两者的制作工艺基本相同，即在介质基片

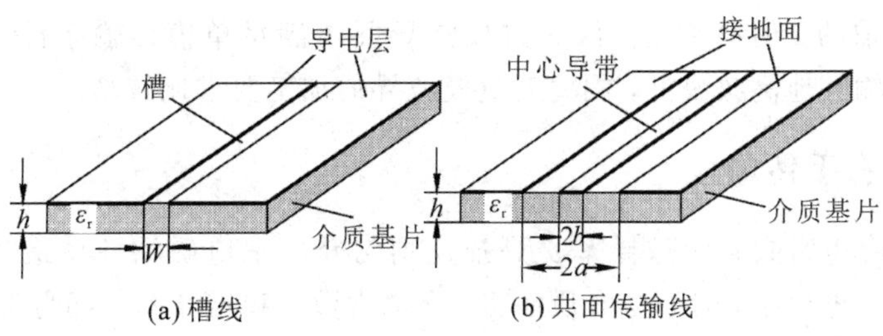

图 3-41　槽线与共面传输线

一面的薄导电层上光刻出一条槽缝或两条槽缝，并采用高介电常数的介质基片，使电磁波的能量集中在槽附近。由于槽缝两侧存在电位差，因而这种平面结构的传输线特别适合于并联连接外接的元器件(如电阻、电容或微波半导体二极管等)，而不必像普通微带线那样需要在基片上打孔。因此，这种传输线是制作微波混合集成电路的理想传输线。槽线和共面传输线的传输特性是不相同的，槽线传输色散波，而共面线传输准 TEM 波。

2. 鳍线(fin-line)

随着毫米波技术的发展和应用，近年来鳍线普遍受到人们的重视。自鳍线 20 世纪 70 年代初问世以来，相关研究人员在理论研究和应用方面都进行了大量的工作，已成功地研制出部分性能良好的毫米波元器件，如谐振器、滤波器及混频器等。

鳍线的几种典型结构如图 3-42 所示。鳍线的基本结构为矩形波导与平面传输线的组合体。在介质基片上用集成工艺制成槽缝宽度为 d 的单面或双面槽线，再将基片装配在矩形波导中，基片与波导窄壁平行，即构成鳍线。因此说鳍线是波导立体电路与平面集成电路的巧妙结合。

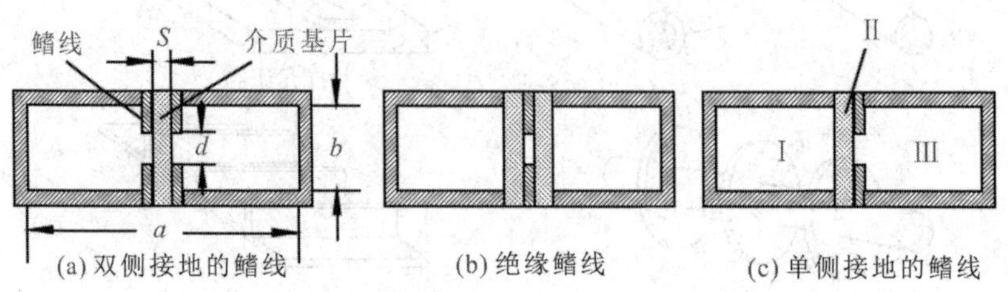

图 3-42 鳍线的几种典型结构

鳍线与脊波导、介质加载波导、槽线及共面线有其相似之处。鳍线的物理模型可看成有限空间的平面集成电路。因此数学分析宜用分析平面集成电路的谱域技术。利用数字计算机技术可得到它的若干传播特性，如特性阻抗等。典型结构的鳍线都有相关的文献介绍。

当工作波长缩短到毫米波和亚毫米波波段时，为寻求低损耗的传输线，研究人员在理论和实践方面都进行了大量的工作。工作在毫米波波段的矩形波导，要保证 TE_{01} 单模传输，波导尺寸必须相应减小，这不仅给波导加工带来了困难，同时还大大降低了功率容量，导体损耗显著增加。例如，尺寸为 $a\times b=0.124\ \text{cm}\times0.056\ \text{cm}$ 的波导，当工作波长为 1.5 cm 时，衰减约为 8～9 dB/m；而半径为 0.3 cm 的圆波导传输 TE_{01} 波时，在同样的工作波长下，衰减理论值低于 1 dB/m。此外，如果选用尺寸较大的矩形波导，即过模波导作为毫米波传输线也是可取的。但要注意，因为过模波导并不满足单模传输条件，它不仅能传输 TE_{10} 波，也能传输其他高次波型，因此对过模波导的加工要求比较高。

3.6.5 复合左右手传输线

物理学中，介电常数 ε 和磁导率 μ 是描述均匀介质中电磁场性质最基本的两个物理量。在已知的物质世界中，对于电介质而言，介电常数 ε 和磁导率 μ 都为正值，电场、磁场和波矢三者构成右手关系，这样的物质被称为右手材料(Right-Handed Materials，RHM)。前面介绍的传输线就属于右手传输线。

这种右手规则一直以来被认为是物质世界的常规，但这一常规却在20世纪60年代开始遭遇颠覆性的挑战。1967年，前苏联物理学家Veselago首次报道了他在理论研究中对物质电磁学性质的新发现，即当ε和μ都为负值时，电场、磁场和波矢之间构成左手关系。他称这种假想的物质为左手材料(Left-Handed Materials，LHM)，目前，这种材料在自然界中尚未发现，只能用特殊结构等效而成，电磁波在左手材料中的行为与在右手材料中相反，它具有负相速度、负折射率等反常的特性。

由左手材料构成的传输线称为左手传输线，该研究领域已成为当今最具活力的研究领域之一。左手材料与传统的右手材料互为对偶，很多性质是互补的。作为左手材料重要实现方式的左右手传输线更引起了研究人员的极大关注，复合左右手传输线概念的提出，不仅丰富了传输线理论，更重要的是开启了人们自由控制传输线的色散曲线这扇大门，改变了传统微波器件的设计理念。复合左右手传输线是一个新概念，它和传统传输线既有联系又有区别。复合左右手传输线的非线性色散关系以及其相位常数可在实数域内任意取值，使得它具有了一些传统传输线所不具备的特性。

习 题

3-1 何谓导形波的截止波长和截止频率？导波模的传输条件是什么？

3-2 矩形波导的尺寸是宽边a为8 cm，窄边b为4 cm，试求频率分别为3 GHz和5 GHz时该波导能传输哪些模式？

3-3 用BJ-100型($a\times b=22.86\ \mathrm{mm}\times 10.16\ \mathrm{mm}$)矩形波导作馈线，当工作波长为5 cm、3 cm、1.8 cm时，波导中能出现哪些波型？

3-4 用BJ-32型($a\times b=72.14\ \mathrm{mm}\times 34.04\ \mathrm{mm}$)矩形波导作馈线，试问：

(1) 当工作波长为6 cm时，波导中能出现哪些波型？

(2) 当主模TE_{10}模工作时，测得相邻两波节的距离为10.9 cm，求工作波长λ_0和波导波长λ_g；

(3) 若工作波长为$\lambda_0=10$ cm，求TE_{10}模工作时的λ_c、λ_g、v_p、v_g和Z_{TE10}。

3-5 用BJ-100型($a\times b=22.86\ \mathrm{mm}\times 10.16\ \mathrm{mm}$)矩形波导作馈线，传输$TE_{10}$波。

(1) 求填充空气和填充$\varepsilon_r=2.25$的气体时都能传输TE_{10}波的频段；

(2) 若$f=7.6$ GHz，求上述两种情况下波导的传输参量；

(3) 若空气的击穿场强为3×10^6 V/m，填充$\varepsilon_r=2.25$的气体时的击穿强度为6×10^6 V/m，求两种情况下波导的功率容量。

3-6 发射机的工作波长范围为7.1～11.8 cm，用矩形波导馈电，计算波导尺寸和相对频带宽度。

3-7 直径为6 cm的空气圆波导以TE_{11}模工作，求频率为3 GHz时的f_c、λ_g、Z_{TE11}。

3-8 直径为2 cm的空气圆波导，传输10 GHz的微波信号，求其可能的传输模式。

3-9 已知工作波长为8 cm，采用矩形波导($a\times b=7.112\ \mathrm{mm}\times 3.556\ \mathrm{mm}$)的$TE_{10}$模传输，现需转换到圆波导的$TE_{01}$模传输，要求两波导中的相速度相等，问圆波导的直径$D$为多少？若转换到圆波导$TE_{11}$模传输，同样要求两波导中的相速度相等，问此时圆波导的直径D为多少？

3-10　当矩形波导以 TE_{10} 模工作时，试问下图中哪些缝隙会影响波的传播？

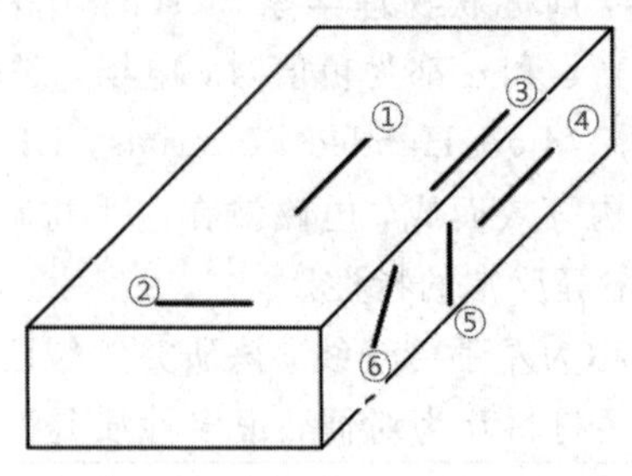

图 3-10 图

3-11　矩形波导的截面尺寸为 $a\times b=23\ \text{mm}\times 10\ \text{mm}$，波导内充满空气，信号源频率为 10 GHz，试求：

(1) 波导中可以传输的模式；

(2) 该模式的截止波长 λ_c、相移常数 β、波导波长 λ_g 及相速度 v_p。

3-12　用 BJ-100 矩形波导以主模传输 10 GHz 的微波信号。

(1) 求 λ_c、λ_g、β 和波阻抗 Z_W；

(2) 若波导宽边的尺寸增加一倍，上述各量如何变化？

(3) 若波导窄边的尺寸增加一倍，上述各量如何变化？

(4) 若尺寸不变，工作频率变为 15 GHz，上述各量如何变化？

3-13　设脊型波导 $a=2b$，工作在 TE_{10} 模式，求此模式中衰减最小时的工作频率 f。

3-14　设矩形波导 $a\times b=6\ \text{cm}\times 3\ \text{cm}$，填充空气，工作频率为 3 GHz，工作在主模，求该波导能承受的最大功率是多少？

3-15　已知圆波导的直径为 5 cm，填充空气介质。试求：

(1) TE_{11}、TE_{01}、TM_{01} 三种模式的截止波长。

(2) 当工作波长分别为 7 cm、6 cm、3 cm 时，波导中出现上述哪些模式？

(3) 当工作波长为 $\lambda=7$ cm 时，求最低次模的波导波长 λ_g。

3-16　已知波导的尺寸为 $a\times b=23\ \text{mm}\times 10\ \text{mm}$，试求：

(1) 传输模式的单模工作频带。

(2) 在 a，b 不变的情况下如何才能获得更宽的频带？

第 4 章　微 波 网 络

微波网络是指一个被任意形状的良导体所包围的传输电磁波的介质空间，并具有若干个均匀微波传输线的输入和输出端口。具有两个端口的微波网络称为双口网络。微波传输系统都是由微波传输线连接若干微波元件构成的。不论系统多么复杂，都可以把它分为均匀段和不均匀段两大类，前者对应传输线，后者对应微波元件，二者都可以看成一个微波结构，这种结构可以视为微波网络。用网络的观点来研究微波传输系统的理论和方法称为微波网络理论。微波网络理论主要用来分析微波结构的工作特性。

微波网络

本章介绍微波网络的基本概念，微波传输线等效为微波网络，双端口网络的 Z、Y、A 参数及归一化参数，散射传输矩阵与传输矩阵，双端口网络的特性参数和微波网络仿真商业软件简介。

4.1　微波网络的基本概念

1. 微波网络的研究方法

前几章研究的对象是无限长的均匀微波传输线，用场解的方法研究其中的导行波。实际的微波传输系统不可能是无限长的，而是终端接有某种负载，中间还可能插入各种微波元器件，这样就破坏了对微波传输系统做出的均匀无限长的假设。一般把这种均匀条件被破坏的局部区域统称为“不均匀区”。传输系统中插入了不均匀区以后，会发生什么事情呢？首先了解一下发生的物理过程，再考虑用什么理论和方法来分析研究。

以图 4 - 1 为例，在一个工作于主模的波导 W 中，插入了一个任意不均匀区 V。所谓任意不均匀区，即其边界形状和其中的介质可以是任意的，但不存在非线性介质。当输入波导 W_1 中的导行波从左方入射到不均匀区以后，由于 V 内边界条件的复杂性，其中的电磁场是很复杂的。这种复杂的电磁场将在靠近不均匀区的两段波导的临近区域 V_1 和 V_2（称为近区）中激起相当复杂的场，除主模以外，还有很多高次模。由于 W 是主模波导，除了主模可传输外，所有高次模均被截止，因此，在距离不均匀区稍远的 T_1 和 T_2 参考面以外，高次模可以忽略不计。因此在 T_1 和 T_2 参考面以外的波导“远区”中，就只有主模单一传输，它包括两个波：一个是把能量从波源送往负载的入射波，另一个是使能量返回波源的反射波。无论插入的不均匀区如何复杂，它对于与之连接的单模波导远区的唯一可能的影响，是引起了输入波导 W_1 中的反射波和输出波导 W_2 中的透射波（透过不均匀区进入 W_2 的入射波）。可见在主模波导的远区中，只要知道了由于插入不均匀区所引起的反射波和透射波的相对振幅和相位（相对于入射波而言），不均匀区的特性就可确定。就不均匀区所引起的物理过程的本质而言，就是这样简单。但这仅仅是定性的理解，不均匀区的定量计算就不那么简单了。在原则上当然可以采用场解的方法，把不均匀区和与之相连接的波导当作一个整体，就给定的边界条件求解麦克斯韦方程，这是一个彻底的理论分析法，但是求解相当困难。微波技术的广泛应用要求发展一种简便易行的工程计算法，类比于低频电路的概念，可将本质上属于场的微波问题，在一定条件下转化为等效电路问题，这种“化场为路”的方法，在微波工程上得到了广泛的应用，形成了微波网络理论。微波网络理论是微波电磁场理论的工程化。

微波网络理论把微波系统看成一种“电路”(或网络)，称为微波电路(或微波网络)。具体地，即把连接微波元件的微波传输线等效为长线，把微波元件等效为具有集总参数的微波网络，从而形成了一个由分布参数电路和集总参数电路混合组成的等效电路，然后用熟悉的电路理论进行分析。例如，图 4-1(a)所示的插入不均匀区的等效电路，就是如图 4-1(b)所示的与输入和输出长线相连接的双口网络。在更一般的情况下，如果不均匀区与几个单模均匀传输系统相连，则其等效电路就是与几对长线相连接的几口网络。通常把各传输系统中的波相对于网络的进出方向分为两类：进入网络的称为“进波”，从网络中出来的称为“出波”。所谓网络特性就是确定进波与出波之间的关系，这个关系确定了，网络的特性参量也就确定了。所谓“等效”指的是由等效电路在与之相连接的长线中所确定的进、出波之间的关系，与实际的不均匀区在与之相连接的实际单模传输系统中所产生的进、出波之间的关系相同，简单地说就是“进、出等效”。等效不等于全同，主要的差异是：等效微波网络只能给出其各参考面以外的进、出波之间的等效关系，而完全没有反映出不均匀区内部以及近区中的电磁场分布情况，因此这只是一种外部特性等效。这是微波等效电路法的突出优点，因为只有这样才能“化繁为简”，着眼点只考虑微波系统的外部特性(能量传输特性)，当然同时也是它的突出缺点，因为微波系统的内部特性(电磁场分布)不能求得，好似一个“黑盒”。尽管如此，微波等效网络法仍有用武之地，对于复杂的网络组合，它是一种行之有效的分析和综合方法，在微波工程设计、计算中被广泛采用。

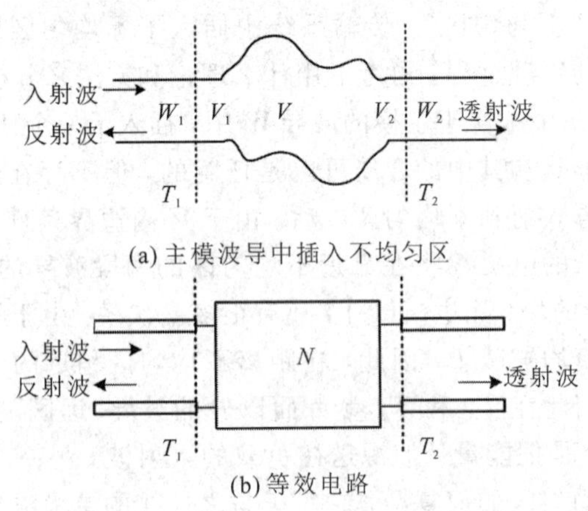

图 4-1 器件及其等效电路

2. 微波网络的特点

微波网络(或微波电路)与低频电路相比有如下主要特点：

第一，微波传输线是微波网络的一部分。对低频电路而言，引线只起连接作用，在微波电路中，微波传输线是具有分布参数的电路，是微波电路的一部分。

第二，微波网络都有参考面。在单模传输时，参考面上只允许有场强的主模存在，没有高次模式的场强存在，参考面必须是均匀传输线的横截面。一个微波元件的参考面可以任意选择以满足上述要求为前提条件，但是参考面一旦选定以后，网络所代表的区域也就确定了。参考面移动后，网络参数随着变化。所以讨论微波网络时，必须指定传输线上的工作波型和确定参考面。

第三，研究的对象是具有线性介质的微波元件所构成的线性微波网络。线性微波网络满足叠加原理和比例原理。线性网络的激励与响应如图 4－2 所示，设对网络 N 的激励函数为 F，响应函数为 G，A 为常量，则有

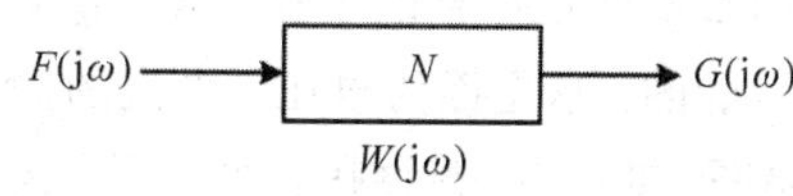

图 4－2 线性网络的激励与响应

$$F\rightarrow G,\ F_1\rightarrow G_1,\ F_2\rightarrow G_2$$
$$F_1+F_2\rightarrow G_1+G_2,\ AF\rightarrow AG$$

第四，微波网络常采用归一化阻抗、归一化等效电压和归一化等效电流等归一化量。

3. 微波网络的分析与综合

微波网络理论包括网络分析和网络综合两部分内容。所谓网络分析就是对已知的微波元件或者基本微波结构，应用网络或者等效电路的方法进行分析，求得其特性，然后用很多这样的基本结构组合起来，用以实现所需要的微波元件的设计。该方法所用的元件不是最少的，设计也不是最佳的。网络综合则是根据预定的工作特性要求(各项指标)，运用最优化计算方法，求出物理上可以实现的网络结构，并采用微波电路来实现，从而得到所需设计的微波元件。利用该方法可以得到最佳设计，可以说这是微波器件的物理实现过程。随着计算机技术的广泛应用，网络综合所需的量的数学运算都可由计算机完成，因此网络综合已成为工程设计微波元件的基本方法。

4. 微波网络的分类

按照不同的分类标准，微波网络的分类不同。若按网络特性进行分类，则可以分为以下几种。

1）线性与非线性微波网络

若微波网络参考面上的等效电压和电流呈线性关系，则网络方程便是一组线性方程，这种网络就称为线性微波网络，否则称为非线性微波网络。

2）互易与非互易微波网络

填充有互易介质的微波元件，其对应的网络称为互易微波网络，否则称为非互易微波网络。各向同性介质就是互易介质，微波铁氧体材料为非互易介质。

3）有耗与无耗微波网络

根据微波无源器件内部有无损耗，可将其等效的微波网络分为有耗与无耗微波网络两种。严格地说，任何微波元件均有损耗，但当损耗很小，以致损耗可以忽略而不影响该元件的特性时，就可以认为是无耗微波网络。

4）对称与非对称微波网络

如果微波元件的结构具有对称性，则称为对称微波网络，否则称为非对称微波网络。

4.2 微波传输线等效为网络

4.2.1 微波传输线等效为双线

在低频电路理论中，电压和电流有明确的定义，并且可以直接测量。尽管长线理论中的基本参量也是电压和电流，但在微波波段，电压和电流的测量是很困难的，或者说是不可能的。这是因为电压、电流的测量需要定义在有效端对，这样的端对对于非 TEM 波传输线(如波导)不存在，而 TEM 波传输线存在这样的有效端对，但在微波频率下也是难以测量的。因此，将传输线等效为双线，首先要解决的是将波导传输线等效为双线的问题。

1. 波导传输线等效为双线

在微波测量技术中，功率是能够测量的基本参量之一，因此可以通过功率确定波导传输线与双线之间的等效关系。

由电磁场理论知识可知，波导的 TM 波和 TE 波的横向矢量可用横向分布函数的梯度和模式电压 $U(z)$、电流 $I(z)$ 表示。若用二维矢量 $\boldsymbol{e}(u_1, u_2)$ 和 $\boldsymbol{h}(u_1, u_2)$ 表示横向分布函数的梯度，则无论是 TM 波还是 TE 波的横向场矢量都可表示成下式：

$$\begin{aligned}\boldsymbol{E}_t(u_1, u_2, u_3)&=\boldsymbol{e}(u_1, u_2)U(z)\\ \boldsymbol{H}_t(u_1, u_2, u_3)&=\boldsymbol{h}(u_1, u_2)I(z)\end{aligned} \tag{4-1}$$

式中：$\boldsymbol{E}_t$ 和 $\boldsymbol{H}_t$ 为电磁场的横向分量。

对于 TM 波，模式矢量函数为

$$\boldsymbol{e}(u_1, u_2)=-\nabla_t\Phi(u_1, u_2),\ \boldsymbol{h}(u_1, u_2)=\nabla_t\Phi(u_1, u_2)\times\boldsymbol{e}_z$$

对于 TE 波，模式矢量函数为

$$\boldsymbol{e}(u_1, u_2)=-\nabla_t\Psi(u_1, u_2)\times\boldsymbol{e}_z,\ \boldsymbol{h}(u_1, u_2)=\nabla_t\Psi(u_1, u_2)$$

由于微波传输系统大多采用波导，波导中只能传输色散波，因此电压和电流的原有定义对波导失去了意义，也无法直接测量。由于微波功率是可以直接测量的基本参量之一，因此可通过功率来引入单模均匀传输系统等效为长线的等效参量。

由坡印亭定理知，通过传输线的功率为

$$P=\frac{1}{2}\iint_S(\boldsymbol{E}_t\times\boldsymbol{H}_t^*)\cdot\mathrm{d}\boldsymbol{S}$$

将式(4-1)代入上式可得

$$P=\frac{1}{2}U(z)I(z)^*\iint_S\boldsymbol{e}\times\boldsymbol{h}^*\cdot\boldsymbol{e}_z\mathrm{d}\boldsymbol{S} \tag{4-2}$$

由长线理论知，长线上传输的复功率为

$$P=\frac{1}{2}UI^* \tag{4-3}$$

式中：S 为传输线的横截面。

比较式(4-2)与(4-3)可知，如果模式矢量函数满足下述归一化条件：

$$\int_S\boldsymbol{e}\times\boldsymbol{h}^*\cdot\boldsymbol{e}_z\mathrm{d}\boldsymbol{S}=1 \tag{4-4}$$

则波导传输功率为

$$P=\frac{1}{2}U(z)I^*(z) \tag{4-5}$$

与式(4-3)相同。由此可见，只要双线上的电压、电流用波导的模式电压、模式电流代替，就可以将波导传输线等效为双线，因为两者的功率是一样的。由广义传输线方程的行波解及长线理论特性阻抗的定义，可得等效双线的特性阻抗：

$$Z_0=\frac{U(z)}{I(z)}=\begin{cases}Z_{\mathrm{TM}}(\mathrm{TM}\text{ 波})\\ Z_{\mathrm{TE}}(\mathrm{TE}\text{ 波})\end{cases} \tag{4-6}$$

2. 归一化电压与电流

为了将等效电压 $U(z)$ 和等效电流 $I(z)$ 唯一确定下来，需要引入另一种关系。利用长线理论中阻抗 Z 与反射系数 Γ 之间的关系式，等效电压 $U(z)$ 和等效电流 $I(z)$ 满足下式：

$$Z=\frac{U(z)}{I(z)}=Z_0\frac{1+\Gamma}{1-\Gamma} \tag{4-7}$$

引入归一化阻抗：

$$z=\frac{Z}{Z_0} \tag{4-8}$$

以及归一化等效电压：

$$u=\frac{U(z)}{\sqrt{Z_0}} \tag{4-9}$$

和归一化等效电流：

$$i=I(z)\sqrt{Z_0} \tag{4-10}$$

代入式(4-8)得到

$$z=\frac{Z}{Z_0}=\frac{U(z)/\sqrt{Z_0}}{I(z)\sqrt{Z_0}}=\frac{u}{i}=\frac{1+\Gamma}{1-\Gamma} \tag{4-11}$$

式(4-11)右边由实测的反射系数 Γ 唯一确定，这样引入的等效电压 $U(z)$ 和等效电流 $I(z)$，在满足功率相等的条件下也唯一确定了。若在微波网络中采用归一化阻抗 z、归一化等效电压 u 和归一化等效电流 i，则长线理论的原有公式基本上可以保留，现摘要列出如下：

归一化等效电压：

$$u=u^++u^- \tag{4-12}$$

归一化等效电流：

$$i=i^++i^-=u^+-u^- \tag{4-13}$$

归一化特性阻抗：

$$z_0=\frac{u^+}{i^+}=-\frac{u^-}{i^-}=1 \tag{4-14}$$

有功功率：

$$P=P^+-P^-=\frac{1}{2}\mathrm{Re}(ui^*) \tag{4-15}$$

入射功率：

$$P^{+}=\frac{1}{2}\mathrm{Re}(u^{+}i^{+*})=\frac{1}{2}|u^{+}|^{2} \tag{4-16}$$

反射功率：

$$P^{-}=\frac{1}{2}\mathrm{Re}(u^{-}i^{-*})=\frac{1}{2}|u^{-}|^{2} \tag{4-17}$$

归一化阻抗：

$$z=\frac{u}{i}=\frac{1+\Gamma}{1-\Gamma} \tag{4-18}$$

归一化导纳：

$$y=\frac{1}{z}=\frac{i}{u}=\frac{1-\Gamma}{1+\Gamma} \tag{4-19}$$

式中：u^{+}、i^{+}为归一化入射波的电压、电流，u^{-}、i^{-}为归一化反射波的电压、电流。

为了验证上述公式的正确性，只需将式(4-8)、式(4-9)、式(4-10)代入上述公式，很容易看出，它们都可还原为长线理论中原有的关于U、I和Z的相应公式。需要说明的是，归一化等效电压u、归一化等效电流i并不具有电路理论中原来的电压、电流的意义，只是一种方便的运算符号。

3. 对波导$\boldsymbol{H}_{10}$波的等效

当波导传输主模TE_{10}波时，由于TE_{10}波的波阻抗与波尺寸b无关，若将a相同而b不相同的两段矩形波导相连接，虽然它们的波阻抗相等，但由于连接处存在不连续性，会对入射波产生反射，因此用波阻抗讨论不同尺寸波导的匹配连接问题时，将不能给出符合实际情况的完整描述。为此对传输TE_{10}波的矩形波导，对其的电路分析和常用的TEM波同轴线、带状线、微带线一样，在电压、电流、阻抗的定义上沿用低频电路的理论，而不完全采用广义传输线的结果。

在低频电路中，任意两点A、B之间的电压U可定义为该两点电场强度的线积分，即

$$U=\int_{A}^{B}\boldsymbol{E}\cdot\mathrm{d}\boldsymbol{l} \tag{4-20a}$$

对TEM波传输线，积分是从正导体到负导体的任意路径，并且积分结果是唯一的，与路径及形状无关。对TE_{10}波，将E_y代入上式可得等效电压：

$$U=-\int_{A}^{B}E_y\,\mathrm{d}y=-E_0\sin\frac{\pi}{a}x\int_{A}^{B}\mathrm{d}y\,\mathrm{e}^{-\mathrm{j}\beta z}$$

显然积分与路径有关。习惯上将积分路径选在波导宽壁中央从上底到下底的特定路径上，如图4-3所示，因此该电压值为

$$U=bE_0\mathrm{e}^{-\mathrm{j}\beta z} \tag{4-20b}$$

在低频电路中，流过正导体的总电流可由安培定律计算，即

$$I=\oint_{l}\boldsymbol{H}\cdot\mathrm{d}\boldsymbol{l} \tag{4-20c}$$

式中：l为包围正导体的任意闭合路径。对TEM波传输线，l一般选在所研究的横截面上，并套着中心导体。对TE_{10}波波导，常把积分路径选在波导任一宽边侧壁的闭合路径上，如

图 4-3 所示。将 H_x 代入式(4-20c)可得等效电流 I 为

$$I=\frac{E_0}{Z_{\mathrm{TE}_{10}}}\int_0^a \sin\frac{\pi}{a}x\,\mathrm{d}x=\frac{E_0}{Z_{\mathrm{TE}_{10}}}\frac{2a}{\pi}\mathrm{e}^{-\mathrm{j}\beta z} \tag{4-20d}$$

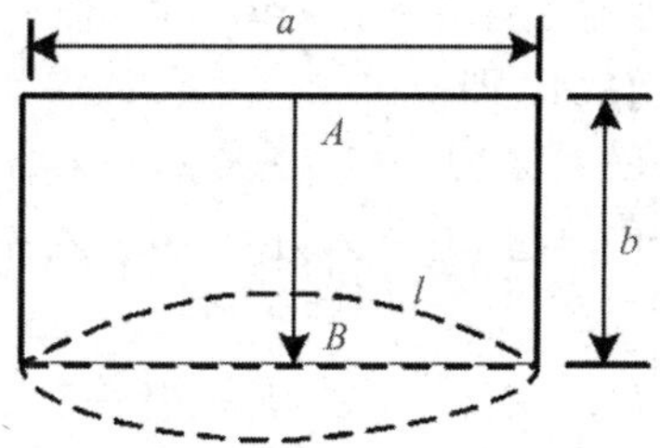

图 4-3　矩形波导电压和电流的积分路径

根据电路理论，由等效电压、电流和功率可得等效特性阻抗 Z_0 的三种定义方法：

$$Z_0=\frac{U}{I},\ Z_0=\frac{U^2}{2P},\ Z_0=\frac{2P}{I^2}$$

将 $P=\frac{ab}{4}\frac{E_0^2}{Z_{\mathrm{H}_{10}}}$ 及 U、I 代入上述各式得

$$Z_0=\frac{U}{I}=\frac{\pi}{2}\frac{b}{a}Z_{\mathrm{TE}_{10}},\ Z_0=\frac{U^2}{2P}=2\frac{b}{a}Z_{\mathrm{TE}_{10}},\ Z_0=\frac{2P}{I^2}=\frac{\pi^2}{8}\frac{b}{a}Z_{\mathrm{TE}_{10}} \tag{4-21a}$$

三种定义方法得到的等效特性阻抗各不相同，主要是由于波导传输线的等效电压、电流不唯一，且与积分路径有关。好在它们的基本部分相同，只差一个常数因子，而在讨论阻抗匹配问题时多采用归一化阻抗，因此可将常数因子选作 1。这样 TE_{10} 波导等效为双线时的等效特性阻抗为

$$Z_0=\frac{b}{a}Z_{\mathrm{TE}_{10}} \tag{4-21b}$$

需要指出的是，这样等效 TE_{10} 波并不是最好的，也不可能解决所有问题。

4.2.2　不均匀区域等效为网络

1. 不均匀区域等效为网络描述

对于如图 4-1 所示的不均匀区，由场的唯一性定理可知，对于特定的参考面 T_1，T_2，…，T_n，可将其等效为一 n 端口微波网络(见图 4-4)。网络的参数可由参考面上的切向场，即等效模式电压、电流确立。

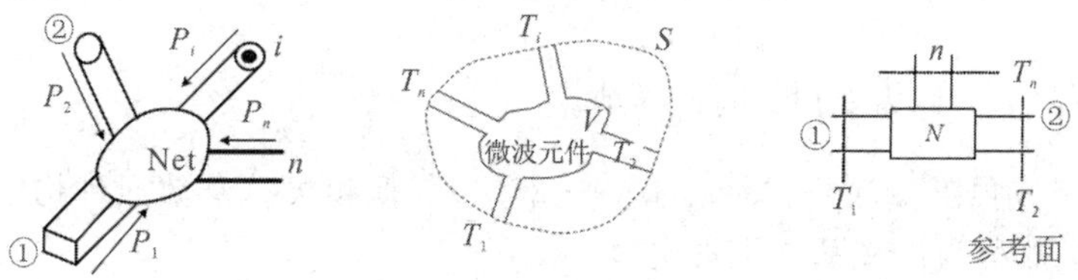

图 4-4　微波元件及其等效网络

若不连续性区域填充线性介质，即介质特性参量μ、ε及σ均与场强无关，则麦克斯韦方程组是一线性方程组，参考面上各场量之间呈线性关系，与之对应的电路量，即电压、电流之间也呈线性关系，因此等效网络是一线性网络。根据叠加原理可知，线性网络各端口参考面上同时有电流(方向为流入各参考面)作用时，任一参考面上的电压为各参考面上的电流单独作用时响应电压的叠加，即

$$\begin{cases}U_1=Z_{11}I_1+Z_{12}I_2+\cdots+Z_{1n}I_n\\U_2=Z_{21}I_1+Z_{22}I_2+\cdots+Z_{2n}I_n\\\quad\vdots\\U_n=Z_{n1}I_1+Z_{n2}I_2+\cdots+Z_{nn}I_n\end{cases}\tag{4-22a}$$

$$\begin{bmatrix}U_1\\U_2\\\vdots\\U_n\end{bmatrix}=\begin{bmatrix}Z_{11}&Z_{12}&\cdots&Z_{1n}\\Z_{21}&Z_{22}&\cdots&Z_{2n}\\\vdots&\vdots&&\vdots\\Z_{n1}&Z_{n2}&\cdots&Z_{nn}\end{bmatrix}\begin{bmatrix}I_1\\I_2\\\vdots\\I_n\end{bmatrix}\tag{4-22b}$$

也可以简写成

$$\boldsymbol{U}=\boldsymbol{ZI}\tag{4-22c}$$

式中：Z_{ij}具有阻抗量纲，称其为网络的阻抗参量，并且$Z_{ij}=\left.\dfrac{U_i}{I_j}\right|_{\substack{I_k=0\\k\neq j}}$称为端口$j$到端口$i$的互阻抗；$Z_{ii}=\left.\dfrac{U_i}{I_i}\right|_{\substack{I_k=0\\k\neq i}}$称为端口$i$的自阻抗。

同理，任一参考面上的电流为各参考面上的电压单独作用时响应电流的叠加，即

$$\begin{cases}I_1=Y_{11}U_1+Y_{12}U_2+\cdots+Y_{1n}U_n\\I_2=Y_{21}U_1+Y_{22}U_2+\cdots+Y_{2n}U_n\\\quad\vdots\\I_n=Y_{n1}U_1+Y_{n2}U_2+\cdots+Y_{nn}U_n\end{cases}\tag{4-23a}$$

用矩阵表示有

$$\begin{bmatrix}I_1\\I_2\\\vdots\\I_n\end{bmatrix}=\begin{bmatrix}Y_{11}&Y_{12}&\cdots&Y_{1n}\\Y_{21}&Y_{22}&\cdots&Y_{2n}\\\vdots&\vdots&&\vdots\\Y_{n1}&Y_{n2}&\cdots&Y_{nn}\end{bmatrix}\begin{bmatrix}U_1\\U_2\\\vdots\\U_n\end{bmatrix}\tag{4-23b}$$

也可以简写成

$$\boldsymbol{I}=\boldsymbol{YU}\tag{4-23c}$$

式中：Y_{ij}具有导纳量纲，称为网络的导纳参量，并且$Y_{ij}=\left.\dfrac{I_i}{U_i}\right|_{\substack{U_k=0\\k\neq j}}$称为端口$j$到端口$i$的互导纳，$Y_{ii}=\left.\dfrac{I_i}{U_i}\right|_{\substack{U_k=0\\k\neq i}}$称为端口$i$的自导纳。

上述两网络方程组(式(4-23a)、式(4-23b))与低频集总参数元件构成的线性网络方程组完全一样，故称为广义基尔霍夫定律。

2. 微波网络的特性

对于图4-1所示的不均匀区域，设其内部无源，除n个端口外，其余部分与外界没有

场的联系。对于这样的波导结，作一封闭曲面 S 将其包围起来，各端口的参考面也选在 S 面上，则由复坡印亭定理可得流进一个闭合面的复功率与闭合面内消耗的功率和储能的关系为

$$-\frac{1}{2}\int_S \boldsymbol{E}\times\boldsymbol{H}^*\cdot \mathrm{d}\boldsymbol{S}=P_L+\mathrm{j}2\omega(W_m-W_e) \tag{4-24}$$

式中：左边的面积分是经过曲面 S 进入体积 V 内的功率；右边第一项 P_L 为内损耗，第二项为体积 V 内磁场能量的时间平均值 W_m 与电场能量的时间平均值 W_e 的差。

由于仅在各端口参考面上的场量不为零，因此有

$$\sum_{k=1}^{n}-\frac{1}{2}\int_S \boldsymbol{E}_k\times\boldsymbol{H}_k^*\cdot \mathrm{d}\boldsymbol{S}=P_L+\mathrm{j}2\omega(W_m-W_e)$$

将式(4-1)及式(4-4)代入可得

$$\frac{1}{2}\sum_{k=1}^{n}U_k I_k^*=P_L+\mathrm{j}2\omega(W_m-W_e) \tag{4-25}$$

式(4-25)就是网络各端口参考面上的电压、电流与网络内部电磁场能量之间的关系。对于单端口微波网络，由式(4-22)和式(4-23)可得

$$U_1=Z_1I_1,\ I_1=Y_1U_1$$

则

$$Z_1=\frac{U_1}{I_1},\ Y_1=\frac{I_1}{U_1}$$

将式(4-25)代入上式可得

$$\begin{cases} Z_1=\dfrac{\frac{1}{2}U_1I_1^*}{\frac{1}{2}|I_1|^2}=\dfrac{P_L}{\frac{1}{2}|I_1|^2}+\mathrm{j}\,\dfrac{2\omega(W_m-W_e)}{\frac{1}{2}|I_1|^2}=R+\mathrm{j}\left(\omega L\cdot\dfrac{1}{\omega C}\right)=R+\mathrm{j}X \\ Y_1=\dfrac{\left(\frac{1}{2}U_1I_1^*\right)^*}{\frac{1}{2}|U_1|^2}=\dfrac{P_L}{\frac{1}{2}|U_1|^2}-\mathrm{j}\,\dfrac{2\omega(W_m-W_e)}{\frac{1}{2}|U_1|^2}=G+\mathrm{j}\left(\omega C-\dfrac{1}{\omega L}\right)=G+\mathrm{j}B \end{cases} \tag{4-26}$$

这说明单端口网络的阻抗参量和导纳参量就是网络参考面的输入阻抗和输入导纳，并且它们都是频率的函数。因此由式(4-26)可得如下结论：

(1) 如果网络有耗，$P_L>0$，则有 $R>0$，$G>0$。

(2) 如果网络无耗，$P_L=0$，则有 $R=G=0$，阻抗参数和导纳参数为纯虚数，并且有 $X(-\omega)=-X(\omega)$，$B(-\omega)=-B(\omega)$，即电抗、电纳均是频率的奇函数。

(3) 如果网络内总储存的平均磁能等于平均电能，$W_m=W_e$，则 $X=B=0$，此时网络内部发生谐振。

(4) 如果网络内总储存的平均磁能大于平均电能，$W_m>W_e$，则 $X>0$，网络参考面等效阻抗呈感性；反之若 $W_m<W_e$，则 $X<0$，网络参考面等效阻抗呈容性。

这些结论不难推广到多端口网络，但多端口网络不仅具有上述单端口网络的特性，还有自身的特点。若要完整描述多端口网络的特性，则必须用网络的全部阻抗参量或者导纳

参量。多端口网络具有如下特性。

(1) 对无耗网络，由式(4-26)可知网络的全部阻抗参量或导纳参量为纯虚数，即

$$Z_{ij}=\mathrm{j}X_{ij},\ Y_{ij}=\mathrm{j}B_{ij}\quad (i,\ j=1,\ 2\cdots) \tag{4-27a}$$

(2) 若参考面所包围的区域内填充均匀各向同性介质，则可等效为互易(或可逆)网络。互易网络满足互易定理，其阻抗和导纳参量具有下述特性：

$$Z_{ij}=Z_{ji},\ Y_{ij}=Y_{ji}\quad (i\neq j,\ 且\ i,\ j=1,\ 2\cdots) \tag{4-27b}$$

(3) 若 n 端口微波网络在结构上具有对称面(或轴)，则称其为面(或轴)对称网络。如果从端口 i 和端口 j 向网络看去的情况完全一样，则称端口 i 关于端口 j 对称。表现在网络参数上，则要求：

$$Z_{ii}=Z_{jj},\ Z_{ij}=Z_{ji}$$

$$Y_{ii}=Y_{jj},\ Y_{ij}=Y_{ji}$$

即对称网络首先必须是互易网络。

在以后讨论微波网络的特性时，将直接引用上述结论，而不再加以说明。

3. *Z* 和 *Y* 的关系

由于 $\boldsymbol{Z}$ 与 $\boldsymbol{Y}$ 都是用来描述同一网络特性的，故两者之间的关系为

$$\boldsymbol{I}=\boldsymbol{YU}=\boldsymbol{YZI}$$

即

$$\boldsymbol{YZ}=\mathbf{1}$$

或

$$\boldsymbol{Y}=\boldsymbol{Z}^{-1},\ \boldsymbol{Z}=\boldsymbol{Y}^{-1}$$

4.3 双端口网络的 Z、Y、A 参数及归一化参数

在微波网络中，图 4-5 所示的双端口微波网络是最基本的微波网络。在选定的网络参考面上，定义出每个端口的电压、电流后，由于线性网络的电压和电流之间是线性关系，故选定不同的自变量和因变量可以得到不同的线性组合。类似于低频双端口网络理论，这些不同变量的线性组合可以用不同的网络参数来表征，主要有阻抗参数、导纳参数和转移参数等，下面分别讨论这几组参数。

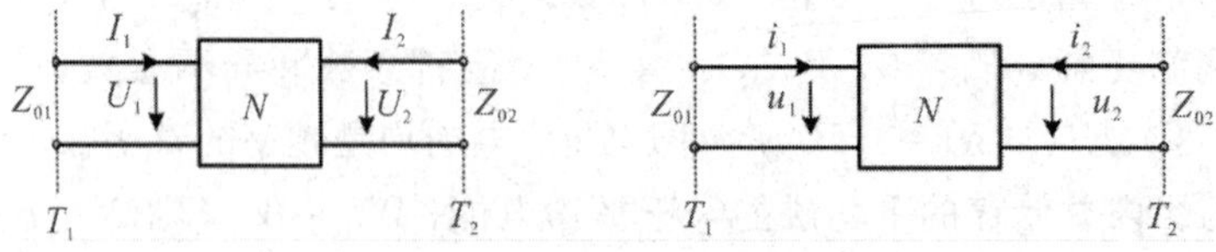

图 4-5　双端口网络的阻抗参数

4.3.1 阻抗参数矩阵

如图 4-5 所示，T_1 参考面的电压、电流是 U_1、I_1，T_2 参考面的电压、电流是 U_2、

I_2。定义两端口的电压向下，电流都流进网络，表明其功率都是流向网络的。Z_{01} 和 Z_{02} 分别表示 T_1、T_2 参考面连接传输线的特性阻抗。

1. 阻抗参数矩阵

由前述的式(4-22a)，令 $n=2$ 可得双端口的电压和电流的关系为

$$\begin{cases} U_1 = Z_{11}I_1 + Z_{12}I_2 \\ U_2 = Z_{21}I_1 + Z_{22}I_2 \end{cases} \tag{4-28}$$

式(4-28)称为阻抗方程，用矩阵表示则为

$$\begin{bmatrix} U_1 \\ U_2 \end{bmatrix} = \begin{bmatrix} Z_{11} & Z_{12} \\ Z_{21} & Z_{22} \end{bmatrix} \begin{bmatrix} I_1 \\ I_2 \end{bmatrix} \tag{4-29}$$

简写为

$$[U] = [Z][I] \tag{4-30}$$

式中：

$$[Z] = \begin{bmatrix} Z_{11} & Z_{12} \\ Z_{21} & Z_{22} \end{bmatrix} \tag{4-31}$$

是阻抗矩阵(简称为 Z 矩阵)，其中各元素是网络的阻抗参数(又称为 Z 参数)。网络参数反映了网络的外部特性，而与端口的电压、电流无关，因此网络特征可用其参数矩阵表示。

2. 阻抗参数的物理意义

由式(4-28)得

$$\begin{cases} Z_{11} = \left.\dfrac{U_1}{I_1}\right|_{I_2=0} & \text{为 } T_2 \text{ 面(端口②)开路时 } T_1 \text{ 面(端口①)的输入阻抗} \\ Z_{22} = \left.\dfrac{U_2}{I_2}\right|_{I_1=0} & \text{为 } T_1 \text{ 面(端口①)开路时 } T_2 \text{ 面(端口②)的输入阻抗} \\ Z_{12} = \left.\dfrac{U_1}{I_2}\right|_{I_1=0} & \text{为 } T_1 \text{ 面(端口①)开路时端口②到端口①的互阻抗} \\ Z_{21} = \left.\dfrac{U_2}{I_1}\right|_{I_2=0} & \text{为 } T_2 \text{ 面(端口②)开路时端口①到端口②的互阻抗} \end{cases} \tag{4-32}$$

3. 阻抗参数的主要性质

网络参数的性质是指：在某种条件下，网络参数之间所具有的相互关系。

(1) 若网络互易，亦即在电路中不包括铁氧体、微波晶体管等不可逆元件，满足互易定理，则网络参数具有下列关系：

$$Z_{12} = Z_{21} \quad (Z_{ij} = Z_{ji}) \tag{4-33}$$

(2) 若网络具有对称结构(从微波元件的端口①和端口②看进去的情况完全相同时的等效网络)，则相应的对称位置的网络参数也相等，即

$$\begin{cases} Z_{12} = Z_{21} & (Z_{ij} = Z_{ji}) \\ Z_{11} = Z_{22} & (Z_{ii} = Z_{jj}) \end{cases} \tag{4-34}$$

由式(4-34)可知，只有互易网络才有可能构成对称网络。

(3) 若网络内无损耗，则所有阻抗参数均为纯虚数。

4. 归一化阻抗参数

在微波情况下，由于传输线的特性阻抗具有重要意义，一般均以对特性阻抗的相对值来判别电路的匹配程度。这样得出的矩阵参数称为归一化参数，由此所得的矩阵称为归一化矩阵。为此，应首先将各参考面的电压、电流变换成归一化量。对双端口微波网络(如图4-5所示)，两个参考面传输线的特性阻抗各为 Z_{01} 和 Z_{02}，则归一化电压、电流按式(4-9)、式(4-10)有

$$\begin{cases} u_1=\dfrac{U_1}{\sqrt{Z_{01}}},\ u_2=\dfrac{U_2}{\sqrt{Z_{02}}} \\ i_1=\sqrt{Z_{01}}\,I_1,\ i_2=\sqrt{Z_{02}}\,I_2 \end{cases} \tag{4-35}$$

其中小写的符号均表示归一化量。这样，归一化阻抗为

$$z_{\text{in}}=\frac{Z_{\text{in}}}{Z_0}=\frac{U}{I}\frac{1}{Z_0}=\frac{u}{i} \tag{4-36}$$

写出归一化电压与归一化电流的线性关系表达式：

$$u=u_1+u_2=\frac{U_1}{\sqrt{Z_{01}}}+\frac{U_2}{\sqrt{Z_{02}}}$$

$$i=i_1+i_2=\sqrt{Z_{01}}\,I_1+\sqrt{Z_{02}}\,I_2$$

由此得到的阻抗矩阵即为归一化阻抗矩阵，用[z]表示。

由归一化电压、电流的定义有

$$[u]=\begin{bmatrix} u_1 \\ u_2 \end{bmatrix}=\begin{bmatrix} \dfrac{1}{\sqrt{Z_{01}}} & 0 \\ 0 & \dfrac{1}{\sqrt{Z_{02}}} \end{bmatrix}\begin{bmatrix} U_1 \\ U_2 \end{bmatrix}=\sqrt{\boldsymbol{Z}_0}^{\,-1}\boldsymbol{U} \tag{4-37}$$

$$[i]=\begin{bmatrix} i_1 \\ i_2 \end{bmatrix}=\begin{bmatrix} \sqrt{Z_{01}} & 0 \\ 0 & \sqrt{Z_{02}} \end{bmatrix}\begin{bmatrix} I_1 \\ I_2 \end{bmatrix}=\sqrt{\boldsymbol{Z}_0}\,\boldsymbol{I} \tag{4-38}$$

由式(4-37)与式(4-38)并结合式(4-30)，可得 z 与 Z 的关系为

$$[u]=\sqrt{\boldsymbol{Z}_0}^{\,-1}\boldsymbol{Z}\sqrt{\boldsymbol{Z}_0}^{\,-1}[i]=[z][i] \tag{4-39}$$

由式(4-39)可得归一化阻抗参数矩阵[z]：

$$[z]=\begin{bmatrix} \dfrac{1}{\sqrt{Z_{01}}} & 0 \\ 0 & \dfrac{1}{\sqrt{Z_{02}}} \end{bmatrix}\begin{bmatrix} Z_{11} & Z_{12} \\ Z_{21} & Z_{22} \end{bmatrix}\begin{bmatrix} \dfrac{1}{\sqrt{Z_{01}}} & 0 \\ 0 & \dfrac{1}{\sqrt{Z_{02}}} \end{bmatrix}=\begin{bmatrix} \dfrac{Z_{11}}{Z_{01}} & \dfrac{Z_{12}}{\sqrt{Z_{01}Z_{02}}} \\ \dfrac{Z_{21}}{\sqrt{Z_{01}Z_{02}}} & \dfrac{Z_{22}}{Z_{02}} \end{bmatrix} \tag{4-40}$$

由式(4-40)可见：

对于互易双端口网络有

$$Z_{12}=Z_{21}$$

对于对称双端口网络有

$$\begin{cases} Z_{12}=Z_{21} \\ Z_{11}=Z_{22} \end{cases} \quad (Z_{01}=Z_{02})$$

例 4-1　如图 4-6 所示，求两个串联双端口网络的阻抗参数。

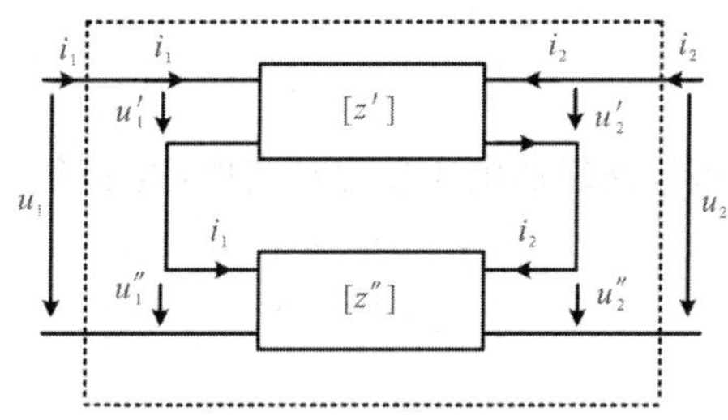

图 4-6　双端口网络的串联

解　求串联网络参数时，用阻抗矩阵计算较为方便。两个双端口网络串联，每个端口的电流不变，电压分压。因为

$$\begin{aligned}[u]=[z][i]=[u']+[u''] \\ =[z'][i]+[z''][i] \\ =([z']+[z''])[i]\end{aligned}$$

所以

$$[z]=[z']+[z'']$$

即两个串联网络总的阻抗矩阵等于该两个网络的阻抗矩阵之和。

例 4-2　求图 4-7 所示电路的阻抗参数矩阵。

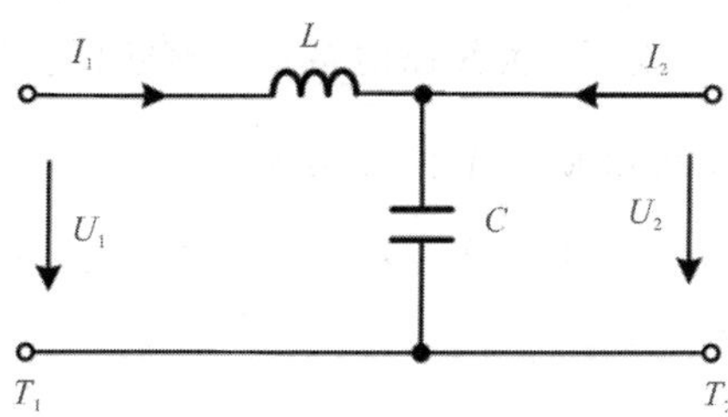

图 4-7　Γ 型网络电路

解　根据 Z 参数的定义可得

$$Z_{11}=\left.\frac{U_1}{I_1}\right|_{I_2=0}=\mathrm{j}\left(\omega L-\frac{1}{\omega C}\right)$$

$$Z_{22}=\left.\frac{U_2}{I_2}\right|_{I_1=0}=-\mathrm{j}\,\frac{1}{\omega C}$$

$$Z_{12}=\left.\frac{U_1}{I_2}\right|_{I_1=0}=-\mathrm{j}\,\frac{1}{\omega C}$$

$$Z_{21}=\left.\frac{U_2}{I_1}\right|_{I_2=0}=-\mathrm{j}\,\frac{1}{\omega C}$$

所以阻抗参量矩阵为

$$[Z]=\begin{bmatrix} \mathrm{j}\left(\omega L-\dfrac{1}{\omega C}\right) & -\mathrm{j}\dfrac{1}{\omega C} \\ -\mathrm{j}\dfrac{1}{\omega C} & -\mathrm{j}\dfrac{1}{\omega C} \end{bmatrix}$$

4.3.2 导纳参数矩阵

如图 4-5 所示，把双端口网络的电压作为自变量，电流作为因变量，得

$$\begin{cases} I_1=Y_{11}U_1+Y_{12}U_2 \\ I_2=Y_{21}U_1+Y_{22}U_2 \end{cases} \tag{4-41}$$

简写为

$$[I]=[Y][U] \tag{4-42}$$

其中：

$$[Y]=\begin{bmatrix} Y_{11} & Y_{12} \\ Y_{21} & Y_{22} \end{bmatrix} \tag{4-43}$$

为导纳矩阵(简称为 Y 矩阵)，且$[Y]$矩阵中各值的含义与$[Z]$矩阵参数类似，即

$$\begin{cases} Y_{11}=\left.\dfrac{I_1}{U_1}\right|_{U_2=0} \text{为 } T_2 \text{ 面短路时 } T_1 \text{ 面(端口①)的输入导纳} \\ Y_{22}=\left.\dfrac{I_2}{U_2}\right|_{U_1=0} \text{为 } T_1 \text{ 面短路时 } T_2 \text{ 面(端口②)的输入导纳} \\ Y_{12}=\left.\dfrac{I_1}{U_2}\right|_{U_1=0} \text{为 } T_1 \text{ 面短路时端口②至端口①的互导纳} \\ Y_{21}=\left.\dfrac{I_2}{U_1}\right|_{U_2=0} \text{为 } T_2 \text{ 面短路时端口①至端口②的互导纳} \end{cases} \tag{4-44}$$

与归一化阻抗参数类似，可得 y 与 Y 的关系为

$$[i]=\sqrt{\boldsymbol{Y}_0}^{-1}\boldsymbol{Y}\sqrt{\boldsymbol{Y}_0}^{-1}[u]=[y][u] \tag{4-45}$$

则归一化导纳参数矩阵$[y]$为

$$[y]=\sqrt{\boldsymbol{Y}_0}^{-1}\boldsymbol{Y}\sqrt{\boldsymbol{Y}_0}^{-1}=\begin{bmatrix} \dfrac{Y_{11}}{Y_{01}} & \dfrac{Y_{12}}{\sqrt{Y_{01}Y_{02}}} \\ \dfrac{Y_{21}}{\sqrt{Y_{01}Y_{02}}} & \dfrac{Y_{22}}{Y_{02}} \end{bmatrix} \tag{4-46}$$

式中：$Y_{01}=\dfrac{1}{Z_{01}}$，$Y_{02}=\dfrac{1}{Z_{02}}$。

导纳参数的性质与阻抗参数的性质相同。

导纳参数矩阵和阻抗参数矩阵互为逆矩阵。将式(4-45)左乘$[z]$得

$$[z][i]=[z][y][u]$$

与式(4-39)比较，得

$$[z][y]=[1]$$

式中：[1]为单位矩阵。故[z]与[y]互为逆矩阵，即

$$\begin{cases}[z]=[y]^{-1}\\ [y]=[z]^{-1}\end{cases} \tag{4-47}$$

例 4-3　如图 4-8 所示，求两个并联双端口网络的导纳参数。

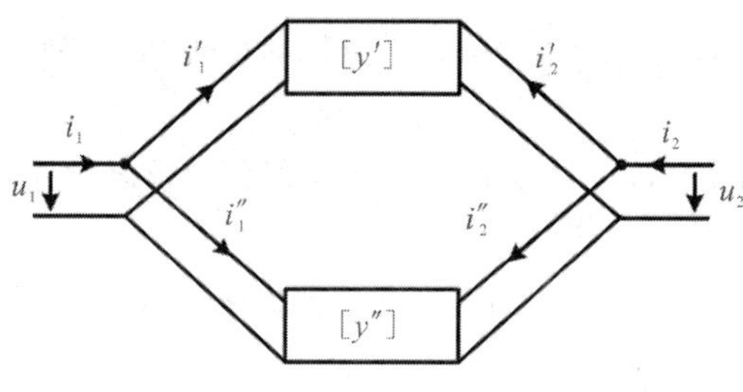

图 4-8　网络的并联

解　导纳矩阵特别适用于求并联网络的网络参数。对图 4-8 所示的并联网络有如下关系：

$$\begin{aligned}[i]&=[y][u]=[i']+[i'']\\ &=[y'][u]+[y''][u]\\ &=([y']+[y''])[u]\end{aligned}$$

故

$$[y]=[y']+[y'']$$

两个并联网络的总导纳矩阵等于该两个网络的导纳矩阵之和。

4.3.3　转移参数矩阵

转移参数在微波网络中的应用远比阻抗、导纳参数广泛，这是由于在微波传输系统中，大量地出现了前一个元件的输出口与后一个元件的输入口连接，这种首尾连接的方式不同于串联和并联，称之为级联。转移参数最适用于级联网络。

图 4-9 所示为双端口转移参数。在图 4-9 中，网络的输入量是 U_1、I_1，输出量是 U_2、I_2。和前面规定的流向网络的电流为正的情况正好相反，I_2 的正方向为流出网络端口②，由 U_2、I_2 组成的功率从这里输出并流入到下一个级联网络的输入口。

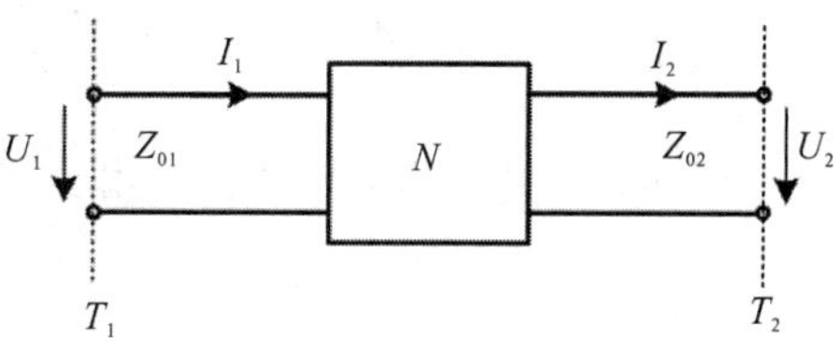

图 4-9　双端口转移参数

1. 转移矩阵

根据输入量和输出量之间的线性关系，把网络的输入量作为自变量，输出量作为因变量，可得一组线性方程：

$$\begin{cases}U_1=A_{11}U_2+A_{12}I_2\\ I_1=A_{21}U_2+A_{22}I_2\end{cases} \tag{4-48a}$$

式(4-48a)称为转移方程，用矩阵表示则为

$$\begin{bmatrix} U_1 \\ I_1 \end{bmatrix} = \begin{bmatrix} A_{11} & A_{12} \\ A_{21} & A_{22} \end{bmatrix} \begin{bmatrix} U_2 \\ I_2 \end{bmatrix} = [A] \begin{bmatrix} U_2 \\ I_2 \end{bmatrix} \tag{4-48b}$$

式中：$[A]=\begin{bmatrix} A_{11} & A_{12} \\ A_{21} & A_{22} \end{bmatrix}$称为转移矩阵(简称为 A 矩阵)，其物理意义如下：

$$\begin{cases} A_{11}=\left.\dfrac{U_1}{U_2}\right|_{I_2=0} & \text{为端口②开路时的电压转移系数} \\ A_{22}=\left.\dfrac{I_1}{I_2}\right|_{U_2=0} & \text{为端口②短路时的电流转移系数} \\ A_{12}=\left.\dfrac{U_1}{I_2}\right|_{U_2=0} & \text{为端口②短路时的转移阻抗} \\ A_{21}=\left.\dfrac{I_1}{U_2}\right|_{I_2=0} & \text{为端口②开路时的转移导纳} \end{cases} \tag{4-49}$$

2. 归一化的转移矩阵

由式(4-9)、式(4-10)归一化等效电压、电流的定义，可得

$$\begin{cases} U_1=A_{11}U_2+I_2 \\ I_1=A_{21}U_2+A_{22}I_2 \end{cases} \Rightarrow \begin{cases} u_1\sqrt{Z_{01}}=A_{11}u_2\sqrt{Z_{01}}+A_{12}\dfrac{i_2}{\sqrt{Z_{02}}} \\ \dfrac{i_1}{\sqrt{Z_{01}}}=A_{21}u_2\sqrt{Z_{02}}+A_{22}\dfrac{i_2}{\sqrt{Z_{02}}} \end{cases} \tag{4-50}$$

整理得

$$\begin{cases} u_1=\dfrac{A_{12}\sqrt{Z_{02}}}{\sqrt{Z_{01}}}u_2+\dfrac{A_{12}}{\sqrt{Z_{02}Z_{01}}}i_2 \\ i_1=A_{21}\sqrt{Z_{02}Z_{01}}\,u_2+\dfrac{A_{22}\sqrt{Z_{01}}}{\sqrt{Z_{02}}}i_2 \end{cases} \tag{4-51}$$

根据归一化转移参数满足的方程：

$$\begin{bmatrix} u_1 \\ i_1 \end{bmatrix} = \begin{bmatrix} a_{11} & a_{12} \\ a_{21} & a_{22} \end{bmatrix} \begin{bmatrix} u_2 \\ i_2 \end{bmatrix} \tag{4-52}$$

可知归一化 a 参数与非归一化 A 参数的关系式为

$$a=\begin{bmatrix} a_{11} & a_{12} \\ a_{21} & a_{22} \end{bmatrix} = \begin{bmatrix} A_{11}\sqrt{\dfrac{Z_{02}}{Z_{01}}} & \dfrac{A_{12}}{\sqrt{Z_{01}Z_{02}}} \\ A_{21}\sqrt{Z_{01}Z_{02}} & A_{22}\sqrt{\dfrac{Z_{01}}{Z_{02}}} \end{bmatrix} \tag{4-53}$$

同理可以求解非归一化 A 参数与归一化 $\widetilde{A}$ 参数的关系式为

$$\boldsymbol{A}=\begin{bmatrix} A_{11} & A_{12} \\ A_{21} & A_{22} \end{bmatrix} = \begin{bmatrix} a_{11}\sqrt{\dfrac{Z_{01}}{Z_{02}}} & a_{12}\sqrt{Z_{01}Z_{02}} \\ A_{21}\sqrt{Z_{01}Z_{02}} & A_{22}\sqrt{\dfrac{Z_{02}}{Z_{01}}} \end{bmatrix} \tag{4-54}$$

3. 转移参数与阻抗参数的换算关系

同一双端口网络的特性既然可用不同的网络参数表示，这些参数之间必然存在能够相互换算的关系。通过这些关系，可以从一种参数导出另一种参数，也可以从一种参数的性质导出另一种参数的性质。

参照图 4-5，由 A 参数的定义有

$$\begin{cases} U_1 = A_{11}U_2 - A_{12}I_2 \\ I_1 = A_{21}U_2 - A_{22}I_2 \end{cases} \tag{4-55}$$

由式(4-55)得

$$U_2 = \frac{1}{A_{21}}I_1 + \frac{A_{22}}{A_{21}}I_2 \tag{4-56}$$

将式(4-56)代入式(4-55)得

$$\begin{cases} U_1 = A_{11}U_2 - A_{12}I_2 = \dfrac{A_{11}}{A_{21}}I_1 + \left(\dfrac{A_{22}}{A_{21}} - A_{12}\right)I_2 \\ U_2 = \dfrac{1}{A_{21}}I_1 + \dfrac{A_{22}}{A_{21}}I_2 \end{cases} \tag{4-57}$$

与 Z 参数比较可得

$$[Z] = \begin{bmatrix} Z_{11} & Z_{12} \\ Z_{21} & Z_{22} \end{bmatrix} = \begin{bmatrix} \dfrac{A_{11}}{A_{21}} & \dfrac{A_{11}A_{22} - A_{12}A_{21}}{A_{21}} \\ \dfrac{1}{A_{21}} & \dfrac{A_{22}}{A_{21}} \end{bmatrix} \tag{4-58}$$

同理，参照图 4-5，整理式(4-28)可得

$$\begin{cases} U_1 = \dfrac{Z_{11}}{Z_{21}}U_2 + \dfrac{|Z|}{Z_{21}}(-I_2) = A_{11}U_2 + A_{12}(-I_2) \\ I_1 = \dfrac{1}{Z_{21}}U_2 + \dfrac{Z_{22}}{Z_{21}}(-I_2) = A_{21}U_2 + A_{22}(-I_2) \end{cases} \tag{4-59}$$

式中：$|Z| = Z_{11}Z_{22} - Z_{12}Z_{21}$。由式(4-59)即可得 Z 参数表示的$[A]$为

$$[A] = \begin{bmatrix} A_{11} & A_{12} \\ A_{21} & A_{22} \end{bmatrix} = \frac{1}{Z_{21}} \begin{bmatrix} Z_{11} & |Z| \\ 1 & Z_{22} \end{bmatrix} \tag{4-60}$$

由于归一化参数和原值参数的网络方程在形式上完全相同，因此归一化参数矩阵$[a]$与$[z]$的换算关系也和原值之间的换算关系完全相同，只要把式(4-58)、式(4-60)的大写符号换成小写符号即可。

4. 转移参数的主要性质

1）互易网络

对于互易网络，有 $Z_{12} = Z_{21}$，代入式(4-58)得

$$\det[A] = A_{11}A_{22} - A_{12}A_{21} = 1 \tag{4-61}$$

2）对称网络

对于对称网络，有 $Z_{11} = Z_{22}$，$Z_{12} = Z_{21}$，代入式(4-60)得

$$\begin{cases} A_{11}=A_{22} \\ \det[A]=A_{11}A_{22}-A_{12}A_{21}=1 \end{cases} \tag{4-62}$$

3）无耗网络

对于无耗网络，由 Z_{ij} 为纯虚数可知，A_{12}、A_{21} 应为虚数，A_{11}、A_{22} 应为实数。

对于归一化[a]参数，其性质与[A]相同。

5. 基本网络单元的转移矩阵

在微波网络中，一些复杂的网络往往可以分解成若干简单网络的组合，这些简单网络称为基本网络单元。如果基本网络单元的矩阵参量已知，则复杂网络的矩阵参量可通过矩阵运算而得到。在微波电路中，经常碰到的基本网络单元有串联阻抗、并联导纳、一段传输线和一个理想变压器。这些基本网络单元的各种矩阵参数既可直接根据矩阵参量的定义及其特性求得，又可根据各种矩阵形式的关系而由其他矩阵的参数推导而得，以下举几个实例加以说明。

例 4-4 如图 4-10 所示，求串联阻抗 z 的[a]参数。

解 根据[a]参数的定义来求解。由题意可知

$$a_{11}=\left.\frac{u_1}{u_2}\right|_{i_2=0}=1$$

$$a_{12}=\left.\frac{u_1}{-i_2}\right|_{u_2=0}=z$$

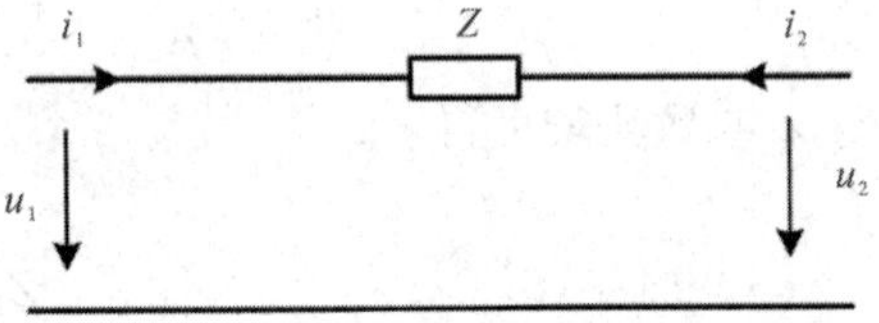

图 4-10 串联阻抗

由对称性可知

$$a_{11}=a_{22}=1$$

由互易性可知

$$a_{11}a_{22}-a_{12}a_{21}=1$$

故

$$a_{21}=\frac{a_{11}a_{22}-1}{a_{12}}=0$$

因此，串联阻抗 z 的[a]参数为

$$[a]=\begin{bmatrix}1 & z\\ 0 & 1\end{bmatrix}$$

例 4-5 如图 4-11 所示，求并联导纳 Y 的[A]参数。

解 由题意可知，该并联导纳是对称网络，故

$$A_{11}=A_{22}=\left.\frac{U_1}{U_2}\right|_{I_2=0}=1$$

$$A_{21}=\left.\frac{I_1}{U_2}\right|_{I_2=0}=Y$$

$$A_{12}=\frac{A_{11}A_{22}-1}{A_{21}}=\frac{1-1}{Y}=0$$

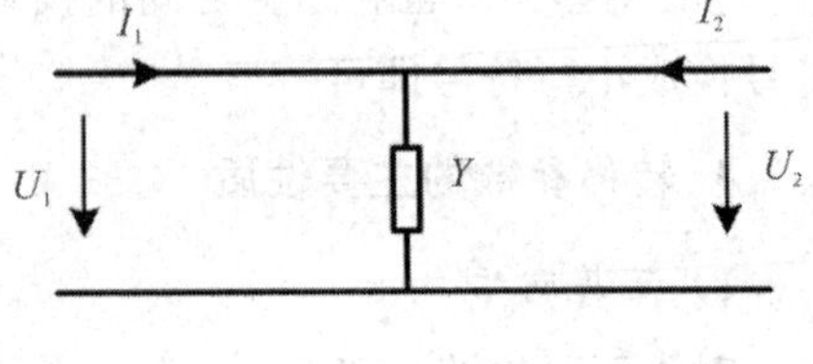

图 4-11 并联导纳

所以，并联导纳 Y 网络的[A]参数为

$$[A]=\begin{bmatrix}1 & 0\\ Y & 1\end{bmatrix}$$

例 4-6　如图 4-12 所示，求一段均匀无耗传输线的[A]参数。

解　由题意可知，当 $I_2=0$，端口②开路时有

$$\begin{aligned}U_1 &= U_2^+ e^{j\theta} + U_2^+ e^{-j\theta} \\ &= U_2^+ (e^{j\theta} + e^{-j\theta}) \\ &= 2U_2^+ \cos\theta\end{aligned}$$

$$U_2 = 2U_2^+$$

$$I_1 = \frac{U_2^+}{Z_0}(e^{j\theta} - e^{-j\theta}) = j\,\frac{2U_2^+}{Z_0}\sin\theta$$

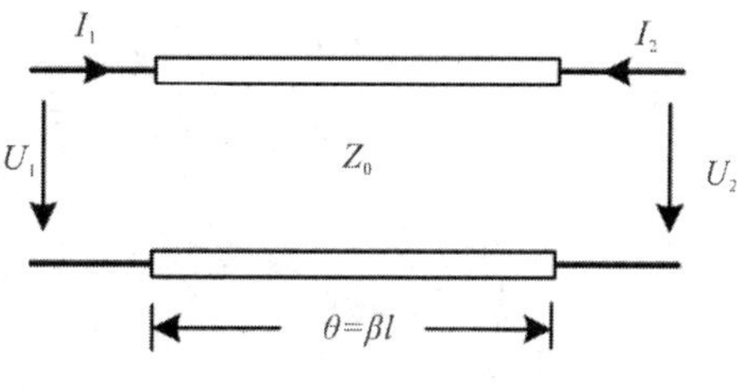

图 4-12　无耗传输线

由于该无耗传输线是对称网络，故

$$A_{11} = A_{22} = \left.\frac{U_1}{U_2}\right|_{I_2=0} = \cos\theta$$

$$A_{21} = \left.\frac{I_1}{U_2}\right|_{I_2=0} = j\,\frac{1}{Z_c}\sin\theta$$

$$A_{12} = \frac{A_{11}A_{22}-1}{A_{21}} = \frac{\cos^2\theta - 1}{j\,\frac{1}{Z_0}\sin\theta} = jZ_0\sin\theta$$

所以该均匀无耗传输线的[A]参数为

$$[A] = \begin{bmatrix} \cos\theta & jZ_0\sin\theta \\ j\,\frac{1}{Z_0}\sin\theta & \cos\theta \end{bmatrix}$$

例 4-7　如图 4-13 所示，求理想变压器网络的[A]参数。

解　对理想变压器，输入、输出电压比等于匝数比，电流比等于匝数的反比，故

$$U_1 = nU_2 = A_{11}U_2 + A_{12}(-I_2)$$

$$I_1 = \frac{1}{n}(-I_2) = A_{21}U_2 + A_{22}(-I_2)$$

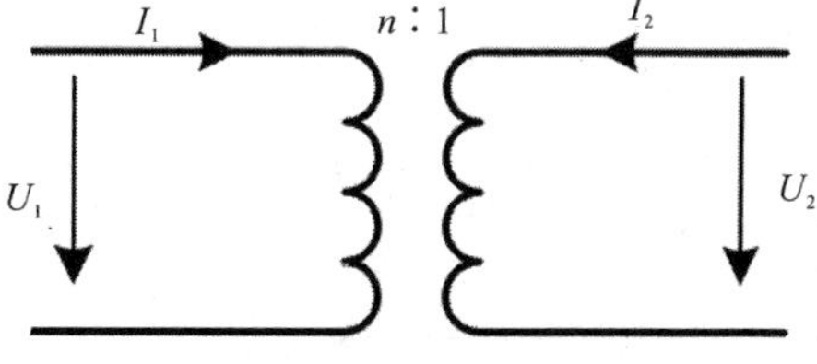

图 4-13　理想变压器网络

由上述方程式可得

$$A_{11} = n,\ A_{22} = \frac{1}{n},\ A_{12} = A_{21} = 0$$

故理想变压器网络的[A]参数为

$$[A] = \begin{bmatrix} n & 0 \\ 0 & \frac{1}{n} \end{bmatrix}$$

当 $n \neq 1$ 时，$A_{11}A_{22} - A_{12}A_{21} = \frac{1}{n}n - 0 = 1$，$A \neq D$，所以 $n \neq 1$ 的理想变压器网络只是互易无耗网络，而不是对称网络。

利用理想变压器网络的特点，可以看出电压、电流归一化的电路意义。如图 4-14 所示，变压器的初级电压为 U，电流为 I，传输线的特性阻抗为 Z_0，次级电压为 u，电流为 i，特性阻抗为 1，初次级匝数比为 $\sqrt{Z_0}:1$，则

$$\frac{u}{U}=\frac{1}{\sqrt{Z_0}}\Rightarrow u=\frac{U}{\sqrt{Z_0}}$$

$$\frac{i}{I}=\sqrt{Z_0}\Rightarrow i=I\sqrt{Z_0}$$

$$\frac{z}{Z}=\frac{u/i}{U/I}=\frac{1}{Z_0}\Rightarrow z=\frac{Z}{Z_0},\ z_0=\frac{Z_0}{Z_0}=1$$

$$\frac{1}{2}ui^*=\frac{1}{2}\frac{U}{\sqrt{Z_0}}I^*\sqrt{Z_0}=\frac{1}{2}UI^*$$

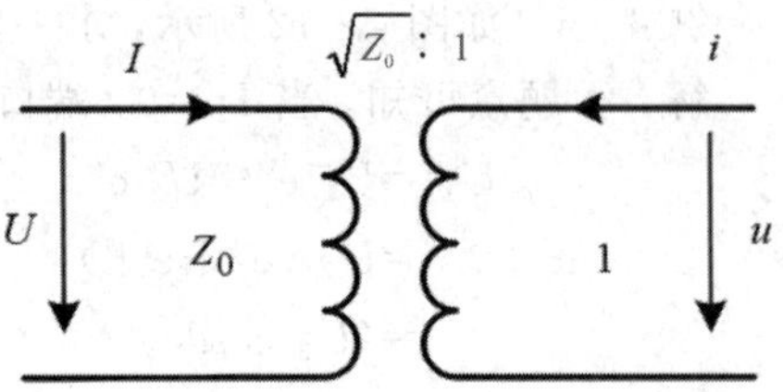

图 4-14　归一化的电路意义

即经过匝数比为$\sqrt{Z_0}:1$的理想变压器的线性变换后，就把初级的U、I和Z变换为次级的u、i和z，而保持传输功率不变，且

$$\begin{cases}U_1=A_{11}U_2+A_{12}I_2\\ I_1=A_{21}U_2+A_{22}I_2\end{cases}$$

表 4-1 列出了几个常用的简单双端口网络的转移矩阵，以便计算较复杂的网络时查用。

表 4-1　基本网络单元的转移矩阵

基本网络单元	$[A]$	$[a]$
串联阻抗（Z，Z_{01}，Z_{02}） 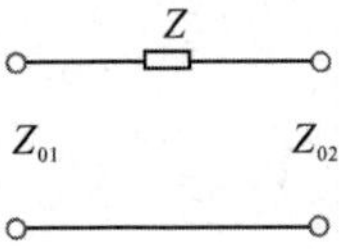	$\begin{bmatrix}1 & Z\\ 0 & 1\end{bmatrix}$	$\begin{bmatrix}\sqrt{\frac{Z_{02}}{Z_{01}}} & \frac{Z}{\sqrt{Z_{01}Z_{02}}}\\ 0 & \sqrt{\frac{Z_{01}}{Z_{02}}}\end{bmatrix}$
并联导纳（Y，Z_{01}，Z_{02}） 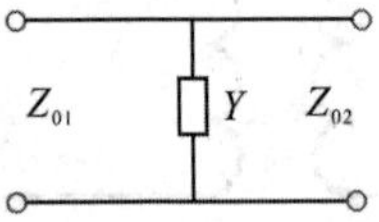	$\begin{bmatrix}1 & 0\\ Y & 1\end{bmatrix}$	$\begin{bmatrix}\sqrt{\frac{Z_{02}}{Z_{01}}} & 0\\ Y\sqrt{Z_{01}Z_{02}} & \sqrt{\frac{Z_{01}}{Z_{02}}}\end{bmatrix}$
理想变压器（$1:n$，Z_{01}，Z_{02}） 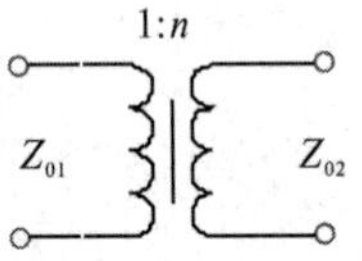	$\begin{bmatrix}n & 0\\ 0 & \frac{1}{n}\end{bmatrix}$	$\begin{bmatrix}\frac{1}{n}\sqrt{\frac{Z_{02}}{Z_{01}}} & 0\\ 0 & n\sqrt{\frac{Z_{01}}{Z_{02}}}\end{bmatrix}$
均匀无耗传输线段（θ，Z_0，Z_0，Z_0） 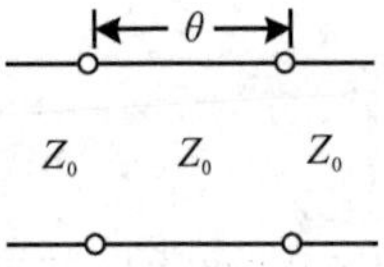	$\begin{bmatrix}\cos\beta l & \mathrm{j}Z_0\sin\beta l\\ \frac{\mathrm{j}}{Z_0}\sin\beta l & \cos\beta l\end{bmatrix}$	$\begin{bmatrix}\cos\beta l & \mathrm{j}\sin\beta l\\ \mathrm{j}\sin\beta l & \cos\beta l\end{bmatrix}$

6. 转移矩阵的基本应用

(1) 由A参数的定义可以求得双端口网络的输入阻抗。由式(4-48a)可得

$$Z_{\text{in}}=\frac{U_1}{I_1}=\frac{A_{11}U_2+A_{12}I_2}{A_{21}U_2+A_{22}I_2}=\frac{A_{11}Z_{\text{L}}+A_{12}}{A_{21}Z_{\text{L}}+A_{22}}\tag{4-63}$$

式中：$Z_L=\dfrac{U_2}{I_2}$是双端口网络输出端口的负载阻抗。

(2) 求级联网络的转移阻抗。

图 4-15 所示是两个双端口网络的级联，由于

$$\begin{bmatrix}U_1\\I_1\end{bmatrix}=\begin{bmatrix}A_{11}&A_{12}\\A_{21}&A_{22}\end{bmatrix}\begin{bmatrix}U_2\\I_2\end{bmatrix}=\begin{bmatrix}A_{11}&A_{12}\\A_{21}&A_{22}\end{bmatrix}\begin{bmatrix}A'_{11}&A'_{12}\\A'_{21}&A'_{22}\end{bmatrix}\begin{bmatrix}U_3\\I_3\end{bmatrix}=[A_1][A_2]\begin{bmatrix}U_3\\I_3\end{bmatrix}$$

故

$$[A_{总}]=[A_1][A_2] \tag{4-64}$$

将其推广到 n 个网络级联得

$$[A_{总}]=\prod_{i=1}^{n}[A_i] \tag{4-65}$$

即 n 个网络级联后的$[A]$等于各个网络$[A_i]$的连乘积。

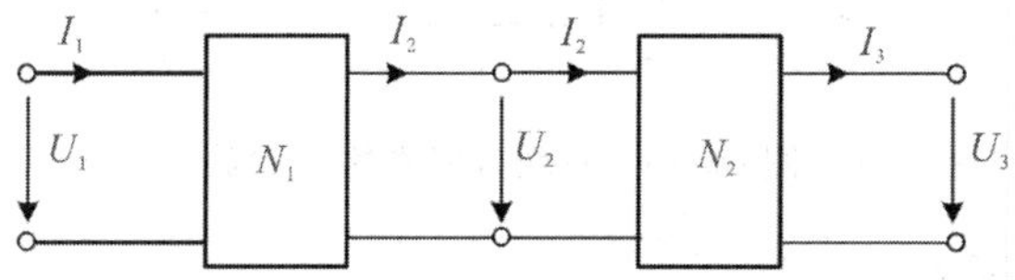

图 4-15　两个双端口网络的级联

4.4　散射矩阵与传输矩阵

4.4.1　散射矩阵

4.3 节定义的阻抗参数、导纳参数及转移参数矩阵都是从电压、电流的定义出发的，而在微波波段，电压、电流本身已失去确切定义，在选定的网络参考面上很难得到真正的微波开路或短路终端，因此上述参数在微波波段变成了抽象的理论定义参数，无法通过测量直接得到。

为了研究微波电路系统的特性，需要一种在微波波段能够用直接测量方法确定的网络参数，考虑到微波波段最容易测量的电参数是功率和反射系数，因此从归一化的入射波和反射波出发，定义了一组新的网络参数——散射参数，简称 S 参数，S 参数可以通过矢量网络分析仪测量得到。因此 S 参数矩阵是微波网络中最常用的一种矩阵形式，是微波网络的特色之一。

1. 散射矩阵

如图 4-16 所示，u_1^+ 和 u_2^+ 是进入网络的归一入射波，u_1^- 和 u_2^- 是离开网络的归一反射波。在端口①、②规定的参考面上，这些入射波与反射波或传输波的线性关系为

$$\begin{cases}u_1^-=S_{11}u_1^++S_{12}u_2^+\\u_2^-=S_{21}u_1^++S_{22}u_2^+\end{cases} \tag{4-66}$$

式(4-66)是网络的散射方程，用矩阵表示则为

$$\begin{bmatrix} u_1^- \\ u_2^- \end{bmatrix} = \begin{bmatrix} S_{11} & S_{12} \\ S_{21} & S_{22} \end{bmatrix} \begin{bmatrix} u_1^+ \\ u_2^+ \end{bmatrix} \tag{4-67}$$

简写为

$$[u^-]=[S][u^+] \tag{4-68}$$

式中：$[S]$为散射矩阵参数，且

$$[S]=\begin{bmatrix} S_{11} & S_{12} \\ S_{21} & S_{22} \end{bmatrix} \tag{4-69}$$

矩阵中的各元素为散射参数，一般情况下它们都是复数。

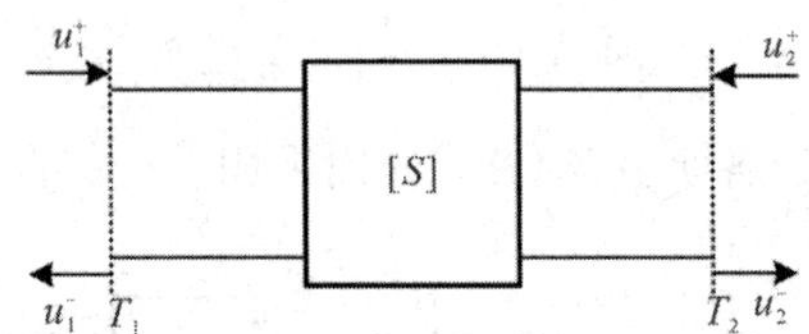

图 4-16　双端口网络的 S 参数

2. S 参数的物理意义

由式(4-66)可知：

$$\begin{cases} S_{11}=\left.\dfrac{u_1^-}{u_1^+}\right|_{u_2^+=0}=\Gamma_1 \text{ 为端口②接匹配负载时端口①的反射系数} \\ S_{22}=\left.\dfrac{u_2^-}{u_2^+}\right|_{u_1^+=0}=\Gamma_2 \text{ 为端口①接匹配负载时端口②的反射系数} \\ S_{12}=\left.\dfrac{u_1^-}{u_2^+}\right|_{u_1^+=0} \text{ 为端口①接匹配负载时端口②至端口①的电压反射系数} \\ S_{21}=\left.\dfrac{u_2^-}{u_1^+}\right|_{u_2^+=0} \text{ 为端口②接匹配负载时端口①至端口②的电压反射系数} \end{cases} \tag{4-70}$$

由式(4-70)可见，散射参数最直接地反映了网络及其所代表的元件的反射和传输特性。

3. $[S]$与$[a]$的关系

在求级联网络的$[S]$时，通常的办法是先求出$[a]$，然后换算为$[S]$，所以$[S]$与$[a]$的换算公式在微波网络中应用较多。求$[S]$与$[a]$两者关系的步骤是：把端口①、②的电压、电流用入射波和反射波电压表示，然后通过归一化转移方程建立起端口①、②的电压关系，最后由 S 参数的定义确定 S 参数与 a 参数的关系(注意，这种换算只对双端口网络成立)。

如图 4-16 所示，由式(4-12)、(4-13)可知在双端口网络的输入、输出口有

$$\begin{cases} u_1=u_1^+ + u_1^- \\ i_1=u_1^+ - u_1^- \end{cases} \tag{4-71}$$

$$\begin{cases}u_2=u_2^+ + u_2^-\\ i_2=u_2^+ - u_2^-\end{cases} \tag{4-72}$$

将式(4-71)、式(4-72)代入式(4-52)，得

$$\begin{cases}u_1^+ + u_1^- =(a_{11}-a_{12})u_2^+ + (a_{11}+a_{12})u_2^-\\ u_1^+ - u_1^- =(a_{21}-a_{22})u_2^+ + (a_{21}+a_{22})u_2^-\end{cases}$$

解出

$$\begin{cases}u_1^+ = \dfrac{1}{2}(a_{11}-a_{12}+a_{21}-a_{22})u_2^+ + (a_{11}+a_{12}+a_{21}+a_{22})u_2^-\\ u_1^- = \dfrac{1}{2}(a_{11}-a_{12}-a_{21}+a_{22})u_2^+ + (a_{11}+a_{12}-a_{21}-a_{22})u_2^-\end{cases} \tag{4-73}$$

则

$$\begin{cases}S_{11}=\left.\dfrac{u_1^-}{u_1^+}\right|_{u_2^+=0}=\dfrac{a_{11}+a_{12}-a_{21}-a_{22}}{a_{11}+a_{12}+a_{21}+a_{22}}\\ S_{12}=\left.\dfrac{u_1^-}{u_2^+}\right|_{u_1^+=0}=\dfrac{2\det[a]}{a_{11}+a_{12}+a_{21}+a_{22}}\\ S_{21}=\left.\dfrac{u_2^-}{u_1^+}\right|_{u_2^+=0}=\dfrac{2}{a_{11}+a_{12}+a_{21}+a_{22}}\\ S_{22}=\left.\dfrac{u_2^-}{u_2^+}\right|_{u_1^+=0}=\dfrac{-a_{11}+a_{12}-a_{21}+a_{22}}{a_{11}+a_{12}+a_{21}+a_{22}}\end{cases} \quad (\det[a]=a_{11}a_{22}-a_{12}a_{21})$$

故

$$[S]=\begin{bmatrix}S_{11} & S_{12}\\ S_{21} & S_{22}\end{bmatrix}=\frac{1}{a_{11}+a_{12}+a_{21}+a_{22}}\begin{bmatrix}a_{11}+a_{12}-a_{21}-a_{22} & 2\det[a]\\ 2 & -a_{11}+a_{12}-a_{21}+a_{22}\end{bmatrix} \tag{4-74}$$

同理有

$$[a]=\frac{1}{2S_{21}}\begin{bmatrix}S_{12}S_{21}+(1+S_{11})(1-S_{22}) & (1+S_{11})(1+S_{22})-S_{12}S_{21}\\ (1-S_{11})(1-S_{22}) & S_{12}S_{21}+(1-S_{11})(1+S_{22})\end{bmatrix} \tag{4-75}$$

4. S 参数的主要性质

(1) 互易网络：

$$S_{12}=S_{21} \tag{4-76}$$

(2) 对称网络：

$$\begin{cases}S_{12}=S_{21}\\ S_{11}=S_{22}\end{cases} \tag{4-77}$$

(3) 无耗网络：

$$[S]^+[S]=[1] \tag{4-78}$$

$$[S]^*[S]=[1] \tag{4-79}$$

式中：$[S]^+$是转置共轭矩阵，称为厄米特矩阵。式(4-79)实际上是无耗网络与无耗互易网络的功率守恒定律在$[S]$矩阵上的反映，称为$[S]$矩阵的幺正性。证明如下：

对于双端口或多端口无耗网络，输入各端口的功率与从各端口输出的功率相等，故有

$$\frac{1}{2}\sum_{i=1}^{n} |u^+|^2 = \frac{1}{2}\sum_{i=1}^{n} |u^-|^2$$

$$\frac{1}{2}\sum_{i=1}^{n}(u^{+*}u^+) = \frac{1}{2}\sum_{i=1}^{n}(u^{-*}u^-) \tag{4-80}$$

将式(4-80)写成行矩阵与列矩阵相乘的形式，即

$$[u_1^{+*}\ u_2^{+*}\ \cdots u_n^{+*}]\begin{bmatrix} u_1^{+*} \\ u_2^{+*} \\ \vdots \\ u_n^{+*} \end{bmatrix} = [u_1^{-*}\ u_2^{-*}\ \cdots u_n^{-*}]\begin{bmatrix} u_1^{-*} \\ u_2^{-*} \\ \vdots \\ u_n^{-*} \end{bmatrix} \tag{4-81}$$

简写为

$$[u^+]^+[u^+] = [u^-]^+[u^-] \tag{4-82}$$

由于

$$[u^-] = [S][u^+]$$

因此

$$[u^-]^+ = ([s][u^+])^+ = [u^+]^+[S]^+ \tag{4-83}$$

将式(4-83)代入式(4-82)得

$$[u^+]^+[u^+] = [u^+]^+ = [u^+]^+[S]^+[S][u^+]$$

$$[u^+]^+([1]-[S]^+[S])[u^+] = 0 \tag{4-84}$$

欲使上式对任意的$[u^+]$都成立，必须

$$[S]^+[S] = [1] \tag{4-85}$$

对于互易网络有

$$[S] = [S]^{\mathrm{T}}$$

故

$$[S]^+ = ([S]^{\mathrm{T}})^* = ([S]^*)^{\mathrm{T}} = [S]^* \tag{4-86}$$

将式(4-86)代入式(4-85)得无耗互易网络的幺正性为

$$[S]^*[S] = [1]$$

证毕。

例 4-8 由$[S]$矩阵的幺正性，求无耗互易双端口网络的特性。

解 将式(4-79)整理可得

$$\begin{bmatrix} S_{11}^* & S_{12}^* \\ S_{12}^* & S_{22}^* \end{bmatrix}\begin{bmatrix} S_{11} & S_{12} \\ S_{12} & S_{22} \end{bmatrix} = \begin{bmatrix} 1 & 0 \\ 0 & 1 \end{bmatrix}$$

即

$$|S_{11}|^2 + |S_{12}|^2 = 1 \tag{4-87a}$$

$$|S_{12}|^2 + |S_{22}|^2 = 1 \tag{4-87b}$$

$$S_{11}^*S_{12} + S_{12}^*S_{22} = 0 \tag{4-87c}$$

$$S_{12}^*S_{11} + S_{22}^*S_{12} = 0 \tag{4-87d}$$

(1) S 参数的振幅特性：

由式(4-87a)、式(4-87b)得

$$|S_{11}|=|S_{22}|=\sqrt{1-|S_{12}|^2}$$

说明端口①和端口②的反射系数的模相等。若 $|S_{12}|=1$，则

$$|S_{11}|=|S_{22}|=0$$

说明双端口网络若一个端口匹配，则另一个端口随之匹配。

由式(4-87b)得

$$\left.\frac{\frac{1}{2}\left(\frac{|u_1^-|^2}{|u_1^+|^2}+\frac{|u_2^-|^2}{|u_2^+|^2}\right)}{\frac{1}{2}}\right|_{u_1^+=0}=1$$

$$\left.\frac{\frac{1}{2}|u_1^-|^2+\frac{1}{2}|u_2^-|^2}{\frac{1}{2}|u_1^+|^2}\right|_{u_1^+=0}=1 \tag{4-88}$$

式中：$\frac{1}{2}|u_1^+|^2$ 是端口②的入射功率，$\frac{1}{2}|u_1^-|^2$ 是由网络传输到端口①的功率，$\frac{1}{2}|u_2^-|^2$ 是网络反射到端口②的功率。式(4-88)证明：当端口①匹配($u_1^+=0$)时，从端口②向网络的入射功率等于由网络传输到端口①的功率与由网络反射到端口②的功率之和，表明了功率守恒关系。

(2) S 参数的相位特性：

由式(4-87d)得

$$|S_{12}|e^{-j\theta_{12}}|S_{11}|e^{j\theta_{11}}+|S_{22}|e^{-j\theta_{22}}|S_{12}|e^{j\theta_{12}}=0$$

式中：θ 为对应元素的辐角，因为 $|s_{11}|=|s_{22}|$，所以有

$$e^{j(\theta_{11}-\theta_{12})}+e^{j(\theta_{12}-\theta_{22})}=0$$

$$\theta_{11}-\theta_{12}=\theta_{12}-\theta_{22}\pm\pi$$

$$\theta_{12}=\frac{1}{2}(\theta_{12}-\theta_{22}\pm\pi) \tag{4-89}$$

若网络对称，则

$$\theta_{12}=\theta_{11}+\frac{\pi}{2} \tag{4-90}$$

5. 传输线无耗时，网络端口参考面移动对 S 参数的影响

如图 4-17 所示，对于端口接无耗传输线的网络，参考面移动只改变 S 参数的辐角，不改变 S 参数的幅值。

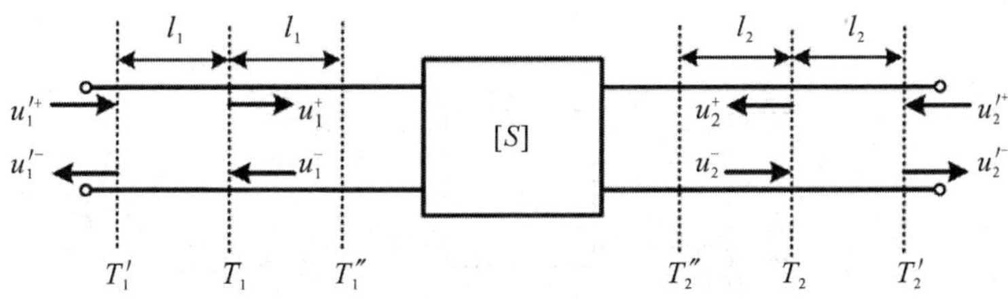

图 4-17　双端口网络的参考面的移动

(1) 外面参考面：

$$T_1 \to T_1' \quad (移动距离\ l_1)$$

$$T_2 \to T_2' \quad (移动距离\ l_2)$$

则在新的参考面上的 S 参数为

$$S_{11}' = \left.\frac{u_1'^-}{u_1'^+}\right|_{u_2'^+=0} = \left.\frac{u_1^- \mathrm{e}^{-\mathrm{j}\beta_1 l_1}}{u_1^+ \mathrm{e}^{\mathrm{j}\beta_1 l_1}}\right|_{u_2^+=0} = S_{11}\mathrm{e}^{-\mathrm{j}2\beta_1 l_1}$$

$$S_{12}' = \left.\frac{u_1'^-}{u_2'^+}\right|_{u_1'^+=0} = \left.\frac{u_1^- \mathrm{e}^{-\mathrm{j}\beta_1 l_1}}{u_2^+ \mathrm{e}^{\mathrm{j}\beta_2 l_2}}\right|_{u_1^+=0} = S_{12}\mathrm{e}^{-\mathrm{j}(\beta_1 l_1+\beta_2 l_2)}$$

$$S_{21}' = \left.\frac{u_2'^-}{u_1'^+}\right|_{u_2'^+=0} = \left.\frac{u_2^- \mathrm{e}^{-\mathrm{j}\beta_2 l_2}}{u_1^+ \mathrm{e}^{\mathrm{j}\beta_1 l_1}}\right|_{u_2^+=0} = S_{21}\mathrm{e}^{-\mathrm{j}(\beta_2 l_2+\beta_1 l_1)}$$

$$S_{22}' = \left.\frac{u_2'^-}{u_2'^+}\right|_{u_1'^+=0} = \left.\frac{u_2^- \mathrm{e}^{-\mathrm{j}\beta_2 l_2}}{u_2^+ \mathrm{e}^{\mathrm{j}\beta_2 l_2}}\right|_{u_1^+=0} = S_{22}\mathrm{e}^{-\mathrm{j}2\beta_2 l_2}$$

(2) 内推参考面：

将上述表达式中的 l_1 变为 $-l_1$ 即可。

若一参考面移动，另一参考面不动，则不动参考面可看作其 $l=0$。

4.4.2 传输矩阵

微波网络的传输参数也是归一化参数，它是用输出口的归一化反射波电压和归一化入射波电压表示输入口的归一化入射波电压和归一化反射波电压的。

1. 传输矩阵

双端口网络的 T 参数如图 4-18 所示，传输参数的网络方程为

$$\begin{cases} u_1^+ = T_{11}u_2^- + T_{12}u_2^+ \\ u_1^- = T_{21}u_2^- + T_{22}u_2^+ \end{cases} \tag{4-91}$$

写成矩阵为

$$\begin{bmatrix} u_1^+ \\ u_1^- \end{bmatrix} = [T] \begin{bmatrix} u_2^- \\ u_2^+ \end{bmatrix}$$

式中：

$$[T] = \begin{bmatrix} T_{11} & T_{12} \\ T_{21} & T_{22} \end{bmatrix} \tag{4-92}$$

称为传输矩阵。

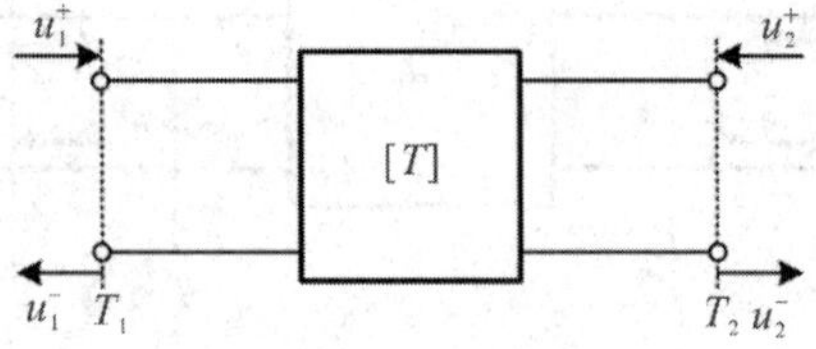

图 4-18 双端口网络的 T 参数

2. 传输参数 T_{11} 的物理意义

传输参数 T_{11} 为

$$T_{11}=\left.\frac{u_1^+}{u_2^-}\right|_{u_2^+=0}=\frac{1}{\left.\dfrac{u_2^-}{u_1^+}\right|_{u_2^+=0}}=\frac{1}{S_{21}}$$

表示端口②接匹配负载时，端口①至端口②的电压传输系数的倒数。[T]矩阵其余各参数没有具体明确的物理意义。

3. [T]与[S]的关系

[T]与[S]的关系为

$$[S]=\begin{bmatrix}S_{11} & S_{12}\\ S_{21} & S_{22}\end{bmatrix}=\frac{1}{T_{11}}\begin{bmatrix}T_{21} & \det[T]\\ 1 & -T_{12}\end{bmatrix} \tag{4-93}$$

式中：$\det[T]=T_{11}T_{12}-T_{12}T_{21}$。

且

$$[T]=\begin{bmatrix}t_{11} & t_{12}\\ t_{21} & t_{22}\end{bmatrix}=\frac{1}{S_{21}}\begin{bmatrix}1 & S_{22}\\ S_{11} & -\det[S]\end{bmatrix} \tag{4-94}$$

式中：$\det[S]=S_{11}S_{22}-S_{12}S_{21}$。

4. [T]矩阵参数的性质

(1) 互易网络：

$$\det[T]=T_{11}T_{22}-T_{12}T_{21}=1 \tag{4-95}$$

(2) 对称网络：

$$\begin{cases}\det[T]=1\\ T_{12}=-T_{21}\end{cases} \tag{4-96}$$

同转移矩阵一样，n 个网络级联的[T]矩阵等于每个网络的[T]矩阵参数的连乘，即

$$[T]=\prod_{i=1}^{n}[T_i] \tag{4-97}$$

4.5　双端口网络的特性参数

任何微波网络的固有特性都可由网络参数矩阵来描述，它是在特定的端口条件下，用端口参考面上的电压、电流(或出波、进波)之间的关系来表示的。对于确定的微波结构，其网络参数不因外界条件的变化而改变。但是在实际工作中，微波网络是与外电路连接的，要么是网络间互相连接，要么是与电源、负载等相连接。因此，在微波工程上必须详细地了解网络与外电路连接时所呈现的外部特性(工作特性)。双端口网络的工作特性通常用输入量和输出量(电压、电流或功率)的关系来表示，或者用输入口外加激励和输出口所产生的响应之间的关系来表示。因此工作特性通常不仅与网络的固有特性有关，还与激励源特性和负载特性有关。因此，了解微波网络的工作特性参数和网络参数

之间的关系是很重要的。在进行网络分析时，通常先根据微波结构的形状、尺寸及对应的等效电路计算出网络参数，然后分析其网络工作特性参数；而在进行网络综合时，先根据所需要的工作特性参数计算网络参数，然后用合适的微波结构来实现这种网络参数及工作特性参数。

双端口网络最常用的工作特性参数有插入衰减、插入相移及插入驻波比。它们一般都是频率的函数，并且在特定的端口条件下，可使它们仅与网络参数有固定的关系。

4.5.1 双端口网络的功率增益

在微波有源电路的分析与设计中，会用到功率增益，网络的某些工作特性参数也与功率增益有关。对于不同的源和负载，功率增益的定义也不同，最常用的功率增益的定义有三种类型：功率增益 G、资用功率增益 G_A 和转移功率增益 G_T，它们都可用网络的 S 参数表示。具有信号源与负载的双端口网络如图 4-19 所示。

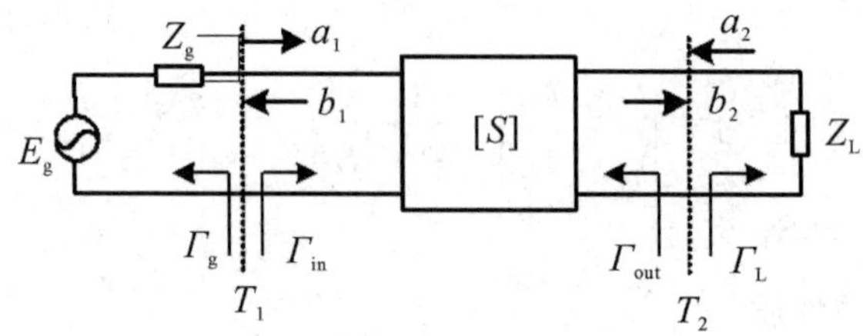

图 4-19 具有信号源与负载的双端口网络

(1) 功率增益 G 定义为负载吸收的功率 P_L 与双端口网络输入功率 P_{in} 之比，即 $G=P_L/P_{in}$，一般 G 与源内阻 Z_g 无关。

(2) 资用功率增益 G_A 定义为负载从网络得到的资用功率 P_{an} 与信号源输出的资用功率 P_a 之比，即 $G_A=P_{an}/P_a$。G_A 与源内阻 Z_g 有关，但一般与 Z_L 无关。

(3) 转移功率增益 G_T 定义为负载吸收的功率 P_L 与信号源的资用功率 P_a 之比，即 $G_T=P_L/P_a$，G_T 一般与 Z_L、Z_g 都有关系。

由图 4-19 可知，网络各端口满足如下关系：

$$b_1=S_{11}a_1+S_{12}a_2=S_{11}a_1+S_{12}\Gamma_L b_2 \tag{4-98a}$$

$$b_2=S_{21}a_1+S_{22}a_2=S_{21}a_1+S_{22}\Gamma_L b_2 \tag{4-98b}$$

$$\Gamma_{in}=\frac{z_{in}-1}{z_{in}+1}=S_{11}+\frac{S_{12}S_{21}\Gamma_L}{1-S_{22}\Gamma_L},\ \Gamma_{out}=\frac{z_{out}-1}{z_{out}+1}=S_{22}+\frac{S_{12}S_{21}\Gamma_g}{1-S_{11}\Gamma_g} \tag{4-99a}$$

$$\Gamma_g=\frac{z_g-1}{z_g+1},\ \Gamma_L=\frac{z_L-1}{z_L+1} \tag{4-99b}$$

根据 P_L 及 P_{in} 的定义：

$$P_{in}=\frac{1}{2}|a_1|^2(1-|\Gamma_{in}|^2),\ P_L=\frac{1}{2}|b_2|^2(1-|\Gamma_L|^2) \tag{4-100}$$

可知只要求出 $|a_1|^2$ 与 $|b_2|^2$ 即可求出功率增益 G。

由于

$$u=a_1+b_1=a_1(1+\Gamma_{in})=\frac{e_g}{z_g+z_{in}}z_{in}$$

将

$$z_{in}=\frac{1+\Gamma_{in}}{1-\Gamma_{in}},\ z_g=\frac{1+\Gamma_g}{1-\Gamma_g}$$

代入上式可得

$$a_1=\frac{1-\Gamma_g}{2(1-\Gamma_g\Gamma_{in})}e_g\quad(e_g\text{ 源的归一化})\tag{4-101a}$$

将式(4-98b)代入 $b_2=S_{21}a_1+S_{22}\Gamma_Lb_2$ 可得

$$b_2=\frac{S_{21}}{1-S_{22}\Gamma_L}a_1=\frac{S_{21}(1-\Gamma_g)}{2(1-S_{22}\Gamma_L)(1-\Gamma_g\Gamma_{in})}e_g\tag{4-101b}$$

将式(4-101)代入式(4-100)可得

$$P_{in}=\frac{1}{8}\frac{|1-\Gamma_g|^2(1-|\Gamma_{in}|^2)}{|1-\Gamma_g\Gamma_{in}|^2}|e_g|^2\tag{4-102a}$$

$$P_L=\frac{|e_g|^2}{8}\frac{|S_{21}|^2|1-\Gamma_g|^2(1-|\Gamma_L|^2)}{|1-S_{22}\Gamma_L|^2|1-\Gamma_g\Gamma_{in}|^2)}\tag{4-102b}$$

由此可得功率增益 G 为

$$G=\frac{P_{an}}{P_a}=\frac{|S_{21}|^2(1-|\Gamma_L|^2)}{|1-S_{22}\Gamma_L|^2(1-|\Gamma_{in}|^2)}\tag{4-103}$$

信源的资用功率 P_a 为网络的输入阻抗 z_{in} 与信源内阻 z_g 共轭匹配时的最大输出功率，此时有 $\Gamma_g=\Gamma_{in}^*$，将其代入式(4-102a)可得

$$P_a=\frac{|e_g|^2}{8}\frac{|1-\Gamma_g|^2}{1-|\Gamma_g|^2}\tag{4-104a}$$

网络输出的资用功率 P_{an} 为负载阻抗 z_L 与网络的输出阻抗 z_{out} 共轭匹配时的输出功率，此时有 $\Gamma_L=\Gamma_{out}^*$，将其代入式(4-102b)有

$$P_{an}=\frac{|e_g|^2}{8}\frac{|S_{21}|^2|1-\Gamma_g|^2(1-|\Gamma_{out}|^2)}{|1-S_{22}\Gamma_{out}^*|^2|1-\Gamma_g\Gamma_{in}|^2}$$

当 $\Gamma_L=\Gamma_{out}^*$ 时，由式(4-99)可知此时有

$$\Gamma_{in}=S_{11}+\frac{S_{12}S_{21}\Gamma_{out}^*}{1-S_{22}\Gamma_{out}^*},\ \Gamma_{out}=S_{22}+\frac{S_{12}S_{21}\Gamma_g}{1-S_{11}\Gamma_g}$$

经推导整理可得

$$|1-\Gamma_g\Gamma_{in}|^2_{\Gamma_L=\Gamma_{out}^*}=\frac{|1-\Gamma_gS_{11}|^2(1-|\Gamma_{out}|^2)^2}{|1-S_{22}\Gamma_{out}^*|^2}$$

代入 P_{an} 的表达式可得

$$P_{an}=\frac{|e_g|^2}{8}\frac{|S_{21}|^2|1-\Gamma_g|^2}{|1-\Gamma_gS_{11}|^2(1-|\Gamma_{out}|^2)}\tag{4-104b}$$

故可得资用功率增益 G_A 为

$$G_A=\frac{P_{an}}{P_a}=\frac{|S_{21}|^2(1-|\Gamma_g|^2)}{|1-S_{11}\Gamma_g|^2(1-|\Gamma_{out}|^2)}\quad (与\ Z_L\ 无关) \tag{4-105}$$

由 P_L 与 P_a 可知转移功率增益 G_T 为

$$G_T=\frac{P_L}{P_a}=\frac{|S_{21}|^2(1-|\Gamma_g|^2)(1-|\Gamma_L|^2)}{|1-S_{22}\Gamma_L|^2|1-\Gamma_g\Gamma_{in}|^2}\quad (与\ Z_L,Z_g\ 有关) \tag{4-106a}$$

输入输出端均匹配的情况下的转移功率增益称为匹配转移功率增益，用 G_{TM} 表示，此时由 $\Gamma_L=0$，$\Gamma_g=0$，可得

$$G_{TM}=|S_{21}|^2 \tag{4-106b}$$

对于 $S_{12}=0$ 的单向非互易网络，其转移功率增益称为单向功率增益，用 G_{TU} 表示，此时由 $S_{12}=0$，$\Gamma_{in}=S_{11}$ 可得

$$G_{TU}=\frac{|S_{21}|^2(1-|\Gamma_g|^2)(1-|\Gamma_L|^2)}{|1-S_{22}\Gamma_L|^2|1-S_{11}\Gamma_g|^2} \tag{4-106c}$$

由于转移功率增益与 Z_g、Z_L 均有关系，因此在实际电路中其比前两种增益更实用。

4.5.2 双端口网络的工作特性参数

对于双端口网络的衰减，是将加网络前负载的吸收功率 P_{L0} 和加网络后负载的吸收功率 P_L 之比取分贝数得到的，该衰减数值和加网络之前实际系统的失配(包括电源端失配和负载端失配)程度有关。微波元件出厂时，为使标定的衰减具有唯一性，规定加网络前的系统是一个恒等匹配系统，即电源内阻、传输线特性阻抗和负载阻抗三者相等。在恒等匹配系统中定义的网络衰减称为工作衰减，在实际系统中定义的网络衰减称为插入衰减。

1. 工作衰减

不加网络时，匹配负载的吸收功率等于电源的入射功率，即

$$P_{L0}=\frac{1}{2}|u_1^+|^2$$

加网络后，负载的吸收功率为

$$P_L=\frac{1}{2}|u_2^-|^2$$

故工作衰减为

$$L_A=10\lg\frac{P_{L0}}{P_L}=20\lg\frac{1}{|S_{21}|}=20\lg\frac{a_{11}+a_{12}+a_{21}+a_{22}}{2} \tag{4-107}$$

式(4-107)还可以表示为

$$\begin{aligned}L_A&=10\lg\left(\frac{1}{1-|S_{11}|^2}\frac{1-|S_{11}|^2}{|S_{21}|^2}\right)\\&=10\lg\frac{1}{1-|S_{11}|^2}+10\lg\frac{1-|S_{11}|^2}{|S_{21}|^2}\end{aligned} \tag{4-108}$$

式中：等号右边第一项表示网络的反射衰减，第二项表示网络的耗散衰减。对于无耗网络，工作衰减只有反射衰减，即

$$L_A = 10\lg \frac{1}{1-|S_{11}|^2} = 20\lg \frac{(S+1)}{2\sqrt{S}} \tag{4-109}$$

2. 插入衰减

计算实际系统的插入衰减比较复杂。为简便计，设始端接匹配源，终端接匹配负载，但两端传输线的特性阻抗不等，如图 4-20 所示。

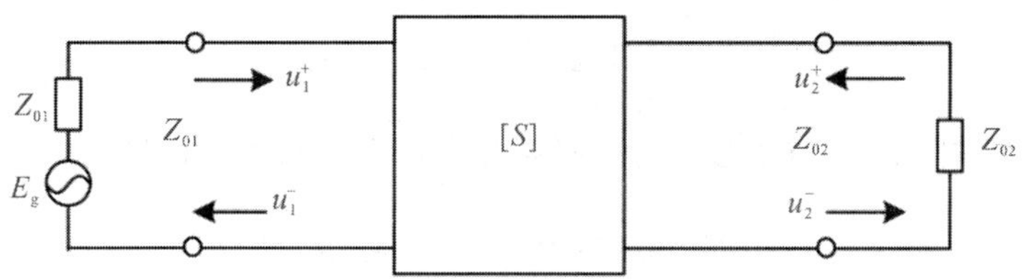

图 4-20　计算网络衰减示意图

加网络前，Z_{01}与Z_{02}的交接口出现反射，且

$$\Gamma_{10} = \frac{Z_{02}-Z_{01}}{Z_{02}+Z_{01}} \tag{4-110}$$

匹配负载的吸收功率等于入射功率减去反射功率，故

$$P_{L0} = \frac{1}{2}|u_1^+|^2(1-|\Gamma_{10}|)^2 = \frac{1}{2}|u_1^+|^2\ \frac{4Z_{01}Z_{02}}{(Z_{01}+Z_{02})^2} \tag{4-111}$$

加网络后，负载的吸收功率为

$$P_L = \frac{1}{2}|u_2^-|^2 \tag{4-112}$$

由此得插入衰减为

$$L_I = 10\lg \frac{1}{|S_{21}|^2} + 10\lg \frac{4Z_{01}Z_{02}}{(Z_{01}+Z_{02})^2} \tag{4-113}$$

当$Z_{01}=Z_{02}$时，$L_I=L_A$，故工作衰减是插入衰减的一个特例。在分析和设计微波元件时，一般都用工作衰减。

3. 插入相移

插入相移是移相器的主要工作特性参数。其意义是当双端口网络输出口接匹配负载时，输出口的传输波(反射波)对输入口入射波的相移，因此，它就是散射参数S_{21}的辐角，即

$$\theta = \arg S_{21} = \arg \frac{2}{a_{11}+a_{12}+a_{21}+a_{22}} \tag{4-114}$$

式中：符号“arg”表示取该复数的辐角部分。

例 4-9　求一段均匀无耗传输线的插入相移。

解　已知长为l、相位系数为β的均匀无耗线的$[a]$为

$$[a] = \begin{bmatrix} a_{11} & a_{12} \\ a_{21} & a_{22} \end{bmatrix} = \begin{bmatrix} \cos\beta l & \mathrm{j}\sin\beta l \\ \mathrm{j}\sin\beta l & \cos\beta l \end{bmatrix}$$

故

$$\theta = \arg\frac{2}{a_{11}+a_{12}+a_{21}+a_{22}} = \arg\frac{1}{\cos\beta l+\mathrm{j}\sin\beta l}$$
$$=\arg(\mathrm{e}^{-\mathrm{j}\beta l}) = -\beta l$$

4. 输入驻波比

输入驻波比是当双端口网络输出口接匹配负载时，由网络对输入口的反射产生的，且

$$S=\frac{1+|S_{11}|}{1-|S_{11}|} \tag{4-115}$$

例 4-10 求图 4-21 所示微波等效电路的工作衰减和插入相移。

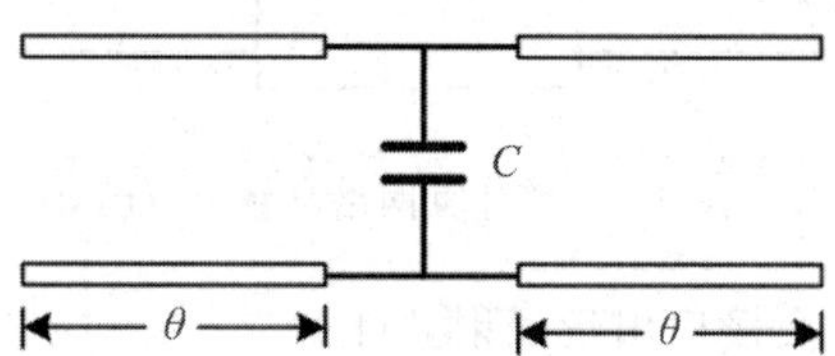

图 4-21 微波等效电路

解 由题意可知

$$[a]_{总}=\begin{bmatrix}\cos\beta l & \mathrm{j}\sin\beta l\\ \mathrm{j}\sin\beta l & \cos\beta l\end{bmatrix}\begin{bmatrix}1 & 0\\ \mathrm{j}\omega c & 1\end{bmatrix}\begin{bmatrix}\cos\beta l & \mathrm{j}\sin\beta l\\ \mathrm{j}\sin\beta l & \cos\beta l\end{bmatrix}$$
$$=\begin{bmatrix}2\cos^2\theta-1-\omega c\cos\theta\sin\theta & 2\mathrm{j}\sin\theta\cos\theta-\mathrm{j}\omega c\sin^2\theta\\ 2\mathrm{j}\sin\theta\cos\theta+\mathrm{j}\omega c\cos^2\theta & 2\cos^2\theta-1-\omega c\cos\theta\sin\theta\end{bmatrix}$$
$$=\begin{bmatrix}a_{11} & a_{12}\\ a_{21} & a_{22}\end{bmatrix}$$

故

$$S_{21}=\frac{2}{a_{11}+a_{12}+a_{21}+a_{22}}=\frac{2}{(\cos2\theta+\mathrm{j}\sin2\theta)(2+\mathrm{j}\omega c)}$$
$$|S_{21}|=\frac{2}{\sqrt{\cos^2 2\theta+\sin^2 2\theta}\sqrt{4+\omega^2c^2}}$$

则

$$L_{\mathrm{A}}=10\lg\frac{1}{|S_{21}|^2}=10\lg\left(\frac{4+\omega^2c^2}{4}\right)$$
$$\theta=\arg\left(\frac{1}{S_{21}}\right)=\arg\left[\frac{(2\cos2\theta-\omega c\sin2\theta)+\mathrm{j}(\omega c\cos2\theta+2\sin2\theta)}{2}\right]$$
$$=\tan^{-1}\left(\frac{2\sin2\theta+\omega c\cos2\theta}{2\cos2\theta-\omega c\sin2\theta}\right)$$

可见，网络的外部特性(工作特性)参数与网络的散射参数紧密相关。因此，只要能确定出网络的散射参数，即可通过公式计算出网络的工作特性参数。而网络散射参数与网络的其他参数也有互换关系。表 4-2 列举出了双端口网络矩阵参数的换算关系，以供查用。

表 4-2　双端口网络矩阵参数的换算关系

	以 z 参数表示	以 y 参数表示	以 a 参数表示	以 S 参数表示
$[z]$	$\begin{bmatrix} z_{11} & z_{12} \\ z_{21} & z_{22} \end{bmatrix}$	$\frac{1}{\lvert y \rvert}=\begin{bmatrix} y_{22} & -y_{21} \\ -y_{12} & y_{11} \end{bmatrix}$	$\frac{1}{a_{21}}\begin{bmatrix} a_{11} & \det[a] \\ 1 & a_{22} \end{bmatrix}$	$z_{11}=\frac{1-\lvert S\rvert+S_{11}-S_{22}}{\lvert S\rvert+1-S_{11}-S_{22}}$ $z_{12}=\frac{2S_{12}}{\lvert S\rvert+1-S_{11}-S_{22}}$ $z_{21}=\frac{2S_{21}}{\lvert S\rvert+1-S_{11}-S_{22}}$ $z_{22}=\frac{1-\lvert S\rvert-S_{11}+S_{22}}{\lvert S\rvert+1-S_{11}-S_{22}}$
$[y]$	$\frac{1}{\det[z]}\begin{bmatrix} z_{22} & -z_{21} \\ -z_{12} & z_{11} \end{bmatrix}$	$\begin{bmatrix} y_{11} & y_{12} \\ y_{21} & y_{22} \end{bmatrix}$	$\frac{1}{a_{12}}\begin{bmatrix} a_{22} & -\det[a] \\ -1 & a_{11} \end{bmatrix}$	$y_{11}=\frac{1-\lvert S\rvert-S_{11}+S_{22}}{\lvert S\rvert+1+S_{11}+S_{22}}$ $y_{12}=\frac{-2S_{12}}{\lvert S\rvert+1+S_{11}+S_{22}}$ $y_{21}=\frac{-2S_{21}}{\lvert S\rvert+1+S_{11}+S_{22}}$ $y_{22}=\frac{1-\lvert S\rvert+S_{11}-S_{22}}{\lvert S\rvert+1+S_{11}+S_{22}}$
$[a]$	$\frac{1}{z_{21}}\begin{bmatrix} z_{11} & \det[z] \\ 1 & z_{22} \end{bmatrix}$	$-\frac{1}{y_{21}}\begin{bmatrix} y_{22} & 1 \\ \det[y] & y_{11} \end{bmatrix}$	$\begin{bmatrix} a_{11} & a_{12} \\ a_{21} & a_{22} \end{bmatrix}$	$a_{11}=\frac{1}{S_{21}}(1-\det[S]+S_{11}-S_{22})$ $a_{12}=\frac{1}{S_{21}}(1+\det[S]+S_{11}+S_{22})$ $a_{21}=\frac{1}{S_{21}}(1+\det[S]-S_{11}-S_{22})$ $a_{22}=\frac{1}{S_{21}}(1-\det[S]-S_{11}+S_{22})$
$[S]$	$S_{11}=\frac{\lvert z\rvert-1+z_{11}-z_{22}}{\lvert z\rvert+1+z_{11}+z_{22}}$ $S_{12}=\frac{2z_{12}}{\lvert z\rvert+1+z_{11}+z_{22}}$ $S_{12}=\frac{2z_{21}}{\lvert z\rvert+1+z_{11}+z_{22}}$ $S_{22}=\frac{\lvert z\rvert-1-z_{11}+z_{22}}{\lvert z\rvert+1+z_{11}+z_{22}}$	$S_{11}=\frac{1-\lvert y\rvert-y_{11}+y_{22}}{\lvert y\rvert+1+y_{11}+y_{22}}$ $S_{12}=\frac{-2y_{12}}{\lvert y\rvert+1+y_{11}+y_{22}}$ $S_{21}=\frac{-2y_{21}}{\lvert y\rvert+1+y_{11}+y_{22}}$ $S_{22}=\frac{1-\lvert y\rvert+y_{11}-y_{22}}{\lvert y\rvert+1+y_{11}+y_{22}}$	$S_{11}=\frac{a_{11}+a_{12}-a_{21}-a_{22}}{a_{11}+a_{12}+a_{21}+a_{22}}$ $S_{12}=\frac{2\det[a]}{a_{11}+a_{12}+a_{21}+a_{22}}$ $S_{21}=\frac{2}{a_{11}+a_{12}+a_{21}+a_{22}}$ $S_{22}=\frac{-a_{11}+a_{12}-a_{21}+a_{22}}{a_{11}+a_{12}+a_{21}+a_{22}}$	$\begin{bmatrix} S_{11} & S_{12} \\ S_{21} & S_{22} \end{bmatrix}$

4.6　微波网络仿真商业软件简介

微波技术广泛应用在雷达、通信、电子对抗、电磁兼容、医疗电子系统、微波遥感系统等领域。早期的求解麦克斯韦方程组的方法只能解决少数简单微波工程的分析和设计问题，对于复杂的现代微波技术问题，采用近似分析和实验验证难以得到满意的结果。随着计算机技术的发展，人们开始采用数值计算方法解决复杂边界问题。HFSS、CST、FEKO

已成为微波工程师进行天线、微波电路、电磁兼容等设计的最基本、最有力的工具。下面分别对这三种软件进行简单介绍。

1. HFSS 软件简介

HFSS(High FrequencyStructrue Simulator)是由 Ansoft HFSS 公司推出的三维电磁仿真软件，是世界上第一个商业化的三维结构电磁场仿真软件，也是业界公认的进行三维电磁场设计和分析的工业标准。HFSS 软件具有直观的用户界面、强大的绘图功能、丰富的材料库、精确的场解器、强大的后处理器，操作简单，并且能够计算出任意形状三维无源结构的参数和电磁性能。HFSS 软件拥有强大的天线设计功能，它可以计算天线参量，如增益、方向性、远场方向图剖面、远场 3D 图和 3 dB 带宽；具有绘制计划特性，包括球形场分量、圆极化场分量、Ludwig 第三定义场分量和轴比；还拥有三种频率扫描技术，即宽带快速扫描、超宽带插值扫频和离散扫频。

HFSS 采用自适应网格剖分、ALPS 快速扫描、切向元等专利技术，集成了工业标准的建模系统，提供了功能强大、使用灵活的语言，直观的后处理器及独有的场计算器可计算分析显示各种复杂的电磁场，并且 Optimetrics 可对任意的参数进行优化和扫描分析。HFSS 采用的理论基础是有限元方法(FEM)，这是一种微分方程法，其解是频域的。所以，HFSS 如果想获得时域的解，必须将频域转换到时域。由于 HFSS 采用微分方法，因此它对复杂结构型的计算具有一定的优势。

HFSS 仿真软件的所有问题都可以分为两大类，即 Driven Solution 和 Eigenmode Solution。前者用于一般的需要激励源或有辐射产生的问题，适用于几乎所有除谐振腔以外的问题；后者为本征问题求解，主要用于分析谐振腔的谐振问题，不需要激励源，也不需要定义端口，更不会产生辐射。HFSS 软件的主要应用有：

(1) 可以解决基本电磁数值解，开边界问题、近远场辐射问题；

(2) 可以计算端口特征阻抗和传输常数；

(3) 可以计算 S 参数及电磁场、辐射场、天线方向图等结果；

(4) 可以计算结构的本征模或谐振解。

另外，由 HFSS 和 Ansoft Designer 构成的 Ansoft 高频解决方案，是目前唯一以物理原型为基础的高频设计解决方案，提供了从系统到电路直至部件级的快速而精确的设计手段，覆盖了高频设计的所有环节；除此之外，HFSS 软件还可以设计最优化解决方案，它支持强大的具有记录和重放功能的宏语言。这使得用户可将其设计过程自动化，并进行包括参数化分析、优化分析、设计研究等一些先进仿真分析。

总之，HFSS 仿真软件以其强大的设计仿真分析功能，在设计手机、通信系统、宽带器件、集成电路(ICS)、印刷电路板、航空航天产品等高频微波的方方面面都迅速赢得了设计人员的广泛认可，并且也迅速获得了广泛的应用。其主要应用于有线和无线通信、卫星、雷达、半导体和微波集成电路、计算机、航空航天等领域，以帮助设计人员设计出客户需要的世界一流产品。

2. CST 软件简介

CST(Computer Simulation Technology)软件是全球最大纯电磁场仿真软件公司 CST 出品的三维全波电磁场仿真软件。其软件产品 CST 是专门面向 3D 电磁场设计者的一款有效的、精确的三维全波电磁场仿真工具，覆盖了静场、简谐场、瞬态场、微波毫米波、光波直至高能带电粒子的全波电磁场频段的时域、频域全波仿真软件，在当今有着广泛的应用。

CST Microwave Studio(CST 微波工作室，CST MWS)是 CST 公司出品的 CST 工作室套装软件之一，是 CST 软件的旗舰产品。CST MWS 采用的理论基础是 FIT(有限积分技术)，与 FDTD(时域有限差分法)类似，它是直接从 Maxwell 方程组导出解。因此，CST MWS 可以计算时域解(对于诸如滤波器、耦合器等主要关心带内参数的问题设计就非常合适)，而且广泛应用于通用高频无源器件仿真，可以进行雷击 Lightning、强电磁脉冲 EMP、静电放电 ESD、EMC/EMI、信号完整性、电源完整性 SI/PI、TDR 和各类天线/RCS 仿真。通过与其他工作室相结合，如导入 CST 印制板工作室和 CST 电缆工作室空间三维频域幅相电流分布，可以完成系统级电磁兼容仿真；与 CST 设计工作室实现 CST 特有的纯瞬态场路同步协同仿真。CST Microwave Studio 集成有七个时域和频域全波算法，即时域有限积分、频域有限积分、频域有限元、模式降阶、矩量法、多层快速极子、本征模，支持 TL 和 MOR SPICE 提取，支持二维和三维格式的导入，支持 PBA 六面体网格、四面体网格和表面三角网格，内嵌 EMC 国际标准，SAR 计算结果被 FCC 认可。

CST 软件的主要特点有：

(1) 算法集成最多，具有最完备的电磁场解决方案。

CST 软件中集成的各类算法最多，包括时域有限积分 FITD/FIFD(在传统的 FDTD 的基础上加上了 CST 的特有技术理想边界拟合 PBA，即 FITD)、频域有限元 FEM、矩量法 MoM、多层快速多极子 MLFMM、传输线矩阵 TLM、BEM、PEEC 等。不同的算法可满足不同的应用需求。

(2) 全球最大的三维、全波、时域电磁场分析软件。

CST MWS 采用业界最先进的电磁场全波时域仿真算法——有限积分法，对麦克斯韦积分方程进行离散化并迭代求解，可对通信、电源、电气和电子设备等系统复杂的电磁场耦合、辐射特性、EMC/EMI 进行精确仿真。从数学上可以证明，在众多的电磁场数值算法中，唯有有限积分法拥有且仅拥有解析麦克斯韦方程组所拥有的全部结论。

(3) 操作界面简单直观，且拥有强大的高性能能力和支持各类平台。

CST MWS 软件拥有业界最佳的用户操作界面。整个软件界面整合了建模器、求解器、优化器、参数扫描器，大量功能全部整合在一个界面下，不用切换切面，建模、求解、后处理等操作流程均符合国际先进的人机工程学理念，非常人性化，可在整个仿真工程中始终如一地保持极高的工作效率。

CST MWS 软件是用 VB 语言编写的，完全兼容 Windows 操作系统和 Windows 类软件，计算数据可在 CST 软件、Word、Excel、PowerPoint 等软件中相互调用；CST MWS 软件支持 Linix 操作系统，支持机群进行分布式计算。

(4) 具有最方便的建模工具和丰富的建模仿真软件接口。

CST MWS 软件拥有集成的、自带的以 ACIS 为内核的建模器，是业界公认的最佳电磁场建模器，它包含 2D 建模和 3D 建模两部分，可以轻松构建任意复杂的结构。此外，CST MWS 软件还具有丰富的接口导入导出功能，包括各类 CAD 接口和其他的 EDA、CAE、电磁场软件接口，它们之间可以实现互联互导，保证各软件的协作分析计算能力。

(5) CST MWS 软件还自带了丰富的材料库，具有强大的后处理功能，可处理任意高频电磁场问题等。

3. FEKO 软件简介

FEKO(FEldberechnung bei Korpern mit beliebiger Oberflache，任意形状物体的电磁场计算)是美国 ANSYS 公司提供的全波电磁场分析软件包，主要用于三维任意结构的设计。其应用十分广泛，包括天线设计、天线布局微带天线、微带电路电磁兼容、生物电磁、电磁散射 RCS 分析等，对各种电磁辐射、EMC、散射等问题的分析具有重要作用。

FEKO 的核心算法是矩量法。对于金属导体，首先计算导体表面的面电流分布；对于介质体，首先计算介质体表面的等效面电流和等效面磁流。有了面电流之后，就可以计算近场、远场、RSC、方向图或者天线的输入阻抗。

FEKO 软件包括三个界面操作子软件：CADFEKO、EDITFEKO、POSTFEKO。

几何模型创建、网格的划分以及进行求解的设置在 CADFEKO 子软件界面上可以完成。在 CADFEKO 中设置完毕保存后生成 *.cfx 文件(保存本地模型文件，包括几何模型、网格、求解设置、优化设置等)、*.cfs 文件(保存 CADFEKO 对话窗口)、*.cfm 文件(保存网格文件)和 *.pre 文件(PREFEKODE 输入文件)。

EDITFEKO 与 CADFEKO 功能一一对应，在 EDITFEKO 中使用命令可以完成 CADFEKO 的所有操作，最后产生一个 *.pre 文件。

执行 PREFEKO 后，又会生成 *.fek 文件(保存模型信息)。执行 RUNFEKO 后，会生成 *.bof 文件(保存用于后处理的二进制数据)和 *.out 文件(保存 ASCII 形成的结果文件)。

POSTFEKO 是 FEKO 的后处理显示模块，模型、网络、近远场结果、电流等都可以显示在界面上。

FEKO 的主要应用如下：

(1) 天线设计：线天线、螺旋天线等。

(2) 天线布局：天线在实际情况下几乎是装在一个结构上的，这对天线的“自由空间”辐射特性有影响。

(3) EMC/EMI 分析：仿真传输线和电缆、天线以及天线罩屏蔽效能等。

(4) 平面多层结构：微带天线和电路。

(5) 介质体：如手机的特性吸收率。

(6) 雷达散射界面(RCS)分析：FEKO 的混合高频算法对地面目标、大型目标等的目标识别有很好的分析结果。

EDITFEKO 中的卡片驱动命令等组成了一个 Script 脚本文件，使用起来比较简单方便。在 Script 脚本中，可以使用 for 循环、if 分支语句、数学函数等，也有建模命令和网络划分命令，通过 fileread 可以读取外部的数据，为二次开发提供了对外的接口。

综上所述，对于求解电大尺寸模型，FEKO 软件特别适合。利用 FEKO 软件可以参数化、自动化地控制天线的电性能分析流程，以进行天线辐射特性的评估分析。

习　题

4-1　求一段传输线($\theta=\beta l$，$z_c=1$)的[S]、[a]、[z]、[y]。

4-2　求理想变压器(1∶n)的[a]、[S]。

4-3　如图所示，$V_0=10$，$Z_{c1}=Z_{c2}=1$，$\theta_1=\frac{3}{4}\pi$，$\theta_2=\frac{1}{4}\pi$，$b=\mathrm{j}10$，$Z_L=1$。

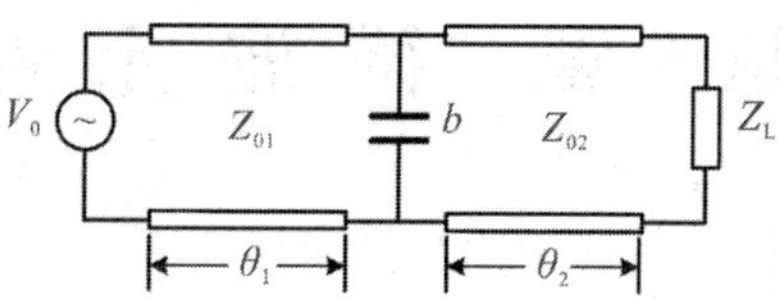

题 4-3 图

求：① 输入端的输入阻抗 Z_{in}；

② 网络的工作衰减 L_A；

③ 网络的插入相移 θ；

④ 网络的插入驻波比 ρ。

4-4　填空题。

(1) 利用网络参数矩阵描述和研究微波结构的理论包括__________和__________。

(2) 对微波结构电特性有三种描述方法，即__________、__________和__________。

(3) 为唯一地确定等效电压和电流，在选定模式特性阻抗条件下各模式横向分布函数还应满足的两个条件是__________和__________。

(4) 假如网络是互易网络(不含任何非互易介质，如铁氧体或等离子体或有源器件)，则阻抗和导纳矩阵是__________，因而有__________。假如网络是无耗的，则所有 Z_{ij} 或 Y_{ij} 元素都是__________。

(5) 对于互易网络，A 矩阵具有的特性是__________；对于对称网络，A 矩阵具有的特性是__________；级联双端口网络总的 A 矩阵等于__________。

第5章 微波元件

微波元件可以看作一段微波传输线，也可以看作对微波进行变换的装置。微波系统是由微波传输线和各种各样的微波元件联接组成的。微波元件是微波系统中的重要组成部分。

微波元件分为有源和无源两大类，本章主要介绍无源元件。按传输线型式元件又可分为波导元件、同轴线元件、微带元件等。大功率雷达中多用波导元件。

本章介绍阻抗匹配与变换元件、定向耦合元件、微波谐振器、衰减器和移相器、微波滤波器和微波铁氧体元件、天线收发开关和微波集成器件等。

5.1 阻抗匹配与变换元件

阻抗匹配与变换元件

阻抗匹配是为了有效地传输电磁能。波导和同轴线的结构不同，传输的波形不同，因此，两者的阻抗匹配装置也不同。连接元件和终端元件是微波传输线的重要组成部分，在工程中具有独特的结构和应用。

5.1.1 阻抗匹配元件

1. 波导的阻抗匹配元件

1) 电容膜片

电容膜片是装在波导宽壁上的金属片，它的高度小于波导窄边尺寸 b，如图 5-1(a)所示。这种电容膜片使波导两宽边之间的电场增强，相当于在等效的传输线上并接一个电容，它的等效电路如图 5-1(b)所示。由于电容膜片的加入减小了波导两宽边之间的距离，对大功率的传输有较大影响，因此，电容膜片不如电感膜片应用广泛。

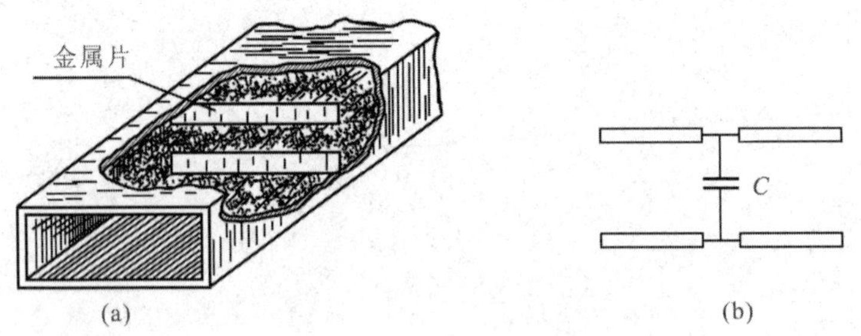

图 5-1 用电容膜片匹配

2) 电感膜片

装在波导窄边上的金属片称为电感膜片，它的横向尺寸小于波导宽边尺寸 a，如图

5-2(a)所示。这种电感膜片相当于在等效传输线上并接了小于$\frac{\lambda}{4}$的短路线。所以，这种膜片可以等效成一个电感，它的等效电路如图 5-2(b)所示。

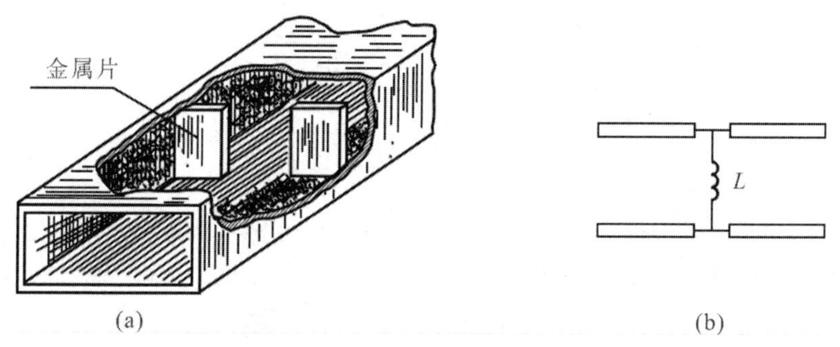

图 5-2　用电感膜片匹配

3）调抗螺钉

调抗螺钉一般用作匹配元件，也可以放在谐振腔内作调谐用。图 5-3(a)所示为双螺钉匹配器的结构示意图。螺钉通常放在波导宽壁的中心线上，两螺钉的间距为$\frac{\lambda_g}{4}$，这样对于矩形波导中的 TE_{10} 型波来说，螺钉所在处的电场强度最强，调整螺钉的深度，对电场有显著的影响，可达到调抗的目的，使之获得匹配，如图 5-3(b)所示。由于螺钉的顶端和波导的另一宽壁之间构成了一个电容，而螺钉本身具有一定的分布电感，因此，螺钉可等效成电感电容串联电路，如图 5-3(c)所示。

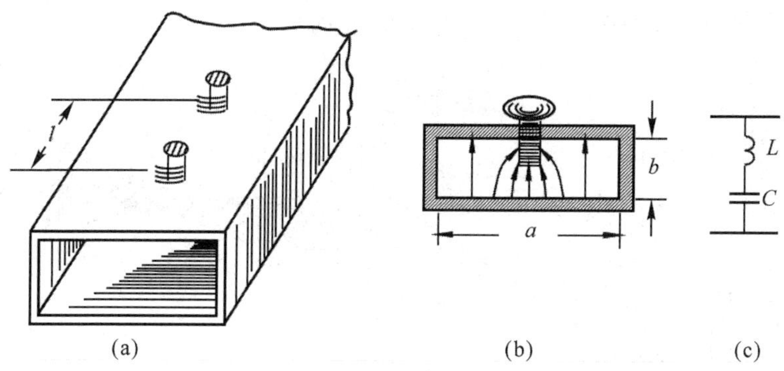

图 5-3　调抗螺钉匹配器结构示意图

4）渐变波导及阶梯形波导匹配

两段矩形波导，假定宽边尺寸相同，窄边尺寸不同，把它们连接起来，对传输电磁波就会有影响。其主要表现是在连接处波导具有不连续性，会产生反射波。当矩形波导传输最低模式的 TE_{10} 型波时，其波导的特性阻抗为

$$(Z_{WC})_{TE_{10}}=\sqrt{\frac{\mu}{\varepsilon}}\frac{1}{\sqrt{1-\left(\frac{\lambda}{2a}\right)^2}}$$

从上式可以看出，矩形波导的特性阻抗好像与波导的窄边尺寸 b 无关。但实际上，当两段矩形波导的窄边尺寸 b 不同时，连接在一起对 TE_{10} 型波传输的影响要从波导的等效特性阻抗去分析。可以采用所谓的空间均方根值方法，来求得波导的等效特性阻抗，它的表达式为

$$(Z_{WC})_{等效}=\frac{b}{a}\frac{\sqrt{\frac{\mu}{\varepsilon}}}{\sqrt{1-\left(\frac{\lambda}{2a}\right)^2}} \tag{5-1}$$

由式(5-1)可见，两段波导的窄边尺寸 b 不同，等效特性阻抗不同，波在连接处传输就会产生反射。所谓波导的等效特性阻抗，其物理意义可理解为将波导等效为平行双线，当尺寸 b 增大时，平行双线之间的距离增大，分布电容减少，分布电感增大，特性阻抗 $Z_0=\sqrt{\frac{L_0}{C_0}}$ 增大；反之，则减小。因此，当两段矩形波导的窄边尺寸 b 相差较大时，可以根据前面介绍的$\frac{\lambda}{4}$阻抗变换的原理，中间加一段矩形波导，使波导的等效阻抗趋近一致，减小反射，从而达到等效特性阻抗匹配的目的。阶梯波导与渐变波导就是根据这样的原理制成的。

(1) 阶梯波导。

图 5-4(a)所示的阶梯波导是将 72 mm×10 mm 与 72 mm×34 mm 的两个口径不同的矩形波导，通过长度为$\frac{\lambda_g}{4}$、口径尺寸为 72 mm×18.5 mm 的一段矩形波导连接构成的，为使两个口径不同的波导匹配，应用了$\frac{\lambda}{4}$阻抗变换器。

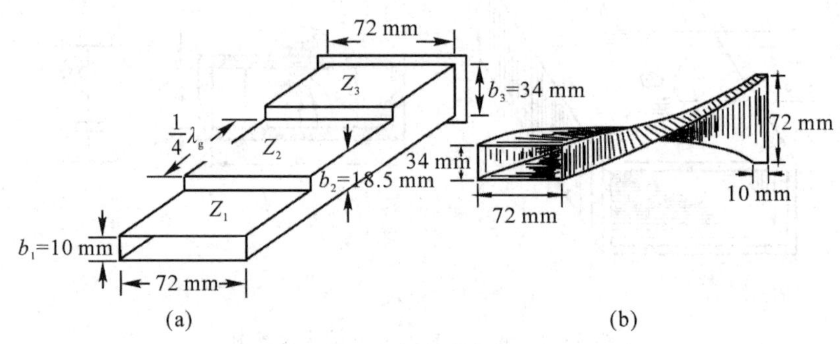

图 5-4　阶梯波导与渐变波导匹配示意图

具体而言，三段矩形波导的宽边尺寸 a 相同，窄边尺寸 b 不相同，取窄边为 b_2 的波导长度为$\frac{\lambda_g}{4}$，根据$\frac{\lambda}{4}$阻抗变换公式：

$$(Z_{WC2})_{等效}=\sqrt{(Z_{WC1})_{等效}\cdot(Z_{WC3})_{等效}} \tag{5-2}$$

将 $b_1=10$ mm，$b_3=34$ mm 代入$(Z_{WC1})_{等效}$、$(Z_{WC3\,等效})$中，可得 $b_2=18.5$ mm。这样三段波导连接了起来，可以实现较为满意的匹配。

(2) 渐变波导。

如图 5－4(b)所示，在 72 mm×34 mm 与 72 mm×10 mm 两波导之间接一段平滑过渡的波导，即可获得渐变匹配。这种匹配装置的频带宽，效果好，但波导制造工艺复杂。

2. 双垫圈介质匹配器

介质垫圈不但可用作同轴线内外导体之间的支撑物，也可用作介质匹配器，在工程中用到的双垫圈介质匹配器就是用来进行阻抗匹配的。图 5－5 所示为同轴线中的双垫圈匹配器结构示意图。图中，同轴线的特性阻抗为 Z_C，负载阻抗为 Z_L，$Z_L \neq Z_C$，即负载阻抗不匹配，产生反射后，同轴线中呈现复合波工作状态。在同轴线中加上两个介质垫圈，每个介质垫圈的长度为$\dfrac{\lambda}{4\sqrt{\varepsilon_r}}$，介质的相对介电常数 ε_r 是已知的，介质垫圈所在的同轴线的特性阻抗为 Z_C，也是已知的。这样两个介质圈就能使负载阻抗 Z_L 达到匹配。为了叙述方便，把图 5－5 画成等效电路，如图 5－6 所示。这里所说的匹配，是指从等效电路节点 11′往 Z_L 方向看去的输入阻抗等于同轴线的特性阻抗 Z_C，使 11′两节点左边的同轴线工作于行波状态。

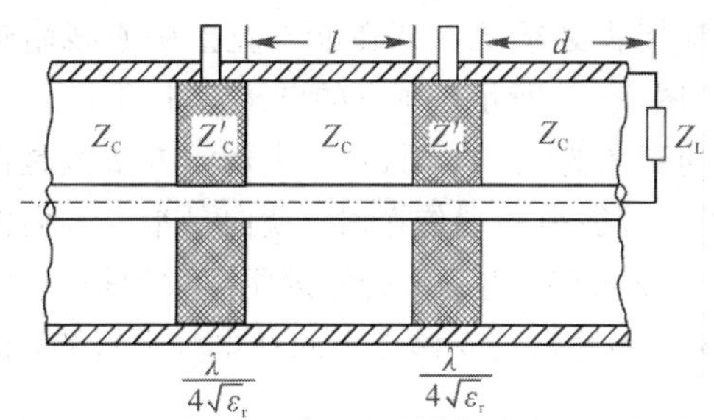

图 5－5　同轴线中的双垫圈匹配器结构示意图

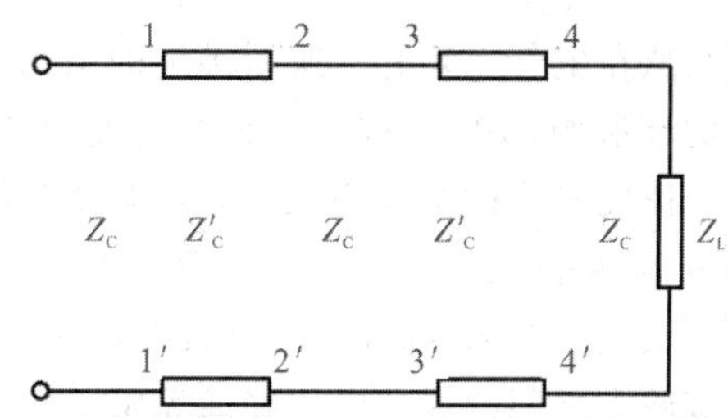

图 5－6　等效电路

根据已有的知识，很容易写出节点 11′处输入阻抗的表达式，方法是从后往前推。

节点 44′处的输入阻抗为

$$Z_{in4}=Z_C\frac{Z_L+jZ_C\tan(\beta d)}{Z_C+jZ_L\tan(\beta d)}$$

节点 33′处的输入阻抗可根据$\dfrac{\lambda}{4}$阻抗变换公式得到

$$Z_{in3}=\frac{Z'^2_C}{Z_{in4}}$$

节点 22′处的输入阻抗为

$$Z_{in2}=Z_C\frac{Z_{in3}+jZ_C\tan(\beta l)}{Z_C+jZ_{in3}\tan(\beta l)}$$

节点 11′处的输入阻抗根据$\dfrac{\lambda}{4}$阻抗变换公式可得

$$Z_{in1}=\frac{Z'^2_C}{Z_{in2}}$$

将 Z_{in4}、Z_{in3}、Z_{in2} 分别代入，就可得 Z_{in1} 的表达式了，然后令

$$Z_{in1}=Z_C \tag{5-3}$$

即可达到阻抗匹配的目的。

5.1.2 连接元件和终端元件

1. 波导的连接元件

由于过长的波导在制造和运输上都不方便，故将它们分为若干段制造，在使用时用螺钉再把各段按照一定的顺序连接起来，但连接元件必须在电气上接触良好，扼制接头(或叫抗流连接)是最理想的连接元件。另外，当微波传输系统的波导或同轴线与天线连接时，由于天线需作 360°的旋转扫描，就必须考虑旋转的天线与固定的波导在电气上要有良好的接触，旋转关节和回转关节就是在这些地方使用的连接元件。

1) 扼制接头

矩形波导在传输 TE_{10} 型波时，在波导窄壁上无纵向电流，因此连接处对窄壁的接触要求不高。但在宽壁上有纵向电流，特别是在波导宽壁的中心线附近有很强的纵向电流。所以，矩形波导对宽壁的接触要求很高。由于稍有间隙就会形成辐射缝隙，引起反射并漏出功率，在传输大功率时极易发生打火。因此，扼制接头必须要保证在波导宽壁中心线附近的间隙在电气上短路。扼制接头的结构及原理如图 5-7 所示，在它的圆形盘上开有 $\lambda_g/4$ 深的环形槽，用 ceg 表示，该槽与波导宽边内壁的距离为 $\lambda_g/4$，用 $abcd$ 表示。$abcd$ 段是由两个彼此平行的圆盘组成的，当电磁波从波导的一端往另一端传送时，就向呈半径方向的 $abcd$ 段传播；然后向 $cegf$ 段环形深槽传播，到 fg 端短路。电磁波传播的距离大约是 $\lambda_g/2$，由于长度为 $\lambda_g/2$ 的终端短路线在输入端呈现短路，因此，a、b 两点之间在电气上短路，流经该两点之间的纵向电流畅通无阻。

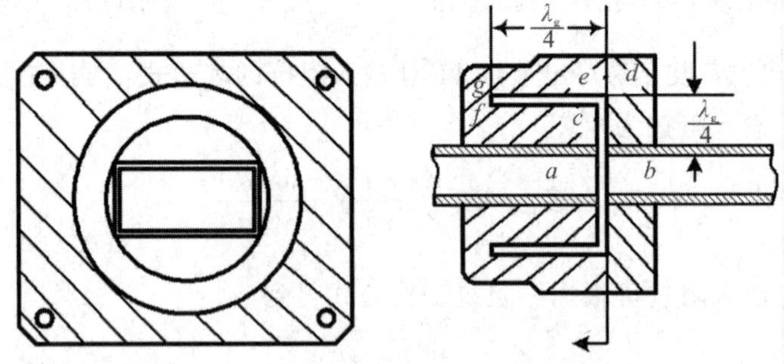

图 5-7 扼制接头的结构及原理图

所谓抗流元件或扼流元件均是应用了前面所讲的 $\lambda_g/2$ 传输线的阻抗重复性或 $\lambda_g/4$ 传输线的阻抗变换性，只不过这里的传输线不一定是通常所见的传输线。

2) 旋转关节和回转关节

(1) 用途。

旋转关节和回转关节都用来将高频能量由不转动的波导(或同轴线)送到转动的波导(或同轴线)，它们在结构和原理上完全相同。

(2) 同轴线型旋转关节。

同轴线型旋转关节的结构如图 5－8 所示。它的下端是内外导体构成的固定不动的同轴线部分，该部分的一端与发射机相接，另一端的内导体做得较细，长度为$\frac{\lambda}{4}$，它的外导体的半径较大，并且还做了长度为$\frac{\lambda}{4}$的圆槽，即$\frac{\lambda}{4}$扼流槽；上半部分是可转动的 T 型同轴线，该部分的一端接有短路的匹配活塞，另一端接天线，再有一端，其内导体纵向刻有略长于$\frac{\lambda}{4}$的圆柱槽，也是一个$\frac{\lambda}{4}$扼流槽，外导体的外半径做得较小。这样，把转动部分套在固定部分上，两段内导体在机械上没有直接连接，两段外导体的内壁并没有直接接触。但从图中清晰可见，内导体由“1”点处向“2”点处看，是一段长度为$\frac{\lambda}{4}$的开路同轴线，所以在“1”处的输入阻抗 Z_{in} 为零；外导体从“3”点处往“4”点处看，再由“4”点处往“7”点处看，是一段长度为$\frac{\lambda}{2}$的短路同轴线，所以在“3”点处的输入阻抗 Z_{in} 亦为零，电气上相当于短路。因此内外导体在“1”“3”点处电气上是接触良好的，尽管机械上没有直接接触，这样不会因转动部分旋转起来在电气上产生接触不良的效果。

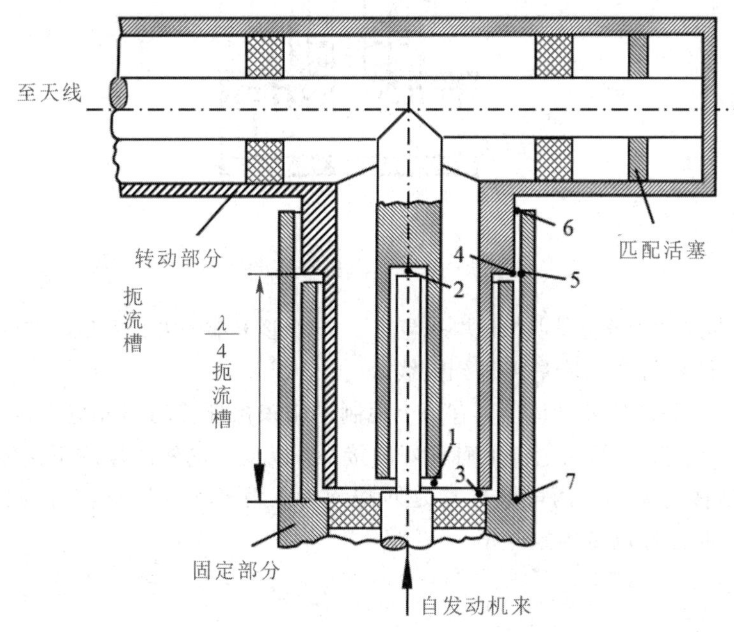

图 5－8　同轴线型旋转关节结构示意图

(3) 同轴线-波导型旋转关节的结构及工作原理。

同轴线-波导型旋转关节的原理结构如图 5－9 所示。它由固定波导(输入波导)、转动波导(输出波导)、同轴线连接装置和梨形末端等元件组成。同轴线转接装置的外导体分成两段，一段与输入波导连在一起，不能转动；另一段与输出波导连接，可以转动。同轴线内导体的一端放在固定波导的轴承内。

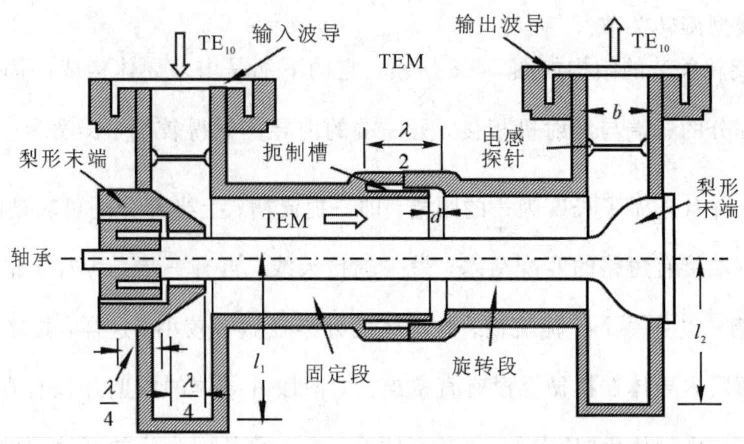

图 5-9　同轴线-波导型旋转关节原理结构图

高频能量从固定波导输入，经梨形末端逐渐将矩形波导中的 TE_{10} 型波变成同轴线中的 TEM 波，波型转化示意如图 5-10 所示。

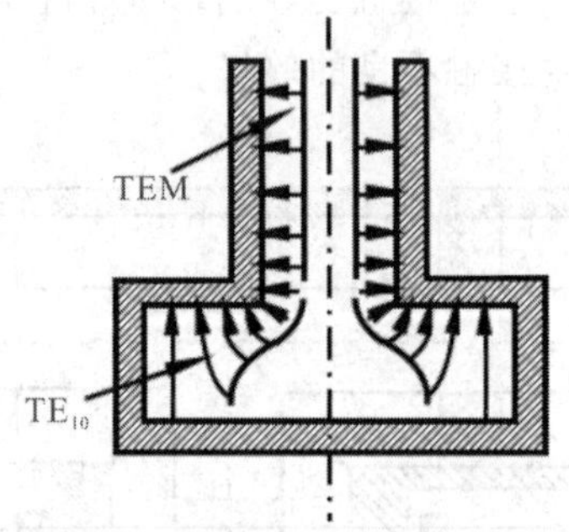

图 5-10　波型转化示意图

TEM 波经同轴线传输到同轴线另一端的一个梨形末端，再将 TEM 波转换成 TE_{10} 型波，然后由转动波导将高频能量传送到天线。

在同轴线转接装置的外导体上，有两个扼制槽用来保证转动部分与不转动部分在机械上不连接，以便于旋转，而在电气上有良好的接触，以便于电磁能量的正常传输。

两个电感插捧与 l_1、l_2 两段波导均是匹配元件，用来保证矩形波导与同轴线段的匹配，在工厂出厂时已经调试固定好了。

2. 终端元件

1) 金属短路活塞

金属短路活塞经常用在匹配调整及谐振腔的调谐中，其基本要求是电气接触良好，接触损耗小，即得到纯驻波系数趋于无限大的纯驻波。另外，还要求活塞移动时接触性能稳定，在大功率工作时，保证活塞与接触处不发生火花。

(1) 接触式活塞。

图 5-11 中给出了波导型和同轴线型两种接触式短路活塞的结构。其中，接触点的短路质量是借助弹簧片来改善的，在频率较低和功率不大的场合下常被采用。

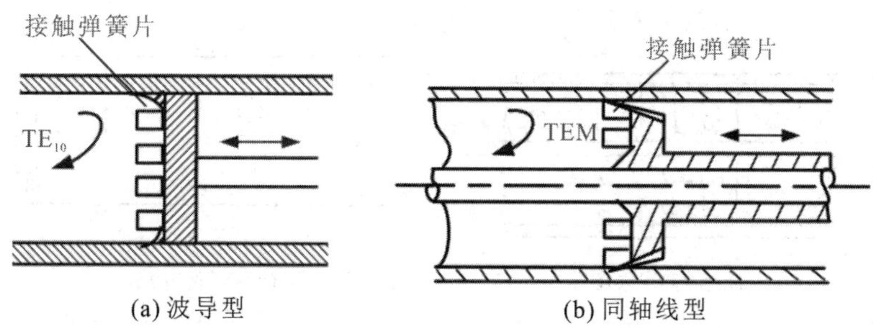

(a) 波导型　　(b) 同轴线型

图 5－11　接触式短路活塞结构示意图

同轴线型(或波导型)接触式活塞的缺点是损耗比较大，这是由于接触点处在电流波腹处。为了减少损耗，弹簧片的长度可取$\frac{\lambda}{4}$，如图 5－12 所示。这时接触片与同轴线外导体内壁和内导体外壁的接触点处于电流波节，故能减少接触损耗。

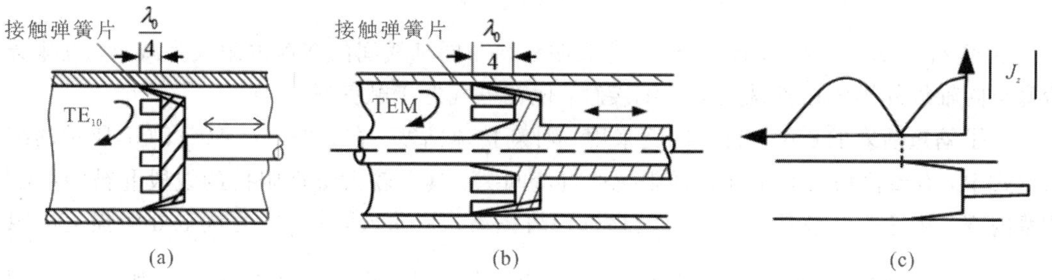

(a)　　(b)　　(c)

图 5－12　改进的同轴线型接触式短路活塞结构示意图

对于接触式活塞来说，由于移动时接触不稳定，使用时间久了，接触片与同轴线(或波导)内壁之间的接触逐渐变松，使接触损耗增大，甚至在大功率时发生打火，因此不能用于大功率的情况。实际上，比较完善的短路活塞为抗流式活塞。

(2) 抗流式活塞。

抗流式活塞在结构上的最大优点是有效的短接平面并不与波导内壁或同轴线外导体内壁有机械接触，而只有电接触。图 5－13 所示的是同轴线型抗流式活塞的结构。由图可以看出，活塞与同轴线外导体之间形成了两段长度为$\frac{\lambda}{4}$，特性阻抗分别为 Z_{C1} 和 Z_{C2} 的同轴线段，且线段Ⅱ的特性阻抗要比线段Ⅰ的特性阻抗大得多。在活塞中，有效短路平面并不与同轴线外的导体有机械接触，而是活塞与同轴线外导体的机械接触至有效短路面的距离为半波长。

为了说明图 5－13(a)中所示活塞的作用，画出如图 5－13(b)所示的等效电路。等效电路中的 R_K 是活塞与外导体之间的接触电阻。根据四分之一波长阻抗变换器的公式，可知 cd 间的阻抗为

$$(Z_{in})_{cd}=\frac{Z_{C2}^2}{R_K}$$

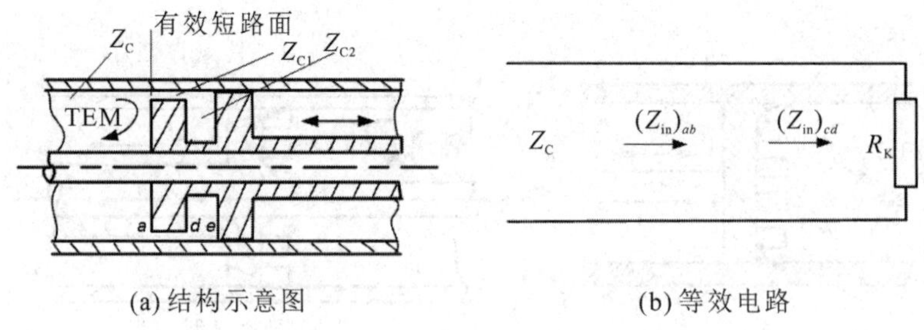

(a) 结构示意图　　(b) 等效电路

图 5-13　同轴线型抗流式活塞

而 a、b 两点间的输入阻抗为

$$(Z_{in})_{ab}=\frac{Z_{C1}^2}{(Z_{in})_{cd}}=R_K\left(\frac{Z_{C1}}{Z_{C2}}\right)^2$$

因而在通过 a、b 点的平面上，同轴线外导体与活塞之间的阻抗为

$$R'_K=R_K\left(\frac{Z_{C1}}{Z_{C2}}\right)^2$$

由于 $Z_{C1}\ll Z_{C2}$，因此，$R'_K\ll R_K$。这表明活塞与同轴线间的接触电阻大为减小，意味着活塞与同轴线外导体在机械上虽然不接触，但在电气上接触良好。

为了缩短活塞的长度，目前广泛采用一种新抗流活塞。在如图 5-14(a)、(b)所示的结构形式中，有着两段具有不同特性阻抗的抗流间隙。具有较大特性阻抗的线段Ⅱ被“卷入”活塞内部。从等效电路图中(见图 5-14(c))可以看出：输入阻抗 Z_{ce} 为接触处的损耗电阻 R_K 与等效的$\frac{\lambda}{4}$短路线输入阻抗相串联，不论 R_K 为何值，Z_{ce} 均为无穷大。又因为 a、b 端的输入阻抗 Z_{ab} 可以视为等效的$\frac{\lambda}{4}$开路线的输入阻抗，所以 Z_{ab} 等于零，这意味着有效短路面是良好的电接触。

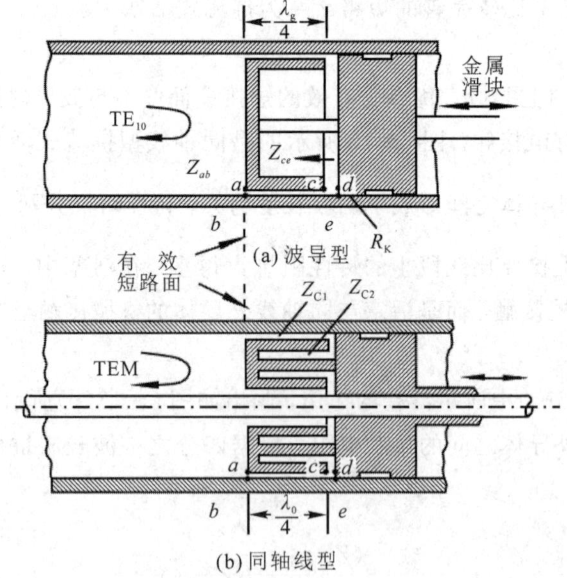

(a) 波导型

(b) 同轴线型

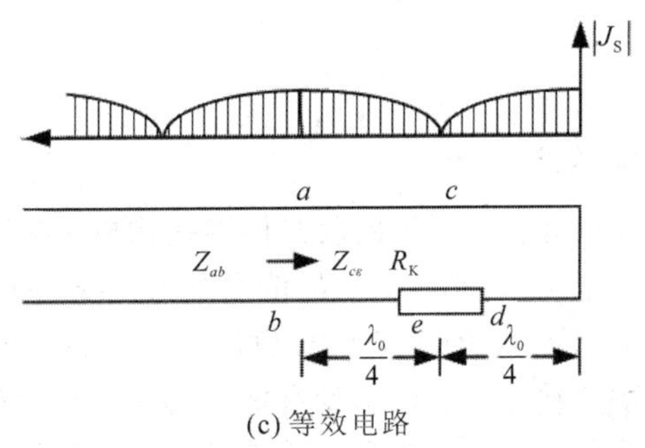

(c) 等效电路

图 5-14　波导及同轴线抗流活塞的结构示意图及等效电路

这种无接触的抗流活塞虽然有许多优点，但是它存在短接性能与宽频带工作之间的矛盾。也就是说，只有工作波长一定时，它的短接特性才是良好的，一旦工作波长改变了，结构尺寸不再是$\frac{\lambda}{4}$，短接性能就降低。因此，要使它在宽频带中满意地工作，还需要继续改进。通常情况下，抗流活塞在偏移中心频率 10%～15%的频带范围内，可以获得令人满意的性能。

2）全匹配负载——等效天线

雷达在平时工作时，高频能量不送往天线，而是送到等效天线上去，将高频电磁能转变成热能。等效天线就是一个全匹配负载，它通过吸收物质把送来的高频电磁能量转换成热能，而不产生反射，使传输系统呈现行波的工作状态。

等效天线是一段波导，其内装有两块楔形吸收物——结晶硅，如图 5-15 所示，用于吸收高频电磁能。

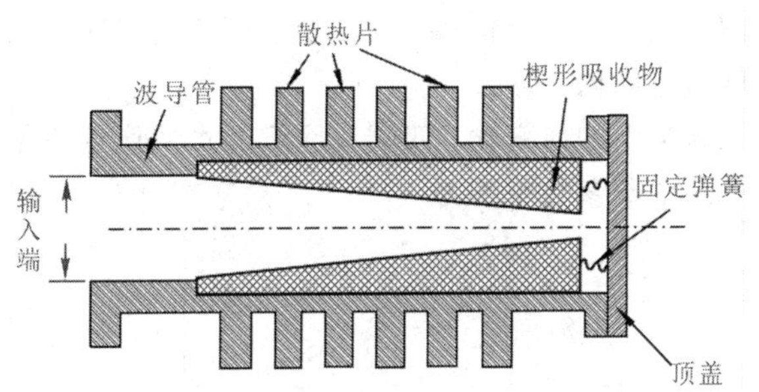

图 5-15　等效天线结构示意图

为了防止高频能量的反射，楔形吸收物的斜面越平缓越好，但过于平缓会使体积增大，一般有 20°的斜面就可以了。楔形吸收物将高频电磁能变成热量，由散热片辐射出去。等效天线的温度很高，为了保证人身安全，外部加有保护罩。

5.2　定向耦合元件

在雷达和微波测试系统中，经常用到从微波传输线中提取出一定比例的功率，以便进行测量或作其他用途，应用定向耦合元件可以达到这样的目的。实际上，定向耦合元件也是一种有方向性的功率分配元件。本节主要讨论定向耦合器、波导匹配双 T、微带功分器等元件的结构、特性和应用。

5.2.1 定向耦合器

1. 定向耦合器的概念与网络分析

定向耦合器是一种四端口元件，一般由两根传输线构成，两线之间特定的结构产生耦合，其拓扑结构如图 5-16 所示。端口①、②的传输线为主线，端口③、④所在的传输线为副线。理想情况下，当功率由端口①向端口②传输时，如果端口②、③、④接匹配负载，则副线上只有端口③有能量耦合输出，端口④没有能量输出，此时称端口①为输入口，端口②为直通端口，端口③为耦合端口，端口④为隔离端口，这类定向耦合器称为正向定向耦合器，意为直通口和耦合口功率传输方向相同。若端口②仍是直通端口，但端口③变成了隔离端口，端口④变成了耦合端口，则定向耦合器称为反向定向耦合器。

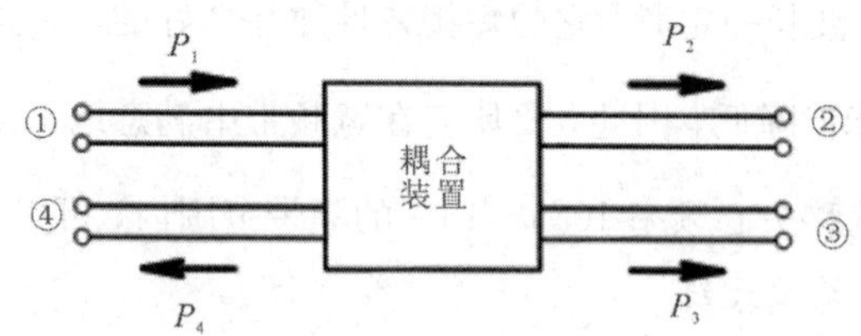

图 5-16 定向耦合器拓扑结构

定向耦合器的种类和形式较多，结构差异较大，工作原理也不尽相同，因此可以从不同的角度对其分类。按传输线类型分类，有波导型、同轴线型、带状线型和微带线型等；按耦合方式分类，有平行线耦合、分支线耦合、小孔耦合等；按耦合端口与直通端口间的相位差分类，有 90°定向耦合器、180°定向耦合器等，也可按上述通过耦合输出方向的方式分成正向定向耦合器和反向定向耦合器。

无论定向耦合器在结构上如何变化，四端口网络的本质属性不变。四端口网络的结构如图 5-17 所示，该网络的 S 参数矩阵为

$$\boldsymbol{S}=\begin{bmatrix} S_{11} & S_{12} & S_{13} & S_{14} \\ S_{21} & S_{22} & S_{23} & S_{24} \\ S_{31} & S_{32} & S_{33} & S_{34} \\ S_{41} & S_{42} & S_{43} & S_{44} \end{bmatrix}$$

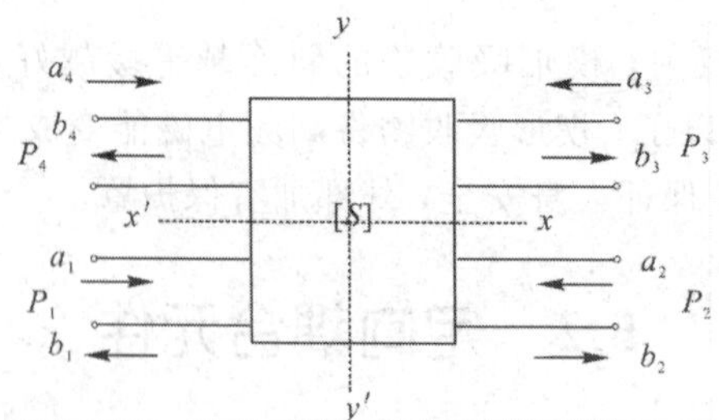

图 5-17 四端口网络的结构

若网络互易，则有

$$\boldsymbol{S}=\boldsymbol{S}^{\mathrm{T}} \tag{5-4}$$

若网络关于 xx'、yy'面都对称，则有

$$S_{11}=S_{22}=S_{33}=S_{44},\quad S_{14}=S_{23}$$
$$S_{12}=S_{34},\quad S_{13}=S_{24}$$

若网络无耗，则有

$$\boldsymbol{S}^{+}\boldsymbol{S}=\boldsymbol{I} \tag{5-5}$$

其中，$\boldsymbol{S}^{+}$为 $\boldsymbol{S}$ 矩阵的共轭转置矩阵。

若网络的四个端口已实现理想匹配，则有

$$S_{11}=S_{22}=S_{33}=S_{44}=0$$

如此，一个互易、无耗、结构完全对称、端口理想匹配的四端口网络的散射参数矩阵可简化为

$$\boldsymbol{S}=\begin{bmatrix} 0 & S_{12} & S_{13} & S_{14} \\ S_{12} & 0 & S_{14} & S_{13} \\ S_{13} & S_{14} & 0 & S_{12} \\ S_{14} & S_{13} & S_{12} & 0 \end{bmatrix}$$

由式(5-5)可得

$$\begin{cases} |S_{12}|^2+|S_{13}|^2+|S_{14}|^2=1 \\ S_{13}S_{14}^*+S_{13}^*S_{14}=0 \\ S_{12}^*S_{14}+S_{12}S_{14}^*=0 \\ S_{12}^*S_{13}+S_{12}S_{13}^*=0 \end{cases} \tag{5-6}$$

显然，若使式(5-6)成立，则 S_{12}、S_{13}、S_{14} 中必须有一个为零，也就是说该四端口网络必定有一个端口为隔离端口，没有输出，其余两个端口则分别为直通端口和耦合端口，功率的输出体现出定向性，四端口网络可以构成一个定向耦合器，故可有如下性质。

性质：任何一个互易、无耗、结构完全对称、端口理想匹配的四端口网络都可以构成一个理想的定向耦合器。

下面讨论 S_{12}、S_{13}、S_{14} 的取值情况。

(1) $S_{14}=0$。

此时，该四端口网络构成正向定向耦合器，其 S 参数满足的方程为

$$|S_{12}|^2+|S_{13}|^2=1,\ S_{12}^*S_{13}+S_{12}S_{13}^*=0 \tag{5-7}$$

将 $S_{12}=|S_{12}|\mathrm{e}^{\mathrm{j}\theta_{12}}$，$S_{13}=|S_{13}|\mathrm{e}^{\mathrm{j}\theta_{13}}$ 代入式(5-7)，则有

$$\mathrm{e}^{\mathrm{j}(\theta_{13}-\theta_{12})}+\mathrm{e}^{-\mathrm{j}(\theta_{13}-\theta_{12})}=0$$

即

$$\cos(\theta_{13}-\theta_{12})=0,\ \theta_{13}-\theta_{12}=\pm\frac{\pi}{2} \tag{5-8}$$

式(5-7)、式(5-8)表明，网络端口②、③的输出功率之和等于端口①的输入功率，端口②、③输出的电压波相位相差 90°。所以，理想 90°正向定向耦合器的散射矩阵为

$$\boldsymbol{S}=\begin{bmatrix} 0 & S_{12} & S_{13} & 0 \\ S_{12} & 0 & 0 & S_{13} \\ S_{13} & 0 & 0 & S_{12} \\ 0 & S_{13} & S_{12} & 0 \end{bmatrix}$$

(2) $S_{13}=0$。

此时，该四端口网络构成反向定向耦合器，其 S 参数满足的方程为

$$|S_{12}|^2+|S_{14}|^2=1,\ S_{12}^*S_{14}+S_{12}S_{14}^*=0 \tag{5-9}$$

同样可以证明，网络端口②、④的输出功率之和等于端口①的输入功率，端口②、④输出的电压波相位相差90°。所以，理想90°反向定向耦合器的散射矩阵为

$$\boldsymbol{S}=\begin{bmatrix}0 & S_{12} & 0 & S_{14}\\ S_{12} & 0 & S_{14} & 0\\ 0 & S_{14} & 0 & S_{12}\\ S_{14} & 0 & S_{12} & 0\end{bmatrix}$$

(3) $S_{12}=0$。

此时若设 $|S_{13}|=|S_{14}|$，则可以得到90°混合电桥的散射参数满足的方程：

$$|S_{13}|^2+|S_{14}|^2=1,\ S_{13}^*S_{14}+S_{13}S_{14}^*=0 \tag{5-10}$$

将 $|S_{13}|=|S_{14}|$ 代入式(5-10)，并令 $\theta_{13}=0$，可得 $|S_{13}|=|S_{14}|=1/\sqrt{2}$，$\theta_{14}=\theta_{13}\pm\dfrac{\pi}{2}=\pm\dfrac{\pi}{2}$，因此理想90°混合电桥的散射矩阵为

$$\boldsymbol{S}=\begin{bmatrix}0 & 0 & 1/\sqrt{2} & \pm \mathrm{j}/\sqrt{2}\\ 0 & 0 & \pm \mathrm{j}/\sqrt{2} & 0\\ 1/\sqrt{2} & \pm \mathrm{j}/\sqrt{2} & 0 & 0\\ \pm \mathrm{j}/\sqrt{2} & 1/\sqrt{2} & 0 & 0\end{bmatrix} \tag{5-11}$$

以上四种情况为四端口网络关于 xx'、yy' 面都正对称的情况。如果四端口网络关于 xx' 正对称，关于 yy' 反对称，则有

$$S_{12}=S_{34},\ S_{13}=S_{24},\ S_{14}=-S_{23}$$

考虑端口匹配条件，则四端口网络散射矩阵为

$$\boldsymbol{S}=\begin{bmatrix}0 & S_{12} & S_{13} & S_{14}\\ S_{12} & 0 & -S_{14} & S_{13}\\ S_{13} & -S_{14} & 0 & S_{12}\\ S_{14} & S_{13} & S_{12} & 0\end{bmatrix} \tag{5-12}$$

考虑无耗元件的一元性，当 $S_{13}=0$ 时，可得到0°～180°混合电桥的散射参数满足的方程：

$$|S_{12}|^2+|S_{14}|^2=1,\ S_{12}^*S_{14}-S_{12}S_{14}^*=0 \tag{5-13}$$

若 $|S_{12}|=|S_{14}|$，代入上式可得 $|S_{12}|=|S_{14}|=1/\sqrt{2}$，$\theta_{12}=\theta_{14}$，所以，理想0°～180°混合电桥的散射矩阵为

$$\boldsymbol{S}=\begin{bmatrix}0 & 1/\sqrt{2} & 0 & 1/\sqrt{2}\\ 1/\sqrt{2} & 0 & -1/\sqrt{2} & 0\\ 0 & -1/\sqrt{2} & 0 & 1/\sqrt{2}\\ 1/\sqrt{2} & 0 & 1/\sqrt{2} & 0\end{bmatrix} \tag{5-14}$$

2. 定向耦合器的技术指标

这里以矩形波导型定向耦合器为例介绍定向耦合器的基本结构和工作参数，其他形式的工作原理相同。

矩形波导型定向耦合器由主波导和副波导组成。所谓定向耦合是指从主波导通过小孔或缝隙耦合到副波导的功率，在副波导传输具有一定的方向性。双孔定向耦合器如图5-18所示，在理想情况下，副波导中只有一个端口③有输出，称为耦合口；另一个端口④没有输出，称为隔离口。实际上隔离口也有输出，因此，定向耦合器的性能可用下面的参数来表征。

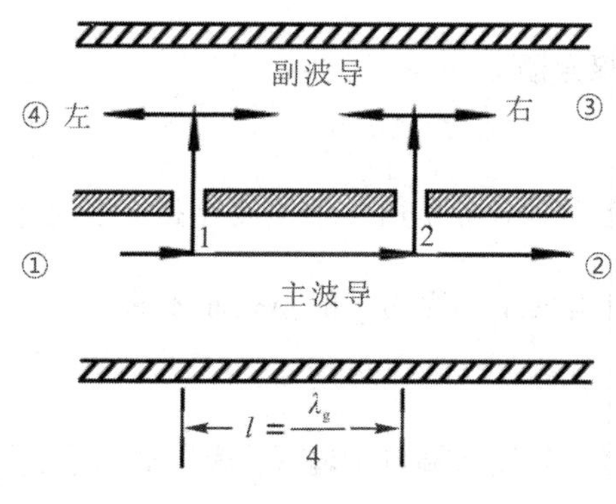

图5-18　双孔定向耦合器

(1) 耦合度 C。

图5-18是矩形波导以窄边为公共边的双孔定向耦合器的顶视图，主波导由端口①输入，由左向右传输的入射波功率用 P_1 表示，耦合到副波导再往右传输(正向)的功率用 P_3 表示，则耦合度为

$$C=10\lg\frac{P_1}{P_3}\quad(\text{分贝})\tag{5-15}$$

因为 $P_1>P_3$，所以 $C>0$，C 越大，表示耦合越弱，一般 C 在0.3～10分贝为强耦合，20～30分贝为弱耦合。

(2) 隔离度 D。

隔离度定义为输入端的输入功率 P_1 与隔离端的输出功率 P_4 之比，可表示为

$$D=10\lg\frac{P_1}{P_4}\quad(\text{分贝})\tag{5-16}$$

在理想情况下，端口④应无输出，此时隔离度为无穷大。但实际中由于设计和加工不完善时，隔离端会有小部分功率输出，隔离度 D 不再是无穷大。

(3) 方向性 D'。

方向性用以表示副波导内定向输出能力的大小。定义为耦合端端口③输出的功率 P_3 与隔离端端口④输出的功率 P_4 之比：

$$D'=10\lg\frac{P_3}{P_4}\quad(\text{分贝})\tag{5-17}$$

在理想情况下，$D'=\infty$，实际上由于元件制造不精确等，$P_4\neq 0$，$D'\neq\infty$，一般要求D'大于 20 分贝。

(4) 输入驻波比 ρ。

输入驻波比定义为端口②、③、④均接匹配负载时输入端口①的驻波比，即

$$\rho=\frac{1+|S_{11}|}{1-|S_{11}|} \tag{5-18}$$

(5) 频带宽度。

定向耦合器的频带宽度定义为耦合度、隔离度(或方向性)及输入驻波比都满足指标要求的频带范围。

3. 矩形波导双孔定向耦合器

1) 结构

图 5-18 所示的双孔定向耦合器是由一个主波导和一个副波导平行放在一起，以窄边为公共边，并在公共臂上开有两个相距为$\frac{\lambda_g}{4}$的小孔而成的。

2) 定向传输的工作原理

在图 5-18 中，TE_{10}型入射波从端口①输入，假定端口②、③、④接匹配负载。当入射波传到第一个耦合小孔时，入射波的一小部分电磁波通过小孔耦合到副波导。耦合到副波导的电磁波分成两路，一路为 A_1，继续往右(端口③方向)传输，一路为 B_1，向左(端口④方向)传输；主波导中的入射波经过第一个小孔后，又继续向右传输，接着碰到第二个耦合小孔，入射波的一小部分又通过小孔耦合到副波导。耦合到副波导的电磁波同样分为两路，一路为 A_2，继续向右传输，一路为 B_2，向左传输。此时在副波导内，向左(端口④方向)传输的有 B_1B_2，由于 B_2 在主波导内已走了$\frac{\lambda_g}{4}$路程，在副波导内从第二小孔到第一小孔又走了$\frac{\lambda_g}{4}$的距离。这样，在第一小孔耦合过来的电磁波 B_1 与从第二小孔耦合过来的电磁波 B_2，在相位上由于 B_2 要比 B_1 多走$\frac{\lambda_g}{2}$的路程，即 B_1B_2 的相位相差 180°，结果互相抵消。如果 $B_1=B_2$，则端口④输出为零。在副波导内向右(端口③方向)传输的两部分波 A_1、A_2 所走的路程相同，即相位相同，所以，在端口③有电磁波输出，这样就达到了定向输出的目的。

在主波导中传输的入射波，通过两个耦合小孔耦合到副波导的是很小一部分，大部分入射波的功率由端口②输出。

为了增强耦合度，还有四孔定向耦合器。这种耦合器是主、副波导的宽边为公共边重叠在一起，然后在公共边上开有四个耦合小孔，两个小孔之间的间距为$\frac{\lambda_g}{4}$，如图 5-19 所示，它的定向原理同双孔定向耦合器完全相同。

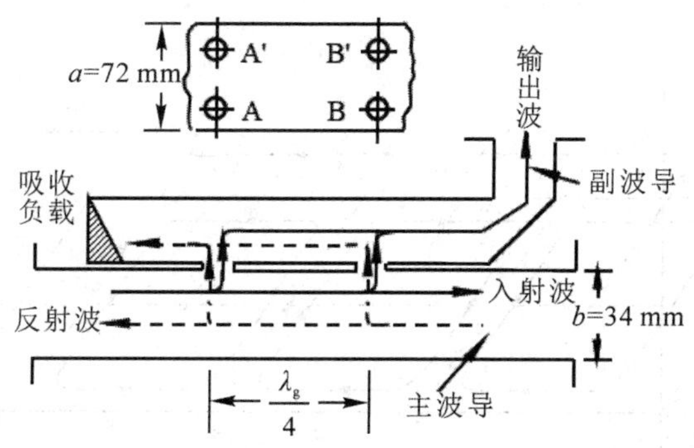

图 5-19　四孔定向耦合器结构示意图

从以上分析可知，定向传输的关键是两个小孔相距为 $\lambda_g/4$。但当传输的 TE_{10} 型波的频率变化时，波导波长 λ_g 也变化了，定向传输的性能下降。这说明这种双孔定向耦合器不适合在宽频带上工作，下面介绍的十字缝定向耦合器可工作在较宽的频带上。

4. 矩形波导十字缝定向耦合器

1）结构

十字缝定向耦合器是由主波导与副波导垂直正交组成的，在两个波导的宽边交界面处形成一个正方形，耦合能量的小孔就开在正方形的对角线上，且两孔的垂直距离均为 $\lambda_g/4$。根据耦合孔的形状，十字缝定向耦合器又可分槽缝式和十字缝式，如图 5-20 所示。

十字缝定向耦合器

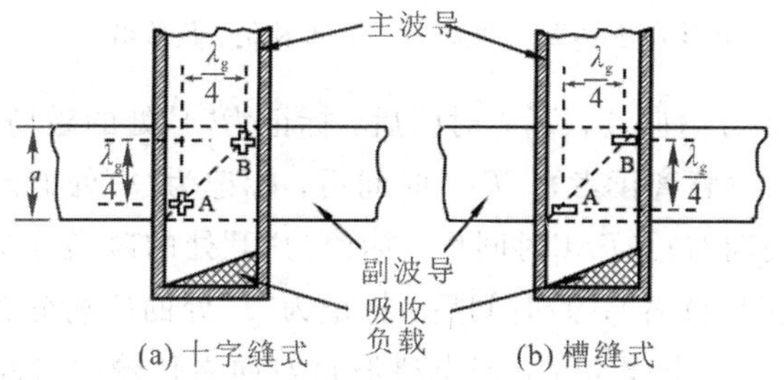

图 5-20　十字缝定向耦合器结构示意图

不论槽缝式还是十字缝式，其工作原理都是一样的。

2）工作原理

为了说明十字缝定向耦合器的定向原理，先来研究一下矩形波导传输 TE_{10} 型波时，波的传输方向与电磁场之间的客观规律。

（1）正旋波和负旋波。

先来观察一下当电磁波在波导内传输时，波导中各点磁场的取向是怎样变化的。图 5-21(a)所示为在 $t=t_0$ 时刻矩形波导中 TE_{10} 型波磁场的俯视分布图。在相距 $\lambda_g/4$ 的各点磁场方向标记 1、2、3、4、5。当电磁波的入射波向 z 轴正方向传输时，则磁场分布情况也随时间向 z 轴正方向传输。下面以右边“5”处为观察点，来看不同时间内磁场的取向。

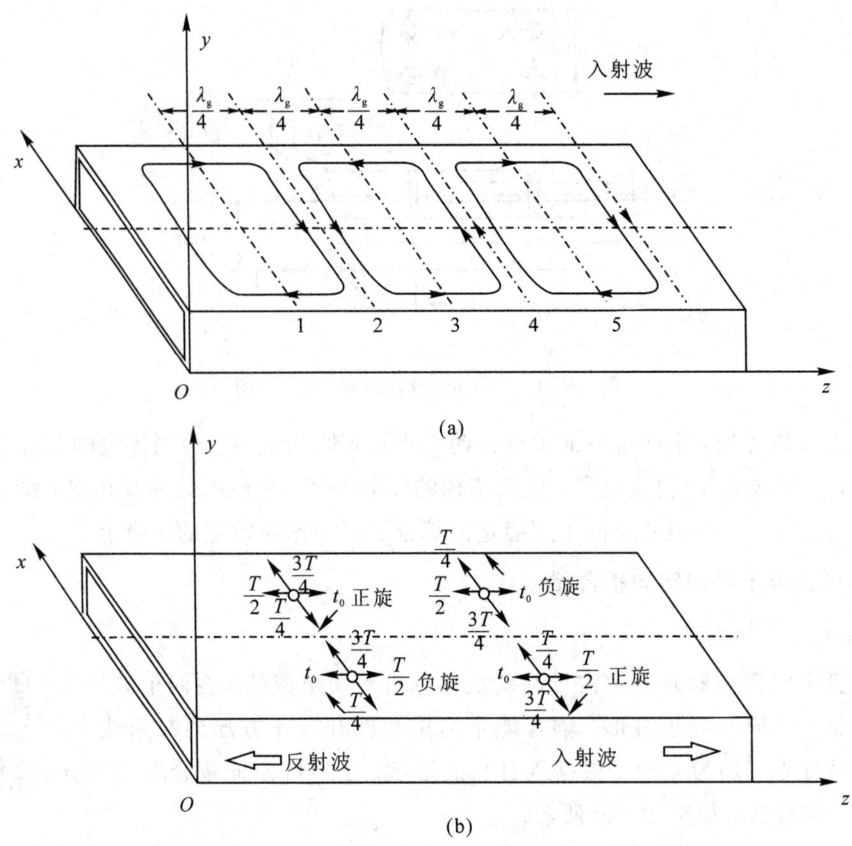

图 5-21　矩形波导中 TE_{10} 型波磁场分布及正、负旋波

当 $t=t_0$ 时，“5”处的磁场方向向左；$T/4$ 时间后，标记为“4”处的磁场分布推移到“5”处，此时“5”处的磁场方向向上(背离读者)；$T/2$ 时间后，标记为“3”处的磁场分布推移到“5”处，此时“5”处的磁场方向向右；$3T/4$ 时间后，标记为“2”处的磁场分布推移到“5”处，此时“5”处的磁场方向向下(指向读者)；T 时间后，标记为“1”处的磁场分布推移到“5”处，此时“5”处的磁场方向再次向左。由此可见，当电磁波自左向右传输的时间为一个周期 T 时，以垂直于波导宽边的对称面为分界面，在电磁波传输方向的右边任一点的磁场取向，沿顺时针方向逐渐旋转一次。同样的道理，在电磁波传输方向的左边任一点的磁场取向，沿反时针方向逐渐旋转一次。如图 5-21(b)所示。若电磁波沿 z 轴负方向传输(反射波)，则上述情形正好相反。

所谓正旋波(有的文献称为左旋波)，就是磁场旋转方向对应于 y 轴正方向而言，是符合左手定则(伸开左手，四指微握，大姆指指向 y 轴正方向，四指的旋转方向就代表磁场旋转方向)的。

所谓负旋波(有的文献称为右旋波)，就是磁场旋转方向对应于 y 轴正方向而言，是符合右手定则(伸开右手，四指微握，大姆指指向 y 轴正方向，四指的旋转方向就代表磁场旋转方向)的，见图 5-21(b)。

由此可以得出结论：对于 y 轴正方向而言，不论是入射波还是反射波，以垂直于波导宽边的对称面为界，在电磁波传输方向右边为正旋波(左旋波)，在电磁波传输方向左边为负旋波(右旋波)。如果不是对 y 轴正方向而是对 y 轴负方向而言，那么，上述结论正好相反。

这个结论正确反映了矩形波导传输 TE_{10} 型波时，波的传输方向与电磁场之间的客观规律。如果违背了这个客观规律，TE_{10} 型波就不能传输，这就是十字缝定向耦合器定向传输的理论基础。

(2) 定向原理。

在开了十字缝的地方，主波导中的电磁场会经过十字缝耦合到副波导中去。以图 5-22 为例，缝开在右上方(孔 B)，主波导中的负旋波耦合到副波导中去，还是负旋波。这时从副波导来看，要符合传输的客观规律，则耦合到副波导的电磁波只能向右端传输，不可能向左端传输。同理可以判断，由左下方孔 A 耦合到副波导中的电磁波也只能向右端传输，不能向左端传输。这就实现了定向耦合。

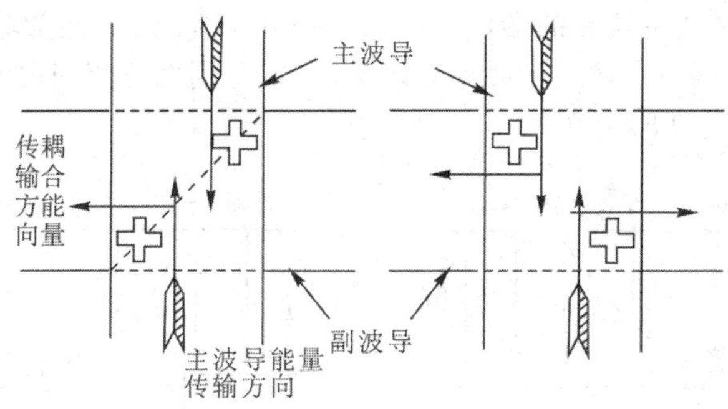

图 5-22　十字缝开在不同位置时耦合能量的传输方向

采用两个相距 $\lambda_g/4$ 十字缝的目的是使耦合到副波导中的能量最大。这是因为两孔的空间位置和路程差加起来相位正好相差 360°。

由此可见，十字缝定向耦合器(包括单缝和双缝)具有宽频带定向耦合的特性，因为它的定向性不随波长的变化而变化。波长的变化会使两孔距离所相当的电长度发生变化，但也只是影响耦合的强弱，这是十字缝定向耦合器的特殊优点，因而被广泛地应用到微波传输系统中。

根据上述原理，可以得出一个更加简便的判别耦合到副波导中的能量传输方向的方法：由主波导经十字缝耦合到副波导中的电磁能总是一次穿过十字缝所在的对角线后，向折转 90°的方向传输。据此，可以很容易地判断图 5-22 所示的十字缝在不同位置时，主波导内不同方向传来的电磁能耦合到副波导后的传输方向。

5.2.2　波导匹配双 T 接头

1. E-T 接头

E-T 分支

所谓 E-T 接头，就是分支波导位于主波导内电场矢量所在平面上，如图 5-23 所示，假定在波导的分支区域内忽略高次型波的影响，下面以图 5-24(a)、(b)、(c)三种情况分别介绍它的工作特性。

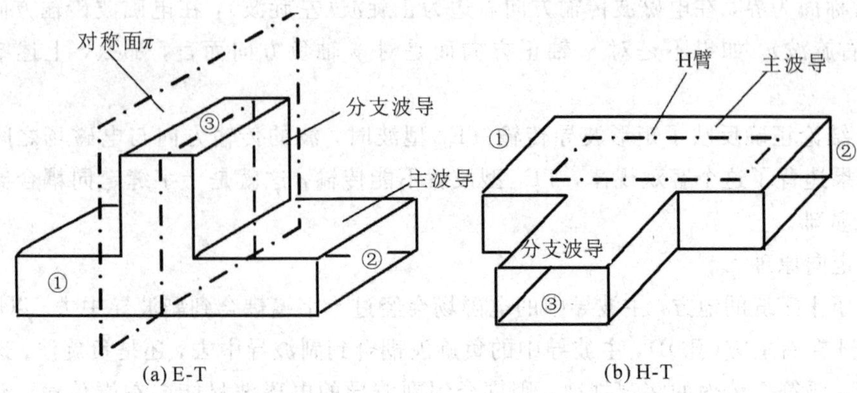

图 5-23 常用的矩形波导分支

图 5-24(a)是 TE_{10} 型波从主波导的端口①输入，在端口②、③有能量输出；图 5-24(b)是 TE_{10} 型波从主波导的端口②输入，在端口①、③有能量输出；图 5-24(c)是 TE_{10} 型波从主波导的端口③输入，如果在端口①、②分别接有相同的匹配负载，则在端口①、②输出等幅反相的 TE_{10} 型波。

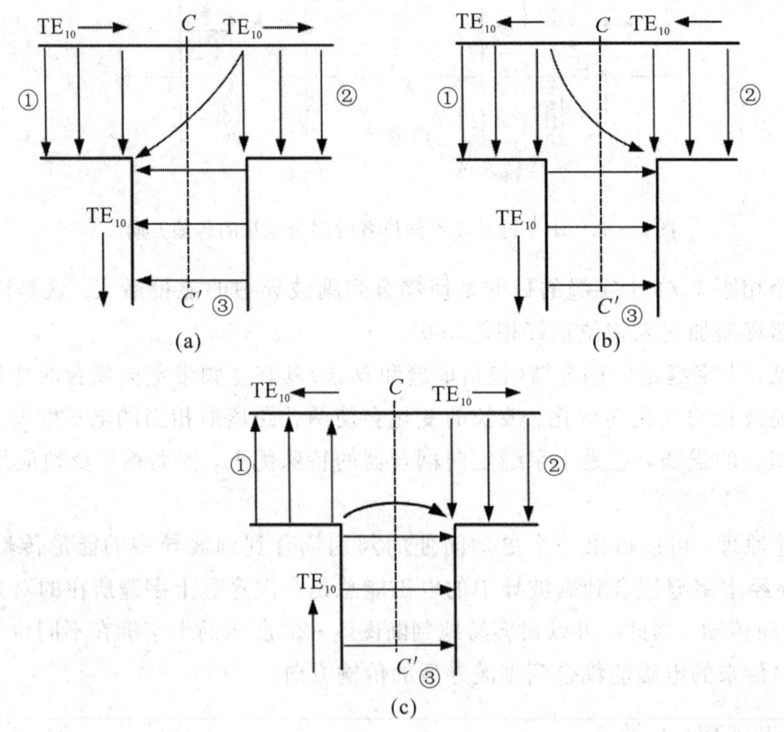

图 5-24 TE_{10} 型波在 E-T 接头中的传输

在图 5-24(a)中，以 E-T 接头的端口③的中心线 CC' 为轴线，假定与 CC' 为等距离的端口①和端口③同时输入等幅同相的 TE_{10} 型波，由于在端口③激励起了等幅反相的电场，因而端口③无输出；相反，在端口①、②同时输入等幅反相的 TE_{10} 型波，在端口③有最大的能量输出，其大小为端口①、②输入功率之和。

2. H－T 接头

H－T分支

所谓H－T接头，就是分支波导位于主波导内磁场矢量所在平面上，如图5－24(b)所示。其功率传输及分配情况如图5－25(a)、(b)、(c)所示，图中“•”表示电力线由纸面垂直穿出向上，“×”表示电力线由纸面垂直穿入向下。

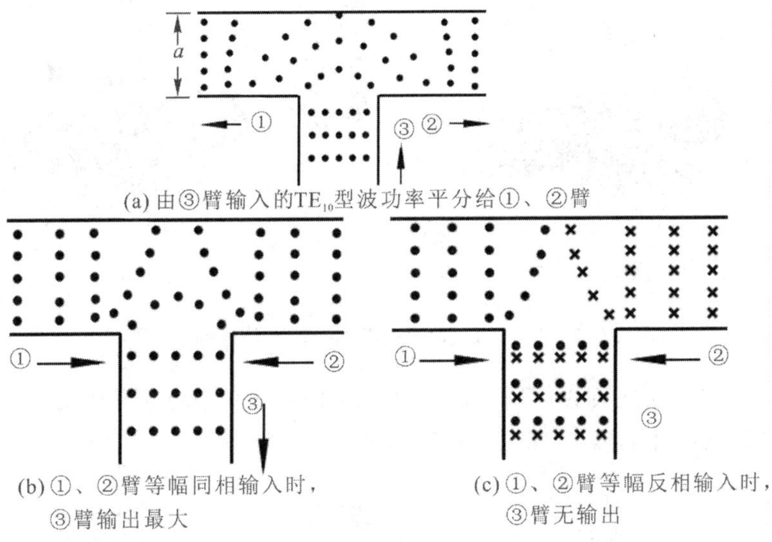

图5－25 H－T接头的特性

3. 双T接头

双T分支

波导双T接头是由E－T和H－T接头组合而成的，可以看成是E－T接头和H－T接头的直通波导相互重合的结果，并具有一个公共对称面π。因此，波导双T接头具有E－T和H－T接头共同的特性，它的结构如图5－26(a)所示。图5－26(b)表示其等效为四端口网络的等效电路。图中电压u_1^+、u_1^-的下标“1”代表第1个端口，上标“＋”“－”分别表示入射电压和反射电压。

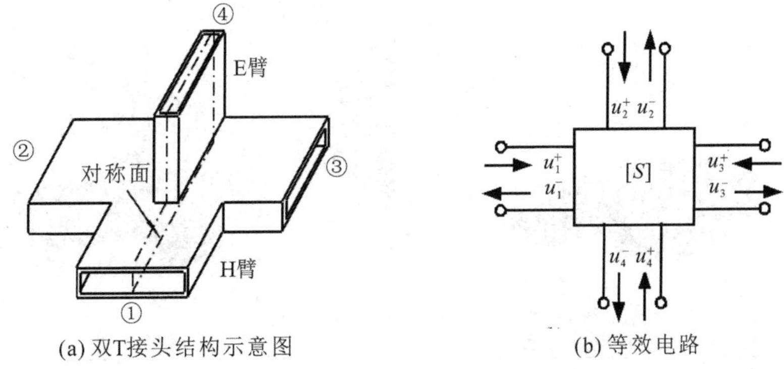

图5－26 双T接头的结构及等效电路

通常称双T接头的①臂为H臂，④臂为E臂，②、③臂为平分臂(或叫直通臂)。

用 HFSS 软件对双 T 接头进行仿真计算，得到其特性如下：

(1) 当其他臂接匹配负载，H 臂输入信号时，信号功率平均分配到②、③臂，E 臂无输出，称 E、H 两臂彼此隔离，但 H 臂有反射，如图 5-27 所示。

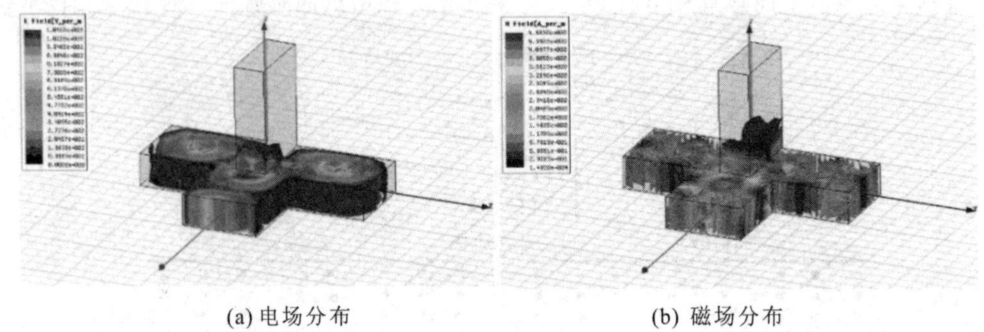

(a) 电场分布　　(b) 磁场分布

图 5-27　H 臂输入信号时其他臂输出信号的计算结果

(2) 当其他臂接匹配负载，E 臂输入信号时，信号功率平均分配到②、③臂，H 臂无输出，称 E、H 两臂彼此隔离，但 E 臂有反射，如图 5-28 所示。

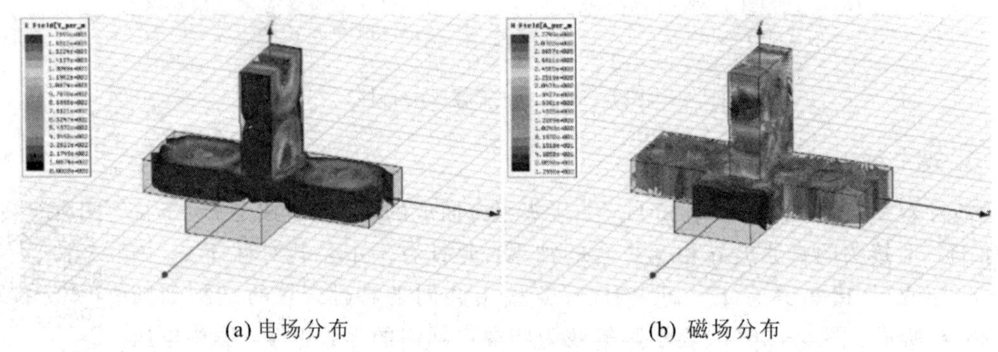

(a) 电场分布　　(b) 磁场分布

图 5-28　E 臂输入信号时其他臂输出信号的计算结果

(3) 当②、③臂接等幅同相信号源时，E 臂无输出，H 臂有输出，如图 5-29 所示。

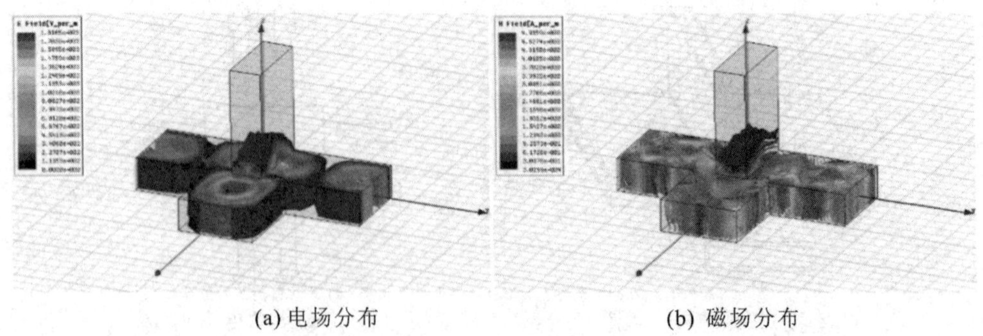

(a) 电场分布　　(b) 磁场分布

图 5-29　直通两臂等幅同相输入信号时其他臂输出信号的计算结果

反之，当②、③臂接等幅反相信号源时，E 臂有输出，H 臂无输出，如图 5-30 所示。

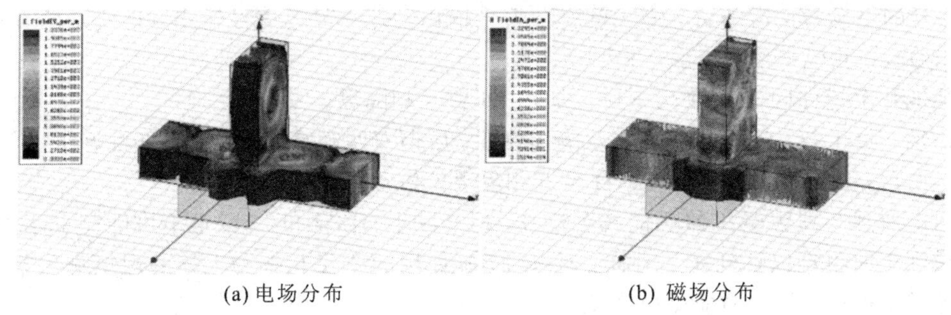
(a) 电场分布 (b) 磁场分布

图5-30 直通两臂等幅反相输入信号时其他臂输出信号的计算结果

(4) 当②臂接上信号源，其他三臂都接匹配负载时，该三臂均有功率输出；反之，当③臂接上信号源，另三臂接上匹配负载时，该三臂也均有功率输出。

可见，从E臂或H臂输入信号，存在反射，其原因是在波导接头处结构不连续。没有加任何匹配装置的双T接头，无论从双T接头的H臂还是E臂看进去都是不匹配的。

4. 魔T接头

魔T

任何微波电路或微波元件，都不希望存在从某个端口输入的信号再从该端口反射回来，也就是说，希望都呈现匹配状态。

魔T与双T接头的区别在哪里呢？双T接头的H臂和E臂是不匹配的。如果想办法使双T接头的H臂、E臂匹配，就成为魔T接头了。

如何使双T接头的E臂、H臂匹配呢？一般是在E臂引入感性匹配元件，在H臂引入容性元件，借用这些元件产生的新反射来抵消双T接头处由不连续性所引起的反射，而在工程上使用金属棒和圆锥体组合来匹配双T接头，如图5-31所示。这样当从E臂输入信号时，就不再从E臂反射回信号了；同理，从H臂输入信号，在H臂也不存在反射信号，这就叫作双匹配状态。双匹配的双T接头就是具有奇妙电气特性的魔T接头。

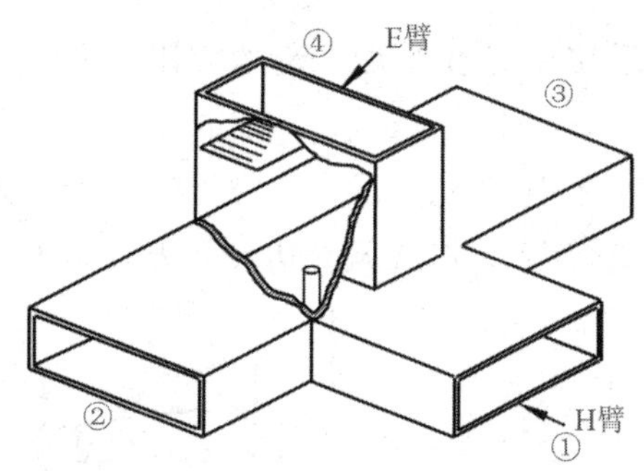

图5-31 用金属棒和圆锥体组合的匹配双T即魔T接头结构示意图

(1) 当③臂输入信号时，H、E臂有输出，②臂无输出，即②、③臂成互相隔离的状态，且③臂无反射，呈匹配状态；同理，当②臂输入信号时，H、E臂有输出，③臂无输出，说明②、③臂仍呈互相隔离的状态，且②臂呈匹配状态。

(2) 当E、H臂输入等幅的微波信号时，假定H臂信号的电场指向E臂(在图5-31中，H臂的电场方向朝上)，而E臂的电场指向哪一臂，哪一臂就有信号输出，另一臂无信号输出；反之，假定H臂信号的电场背向E臂(在图5-31中，H臂的电场方向朝下)，而

E臂信号的电场背向哪一臂，哪一臂就有信号输出，另一臂无信号输出，这就是两直通臂(②、③臂)互相隔离的状态。

其他几个特性同双T接头一样，即E、H臂互相隔离。

归纳：魔T接头具有双匹配、双隔离特性。所谓双匹配是指E、H臂匹配好了，②、③臂自然匹配；所谓双隔离是指E、H臂互相隔离，②、③臂也是隔离的。

以上所述为理想魔T接头的几个特性。但实际上，E臂和H臂是不可能完全匹配的，在机械加工时也难以达到完全对称。所以，实际使用的魔T接头与上述的理想魔T接头是有一定差别的，在使用时应予以注意。

由于魔T接头具有如上所述的可贵特性，因此，在微波系统中得到了广泛的应用，如平衡波导电桥。图5-32所示是平衡波导电桥测定阻抗原理，图中H臂接信号源，E臂接指示器，②、③臂分别接标准阻抗和被测阻抗。其测量原理如下：信号源和指示器内阻认为是匹配负载，而被测阻抗不一定是匹配的。当振荡的信号由H臂输入时，②、③臂分别有等幅同相的信号输出，这两个信号将分别被标准阻抗和被测阻抗反射回来，两个反射波之和返回振荡器，两个反射波之差则进入E臂，被指示器所指示。调整标准阻抗的大小，使被测阻抗和标准阻抗完全相同，②、③臂中的两个反射波也完全相同。此时E臂中将无能量输出，指示器的读数为零。这样，标准阻抗的值就是被测阻抗的值。

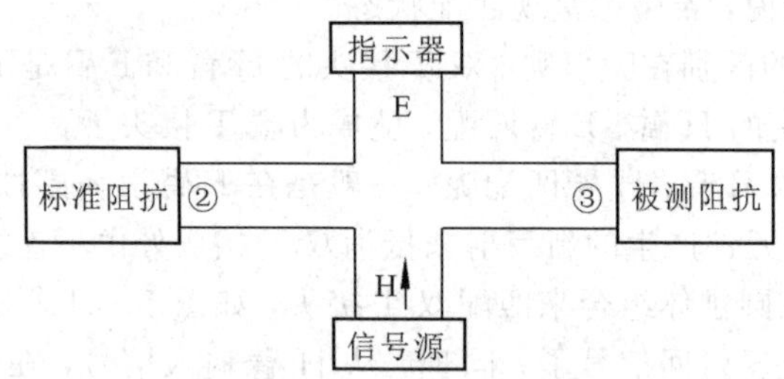

图5-32　平衡波导电桥测定阻抗原理示意图

魔T接头在现代雷达系统中有着非常广泛的应用，如用于单脉冲雷达中的微波和差器。

5. 双模T形接头

双模T形接头如图5-33所示。其A端宽边尺寸为B端a的1.99倍。C臂与波导AB

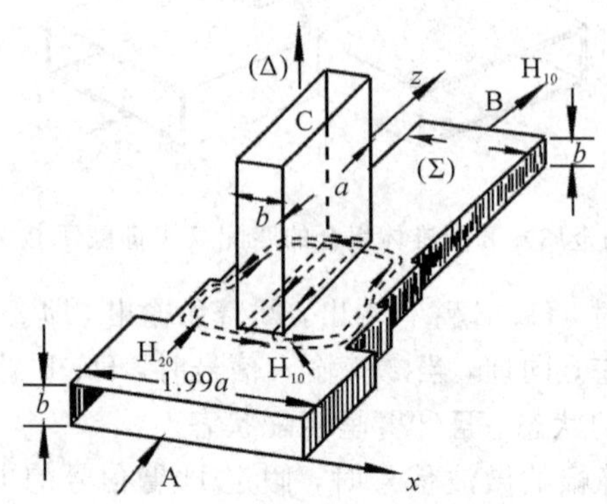

图5-33　双模T形接头的原理结构图

构成 E－T 接头，且波导尺寸与 B 端相等。设 a mm×b mm 尺寸的波导只能传输 H_{10} 型波。故 1.99 a mm×b mm 的波导可单独传输 H_{10} 型波或 H_{20} 型波，也可传输它们的复合波。所以，把这种 T 形接头称为双模 T 形接头。其传输特点如下：

（1）若 A 端激励为单一的 H_{10} 型波，如图 5－34(a)所示，则 H_{10} 型波只能从 B 端输出，而不能从 C 端输出。这是因为 C 臂宽边与 AB 波导的中心轴线平行，故 AB 波导中的 H_{10} 波在图 5－33 中的 T 形结中心处的纵向磁场为零，横向磁场最大，此横向磁场耦合到 C 臂后又与 C 臂的两宽边垂直，不符合边界条件。从电场来看也是一样，因 H_{10} 型波的横向电场 E_y 在 T 形结处最强，它耦合到 C 臂后与轴线平行，这也不符合边界条件，故 AB 中的 H_{10} 型波不能从 C 臂输出，只能从 B 臂输出。

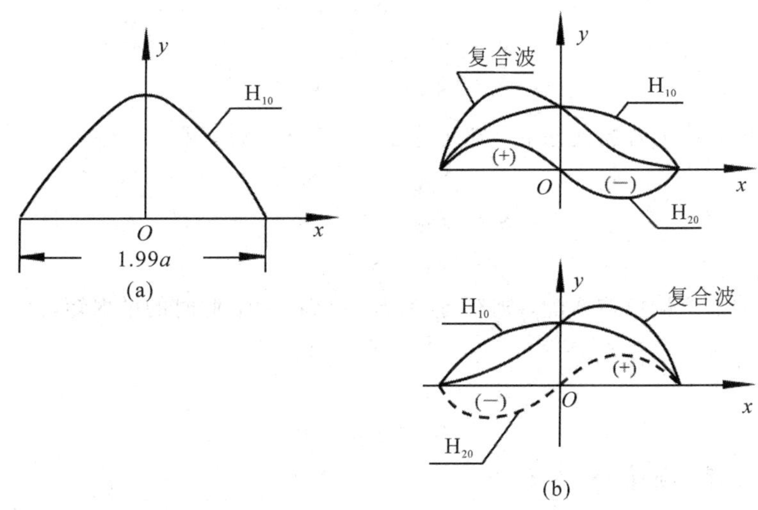

图 5－34　双模 T 形接头的激励

（2）当 A 端激励为复合波时，此复合波可看成由 H_{10} 型波和 H_{20} 型波组合而成的，如图 5－34(b)中实线所示。则 H_{10} 型波如上所述，它只能从 B 端输出，不能从 C 端输出。而 H_{20} 型波在 T 结处的纵向磁场最大，横向电场和横向磁场为零。所以 H_{20} 型波的纵向磁场耦合到 C 臂后，在 C 臂可激起 H_{10} 型波输出。由于 B 端横向尺寸的限制扼制了 H_{20} 型波向 B 端传输，故 B 端无 H_{20} 型波输出。

由此可知，对波导 A 端的激励，如果是以 y 轴对称的两个等幅同相激励的 H_{10} 型波，如图 5－34(a)所示，则 B 端输出“和”信号，即 H_{10} 型波。如果是以 y 轴不对称的激励，则这种不对称的激励可分解为两部分：一部分为以 y 轴对称的等幅同相信号，组成“和”信号 H_{10} 型波从 B 端输出；另一部分为以 y 轴对称的等幅反相信号，组成“差”信号 H_{20} 型波，它在 C 臂中激励起 H_{10} 型波输出。“差”信号的大小反映了对 A 端的激励与 y 轴不对称的程度，而“差”信号的极性则反映了激励源的中心是在 y 轴之左还是在 y 轴之右。可见，这种双模 T 形接头可用来对目标进行跟踪。

5.2.3　微带功分器

前面讨论的定向耦合器也可以作为功率分配器使用，但是它们的结构比较复杂，成本也比较高，在单纯进行功率分配的情况下应用并不多。常用的功分器为 T 形结功分器，有波导结构、同轴线结构、带状线结构、微带线结构等多种结构类型。大功率应用需求下，功率分配器多使用波导结构或同轴线结构，中小功率应用需求下，功率分配器多使用带状线结构或微带线结构。本节先讨论无耗互易三端口网络的性质，然后简单介绍常用的微带三端口功率分配器——威尔金森微带功分器。

功率分配器

1. 无耗互易三端口网络的性质

任何一个三端口微波元件等可以等效为一个三端口微波网络，而三端口微波网络可以使用如下散射参数矩阵描述：

$$\boldsymbol{S}=\begin{bmatrix} S_{11} & S_{12} & S_{13} \\ S_{21} & S_{22} & S_{23} \\ S_{31} & S_{32} & S_{33} \end{bmatrix}$$

如果元件中介质为各向同性的，则元件互易，有 $\boldsymbol{S}=\boldsymbol{S}^{\mathrm{T}}$，即

$$\boldsymbol{S}=\begin{bmatrix} S_{11} & S_{12} & S_{13} \\ S_{12} & S_{22} & S_{23} \\ S_{13} & S_{23} & S_{33} \end{bmatrix}$$

如果元件的三个端口均匹配，则有 $S_{11}=S_{22}=S_{33}=0$，此时的散射矩阵为

$$\boldsymbol{S}=\begin{bmatrix} 0 & S_{12} & S_{13} \\ S_{12} & 0 & S_{23} \\ S_{13} & S_{23} & 0 \end{bmatrix}$$

如果元件无耗，则有 $\boldsymbol{SS}^{+}=\boldsymbol{I}$，即

$$\begin{cases} |S_{12}|^2+|S_{13}|^2=1 \\ |S_{12}|^2+|S_{23}|^2=1 \\ |S_{23}|^2+|S_{13}|^2=1 \end{cases} \tag{5-19}$$

$$S_{12}^{*}S_{23}=S_{13}^{*}S_{23}=S_{13}^{*}S_{12}=0 \tag{5-20}$$

式(5-20)表明，S_{12}、S_{13}、S_{23} 中至少有两项必须为零，该条件与式(5-19)相矛盾。这表明，一个三端口网络不可能同时实现无耗互易和端口完全匹配，即有如下性质：

无耗互易的三端口网络，三个端口不能同时匹配。

以上性质是三端口网络的固有属性。但是，在实际应用中总希望三端口网络的三个端口都能匹配。这就需要在三端口元件的设计中舍弃无耗或互易其中一个特性，如下面将要讨论的威尔金森微带功分器——一种电阻性功分器。

2. 威尔金森微带功分器

图 5-35 所示是威尔金森微带功分器的原理，它是在微带 T 形结功分器的基础上发展起来的。信号由端口①输入(对应传输线的特性阻抗为 Z_0)，分别经特性阻抗为 Z_{02}、Z_{03} 的两段微带线从端口②和端口③输出，端口连接的负载电阻分别为 R_2、R_3。两段传输线在中心频率处电长度 $\theta_{02}=\theta_{03}=\theta_0=\pi/2$。端口②、③之间跨接一纯电阻 R，该电阻为有耗网络，它的引入使得威尔金森微带功分器等效的三端口网络具有了三个端口同时匹配以及端口间互易的特性。

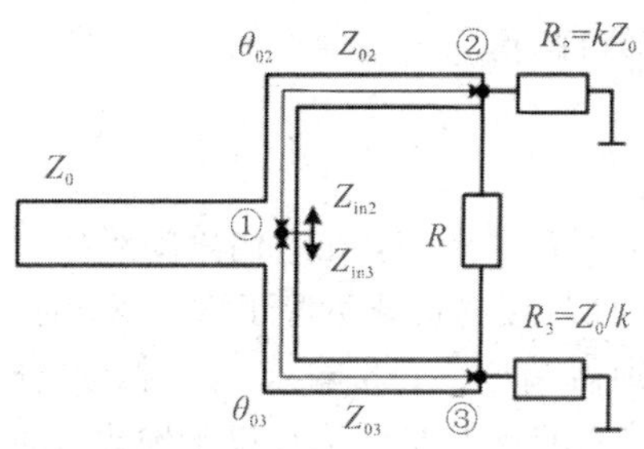

图 5-35 威尔金森微带功分器原理图

威尔金森功分器在设计时应满足以下条件：

(1) 端口②和端口③的输出功率比可任意；

(2) 输入端口无反射；

(3) 端口②和端口③的输出电压等幅同相。由这些条件可以确定功分器的设计参数：Z_{02}、Z_{03}、R_2、R_3。

由电压和功率的关系可知端口②和端口③的输出功率为

$$P_2=\frac{U_2^2}{2R_2},\ P_3=\frac{U_3^2}{2R_3}$$

按条件(1)，设两输出端口的功率比为

$$\frac{P_2}{P_3}=\frac{1}{k^2}$$

则

$$\frac{U_2^2}{2R_2}k^2=\frac{U_3^2}{2R_3}$$

按条件(3)，则有

$$R_2=k^2R_3$$

若令

$$R_2=kZ_0$$

则

$$R_3=\frac{Z_0}{k}$$

按条件(2)，要求输入端口①无反射，即要求由 Z_{in2} 和 Z_{in3} 并联得到的输入阻抗与输入端口的特性阻抗 Z_0 相等。由于在中心频率处，由输入端口①到输出端口②、③的电长度均为 $\theta_0=\pi/2$，满足四分之一波长阻抗变换性，则有

$$Z_{in2}=\frac{Z_{02}^2}{R_2},\ Z_{in3}=\frac{Z_{03}^2}{R_3}$$

根据端口节点处的并联关系，则

$$Y_0=\frac{1}{Z_0}=\frac{R_2}{Z_{02}^2}+\frac{R_3}{Z_{03}^2} \tag{5-21}$$

以输入阻抗表示功率比，则

$$\frac{P_2}{P_3}=\frac{Z_{in3}}{Z_{in2}}=\frac{R_2}{Z_{02}^2}\frac{R_3}{Z_{03}^2}=\frac{1}{k} \tag{5-22}$$

联立式(5-21)、式(5-22)可解得

$$Z_{02}=Z_0\sqrt{k(1+k^2)},\ Z_{03}=Z_0\sqrt{\frac{1+k^2}{k^3}}$$

由于输出端口②、③处的电压等幅同相，在它们之间跨接一电阻 R 并不会影响功率的分配。但是，当输出端口②、③处端接的负载不等于 R_2、R_3 时，在输出端口处会出现适配现象，负载反射的电磁波将分别由端口②、③输入，此时，这样一个三端口网络成为了功率合成器，为了使端口②、③输入的反射波只从端口①输出，而不是相互传输，电阻 R 就不可缺少，由它可实现端口②、③间的隔离，所以电阻 R 也称为隔离电阻。隔离电阻 R 的大小可通过如图 5-36 所示的等效电路分析得到，图中的等效电路可看作两个双端口网络的并联，串联电阻 R 的 Y 矩阵为

$$\boldsymbol{Y}_1=\begin{bmatrix}\dfrac{1}{R} & -\dfrac{1}{R}\\ -\dfrac{1}{R} & \dfrac{1}{R}\end{bmatrix}$$

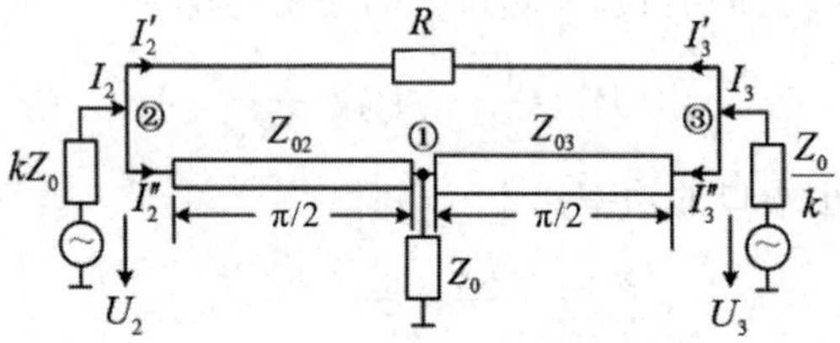

图 5-36　功率合成器等效电路

Z_{02}、Z_{03} 两段传输线与并联电阻 Z_0 级联，相应网络的 Y 矩阵在 $\theta_0=\pi/2$ 时为

$$\boldsymbol{Y}_2=\begin{bmatrix}\dfrac{1}{k(1+k^2)Z_0} & \dfrac{k}{k(1+k^2)Z_0}\\ \dfrac{k}{k(1+k^2)Z_0} & \dfrac{k^3}{k(1+k^2)Z_0}\end{bmatrix}$$

$\boldsymbol{Y}_1$ 矩阵与 $\boldsymbol{Y}_2$ 矩阵并联后的 Y 矩阵为

$$\boldsymbol{Y}=\boldsymbol{Y}_1+\boldsymbol{Y}_2=\begin{bmatrix}Y_{11} & Y_{12}\\ Y_{21} & Y_{22}\end{bmatrix}=\begin{bmatrix}\dfrac{1}{k(1+k^2)Z_0}+\dfrac{1}{R} & \dfrac{k}{k(1+k^2)Z_0}-\dfrac{1}{R}\\ \dfrac{k}{k(1+k^2)Z_0}-\dfrac{1}{R} & \dfrac{k^3}{k(1+k^2)Z_0}+\dfrac{1}{R}\end{bmatrix}$$

归一化后为

$$\bar{\boldsymbol{Y}}=\begin{bmatrix}Y_{11}kZ_0 & Y_{12}Z_0\\ Y_{21}Z_0 & Y_{22}Z_0/k\end{bmatrix}$$

为满足输出端口②、③隔离的要求，须有 $S_{12}=S_{21}=0$。由 $\boldsymbol{S}=(\boldsymbol{I}-\bar{\boldsymbol{Y}})(\boldsymbol{I}+\bar{\boldsymbol{Y}})^{-1}$ 可知，必有 $\bar{Y}_{12}=\bar{Y}_{21}=0$，由此可以得到隔离电阻的值：

$$R=\frac{1+k^2}{k}Z_0 \tag{5-23}$$

在实际工程中，常采用由镍铬合金或电阻粉等材料制成的薄膜电阻作为隔离电阻，通过焊接在两输出端口之间实现隔离。对于等分功分器，有 $P_2=P_3$，$k=1$，于是有

$$R_2=R_3=Z_0,\ Z_{02}=Z_{03}=\sqrt{2}Z_0,\ R=2Z_0$$

需要注意的是，在微带线功分器的设计中，输出端口②、③端接的负载并不是纯电阻，而是特性阻抗为 Z_0 的微带传输线，此时需要在 Z_0 与 Z_{02}、Z_{03} 之间分别加入一段四分之一波长的阻抗变换器。同时，要注意微带功分器的频带特性，在中心频点，它是理想的，当工作频率偏离中心频点时，不论是输入驻波比还是隔离度都会变差，所以常规威尔金森功分器的带宽比较窄(请思考这种窄带特性是由什么因素决定的)。

5.3　微波谐振器

5.3.1　微波谐振器的概念

微波谐振器就是微波波段的谐振回路，它是由“金属空腔”构成的。所谓金属空腔是一个自行封闭的金属腔体，简称谐振腔。这种谐振腔与低频谐振回路的结构完全不同。低频谐振回路是由集总参数的电感、电容组成的，由于这种回路能在某一个频率上发生谐振，因而具有选择信号的能力。而频率同电感、电容呈 $f=\dfrac{1}{2\pi\sqrt{LC}}$ 的关系，要提高谐振频率，只能减小 L、C 的值。

微波谐振器

图 5-37(a)所示是由集总参数的电容 C、电感 L 组成的谐振回路。图 5-37(b)表示增大电容器两极板间的距离，以减小电容量；减小电感线圈圈数，以减小电感量。图 5-37(c)、(d)表示把电感线圈拉成直导线，甚至在电容器极板四周并接上很多直导线，进一步减小电感量。当并接的直导线为无穷多时，就变成了如图 5-37(e)所示的圆柱形空腔，这就是微波波段的圆柱谐振腔。

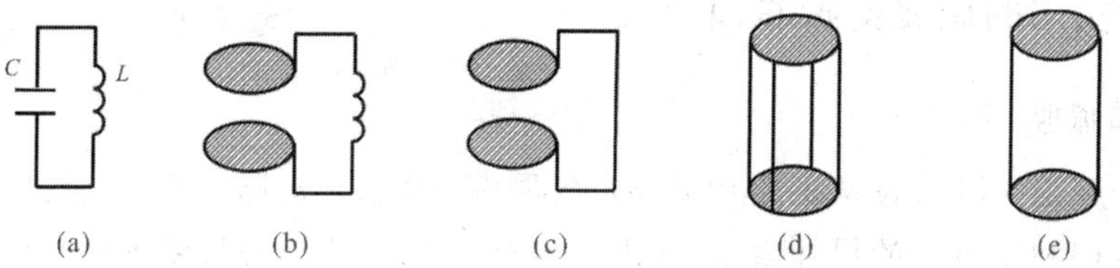

图 5-37　由低频谐振回路向圆柱形谐振腔过渡示意图

根据金属腔的形状，微波谐振器有矩形谐振腔、圆柱形谐振腔及同轴线谐振腔等。通常频率在高于 300 MHz 时用同轴谐振腔，高于 1000 MHz 时用矩形或圆柱形谐振腔。

因为振荡的本质是电能和磁能的相互交替转换。在低频谐振回路里，电能集中在电容器中，磁能集中在电感线圈内。微波谐振腔可以看成一段两端短路的传输线段。在这种传输线里，传输的行波被终端短路来回反射，最后形成驻波，其电场与磁场在时间上有 90°的相位差。因而当电场能量最大时，磁场能量为零；当磁场能量最大时，电场能量为零。这样在腔内电能与磁能相互转换，形成持续振荡，其转换频率就是谐振器的谐振频率。所有这些物理过程与低频 L、C 谐振回路发生振荡是相似的。但微波谐振器在封闭的金属腔内振荡，不产生辐射损耗，热损耗也很小，因而品质因数远远高于低频谐振回路的值。低频谐振回路的电磁能量分别集中在电容器或电感线圈内，振荡功率的大小受电容器的耐压值所制约，因而可以实现较大的振荡功率。此外，低频谐振回路只有一个谐振频率，而微波谐振器具有多谐性。即当谐振腔的尺寸一定时，具有无穷多个谐振频率。每个谐振频率与特定的振荡模式相对应，所以对于其频率选择性，微波谐振器要大大高于低频谐振回路。下面先介绍微波谐振器的谐振频率、品质因数等基本参数，以了解其谐振腔的特性。

低频振荡回路的基本参数是集总参数的电容 C、电感 L 和电阻 R。由它们可以很容易导出谐振频率 f、品质因数 Q 及等效电阻 R 等其他参数。而在微波谐振器中，L、C 基本上已失去意义，但 f、Q 及 R 三个基本参数仍反映微波谐振器的物理特性。因为等效电阻反映微波谐振器功率损耗的大小，它已在无载品质因数中体现了，所以这里不予介绍。

(1) 谐振频率 f(或谐振波长 λ)。

谐振频率 f 是指微波谐振腔中某个振荡模式的场发生谐振时的频率。当腔内场强最强或电场能量与磁场能量幅值相等时，可求出其谐振频率。

(2) 品质因数 Q。

品质因数 Q 是描述谐振腔频率选择性的能力高低及反映腔体损耗大小等特性的物理量，其定义是

$$Q=\omega\frac{\text{谐振系统内储存能量}\ W}{\text{谐振系统的损耗功率}\ P_l} \tag{5-24}$$

式中：W 为谐振时谐振腔内电能与磁能的总和，P_l 为谐振腔系统的损耗功率。注意：P_l 应分为两部分，一部分是谐振腔流经腔壁电流引起的焦耳热损耗及腔内的介质损耗；另一部分是谐振腔与负载耦合时将能量耦合给负载所引起的“损耗”。这样定义的 Q 称为有载品质因数。本节只讨论谐振腔本身的性能，因此，P_l 不包括谐振腔耦合给负载的能量，这样定义的 Q 称为无载品质因数，又叫固有品质因数。而谐振腔内的介质损耗因远小于焦耳热损耗，一般忽略不计。

5.3.2 几种实用的微波谐振器(腔)

1. 矩形谐振腔

矩形谐振腔是一段长为 d 的矩形波导，在两端用金属片短路而成的，波导宽边 a 和窄边 b 仍用 x 方向和 y 方向的尺寸表示，如图 5-38 所示。当 d 的长度等于半个波导波长的整数倍时，电磁波由短路壁反射而形成驻波，使波导在 $z=0$ 处的电场 E_y 为零。

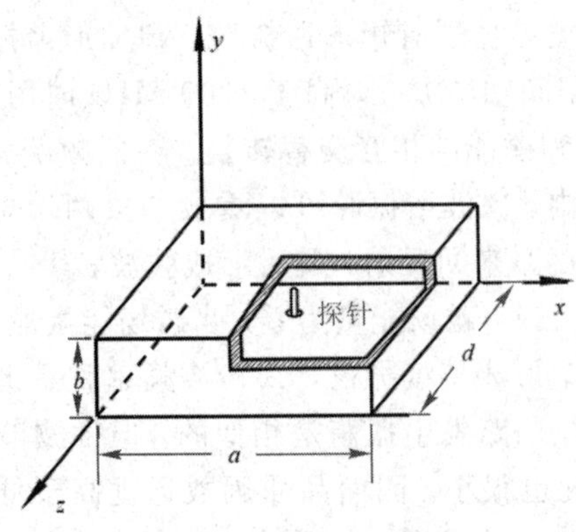

图 5-38 矩形谐振腔

1）矩形谐振腔的场结构及场方程

首先讨论 TE_{mn} 型波在矩形谐振腔中的场结构及方程。如果 TE_{mn} 型波在波导内被激励起来，那么它向 z 轴传输，在 $z=d$ 处被短路，波被反射，反射波传到 $z=0$ 处，又遇到短路片，再向 z 轴反射，来回反射形成驻波。结果发生持续振荡，其振荡模式是 TE_{mnl}（请注意，实际上也存在 TM_{mnl} 振荡模式）。这里下标 m、n 的含义同波导中讲的一样，而 l 是指场强沿 z 轴分布的半个正弦波的个数。不同的 m、n、l 就对应着不同的振荡模式。在诸多振荡模式中，要保证单一型波的振荡，可使振荡频率稳定可靠。最低振荡模式是最有用的，所以，下面只介绍 TE_{101} 振荡模式的场方程：

$$\begin{cases} H_z=-\mathrm{j}2H_0^+\cos\left(\dfrac{\pi}{a}X\right)\sin\left(\dfrac{\pi}{d}Z\right) \\ H_x=\mathrm{j}2\,\dfrac{a}{d}H_0^+\sin\left(\dfrac{\pi}{a}X\right)\cos\left(\dfrac{\pi}{d}Z\right) \\ E_y=-2K_{101}\eta\,\dfrac{a}{\pi}H_0^+\sin\left(\dfrac{\pi}{a}X\right)\sin\left(\dfrac{\pi}{d}Z\right) \\ H_y=E_x=E_z=0 \end{cases} \tag{5-25}$$

式中：H_0^+ 代表沿 $+z$ 方向传播的电磁波振幅，$K_{101}=\sqrt{\left(\dfrac{\pi}{a}\right)^2+\left(\dfrac{\pi}{d}\right)^2}$。

根据场方程即可画出它的场结构图，如图 5-39 所示。

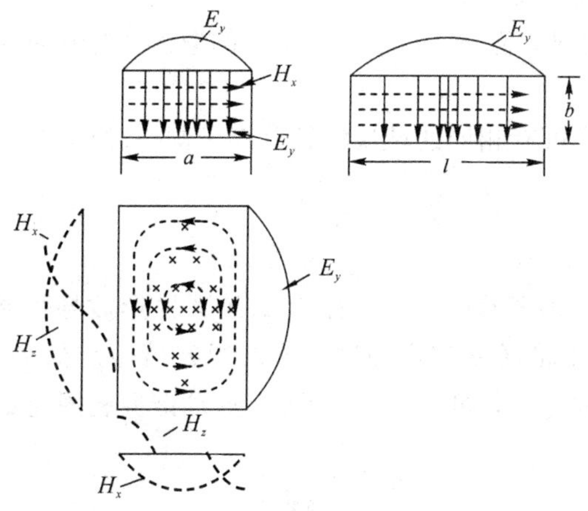

图 5-39　矩形谐振腔中 TE_{101} 模块量分布图

2）最低振荡模式的谐振频率

由矩形波导中波的传播常数可得 TE_{mnl}、TM_{mnl} 振荡模式的谐振频率为

$$f_{mnl}=\frac{1}{\sqrt{\varepsilon\mu}}\sqrt{\left(\frac{m}{2a}\right)^2+\left(\frac{n}{2b}\right)^2+\left(\frac{l}{2d}\right)^2} \tag{5-26}$$

而最低振荡模式是 TE_{101}，所以

$$f_{101}=\frac{1}{\sqrt{\varepsilon\mu}}\sqrt{\left(\frac{1}{2a}\right)^2+\left(\frac{1}{2d}\right)^2} \tag{5-27}$$

又因为 $\lambda f=v$，所以

$$\lambda_{101}=\frac{v}{f_{101}}=\frac{\frac{1}{\sqrt{\varepsilon\mu}}}{\frac{1}{\sqrt{\varepsilon\mu}}\sqrt{\left(\frac{1}{2a}\right)^2+\left(\frac{1}{2d}\right)^2}}=\frac{2}{\sqrt{\left(\frac{1}{a}\right)^2+\left(\frac{1}{d}\right)^2}} \tag{5-28}$$

3）矩形谐振腔的无载品质因数 Q

谐振腔内贮存的能量 W 为

$$W=W_e+W_m=2W_e=\frac{\varepsilon}{2\pi^2}a^3bdK_{101}^2\eta|H_0^+|^2$$

谐振腔六个内表面壁的损耗功率为

$$P_l=R_s|H_0^+|^2\ \frac{2a^3b+a^3d+ad^3+2d^3b}{d^2}$$

所以矩形谐振腔无载品质因数 Q 为

$$\begin{aligned}Q&=\omega\frac{W}{P_l}=2\pi f\frac{W}{P_l}=\frac{K_{101}^2a^3d^3b\eta}{2\pi^2R_s(2a^3b+a^3d+ad^3+2d^3b)}\\&=\frac{1}{8}\frac{abd(a^2+d^2)}{[2b(a^3+d^3)+ad(a^2+d^2)]}\end{aligned} \tag{5-29}$$

式中：$R_s=\frac{1}{\sigma\delta}=\sqrt{\frac{\pi f\mu\sigma}{\sigma}}=\sqrt{\frac{\pi f\mu}{\sigma}}$，$\eta=\sqrt{\frac{\mu}{\varepsilon}}$

矩形谐振腔的主要特点如下：

(1) 当 a、b、d 一定时，若 m、n、l 具有不同的数值，则谐振波长 λ 不同，这表明谐振腔具有多谐性。

(2) 不同的振荡模式可有相同的谐振波长共存于同一腔体中，这种现象称为“简并”。

2. 圆柱形谐振腔

1）结构

圆柱形谐振腔是由一段长度为 d、半径为 a 的圆柱形波导两端短路构成的。实用上，在腔体的一端用可调的短路活塞实现短路，用以调整谐振腔的频率，在腔上开有两个小孔，用以输入和输出高频能量，如图 5-40 所示。这种谐振腔用超铟瓦钢制成，它能保证在

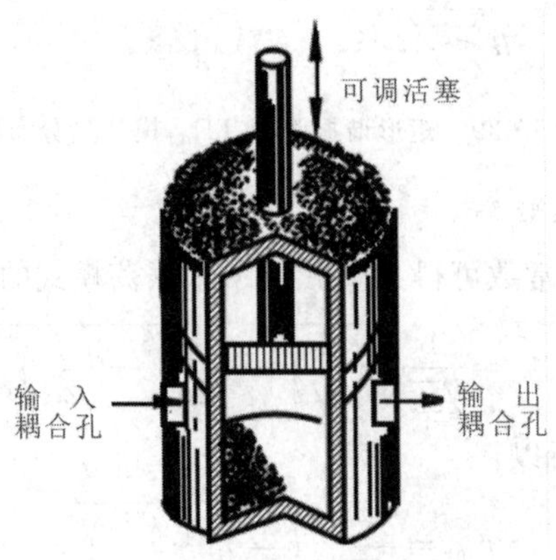

图 5-40　圆柱形谐振腔结构示意图

温度变化时谐振腔的频移很小。腔体内表面涂有银和钯，损耗小，Q 值很高。圆柱形谐振腔在微波系统中得到了广泛的应用。

2）振荡模式及谐振波长

因为在圆波导中也存在 TE°_{mn} 波和 TM°_{mn} 型波(上标°表示圆波导区别于矩形波导中的模式，当不引起混淆时可省略上标)，相应的振荡模式是 TE_{mnl} 型和 TM_{mnl} 型。下标 m、n、l 分别表示沿圆周方向、半径方向、长度 d 方向半个正弦波分布的个数。在圆波导中，最低型波是 TE°_{11}，对应的谐振模为 TE_{111}；次低型波是 TM°_{01}，对应的谐振模为 TM_{010}；还有较高的模式是 TE°_{01}，对应的谐振模为 TE_{011}。它尽管是较高的谐振模式，但有独特的优点，应用较多。

(1) TE_{111} 谐振模。

TE_{111} 谐振模存在的条件是 $\frac{d}{a}>2.1$，谐振频率的表达式为

$$f_{111}=\frac{1}{\sqrt{\varepsilon\mu}}\sqrt{\left(\frac{1.841}{2\pi a}\right)^2+\left(\frac{1}{2d}\right)^2} \tag{5-30}$$

说明腔体越小，谐振频率越高。

品质因数 Q 为

$$Q=\frac{v}{\delta f_{111}}\cdot\frac{1.03\left[0.343+\left(\frac{a}{d}\right)^2\right]^{3/2}}{1+5.82\left(\frac{a}{d}\right)^2+0.86\left(\frac{a}{d}\right)^2\left(1-\frac{a}{d}\right)} \tag{5-31}$$

式中：v 为电磁波传播速度。

(2) TM_{010} 谐振模。

因为在圆波导中 TM°_{mn} 型波的最低型波是 TM°_{01}，从它的场结构图可知，当 $l=0$ 时，在横截面上电场与磁场仍然存在，所以，这种谐振模的下标 l 可以为零。它单一存在的条件是 $\frac{d}{a}<2.1$，谐振频率表达式为

$$f_{010}=\frac{1}{\sqrt{\varepsilon\mu}}\cdot\frac{0.383}{a} \tag{5-32}$$

品质因数 Q 为

$$Q=\frac{6.28a}{2\pi\delta\left(1+\frac{a}{d}\right)} \tag{5-33}$$

(3) TE_{011} 谐振模。

TE_{011} 谐振模的谐振频率表达式为

$$f_{011}=\frac{1}{\sqrt{\varepsilon\mu}}\cdot\sqrt{\left(\frac{3.832}{2\pi a}\right)^2+\left(\frac{1}{2d}\right)^2} \tag{5-34}$$

品质因数 Q 为

$$Q=\frac{v}{\delta f_{011}}\cdot\frac{0.366\left[1.49+\left(\frac{a}{d}\right)^2\right]^{3/2}}{1+1.34\left(\frac{a}{d}\right)^3} \tag{5-35}$$

在圆柱形谐振腔中，TE_{011} 模虽不是低次模，但它的 Q 值最高。另外，因为这种模式的

$H_\varphi=0$，所以不存在轴向电流。这样，在调谐过程中，若需移动谐振腔的活塞以改变长度 d，因为没有电流通过移动的接触环，所以不会引起太大的损耗。因为它有这样突出的优点，所以一般波长计都乐于采用这种摸式。

3. 同轴谐振腔

同轴谐振腔是由同轴线构成的谐振器，腔内工作的是 TEM 驻波。这种波型工作可靠，适用米波、分米波段，用于微波三极管的振荡回路，也可用作波长计。同轴谐振腔有三种形式，即$\frac{\lambda}{4}$型、$\frac{\lambda}{2}$型及电容加载型，其结构分别如图 5-41(a)、(b)、(c)所示。$\frac{\lambda}{2}$谐振腔因应用受到限制，这里不作介绍。

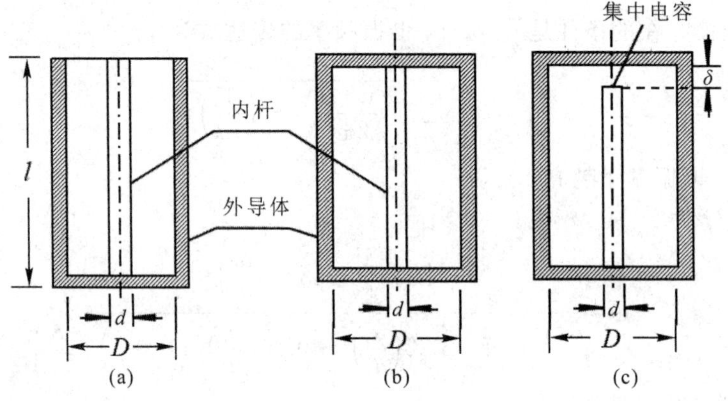

图 5-41 同轴线谐振腔的结构形式

1) $\frac{\lambda}{4}$型同轴谐振腔

这类谐振腔由长度为$\frac{\lambda}{4}$的奇数倍、一端短路另一端开路的同轴线构成。振荡的物理过程同波导谐振腔一样。其谐振波长的表达式为

$$\lambda=\frac{4l}{2n-1}\quad (n=1, 2, \cdots)$$

上式说明，当谐振波长已知时，谐振腔调整到谐振时其长度也就确定了。当 $n=1$ 时，谐振腔的长度为$\frac{\lambda}{4}$，振荡模式是最低的，谐振腔的长度是最短的。图 5-42 所示为 $n=1$、$n=2$ 两种振荡模式的驻波场分布图。

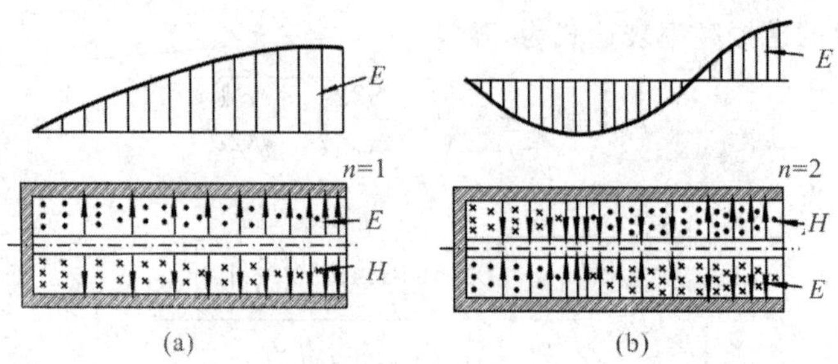

图 5-42 四分之一波长谐振腔的场分布图

上式还说明，谐振波长 λ 与谐振腔长度 l 有关，而与腔的横截面尺寸 D、d 无关。但为了抑制高次模式的存在，应满足 $\lambda>\frac{\pi}{2}(D+d)$。

$\frac{\lambda}{4}$同轴谐振腔的无载品质因数 Q 仍可按前面的定义计算。经推导可得

$$Q=\frac{1}{\delta}\cdot\frac{\ln\frac{D}{d}}{\frac{1}{D}+\frac{1}{d}} \tag{5-36}$$

由式(5-36)可见，Q 与 D 成单调关系。D 大，同轴腔的体积大，储能多，Q 就大；损耗最小的同轴线是当$\frac{D}{d}=3.6$ 时，此时 Q 值最大，即

$$Q_{\max}=\frac{0.278D}{\delta} \tag{5-37}$$

这种谐振腔的特点可归纳如下：

(1) n 不同，具有不同的振荡模式；

(2) 谐振波长 λ 只与谐振腔长度 l 有关，与线半径无关；要保证 TEM 单模工作，则应满足 $\lambda>\frac{\pi}{2}(D+d)$的条件。

(3) 实际应用的谐振腔，在开路端为防止辐射，通常将外导体延长以形成过极限波导，然后将端面封闭。当然，此时需变动内导体长度，以保证谐振。

2) 电容加载型同轴谐振腔

电容加载型同轴谐振腔为一端短路、另一端其内导体端头与腔体端面之间留有一个空隙，形成一个所谓集总电容，在该处电力线分布很密，电场较集中，其结构如图 5-41(c)所示。这种谐振腔可等效为一端短路、另一端接电容负载的传输线段来分析，然后用图解法可求得谐振频率。图 5-43 所示为当 l 变化时所出现的一系列谐振频率，图中随频率变化的直线和余切曲线的交点 ω_{01}、ω_{02}、ω_{03}…即为电容加载腔的谐振频率。

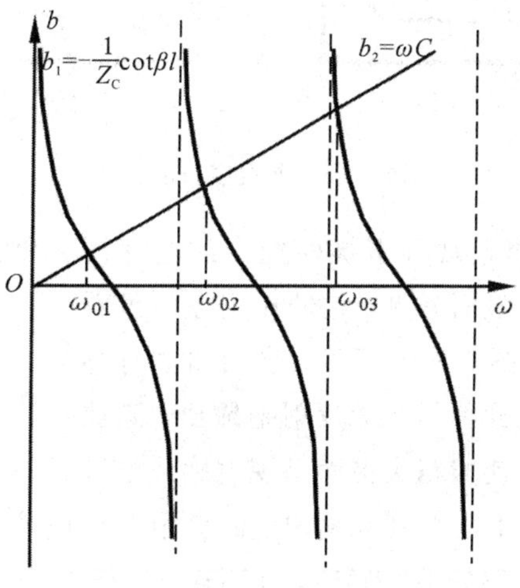

图 5-43 用图解法求电容加载腔谐振频率

电容加载型同轴谐振腔的调谐可采用两种方法。一种是容性调谐法，在不改变谐振腔长度的情况下，调整螺杆，改变电容的大小，如图 5-44(a)所示；另一种是调谐活塞改变谐振腔的长度，如图 5-44(b)所示，可用于超高频三极管与电容加载型同轴谐振腔的振荡器中。

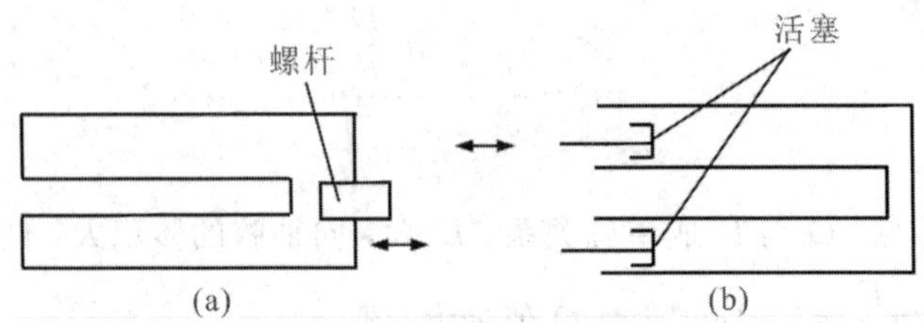

图 5-44　电容加载同轴腔两种调谐法的调谐法

5.3.3　微波谐振窗

有时谐振腔与波导之间的耦合，既要保证电磁能从波导进入谐振腔，又要保证腔体与波导在空间物理性质上互相“隔绝”。比如，一个是气体，一个是真空；一个是空气，一个是惰性气体等。这种情况就是需要通过谐振窗来满足的。

所谓谐振窗，就是在金属片中开一个小窗口(窗口的形状和大小可根据谐振频率来计算)，然后用适当的介质(一般用石英玻璃)封闭起来，如图 5-45 所示。

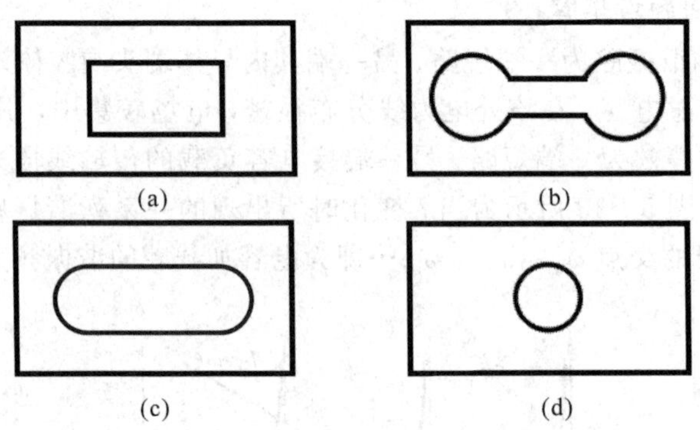

图 5-45　谐振窗口的形状

金属片中的小窗口相当于波导阻抗匹配中的电感模片和电容模片的联合使用。显而易见，它的作用原理可看成一个 L、C 振荡回路，如图 5-46 所示。当回路固有频率和某信号频率谐振时，则此信号将无反射地输出，除此谐振频率以外的其他信号，使回路失谐而呈现电感或电容性，产生很大的反射，信号不能很好地输出。窗口用石英玻璃封闭起来，将它放在腔体与波导之间，使两者在空间上很好地“隔绝”，互不通气，而不会影响电磁能量的传输。

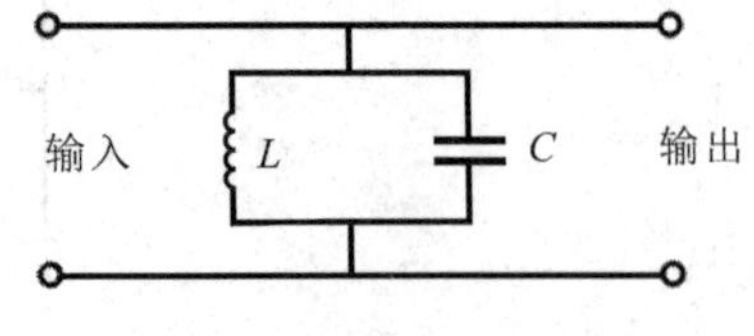

图 5-46　谐振窗等效电路

5.4　衰减器和移相器

在微波传输系统中，经常需要对传输的微波功率进行调整。有时要将微波功率产生一定量的衰减或消除不希望有的反射，这类器件叫作衰减器。衰减量固定的称为固定衰减器，衰减量可调的叫作可调衰减器；有时需要将微波功率无衰减地通过，但要求能产生一定的相位移，这类器件称为移相器。移相器产生的相位移一般都是可调的。本节重点介绍可调吸收式衰减器、过极限衰减器、同轴线型伸缩式移相器及介质片移相器的结构与工作原理。

一般衡量衰减器性能的主要指标是：工作频带，输入端驻波系数，衰减量等。

对移相器的要求有：在单位长度损耗一定的条件下，相移要尽可能的大，可以均匀调整其相移量，工作稳定可靠，工作频带要宽等。

5.4.1　微波衰减器

1. 可调吸收式衰减器

前面介绍的全匹配负载一般用来消除无用的反射波，这是一种固定吸收式衰减器。最简单的可调吸收式衰减器是在波导中或在同轴线中放置平行于电场方向的吸收元件组成的。图 5-47 所示是一个波导型可调吸收式衰减器，它是由一个介质片垂直置于波导宽边而成的。在介质片上涂有一层电阻薄膜，平行于电阻薄膜的电场可在电阻薄膜表面激励传导电流形成焦耳热损耗，达到衰减传输功率的目的。

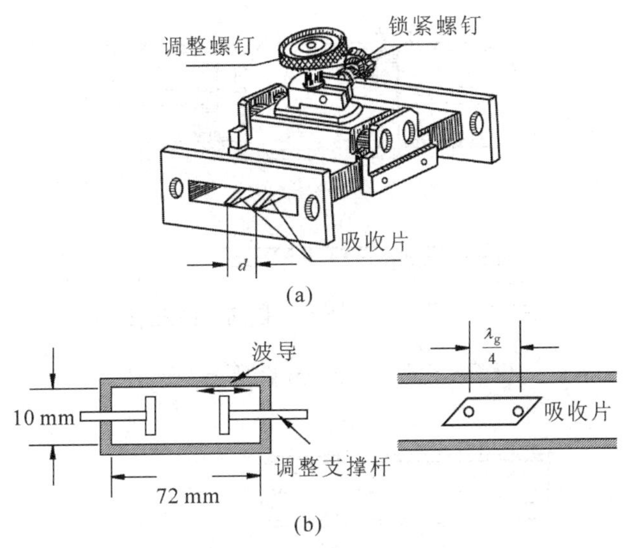

图 5-47　波导型可调吸收式衰减器的结构

调整吸收片距离的支撑杆是用细介质圆棒做成的。若吸收片较长，则需用两根支撑杆支撑。因为 TE_{10} 型波的电场分量 E_y 在矩形波导中沿宽边呈正弦分布，中间强两边弱，因此，把吸收片置于波导中间时衰减最大，向窄边方向移动时衰减减小。这样，把吸收片沿着波导宽边移动就成了可调吸收式衰减器。吸收片可用胶木等介质材料作基片，上面涂敷石墨粉等电阻材料。一般表面电阻在 200～300 欧/厘米^2。为提高工作稳定性，通常还要浸渍一层氧化硅保护层。

两支撑杆之间的距离一般取$\frac{\lambda_g}{4}$，用以抵消在两支撑杆上引起的反射。

还有一种可调衰减器，它的吸收片做成刀形形状，将它沿波导纵向插入矩形波导宽边的中央，其结构很像可调电容器的动片。当完全转入波导内时，衰减量最大；当完全转出波导外时，衰减量为零，如图 5-48 所示。这种衰减器的优点是在波导内无须加装支撑物，因此可以使输入驻波系数接近 1。

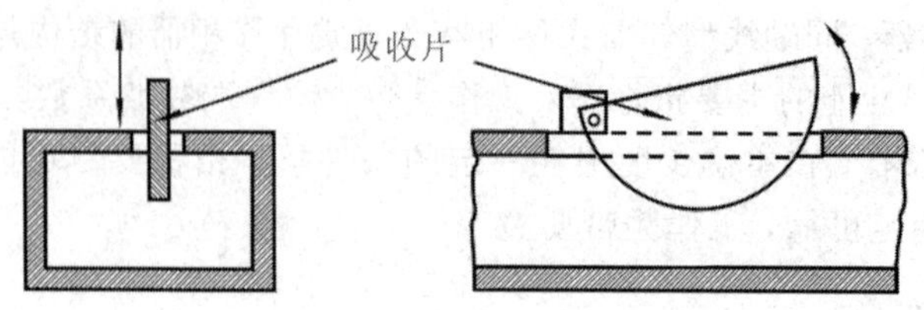

图 5-48　刀形吸收片可调衰减器结构示意图

2. 过极限衰减器

过极限衰减器是用截止波导制成的。当工作波长大于某型波的截止波长时，该型波就不能在波导中传输了。此时，电磁波在波导中按指数衰减。过极限衰减器就是根据这样的原理制成的。截止波导通常以圆波导居多，因为它可以用较简单的机械结构来调节衰减量。图 5-49(a)、(b)是由同轴线和圆波导构成的过极限衰减器，图 5-49(c)是在矩形波

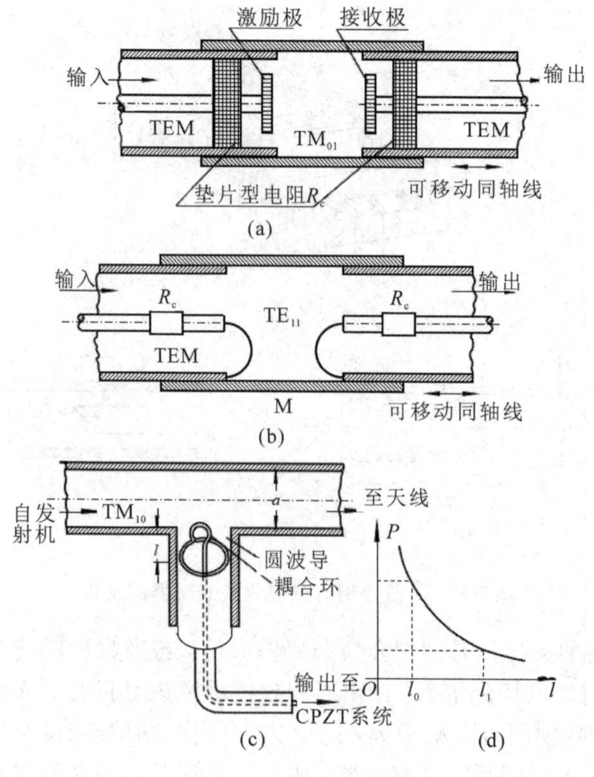

图 5-49　过极限衰减器

导的窄边接上一段长度可调的圆波导，然后通过耦合环输出高频能量的过极限衰减器，图 5－49(d)表示图 5－49(c)中衰减器的衰减量随长度 l 的改变而按指数规律衰减，l 越长，衰减量越大。

在图 5－49(a)中，同轴线内传输的 TEM 波通过耦合圆盘可在圆波导内激励起 TM_{01} 型波。但由于 TEM 型波的工作波长远大于 TM_{01} 波的截止波长，所以 TM_{01} 型波不能在圆波导内传输，而按指数规律衰减，再用圆盘通过电耦合可在同轴线内激励起 TEM 波。这时 TEM 波的能量已经很小了，从而达到了衰减的目的。图 5－49(b)是从同轴线到截止波导，再从截止波导到同轴线通过线环磁耦合，在圆波导中激励起 TE_{11} 型波。同样的道理，TE_{11} 型波也不能在圆波导内传输，而按指数规律衰减。图 5－49(c)是矩形波导内的 TE_{10} 型波耦合到了圆波导内，激励起了 TE_{11} 型波。同样，由于 TE_{10} 型波的工作波长大于 TE_{11} 型波的截止波长，所以，TE_{11} 型波也不能在圆波导内传输。因此，过极限衰减器也叫截止式衰减器。

过极限衰减器的最大优点是衰减量与 l 成正比，与频率无关，且其刻度均匀，调整方便，具有频带宽的特性，所以在微波系统中得到了广泛的应用。

5.4.2　微波移相器

1. 同轴线型伸缩式移相器

移相器是用来改变微波传输系统中电磁波相位的一种微波元件。理想的移相器是一段长度可以改变的均匀无耗传输线。同轴线型伸缩式移相器就是根据这样的原理制成的。图 5－50 是这种移相器的结构示意。它通过改变同轴线的长度 l 实现需要改变的相位移 $\Delta\varphi$，即

$$\Delta\varphi=\beta l=\frac{2\pi}{\lambda_g}\cdot l \tag{5-38}$$

由式(5－38)可以看出，改变传输系统相位移的方法有两种：一种是改变传输系统的机械长度 l，另一种是改变传输系统的相移常数 β。同轴线型移相器是通过改变机械长度来实现的。

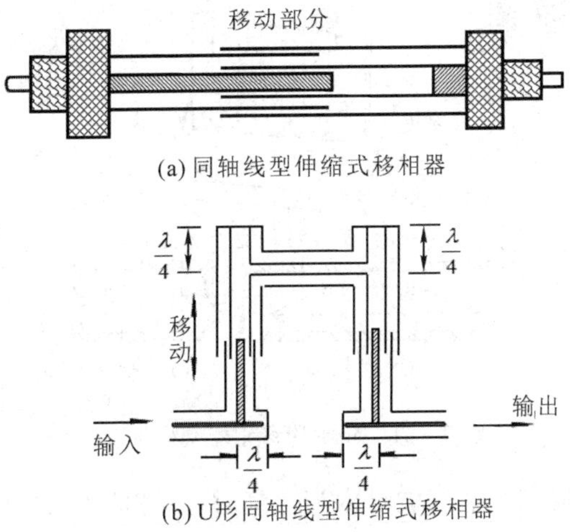

图 5－50　同轴线型移相器结构示意图

由 $\beta=\frac{2\pi}{\lambda_g}=\omega\sqrt{\varepsilon\mu}$ 可知，改变相移常数 β 的方法也有两种：一种是改变波导宽边尺寸 a，另一种是在波导中放入相对介电常数 $\varepsilon_r>1$ 的介质片。

空气填充的矩形波导中传输 TE_{10} 波时，其波导波长 λ_g 为

$$\lambda_g=\frac{\lambda}{\sqrt{1-\left(\frac{\lambda}{2a}\right)^2}} \tag{5-39}$$

显然改变波导宽边尺寸 a 可改变 λ_g，导致 β 变化，从而达到移相的目的。应用这个原理制成的移相器称为压榨式波导移相器。但这种移相器目前已很少应用，而大多采用介质片移相器。

2. 介质片移相器

介质片移相器是在波导中放入相对介电常数 ε_r 很大同时又是用低损耗材料做成的介质片，使波导波长 λ_g 随着介质片在波导内横向移动而发生变化，从而获得可变相移的一种移相器。图 5-51(a)是常见的一种介质片移相器，它是由 72 mm×10 mm 的矩形波导和插入其内的并与波导窄边平行的两块菱形聚苯乙烯介质片及调整机构组成的。图 5-51(b)、(c)是它的结构示意图。

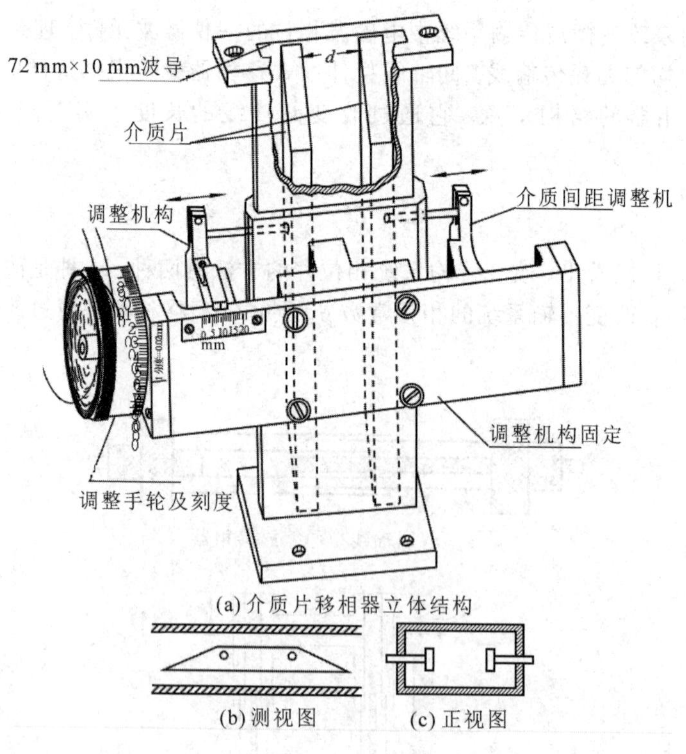

(a) 介质片移相器立体结构

(b) 测视图　　(c) 正视图

图 5-51　介质片移相器结构示意图

这种移相器的移相原理是：当波导内为空气时，其相移常数为

$$\beta_0=\frac{2\pi}{\lambda_0}\sqrt{1-\left(\frac{\lambda_0}{2a}\right)^2} \tag{5-40}$$

当波导内填充介质时(假定 $\mu_r=1$)，其相移常数为

$$\beta=\frac{2\pi}{\lambda_0}\sqrt{\varepsilon_r-\left(\frac{\lambda_0}{2a}\right)^2} \tag{5-41}$$

式中：λ_0 是空气中的工作波长。

由式(5-40)、式(5-41)可知，在同样尺寸的波导中，当分别填充介质和空气时，电磁波通过单位长度之后产生的相位差为

$$\Delta\varphi=\beta-\beta_0=\frac{2\pi}{\lambda_0}\left[\sqrt{\varepsilon_r-\left(\frac{\lambda_0}{2a}\right)^2}-\sqrt{1-\left(\frac{\lambda_0}{2a}\right)^2}\right] \tag{5-42}$$

可见 ε_r 越大，相移也越大。实用的介质片移相器不是在波导内填满介质，而是采用可移动的介质片，通过改变介质片的位置来改变相移的大小。实验证明，相移的变化与介质片的厚度及长度成正比。但为了减小反射波，一般介质片的厚度不宜过大。由电磁场理论可知，在波导内放入介质片以后，波导内的场向介质片集中，TE_{10} 波的电场分量 E_y 沿宽边的分布不再按照正弦规律，如图 5-52(b)所示。由图 5-52(b)可见，由于在波导内放置介质片以后，E_y 的分布变形，如仍按正弦函数的半波分布，就等效延长了波导的宽边尺寸，导致 TE_{10} 波的截止波长 λ_c 增大，波导波长 λ_g 减小，最后使相移常数 β 变大。

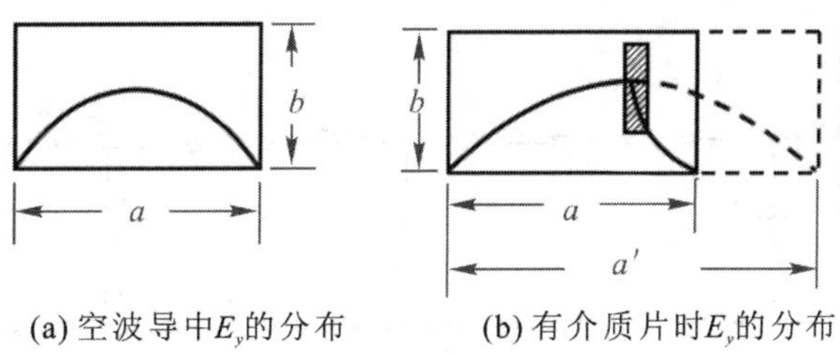

图 5-52 介质片移相器内电场分布图

介质片的形状一般做成梯形或平行四边形，目的是使阻抗呈渐变式，以减少波的反射。

这种移相器的特点是可以改变的相移量很大，会给微量调整带来一定的困难。

5.5 微波滤波器和微波铁氧体元件

5.5.1 微波滤波器

1. 概述

微波滤波器

微波滤波器是在微波系统中用来分隔频率的重要器件。滤波器是一种由电感、电容以及串并联谐振回路组成的电路。这些元件本身对信号频率具有“通”和“阻”的作用，故称滤波元件。例如，电感线圈能够通低频而阻高频，电容器则能阻低频而通高频，串联谐振回路能通过一定频带的信号而阻止其余频带的信号，并联揩振回路能阻止一定频带的信号而通过其余频带的信号。因此，根据要求把它们按一定的形式组成电路，就能使各种频率的信号具有不同的阻抗，把这种电路接在信号源与负载之间就可以使某些频率的信号呈现很大的阻抗，使其不能通

过；而使某些频率的信号呈现很小的阻抗使其畅通无阻。完成这种功能的电路称为滤波器。信号频率工作在微波波段，相应的滤波器称为微波滤波器。

微波滤波器在雷达、多路通信及导弹上均有广泛的应用。例如，雷达接收机工作时，天线上会同时接收多种频率的信号。微波滤波器“阻止”不需要的频率信号进入接收机而把它“滤”掉，这就是由接收机第一级输入电路——微波预选器来完成的。导弹预选器和目标预选器都是带通滤波器。

微波滤波器可等效为无耗互易的四端口网络，该网络的衰减量可用如下公式来表示：

$$L = 10\lg \frac{1}{1-|r|^2} \quad (\text{分贝}) \tag{5-43}$$

式中：L、$|r|$都是频率的函数，它们的函数关系称为衰减——频率特性或频率响应。

2. 滤波器的分类

滤波器可分为低通、高通和带通滤波器。

1）低通滤波器

所谓低通滤波器，就是低于某一频率 f_2 的信号能通过，高于 f_2 的信号不能通过。因此，其串臂元件应该用电感，而并臂元件则应该用电容。其电路结构可分为“Γ”型、“T”型和“Π”型三种，如图 5-53 所示。

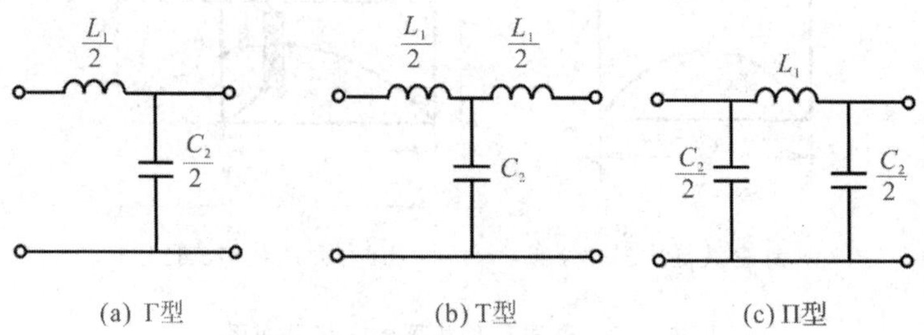

图 5-53　低通滤波器

由电路不难看出：对于低频信号，串臂上的电感呈现的阻抗较小，并臂上的电容呈现的阻抗较大，结果负载上就可以得到比较大的低频信号；而对于高频信号，串臂上的阻抗较大。因此，高频信号大部分降落在电感两端，负载上得到的高频信号却很小。这样低通滤波器就起到了通低频阻高频的作用。

在理想情况下，低通滤波器的频率响应如图 5-54 所示。

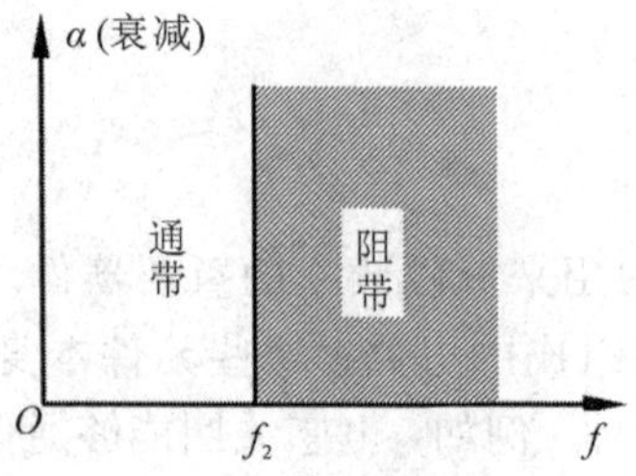

图 5-54　低通滤波器的频率响应

2）高通滤波器

所谓高通滤波器就是高于某一频率 f_1 的信号能通过，低于 f_1 的信号不能通过。因此，其串臂元件应该用电容，而并臂元件则应该用电感。其电路结构也可分为"Γ"型、"T"型和"Π"型三种，如图 5-55 所示。在理想情况下，高通滤波器的频率响应如图 5-56 所示。

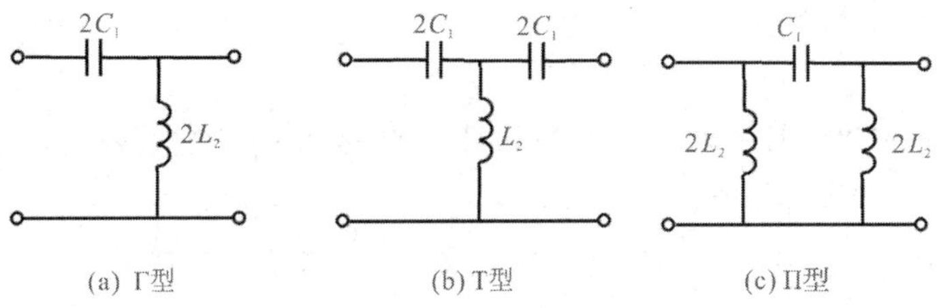

图 5-55　高通滤波器

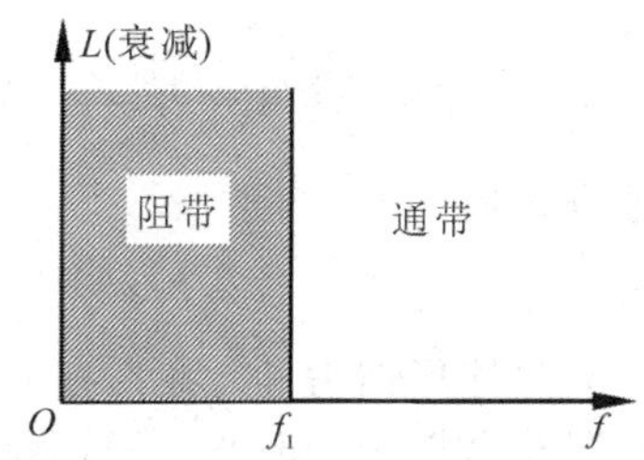

图 5-56　高通滤波器的频率响应

3）带通滤波器

所谓带通滤波器，就是信号频率在 $f_1 \sim f_2$ 之间能通过，低于 f_1 和高于 f_2 的信号频率不能通过。可见，只要把低通和高通滤波器串接起来，就可以组成带通滤波器，如图 5-57(a)～(c)所示。其频率响应如图 5-57(d)所示。

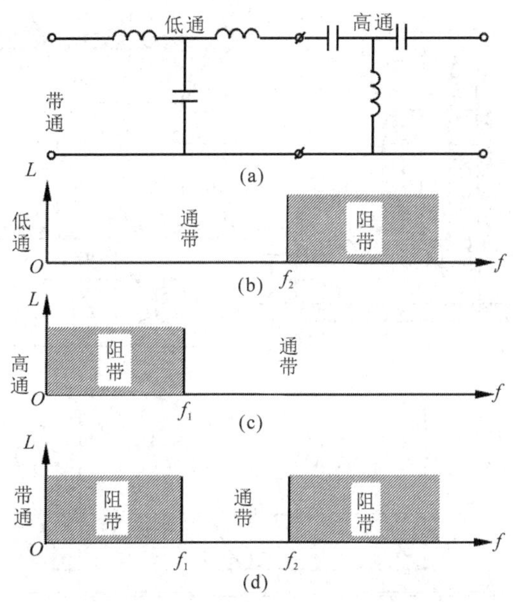

图 5-57　带通滤波器及其频率响应

实践证明，由低通和高通滤波器组成的带通滤波器有一个缺点，就是通带与阻带的分界线不够明显。因此，在实用中，通常采用滤波特性较好的串、并联谐振回路来组成带通滤波器，如图 5-58 所示。它们可以由相应的 Γ 型低通和高通、T 型低通和高通、Π 型低通和高通电路串联演变而成。

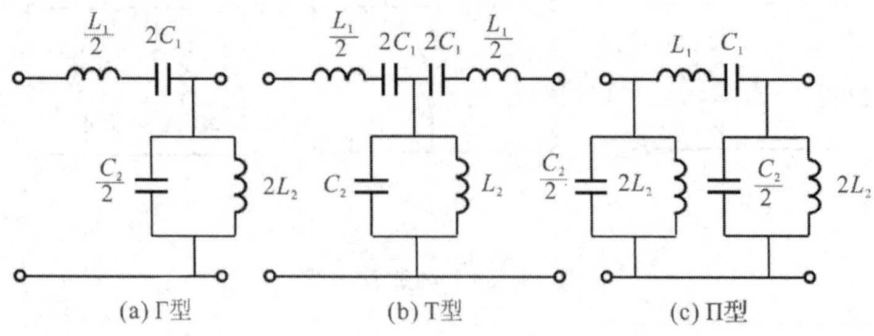

图 5-58　由谐振回路组成的带通滤波器

3. 圆柱形谐振腔组成的微波预选器

1）结构

这种滤波器的主要部分是一个圆柱形谐振腔。在谐振腔上装有调整活塞和微调螺钉。调整活塞用来在较大频率范围内调整谐振腔的频率，微调螺钉可以在发射机中心频率 f_0 的基础上，左右调整几十兆赫。再调整活塞与微调螺钉之间有 $\frac{\lambda}{4}$ 的扼制槽，用以保证活塞与螺钉之间在电气上的良好接触，如图 5-59(a)所示。谐振腔两端开有输入、输出耦合孔，如图 5-59(b)所示。

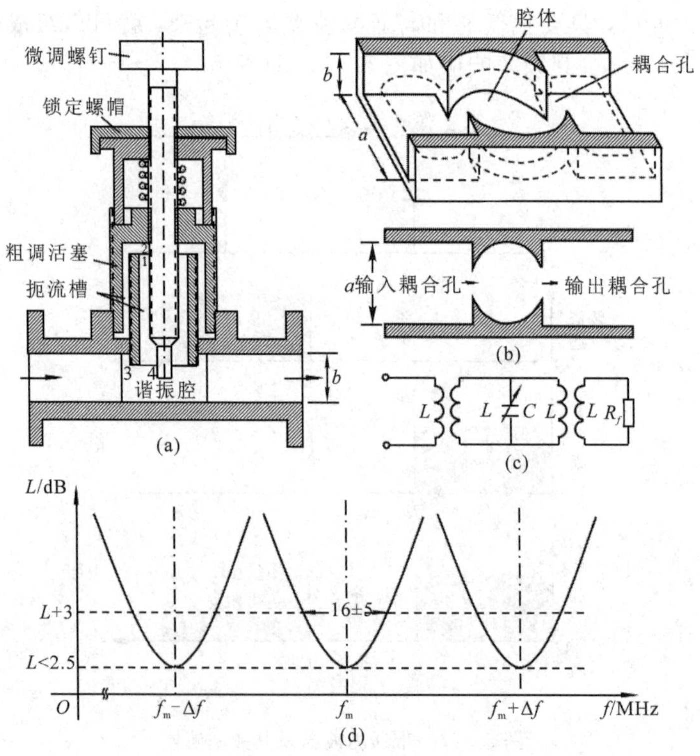

图 5-59　圆柱形谐振腔组成的微波预选器结构及原理图

2）工作原理

谐振腔两端与矩形波导相连接。矩形波导的尺寸为 72 mm×10 mm，并且工作于 TE_{10} 型波。谐振腔与波导连接处均开有小缝隙，通过缝隙激励耦合给负载的是磁耦合形式，耦合缝隙可以等效为变压器的等效电路，而谐振腔本身可以等效为 L、C 的并联揩振回路。总的等效电路如图 5－59(c)所示。

调整粗调活塞和微调螺钉可以改变腔体的大小，即改变了等效的 L、C 参数，从而使腔体的频率得到调整。从微调螺钉的结构可以看出，当调整它时直接影响腔体中的电场，所以这种微调可视为容性调谐。当调整到所需频率上时，预选器对该频率的信号产生谐振，使其输出最大，而使其他频率的信号因失谐而输出很小或被完全抑制。频率调整范围在 f_0 左右几十兆赫内任一频率上，其频率特性如图 5－59(d)所示。调整方法是：先将锁紧螺帽拧松，然后调整微调螺钉。否则，易损坏微调螺钉。

4. 矩形波导加装谐振元件的微波预选器

在地面雷达设备中，经常要对飞行器发射问答信号。飞行器的回答信号经地面雷达接收机接收下来，以便控制飞行器的正常飞行。但往往由于飞行器受空间或本身重量的限制，飞行器应答发射机没有稳频设备，回答信号的频率不是很稳定，因此对地面雷达接收机来说，必须要有较宽的频带，这首先在于作为接收机的第一级输入电路——微波预选器要具有宽频带特性。采用什么样的特殊结构可以实现微波预选器的宽频带特性呢？

1）结构

沿矩形波导纵向紧贴波导两个窄边分别安置两个电感膜片，在波导宽边的正中央沿纵向安置间距为 $\frac{\lambda_g}{4}$ 的三个可调螺钉。螺钉和电感膜片就是谐振元件，它们可用等效参数 L、C 表示，如图 5－60(a)所示。

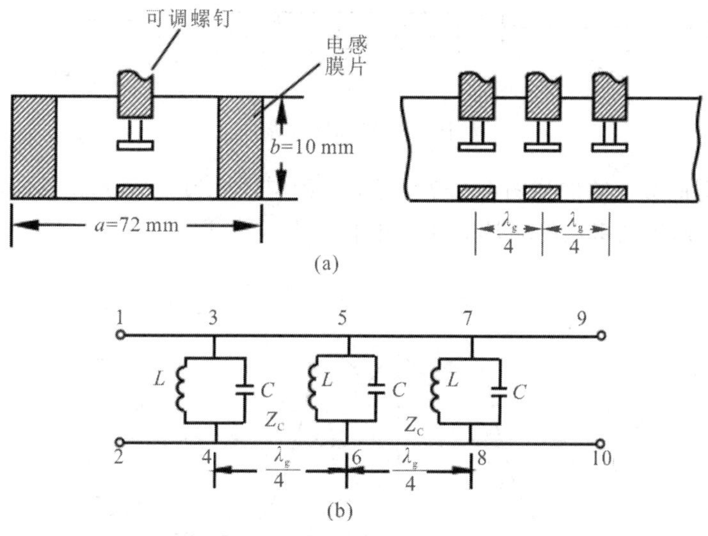

图 5－60　矩形波导加装谐振元件的微波预选器

2）工作原理

这种结构的微波预选器把谐振元件用等效参数 L、C 表示以后，每对谐振元件可以看

成一个 L、C 并联谐振回路，而每个 L、C 回路之间的距离为$\frac{\lambda_g}{4}$，因此，容易画出它的分布参数等效电路，如图 5-60(b)所示。

分析这种微波预选器的方法是：将图 5-60(b)所示的分布参数等效电路中 3、4 节点与 7、8 节点之间的分布参数电路取出来，如图 5-61(a)所示。显然它是两段各$\frac{\lambda_g}{4}$长的传输线段，在 5、6 节点处跨接一个 L、C 并联谐振回路，该谐振回路的参数可以用等效的导纳 Y 来表示，如图 5-61(b)所示。图 5-61(b)在微波网络中可以看成三个基本网络单元级联而成的电路，即 3、4 节点与 5、6 节点之间是一段$\frac{\lambda_g}{4}$的传输线段，它是一个基本网络单元；5、6 节点与 7、8 节点之间是同左边完全一样的一个基本网络单元；而 5 节点与 6 节点之间是一个并联导纳，也是一个基本网络单元。三个基本网络单元串接在一起，可以等效为如图 5-61(c)所示的串联阻抗 Z 的集总参数电路，其中 $L'=Z_C^2C_1$，$C'=\frac{L_1}{Z_C^2}$。再补上 3 节点与 4 节点及 7 节点与 8 节点之间的并联谐振回路，这样就是与图 5-61(c)所示完全一样的具有宽频带特性的带通滤波器。因此，当飞行器的回答信号频率有所变化时，仍能通过这种微波预选器。

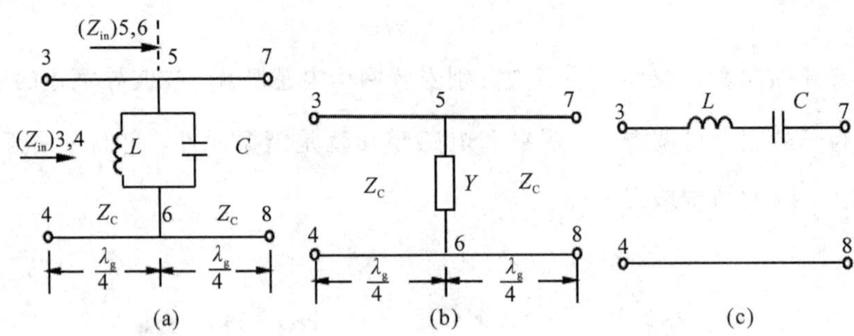

图 5-61 等效电路

微波预选器的频率响应如图 5-62 所示，其固定谐振为 f_0+f'兆赫。生产出厂时工厂一般已调整好，两半功率点的频带宽度为几十兆赫。

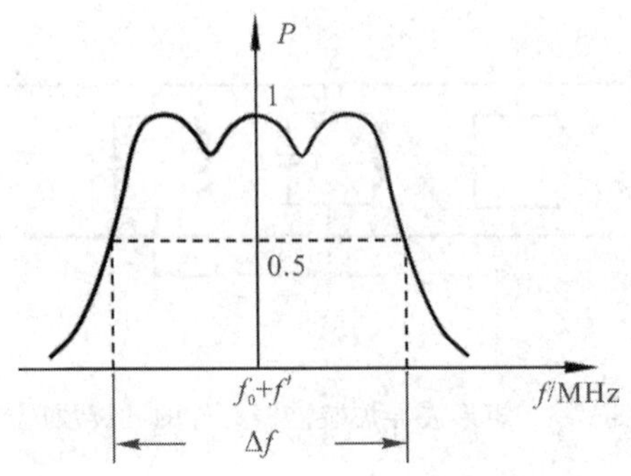

图 5-62 频率响应曲线

5.5.2　微波铁氧体器件

微波铁氧体器件

微波铁氧体器件已经成为微波系统中不可缺少的组成部分，在雷达等方面得到了极其广泛的应用。什么是铁氧体呢？它有什么可贵的特性呢？又是怎样利用这些特性来做成各式各样的微波器件呢？本节定性地介绍这些问题。

1. 铁氧体

铁氧体是三氧化二铁和二价金属氧化物的结晶混合物，是一种各向异性的磁性半导体材料，它的化学式为 $MOFe_2O_3$，其中 M 代表如镍、锰、镁等金属。铁氧体外表呈现黑褐色，其机械性能和陶瓷相似，具有很大的硬度和脆性，容易碰碎。它的特点是：

第一，有半导体性，具有比金属较高的电阻率，微波电磁波能在铁氧体内传播。

第二，有介电性。在微波波段，铁氧体的相对介电常数为 8～16，而且与一般的介质相比，其在高频下的损耗较小。

第三，有铁磁性。铁氧体类似于铁、镍、钴等金属，其相对磁导率可高达数千。在外加恒定磁场作用下，相对磁导率不再是一个标量，而是大于 1 的张量。这正是铁氧体能在微波波段做成许多特殊器件的依据。

2. 旋磁铁氧体的性质

1）导磁系数的张量特性

近代物理学认为，铁氧体的磁性是由电子自旋引起的。电子自旋会产生固有磁矩，在一定区域中这些固有磁矩会集体定向排列，形成“磁畴”。在无外加磁场作用下，这些磁畴的磁矩相互抵消，因而铁氧体平时不呈现磁性。

当铁氧体在只有恒定磁场作用时，它仍然是各向同性的，则 $\boldsymbol{B}=\mu\boldsymbol{H}_{DC}$，这里 $\boldsymbol{H}_{DC}$ 是外加恒定磁场。此时联系磁感应强度 $\boldsymbol{B}$ 和磁场强度 $\boldsymbol{H}_{DC}$ 的导磁系数是一个标量，不随方向变化而变化。如 $\boldsymbol{B}$ 的各个方向的分量为 $B_x=\mu H_x$，$B_y=\mu H_y$，这就是说，H_x 引起 x 方向的磁感应强度 B_x，不会产生 y 方向的 B_y。但是，当铁氧体在有恒定磁场 $\boldsymbol{H}_{DC}$ 和交变磁场 $\boldsymbol{h}$ 共同作用时，铁氧体就变成了各向异性的磁介质。即各个方向性质不同，表示出各向异性的导磁系数，称为张量导磁系数，记作 μ。这就是说，合成磁场分量 H_x 不仅引起了 x 方向的磁感应强度 B_x，也引起了 y 方向的磁感应强度 B_y；同样，H_y 不仅引起了 y 方向的磁感应强度 B_y，也引起了 x 方向的磁感应强度 B_x，等等。

在实际应用中电磁波的传播方向与外加恒定磁场的方向相平行或垂直，这两种情况最为常见。在这两种情况下，铁氧体显示出一些很有价值的特性。

2）铁氧体的旋磁效应

当外加恒定磁场 $\boldsymbol{H}_{DC}$ 的方向与电磁波的传播方向一致时，称之为纵向场。在这种情况下，铁氧体将对左、右旋波提供不同的导磁系数，分别为

$$\mu_{左}=\mu_0+\frac{M_0}{H_{DC}}\cdot\frac{\omega_0}{\omega_0+\omega} \tag{5-44}$$

$$\mu_{右}=\mu_0+\frac{M_0}{H_{DC}}\cdot\frac{\omega_0}{\omega_0-\omega} \tag{5-45}$$

式中：M_0 为磁化强度，μ_0 为真空磁导率，ω_0、ω 分别是进动角频率和电磁波的工作角频率。

由此可见，对于左、右旋波，铁氧体的导磁系数都表现为标量，不再是张量。这样，就可以用它来解释在恒定纵向磁场 $\boldsymbol{H}_{DC}$ 作用下的铁氧体对电磁波传播所产生的旋磁效应(也称为法拉第旋转效应)。

任何一个线性极化波 $\boldsymbol{h}$ 可以分解为两个振幅相等、角频率相同、旋转方向相反的圆极化波 $h_{左}$ 和 $h_{右}$。不过，圆极化波的左旋与右旋是以外加恒定磁场 $\boldsymbol{H}_{DC}$ 作参考的，手握 $\boldsymbol{H}_{DC}$ 轴，大姆指指向 $\boldsymbol{H}_{DC}$ 方向，如果圆极化波磁场的旋转方向符合右手四指绕向，则称为右旋圆极化波；否则，称为左旋圆极化波，如图 5-63 所示。

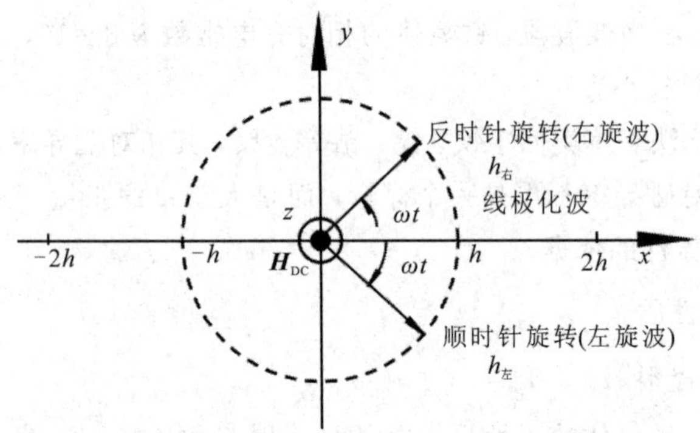

图 5-63　线极化波及左、右旋波示意图

如果这两个波在均匀各向同性介质中($\mu_{左}=\mu_{左}-\mu_0$)向前传播，那么，它们的相移常数($\beta=\omega\sqrt{\varepsilon\mu}=2\pi\cdot\frac{f}{v}$)将是相等的，即速度是相同的。因而无论经过任何一段距离，它们的合成场的极化方向仍然在原来线极化波的方向。但是，对于铁氧体介质来说，当线极化波的两个分量(左旋波和右旋波)沿外加恒定磁场的方向传播时，由式(5-44)、式(5-45)可知，铁氧体对左、右旋波具有不同的导磁系数。当铁氧体的工作磁场 $\boldsymbol{H}_{DC}$ 较小且 $\omega>\omega_0$ 时，它们的相移常数或速度就不同了，即

$$\beta_{左}=\omega\sqrt{\varepsilon\mu_{左}},\ \beta_{右}=\omega\sqrt{\varepsilon\mu_{右}}$$

因为 $\mu_{左}>\mu_{右}$，所以 $\beta_{左}>\beta_{右}$。

因此，在电磁波通过铁氧体一段距离 l 后，左、右旋波相角的变化将不同，即

$$\theta_{右}=\omega t-\beta_{右}Z+\varphi,\ \theta_{左}=\omega t-\beta_{左}Z+\varphi$$

为简单起见，设初相 $\varphi=0$，当 $t=0$ 时，$Z=0$，则 $\theta_{右}=\theta_{左}=0°$，即 $h_{左}$ 与 $h_{右}$ 两矢量都与 x 轴重合，也就是合成的线极化波 $\boldsymbol{h}$ 的极化与 x 轴重合。随着时间 t 的变化，电磁波在铁氧体中传播。设传播距离为 l，若 $\beta_{左}>\beta_{右}$，则 $\beta_{左}l>\beta_{右}l$，因此，$\theta_{左}>\theta_{右}$，如图 5-64 所示。于是，在 $Z=l$ 处，合成的线极化波 $\boldsymbol{h}$ 的极化方向与 $Z=0$ 处的线极化波 $\boldsymbol{h}$ 的极化方向不同。它对 $\boldsymbol{H}_{DC}$ 的方向而言，右旋了一个角度 ψ。由图 5-64 可知

$$\psi=\frac{\theta_{右}+\theta_{左}}{2}-\theta_{左}=\frac{\theta_{右}-\theta_{左}}{2} \tag{5-46}$$

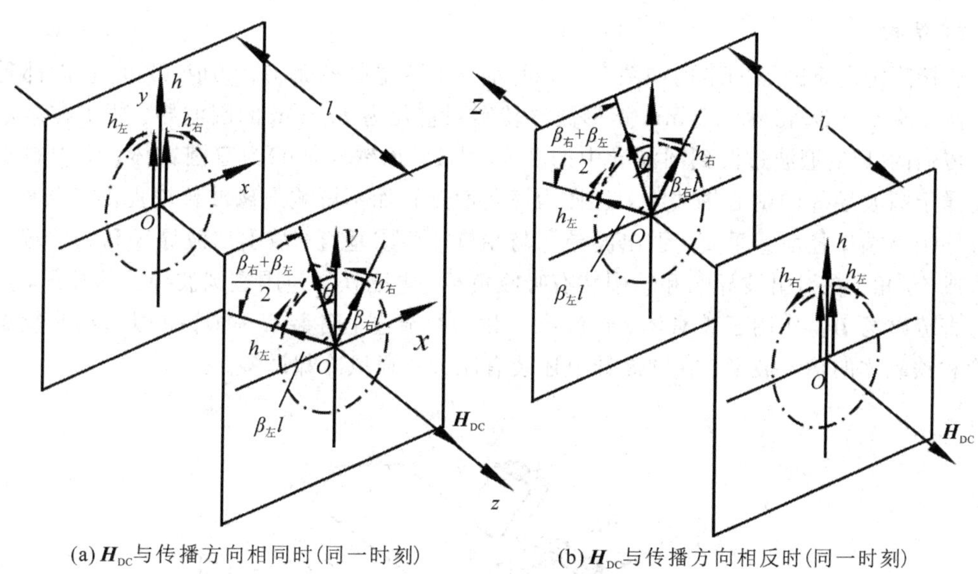

(a) $\boldsymbol{H}_{DC}$与传播方向相同时(同一时刻)　　(b) $\boldsymbol{H}_{DC}$与传播方向相反时(同一时刻)

图 5-64　铁氧体中的法拉第旋转效应的图解

由此可以得出结论，不论电磁波的传播方向如何，只要电磁波通过在纵向磁场 $\boldsymbol{H}_{DC}$(且 $\boldsymbol{H}_{DC}$较小，又$\frac{\omega_0}{\omega}>1$)作用下的铁氧体，它的极化方向对于 $\boldsymbol{H}_{DC}$方向而言就总是右旋一个角度 ψ。此角度的大小取决于 $\boldsymbol{H}_{DC}$的大小和电磁波的角频率 ω 以及铁氧体的长度 l。当工作频率和铁氧体的长度 l 一定时，只能调节 $\boldsymbol{H}_{DC}$的大小来改变右旋角度 ψ 的大小。

这种法拉第旋转效应的不可逆性是铁氧体在恒定磁场作用下所表现的可贵特性。利用这种特性，可以做成法拉第定向衰减器。

3）铁氧体的谐振吸收特性

当外加恒定磁场 $\boldsymbol{H}_{DC}$的方向垂直于电磁波的传播方向时，称为横向场。在这种情况下，如果 $\omega=\omega_0$，则铁氧体对右旋波体现出强烈的吸收特性。这种现象称为铁磁共振，又称铁磁共振吸收特性。

发生铁磁共振的物理意义是：如果在垂直于 $\boldsymbol{H}_{DC}$的平面内，加上一个与磁矩进动方向(对于 $\boldsymbol{H}_{DC}$而言永远是右旋的)一致的高频旋转磁场，而其旋转频率与磁矩进动频率相同，那么自旋电子的进动转角将越来越大。但由于转角大，损耗也随之上升，直到高频场送入的能量与进动中损失的能量相等，进动幅角才能稳定下来。这时，右旋波的能量被铁氧体全部吸收而强烈地衰减。

综上所述，在外加恒定磁场作用下的铁氧体，对电磁波的传播具有许多可贵的特性，从而可以做成各式各样的铁氧体器件。

3. 法拉第定向衰减器

1）作用

法拉第定向衰减器安装于天线负载和磁控管振荡器之间，用来吸收由天线负载反射回来的能量，防止反射能量进入振荡器而影响其正常工作，而振荡器的高频能量却畅通无阻地传送到天线上去。

2）结构

法接第定向衰减器的结构如图 5－65 所示，波导端口径面①、②成 45°角.它们都是波导转换接头，由 34 mm×72 mm 矩形波导转换到直径为 72 mm 的圆波导，便于在矩形波导里传输的 TE_{10} 型波过渡到圆波导中的 TE_{11} 型波。而铁氧体⑤为双圆锥体，由塑料支架⑥支撑于圆波导⑧的中心轴线上，这样为极化面旋转而不影响电磁波传输提供了条件。引出波导④与端口径面②垂直，引出波导③与端口径面①垂直，故引出波导③和④的端口径面也成 45°角。在引出波导③和④中装有吸收负载，电磁铁⑦包围在圆波导⑧的外部，产生纵向直流磁场 $\boldsymbol{H}_{DC}$ 作用于铁氧体。在波导①和④的窄边上各装有一个检波头，用来检查磁控管和铁氧体的输出波形。在圆波导上还装有庞大的通风冷却设备。

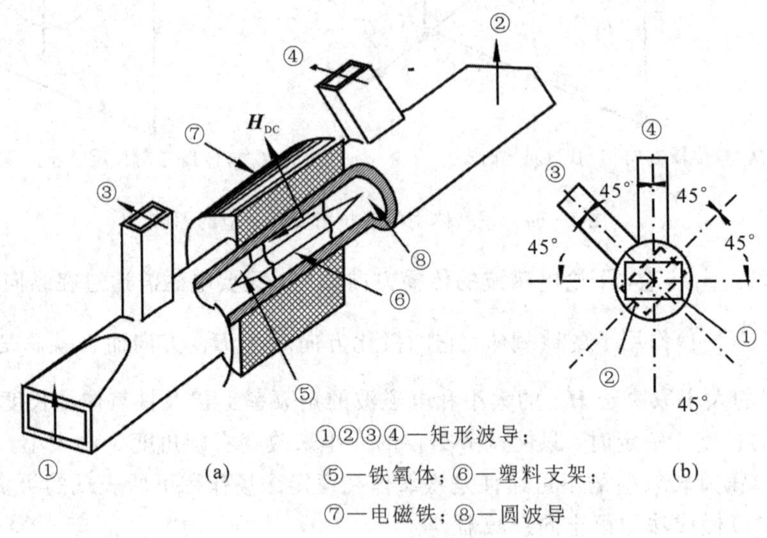

图 5－65 法拉第定向衰减器结构示意图

3）工作原理

从结构上看，引出波导③和④是用来吸收反射波的，而要使反射波被波导③和④中的吸收负载所吸收，就必须使从波导②处进来的反射波符合波导③和④的传输条件，这里是利用铁氧体的旋磁效应来实现的。

法拉第定向衰减器的工作原理如图 5－66 所示。当电磁波从发射机输出后，由波导①口输入，矩形波导中的 TE_{10} 型波经过过渡段，在圆波导中转化为 TE_{11}° 型波。此时，TE_{11}° 型波的电场方向和引出波导③的轴线平行，不符合传输的边界条件，于是继续沿着圆波导传输。当电磁波经过铁氧体⑤时，铁氧体的旋磁效应使得圆波导中的 TE_{11}° 型波的极化方向对应于 $\boldsymbol{H}_{DC}$ 的方向右旋一个角度，调节直流磁场 $\boldsymbol{H}_{DC}$ 的大小使 TE_{11}° 型波的电场方向正好平行于引出波导④的轴线。同理，电磁波也不能进入引出波导④，而是继续向前传输，通过过渡段，从矩形波导②输出，此时电磁场的方向符合在波导②中的传输条件。各截面的电场结构如图 5－66(b)所示。这就是所需要的定向传输，即把能量最大限度地送到天线上去，同时正向衰减很小(一般只有 0.2 分贝)。

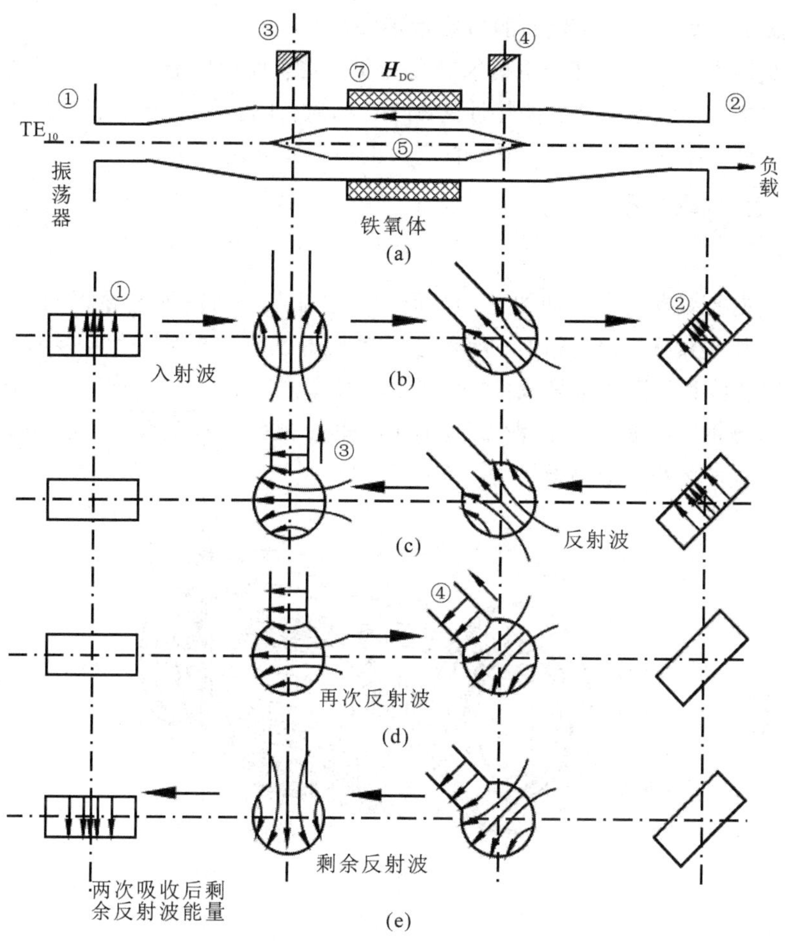

图 5-66　法拉第定向衰减器工作原理示意图

如果有反射波存在，即电磁波由波导②输入，经过铁氧体后，电场方向又右转 45°，因而，可以进入引出波导③，反射波被波导③中的吸收负载所吸收，如图 5-66(c)所示。即使引出波导③不能把反射波一次吸收完，剩余的反射波能量也不能进入波导①，因为电场方向与波导①的宽边也平行，不符合 TE_{10} 型波传输的条件，而是被反射回来再次经过铁氧体，电场极化的方向又右旋 45°，因而进入引出波导④，被吸收负载所吸收，如图 5-66(d)所示。此时，反射波的能量已经两次被吸收，即使还有剩余的反射波能量能进入波导①，窜进振荡器里(见图 5-66(e))，也已经微乎其微了。由此可见，法拉第定向衰减器对电磁波的反向衰减非常大，可达 20 分贝。

为了检查上述定向衰减器质量的好坏，就必须设法进行基本的数量分析，这个任务由引出波导④窄边上的检波头来完成。

在正常情况下，电磁波经过铁氧体输出后，电场极化方向正好右转 45°，入射波不能进入波导③和波导④，即使有反射波也大部分被波导③所吸收，所以波导④中检波头检出的能量很小。如果电磁波经过铁氧体后，电场极化方向右旋的角度不等于 45°，能量就不能经过定向衰减器很好地输出，入射波和反射波都会进入波导④，检波头检出的能量就很大。在这种情况下，就应调整变阻器，以改变流过线包⑦的电流，从而改变直流磁场 $\boldsymbol{H}_{DC}$ 的大小，以实现铁氧体使电磁波极化面的右旋角正好是45°。

由于铁氧体本身吸收一部分电磁能转化为了热能，使周围温度升高，这样就使铁氧体工作在了高温下，从而导致铁氧体特性的改变。同时，也会使固定铁氧体的聚氯乙烯支架变形。为了克服这种不良的影响，可设置庞大的散热和通风系统。

4. 谐振式定向衰减器

1）结构

谐振式定向衰减器的结构如图5-67所示。它是在一个矩形波导管两宽边的内壁上，用胶各粘上一片铁氧体(其位置由实验确定)，紧挨着铁氧体再粘一块陶瓷体。为了避免能量的反射，铁氧体和陶瓷体都做成偏平的梯形。铁氧体外面加一横向恒定磁场 $\boldsymbol{H}_{DC}$，它是由两块牛角形磁钢粘在波导壁上呈“U”形而形成的。磁钢上面安装一个磁分路的螺钉，用来调整磁场 $\boldsymbol{H}_{DC}$ 的大小。中心磁场为2000～2300 Gs。

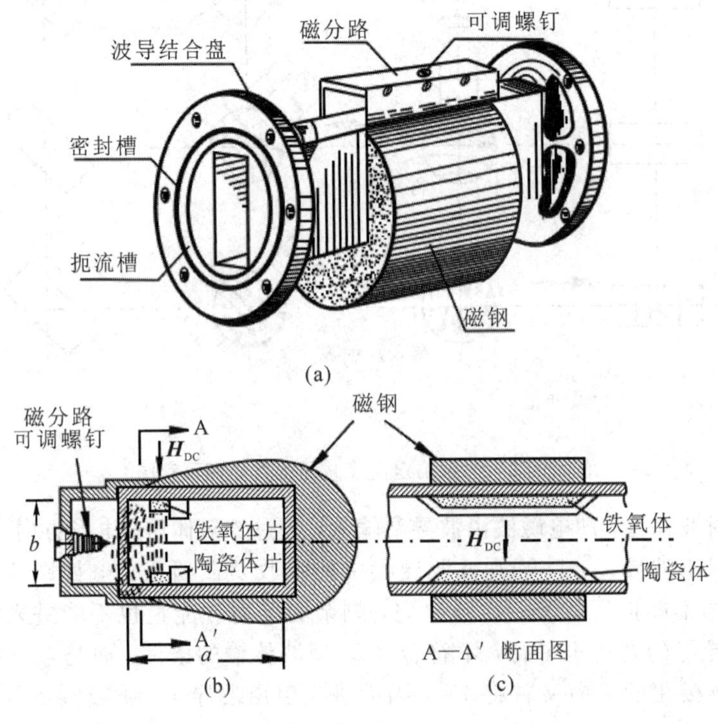

图5-67 谐振式定向衰减器结构示意图

2）工作原理

谐振式定向衰减器的工作原理如图5-68所示。把铁氧体放在入射波传输方向的右边，$\boldsymbol{H}_{DC}$ 方向朝上，这样，作用在铁氧体的交变电磁场对于入射波来说是左旋波，对于反射波来说是右旋波。如果调整螺钉以改变 $\boldsymbol{H}_{DC}$ 的大小，使铁氧体内电子的进动频率 f_0 与传输电磁波的频率 f 相等，则右旋波受到强烈的吸收而衰减，而左旋波不衰减。也就是说，上述结构对于入射波来说，铁氧体处在左旋波的作用下，则电磁波毫无衰减地沿正 z 方向传输。如果是反射波，则铁氧体正好处在左旋波的作用下，产生强烈的吸收，反射波不能沿负 z 方向传输，从而起到定向衰减的作用。

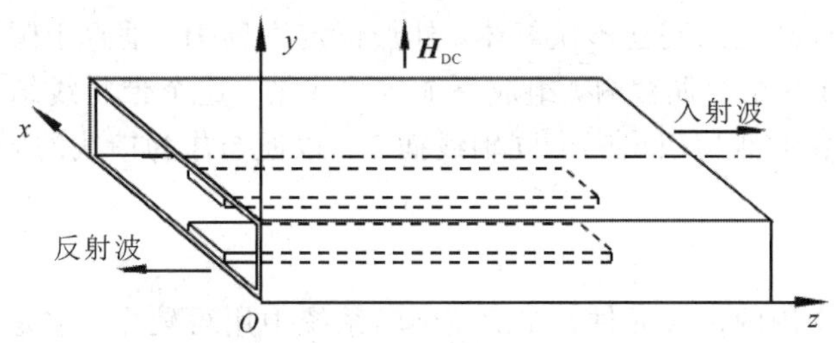

图 5-68 谐振式定向衰减器的工作原理示意图

从上述工作原理可以看到，只有进动频率 f_0 与传输电磁波的频率相等时，才发生铁磁谐振现象。然而，一旦工作频率改变就要“失谐”，所以铁氧体可用的频率较窄。为了展宽频带，在铁氧体附近加入陶瓷体，使电磁场能量集中在铁氧体附近，从而更好地发挥铁氧体的吸收作用，这与低频回路中通过加大回路的损耗、降低 Q 值来达到展宽频带的原理是一样的。

从结构上看，铁氧体做成薄片状，带来的介质损耗小，所吸收的电磁能直接由波导表面以热的形式向空间辐射，所以无须庞大的散热通风系统。

为了得到更好的定向衰减，可以将两个同样结构的定向衰减器串接起来使用。

5. 带状线 Y 结环行器

1）结构

带状线 Y 结环行器的结构如图 5-69(a)所示。由图可知，相交于中心导板(金属板)的三根带状线是对称分布的，它们之间互成 120°角，如图 5-69(b)所示。在中心导板与下接

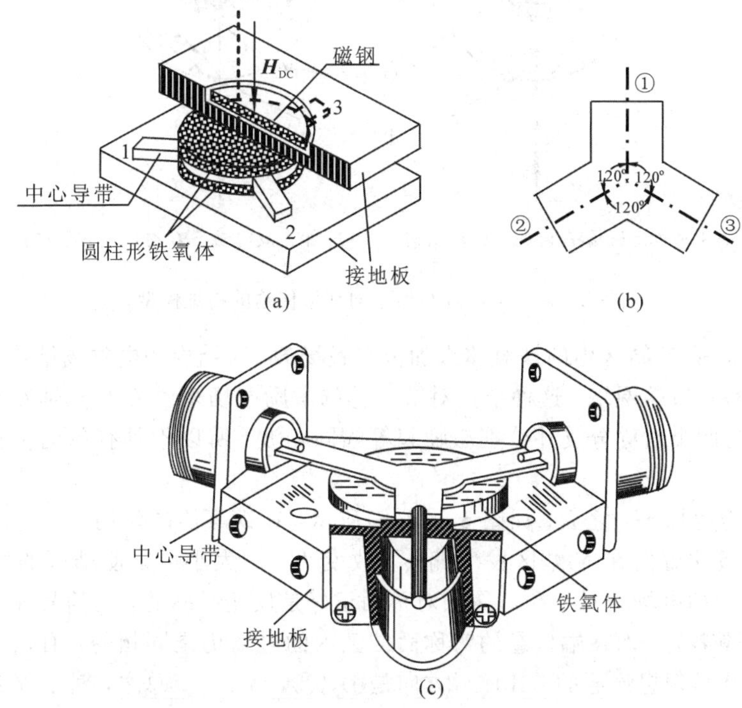

图 5-69 带状线 Y 结环行器结构示意图

地板之间放置两块满高度的圆柱形铁氧体，外加恒定磁场 $\boldsymbol{H}_0$ 垂直于圆柱形铁氧体的口径面。将整个构件放在一个金属盒内，组成一个带状线结。这个带状线结通过三根对称布置的带状线分别在金属的侧边引出三个同轴线插口，以便与作为馈线的同轴线相连接，如图 5-69(c)所示。

2）性能

环行器是一个常用的微波元件，在微波传输系统中用得较多。它是一个具有多端口的微波网络。对于一个理想的环行器来说，它应具有的特性是：从某一端口输入的能量只能依次传到另一个端口去，而不能传到其他端口。比如对于一个常用的三端口环行器来说，则按①、②、③、①的顺序传输，如图 5-69(b)所示。

衡量一个环行器性能好坏时，通常希望正向衰减愈小愈好，一般应小于 0.5 分贝；反向衰减愈大愈好，一般应大于 20 分贝；而输入端口的驻波比 $S \leqslant 1.2$。

3）单向环行传输的工作原理

为了定性地分析 Y 结环行器的工作原理，采用一个简化的物理模型，把 Y 结环行器的结区看成如图 5-70 所示的具有三个对称耦合的谐振腔，图中 P_1、P_2、P_3 分别为端口①、②、③的输入或输出功率。

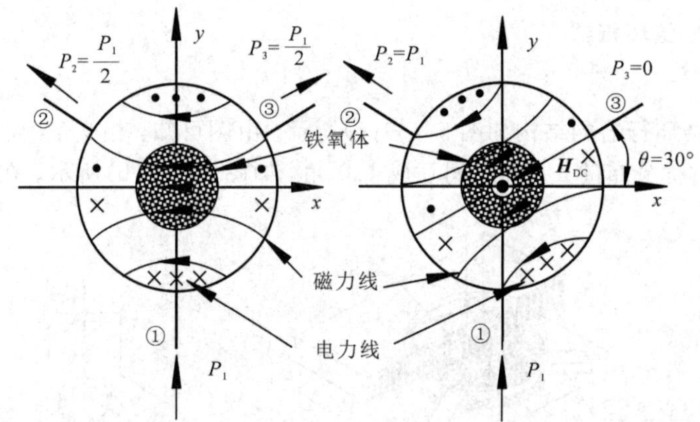

图 5-70　Y 结环行器单向环形传输的物理模型

图 5-70(a)是 Y 结区内的铁氧体未加恒定磁场 $\boldsymbol{H}_0$ 时结内的电磁场结构，它呈现互易性，是一个互易三口端网络。这种结构对端口①的激励电场来说关于 y 轴左右对称，因此在端口②、③为两个对称分支并分别激励起等幅同相波，所以不具有单向传输、反相隔离的作用。

当外加恒定磁场 H_0 之后，如图 5-70(b)所示，在铁氧体的作用下，由端口①输入的信号的电磁场极化方向在 Y 结区发生偏转。改变 H_0 的大小可以使结区的场逆时针旋转 30°，这时结区中的电场相对于端口③的对称面正好是反相对称的，无信号输出，所以端口①到端口③是隔离的。而在端口②的对称面结区内的电场仍是同相的，有信号输出，所以端口①到端口②是理想流通的。其环行方向是①、②、③、①。总之，对于 Y 结环行器，信号的环行方向就外加恒定磁场 H_0 方向而言总是左旋的，即伸开左手，大拇指指向 $\boldsymbol{H}_0$ 方向，四指绕向为信号环行方向。

5.6　天线收发开关

1. 功能及结构

当发射和接收使用一个公共天线时，可将天线从发射机输出端自动转换到接收机输入端，这种从接收机输入端又自动转换到发射机输出端的设备，称为天线转换开关，俗称天线收发开关。

天线收发开关的形式很多。下面以一个天线收发开关为例，来说明它的结构及工作原理。天线收发开关的结构如图 5-71 所示，它由发射闭锁放电管①、②，接收保护放电管③和 H-T 接头④等组成。

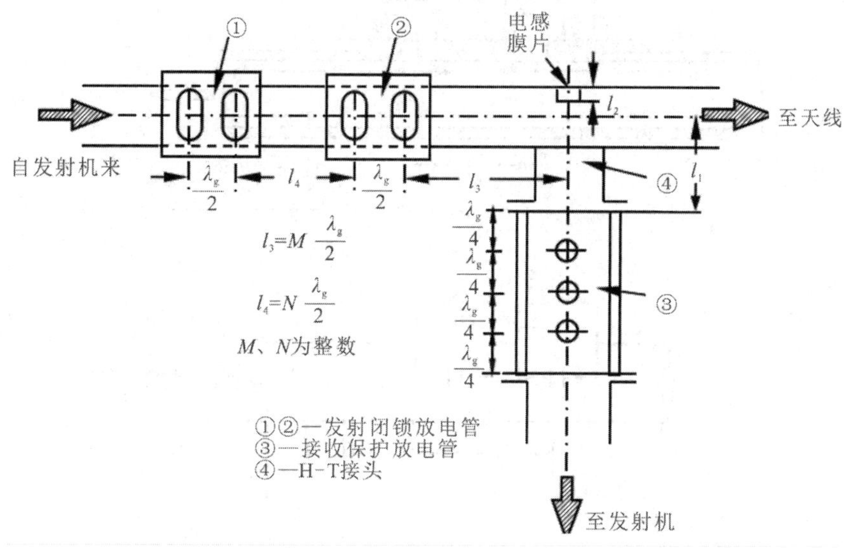

图 5-71　天线收发开关结构示意图

2. 各组成部分的结构、功能和工作原理

1）发射闭锁放电管

（1）结构与功用。

发射闭锁放电管的结构如图 5-72 所示。它由两个相距$\frac{\lambda_g}{2}$的矩形谐振腔组成，每个腔

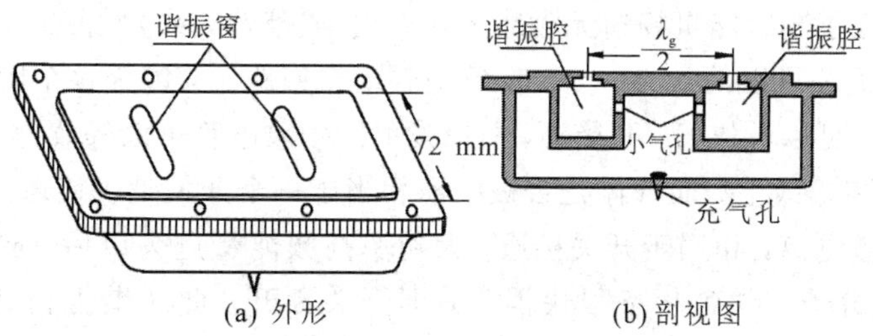

图 5-72　发射闭锁放电管结构示意图

内均充有容易产生高频气体离子层的氢或氩(惰性气体)和水蒸气，它与波导耦合的窗口由石英玻璃来封闭，以防止腔内气体漏掉。

发射闭锁放电管的功用：一是在发射机工作时，作为放电间隙，以产生高频气体离子层；二是在接收时，作为谐振腔与波导的耦合元件，并把它们的不同气体隔离开来。

(2) 工作原理及等效电路。

发射闭锁放电管安装在主波导的宽边上，其电特性相当于前面所讲的 E－T 接头。它的谐振窗口切断了波导宽边内表面上的纵向电流，如图 5－73(a)所示。

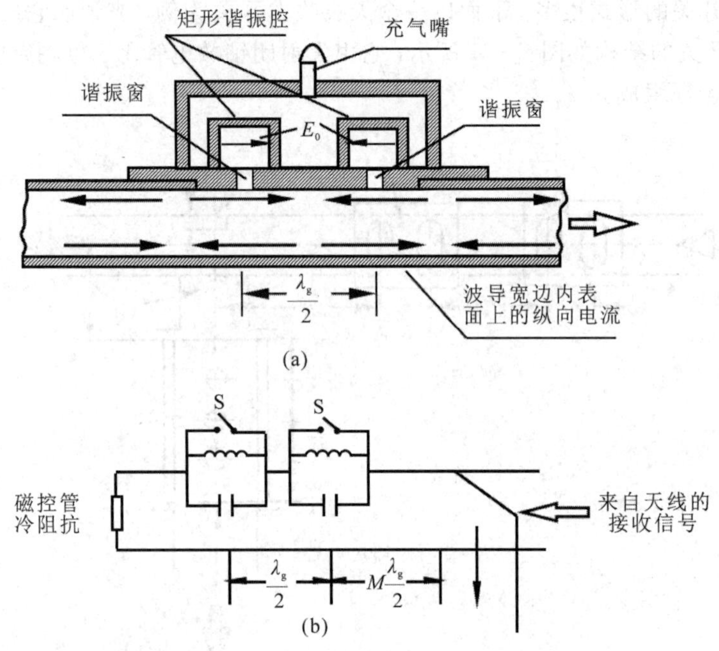

图 5－73 发射闭锁放电管工作原理示意图

当发射机工作时，有高频能量通过，主波导中的高频电场由窗口耦合进入腔内，激起水平高频电场 E_0。腔内的惰性气体在这强大的水平高频电场 E_0 作用下产生电离。于是，气体的负离子逆着电场方向运动，好像金属板中的自由电子逆着电场方向运动一样产生了电流，这就相当于用一金属板封闭了窗口，从而保持了主波导宽边内表面上纵向电流的连续性。换句话说，波导内表面上纵向电流的连续性被波导开口所破坏，却被腔内的气体在高频电能所激发的强大水平高频电场作用下产生的导电离子层而恢复。从而腔体不影响电磁能的传输，保证了高频能量畅通无阻地传到天线(或等效天线)上去。

一个矩形谐振腔可以等效为一个 L、C 并联谐振回路。又因为这个腔体与波导的耦合是在宽边进行的，可以看作 E－T 接头，所以发射闭锁放电管可以等效为两个 L、C 并联谐振回路串接在主传输线上，而气体是否被电离相当于一个开关是否接通。当大功率高频能量通过时，气体被电离，相当于开关接通；大功率高频能量过去以后，腔内的正、负离子重新结合为中性分子，电离状态很快消失，即开关断开。此时谐振窗口处于谐振状态，对接收微弱信号呈现开路，使传输至此的接收信号反射而进入接收机，其等效电路如图 5－73(b)所示。

2) 接收保护放电管

(1) 接收保护放电管的结构与功用。

接收保护放电管是在一段波导的宽壁上安装了三个放电谐振隙形成的。放电管两端各有一个谐振窗，它们之间的距离为$\frac{\lambda_g}{4}$。在这个放电管内也充有稀薄的氢或氩(惰性气体)和水蒸气，如图 5-74 所示。

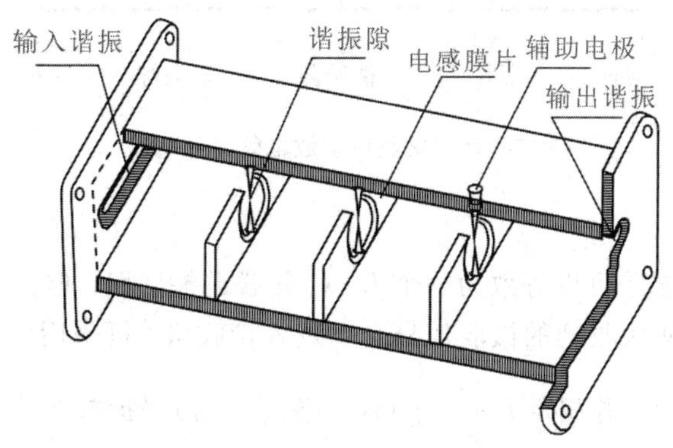

图 5-74 接收保护放电管结构示意图

接收保护放电管的功用：对大功率的发射脉冲信号呈短路闭锁状态，使能量不进入接收机；对接收信号打开，让接收的微弱信号顺利送到接收机。

(2) 工作原理及等效电路。

接收保护放电管的谐振隙 4(辅助电极)处平时接有－650 V 的电压，如图 5-75 所示。由于负电极的作用，这个间隙平时就有一定浓度的电离子在游离。当发射机工作时，窜入接收机的不大的高频能量足以使这个谐振隙迅速电离而短路，从而造成谐振隙 3 处于驻波电压腹点，随之放电短路。同理，谐振隙 2 也随之放电短路。这样，很快使谐振窗 1 的内表面上形成带电离子层，将断开的窗口完全短路，从而不致使发射机的功率进入接收机。

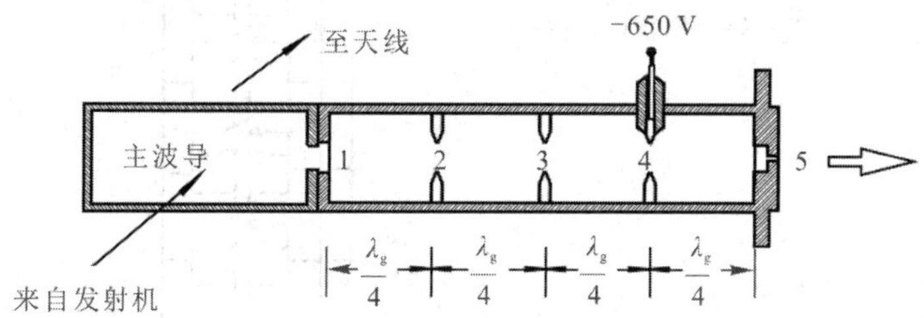

图 5-75 接收保护放电管工作原理

当发射机的高频能量传输完成以后，管内的离子迅速复合。当接收微弱信号时，此信号的能量不足以使谐振隙 4 处的气体电离而造成短路，于是微弱信号进入接收机。因此，接收保护放电管的等效电路如图 5-76 所示。当接收微弱信号时，每个揩振窗和谐振隙都相当于一个 L、C 并联谐振回路的开关断开；当大功率窜入时，气体被电离，谐振隙被短路，相当于开关接通。

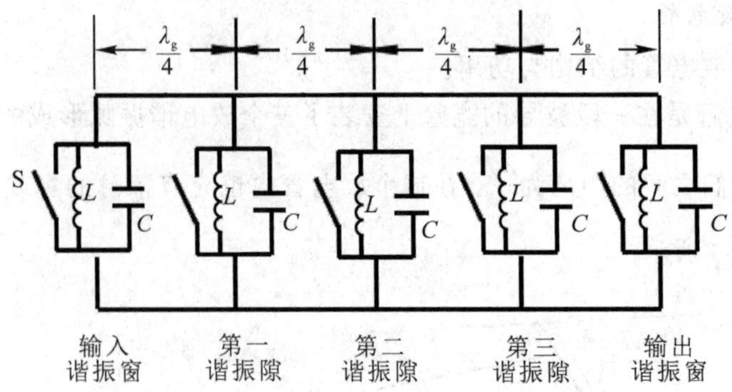

图 5-76　接收保护放电管等效电路

3. 工作原理

因为一个矩形谐振腔可以等效为一个 L、C 并联谐振回路。但为了在接收微弱信号时更好地闭锁发射机，使接收到的微弱信号全部进入接收机，可采用两个闭锁的放电管串接在波导宽边的中心线上，并相距 $l=N\frac{\lambda_g}{2}$(N 为整数)。而保护放电管是通过谐振窗与主波导的窗边进行耦合的，可以看作 H-T 接头，所以整个保护放电管的等效电路可以看作并接在主传输线上。因此，天线收发开关的等效电路如图 5-77 所示。

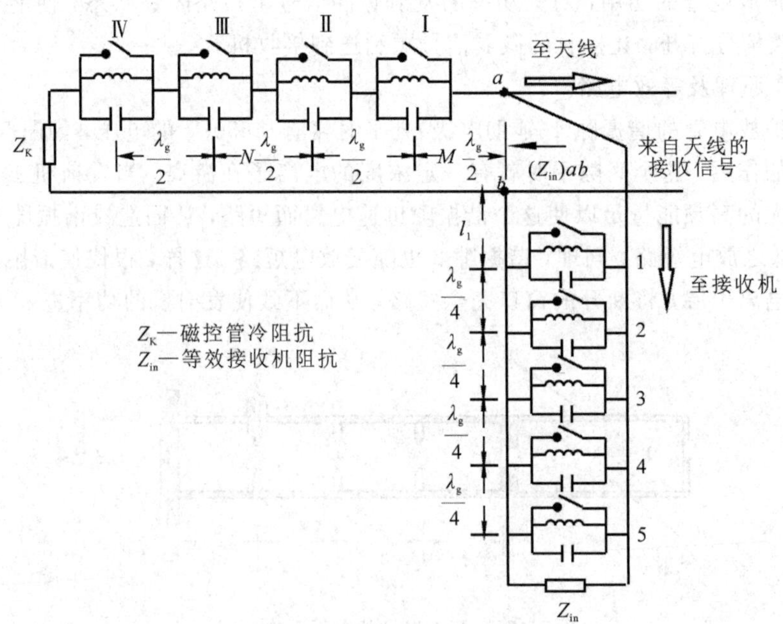

图 5-77　天线收发开关的等效电路

当发射机工作时，主波导有强大的高频能量通过，所以闭锁和保护放电管都产生超高频放电，各谐振窗被电离成短路，相当于开关接通，即Ⅰ、Ⅱ、Ⅲ、Ⅳ回路等效为无损耗线，使高频能量以很小的损耗传送到天线上去；而 1、2、3、4、5 回路短接，保证高频能量不进入接收机。

当接收微弱信号时，主波导没有强大的高频能量，各放电管不能产生高频放电，相当于开关断开，此时Ⅰ、Ⅱ、Ⅲ、Ⅳ回路及1、2、3、4、5回路都处于谐振状态，故谐振阻抗均为无穷大，相当于开路，微弱信号进不了发射机。而在接收保护放电管的各回路，由于阻抗均为无穷大，故对传输没有影响，因此微弱信号可进入接收机中。

为了使接收机与T形接头匹配，防止接收信号在T形接头处引起反射，从而提高接收机的灵敏度，可在连接处的主波导宽边上插入一电感膜片(由实验来确定 l_2 的大小)。

为了防止电感膜片的引入对发射造成影响，应适当选择保护放电管的安装位置，即调整好与主波导的轴线距离 l_1(工厂已调整好)。

5.7 微波集成器件简介

微波集成器件是微波集成电路的重要部分，微波集成器件的研究推动着微波集成电路的发展。第一代微波电路始于20世纪40年代应用的立体微波电路，主要由波导传输线、波导元件、谐振腔和微波电子管等组成。随着微波固态器件的发展及分布型传输线的出现，20世纪60年代出现了平面微波电路，主要由微带线(带状线等平面传输线)、微带元件(或以其他传输线结构为基础的元件)、微波固态器件等组成微波混合集成电路，它属于热带微波电路，即微波集成电路(Microwave Integrated Circuits, MIC)。到20世纪70年代后期又出现了单片微波集成电路(Monolithic Microwave Integrated Circuits, MMIC)，属于第三代微波电路，它的出现主要是因为当时GaAs材料制造工艺的成熟，GaAs材料具有半绝缘性，可以不采用特殊的隔离技术将平面传输线、无源器件和有源器件集成在同一块芯片上，进一步减小了微波电路的体积。20世纪80年代，由于MMIC发展速度与工程应用的适配，出现了基于MMIC的三维多层微波集成电路，利用建立在多层互联基片上的MCM(Multi-Chip Module)技术将多个MMIC芯片集成在一起，以更小的尺寸实现更加丰富的功能。到了21世纪，微波电路发展的热点变成了片上系统(System on Chip, SoC)技术，这是一种高度集成化、固件化的系统集成技术，使用SoC技术设计应用系统的核心思想在于把整个应用电子系统全部集成在一个芯片中，其核心技术就是系统功能集成，是目前发展最为前沿的微波电路集成技术。无论何种集成技术，都需要用到无源和有源的微波集成器件，下面介绍几种常用的微波集成器件。

1. 集总无源元件

集总无源元件(Lumped Element)是微波集成电路中常用的无源元件，主要有电阻器、电容器、电感器等。在微波集成电路中，这些器件多是片状结构，所以也称为片状电阻、片状电容和片状电感。片状集总元件的大小主要和耐受的功率大小有关。电阻器的阻值一般在0.1 Ω到几MΩ之间，阻值的公差约在±0.01%到±5%之间。考虑阻值的误差及寄生场的影响，大阻值的电阻器一般难以制造。电阻器主要通过在陶瓷基片材料(一般是铝氧化物)上淀积金属膜(一般是镍铬铁合金)实现，调整金属膜的长度和插入内部的电极可以实现需要的阻值，在内部电极的两端做金属连接以便焊接到电路板上，此外还要在金属膜的表面覆盖一层保护膜。电容器和电阻器类似，也有不同的形状和尺寸，低频时电容器一般可看作两平行金属板(称为极板)构成的结构，两极板的尺寸远大于它们的间距，但是在射频和微波频段，由于介质并非理想介质，电磁波存在损耗和滞后现象，电容器介质的参数变成了复数。电容器一般有表贴结构多层电容和单板结构片电容两种类型，表贴结构多层电容一般通过在矩形基片层中间插入多层金属电极形成，这样可以使电极面积最大化从而获得高的单位体积电容量，电容两剋做到 0.47 pF～100 nF 之间，单板结构片电容一般由一层介质和两个极板组成，也可以由多个电容形成级联结构，电容量较小，一般在 0.1 pF 到几 μF。电感器一般是线圈结构，在高频下也称为高频扼流圈。它一般是直导线沿柱状结构缠绕而成的，在微波集成电路中常用的片状电感也是这样的线圈结构，由于现代制造工艺水平的提高，线圈的尺寸大大减小，基本可以和片状电容、片状电感同等量级，尺寸约为 1.5 mm×1.0 mm 到 5 mm×3 mm，电感量约为 1 nH 到 1000 μH，还有一些常用的电感器如平面折线电感、平面单环电感及多匝平面螺旋线圈等，它们的厚度小到可看作平面结构，应用也十分广泛。

需要注意的是，在低频条件下，这些集总无源器件的电气性能可以由理想标称值近似。但是，随着频率的增加，寄生效应越来越明显，需要在实际的电路设计中加以考虑。寄生效应主要来自导体和介质或磁性材料的损耗、引线的电感及接触端口的电容等。

2. RF 二极管

RF 二极管是指工作在微波频段的二极管，属于固体微波器件。现代 RF 二极管的出现可溯源至第二次世界大战，当时的真空管无法工作在几 MHz 的雷达频带上，于是由军用雷达的设计产生了高频微波器件的应用需求。贝尔实验室的科学家 George C. Southworth 在试用硅基晶体检波器作为功率传感器时发现，这种二极管可以在真空管不能胜任的场合成功地工作。至二战结束时，MIT 辐射实验室和其他的一些实验室进行的一个集中开发项目成功地制造出了能够工作在频率超过 30 GHz 的可靠的点接触硅二极管。

RF 二极管种类很多，如常规的结型二极管和肖特基二极管，以及变容二极管(参量二极管)、隧道二极管(包括反向模式二极管)、PIN 二极管、噪声二极管、急变二极管(阶跃恢复二极管)、Gunner(耿氏)二极管、MIM 二极管和 IMPATT 二极管等。各种微波二极管在微波电路中起低噪声放大、功率产生、变频、调制、解调、信号控制等作用。

3. RF 晶体管

RF 晶体管是现代 RF 和微波系统中的关键部件，可以作为放大器、振荡器、开关、移相器和有源滤波器。晶体管器件可分为结型晶体管(Junction Transistor)和场效应晶体管(Field Effect Transistor)两类。

结型晶体管包括双极型晶体管(Bipolar Junction Transistor，BJT)和异质结双极型晶体管(Heterojunction Bipolar Transistor，HBT)，它既可以是 npn 结构也可以是 pnp 结构。现代的结型晶体管是使用硅、硅-锗、砷化镓或铟磷材料制成的。硅结晶型晶体管由于成本低，且在频带宽度、功率容量、噪声特性等方面有良好的工作特性，已经称为使用时间最长和最流行的有源 RF 器件之一。双极型晶体管一般都有较低的噪声特性，比较适用于做低相位噪声的振荡器。使用硅-锗的结型晶体管的最新研究表明它有很高的截止频率，从而可以用于 20 GHz 或更高工作频率下的低成本电路。异质结双极型晶体管使用砷化镓或铟磷材料制备，能工作在超过 100 GHz 的频率下。

场效应晶体管(FET)有多种类型，如金属半导体场效应晶体管(Metal Semiconductor FET，MESFET)、高电子迁移率晶体管(High Electron Mobility FET，HEMFET)、假晶

态高电子迁移率晶体管(Pseudomorphic HEMT, PHEMT)、金属氧化物半导体晶体管(Metal Oxide Semiconductor FET, MOSFET)和金属绝缘物半导体晶体管(Metal Insulator Semiconductor FET, MISFET)。FET 技术已持续发展了超过 70 年以上——第一个结型场效应晶体管于 20 世纪 50 年代被开发出来,HEMT 则于 20 世纪 80 年代被提出,它以输入阻抗高、输入输出隔离度高、噪声低、工作频率高等优点在雷达、电子对抗、通信、制导等技术中得到了广泛应用。

习 题

5-1 为什么说抗流式活塞的工作频带很窄?

5-2 怎样理解魔 T 接头具有双匹配、双隔离的特性?给你一个理想魔 T 和一个匹配负载,如何利用这两个元件组成一个定向耦合器?

5-3 试述双孔定向耦合器的工作原理?

5-4 介质移相器中,当介质片靠近波导宽边中心线时,相移如何改变,为什么?

5-5 为什么说十字缝定向耦合器的工作频带比双孔定向耦合器的工作频带宽?

5-6 如下图所示的十字缝定向耦合器,试判断副波导中耦合能量的传输方向。

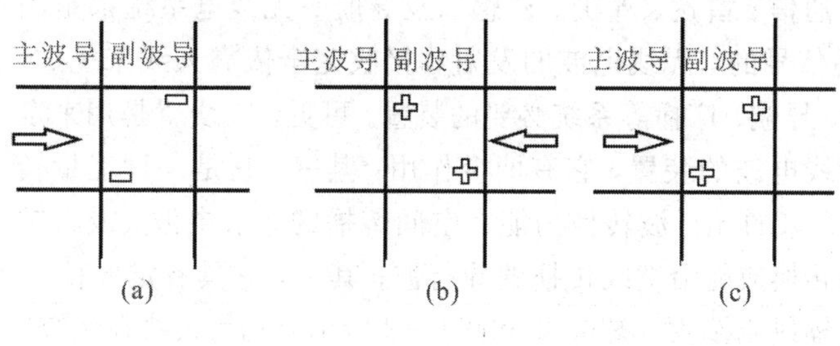

题 5-6 图

5-7 微波谐振腔与低频谐振回路有哪些相同与不同之处?

5-8 将介电常数为 ε、导磁系数为 μ 的介质引入谐振腔内时,对腔的基本参量有何影响?

5-9 为什么微波谐振腔具有多谐性?

第 6 章　天线基本理论

天线的作用是发射或接收空间的电磁波，它已成为当今无线电设备中必不可少的设备，在无线电通信、导航、雷达、测控、遥感、射电天文和电子对抗等军用和民用各个领域得到了广泛应用。

天线的种类繁多，千姿百态。天线的基本理论主要涉及天线发射和接收过程中空间电磁场的求解，其原理都是基于基本单元辐射场的叠加。

本章内容包括天线概述、基本振子的辐射、天线的电参数、天线的互易性、对称振子天线、天线阵、面天线、常用天线和超材料天线。

6.1　天线概述

无线电广播、通信、雷达、遥测、遥感以及导航等无线电系统都是利用无线电波来传递信号的，无线电波的发射和接收完全依靠天线来完成，天线是通信、雷达、导航、广播等系统必要的装置。可见，天线就是用来定向地辐射或接收无线电波的装置，它有两个作用：其一，它是一种能量转换器，可将由馈线送来的导行波转换为能在空间传播的无线电波，或将空间传来的无线电波转换成能沿馈线传播的导行波；其二，它具有定向性，可以按照人们希望的方向进行定向的辐射或接收。图 6-1 和图 6-2 所示分别为天线在系统中的两个典型应用。

天线的基本概念

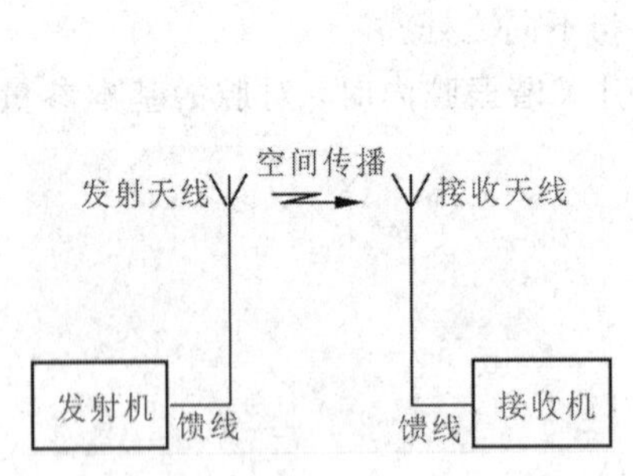

图 6-1　无线电通信系统基本框图

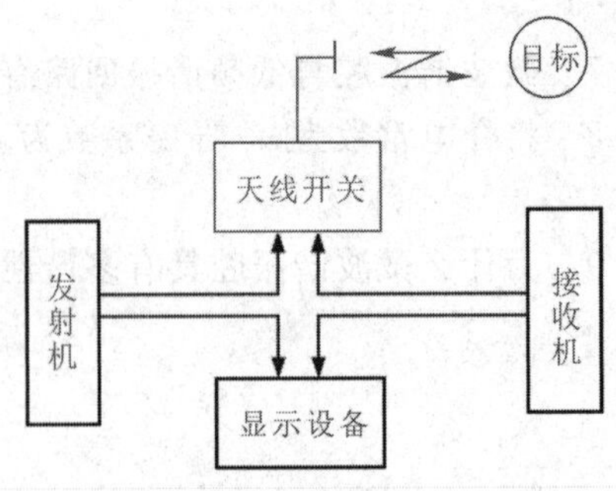

图 6-2　无线电定位系统基本框图

天线按功能分，有发射天线和接收天线，在不少无线电设备中天线兼有发射和接收两种功能；按适用波段分，有长波天线、中波天线、短波天线和微波天线；按结构来分，有线天线和面天线。天线的种类很多，图 6-3 所示为天线家族体系。

天线的辐射问题是宏观电磁场问题，严格的分析方法是求解满足边界条件的麦克斯韦方程，原则上和分析波导以及空腔所采用的方法相同。但在分析天线时，若采用这种方法将会导致数学上的复杂性。因此，实际上常采用近似解法，即将天线辐射问题分为两个独

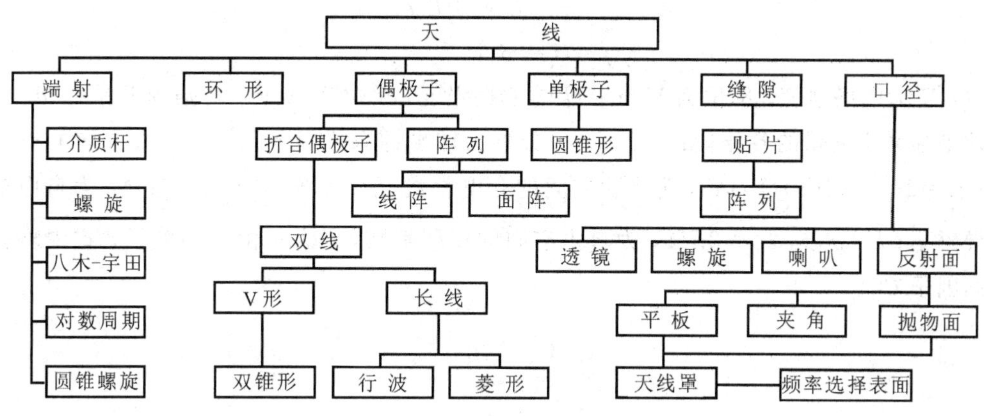

图 6-3　天线家族体系图

立问题：一个是确定天线上的电流分布或确定所包围场源体积表面上的电磁场分布，即为内场问题；另一个是根据已给定的电流分布或包围场源体积表面上的场分布求空间辐射场分布，即为外场问题。

求解天线外场问题最常用的工程方法是利用线性叠加原理，即在线性系统内，若干个场源所产生于空间的总场是各个场源单独存在时所激发的部分场线性叠加的结果。线天线和面天线可看成微分场源连续存在的合成体，上述线性叠加体现为积分运算。于是对于离散的、连续的场源，工程上常常采用叠加原理来处理外场问题，使问题得到统一简化。

6.2　基本振子的辐射

6.2.1　电基本振子

基本振子的辐射场

电基本振子(Electric Short Dipole)又称电流元，它是指一段载有高频电流的理想直导线，其长度 l 远小于波长 λ，其半径 a 远小于长度 l，同时振子沿线电流 I 处处等幅同相。用这样的电流元可以构成更复杂的天线，因而电基本振子的辐射特性是研究更复杂天线辐射特性的基础。

球坐标系中的电基本振子如图 6-4 所示，在电磁场理论中，沿 z 轴放置的电基本振子在无限大自由空间中场强的表达式为

$$\begin{cases} H_r=0 \\ H_\theta=0 \\ H_\varphi=\dfrac{Il}{4\pi}\sin\theta\left(\mathrm{j}\,\dfrac{k}{r}+\dfrac{1}{r^2}\right)\mathrm{e}^{-\mathrm{j}kr} \\ E_r=\dfrac{Il}{4\pi}\dfrac{2}{\omega\varepsilon_0}\cos\theta\left(\dfrac{k}{r^2}-\mathrm{j}\,\dfrac{1}{r^3}\right)\mathrm{e}^{-\mathrm{j}kr} \\ E_\theta=\dfrac{Il}{4\pi}\dfrac{1}{\omega\varepsilon_0}\sin\theta\left(\mathrm{j}\,\dfrac{k^2}{r}+\dfrac{k}{r^2}-\mathrm{j}\,\dfrac{1}{r^3}\right)\mathrm{e}^{-\mathrm{j}kr} \\ E_\varphi=0 \end{cases} \tag{6-1}$$

$$\begin{cases}\boldsymbol{E}=E_r\boldsymbol{e}_r+E_\theta\boldsymbol{e}_\theta\\ \boldsymbol{H}=H_\varphi\boldsymbol{e}_\varphi\end{cases}\tag{6-2}$$

式中：E 为电场强度，单位为 V/m；H 为磁场强度，单位为 A/m；场强的下标 r、θ、φ 表示球坐标系中矢量的各分量；e_r、e_θ、e_φ 分别为球坐标系中沿 r、θ、φ 增大方向的单位矢量；$\varepsilon_0=10^{-9}/(36\pi)$(F/m)，为自由空间的介电常数；$\mu_0=4\pi\times10^{-7}$(H/m)，为自由空间的导磁率；$k=\omega\sqrt{\mu_0\varepsilon_0}=2\pi/\lambda$，为自由空间的相移常数，$\lambda$ 为自由空间波长，式中略去了时间因子 $e^{j\omega t}$。

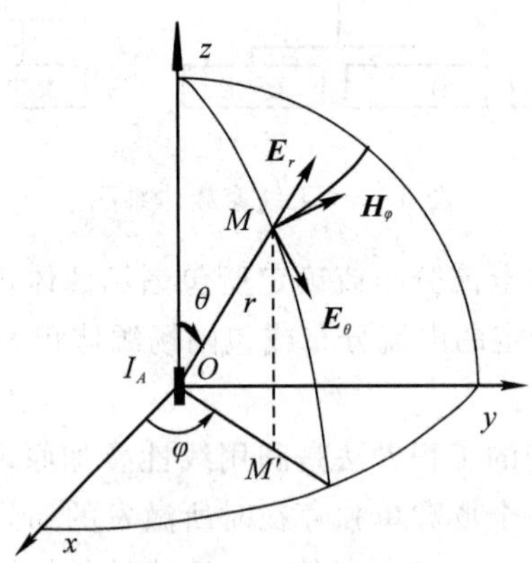

图 6-4　球坐标系中的电基本振子

由此可见，电基本振子的场强矢量由三个分量 H_φ、E_r、E_θ 组成，每个分量都由几项组成，它们与距离 r 有着复杂的关系。根据距离的远近，必须分区讨论场量的性质。

6.2.2　磁基本振子

磁基本振子(Magnetic Short Dipole)又称磁流元、磁偶极子。尽管它是虚拟的，迄今为止还不能肯定在自然界中是否有孤立的磁荷或磁流存在，但是它可以与一些实际波源相对应。例如，小环天线或者已建立起来的电场波源，用此概念可以简化计算，因此讨论它是有必要的。

球坐标系中的磁基本振子如图 6-5 所示，设想一段长为 $l(l\ll\lambda)$ 的磁流元 $I_{\mathrm{m}}l$ 置于球坐标系原点，根据电磁对偶性原理，只需要进行如下变换：

$$\begin{cases}\boldsymbol{E}_{\mathrm{e}}\Leftrightarrow\boldsymbol{H}_{\mathrm{m}}\\ \boldsymbol{H}_{\mathrm{e}}\Leftrightarrow-\boldsymbol{E}_{\mathrm{m}}\\ I_{\mathrm{e}}\Leftrightarrow I_{\mathrm{m}},\ Q_{\mathrm{e}}\Leftrightarrow Q_{\mathrm{m}}\\ \varepsilon_0\Leftrightarrow\mu_0\end{cases}\tag{6-3}$$

其中下标 e、m 分别对应电源和磁源，则磁基本振子远区辐射场的表达式为

$$\begin{cases}E_\varphi=-\mathrm{j}\,\dfrac{I_{\mathrm{m}}l}{2\lambda r}\sin\theta\,\mathrm{e}^{-\mathrm{j}kr}\\ H_\theta=\mathrm{j}\,\dfrac{I_{\mathrm{m}}l}{2\lambda r}\sin\theta\,\mathrm{e}^{-\mathrm{j}kr}\end{cases}\tag{6-4}$$

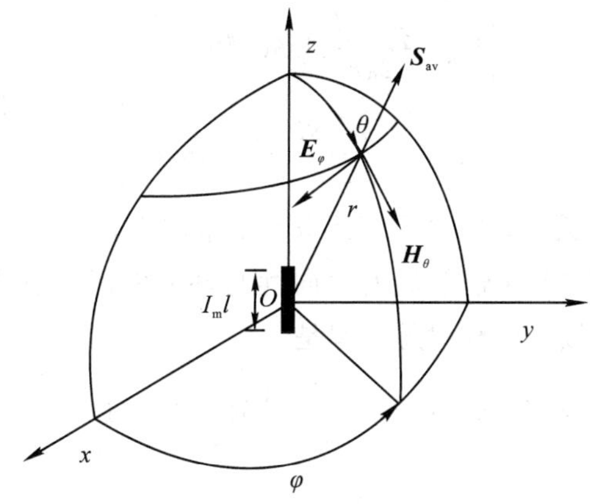

图 6-5　球坐标系中的磁基本振子

比较电基本振子的辐射场与磁基本振子的辐射场，就可以得知它们除了辐射场的极化方向相互正交之外，其他特性完全相同。磁基本振子的实际模型是载有高频电流的细理想导体小圆环，如图 6-6 所示，它的周长远小于波长，而且环上的谐变电流 I 的振幅和相位处处相同。相应的磁矩和环上电流的关系为

$$\boldsymbol{p}_{\mathrm{m}}=\mu_0 I\boldsymbol{s} \tag{6-5}$$

式中：$\boldsymbol{s}$ 为环面积矢量，方向由环电流 I 按右手螺旋定则确定。

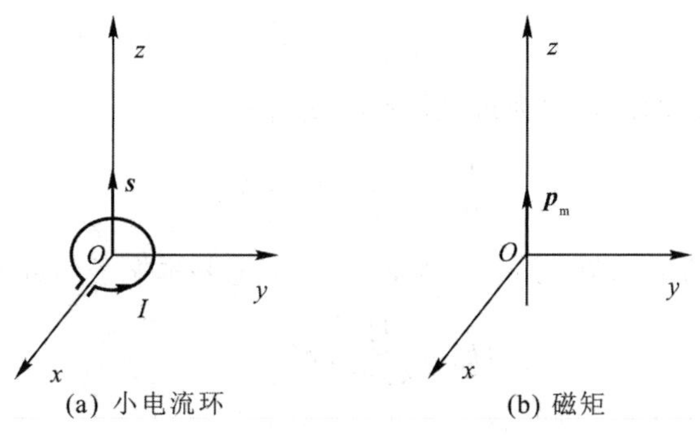

图 6-6　小电流环和与其等效的磁矩

若求小电流环远区的辐射场，则可以把磁矩看成一个时变的磁偶极子，磁极上的磁荷是 $+q_{\mathrm{m}}$、$-q_{\mathrm{m}}$，它们之间的距离为 l。磁荷之间有假想的磁流 I_{m}，以满足磁流的连续性，则磁矩又可表示为

$$p_{\mathrm{m}}=q_{\mathrm{m}}l \tag{6-6}$$

式中：l 的方向与环面积矢量的方向一致。比较式(6-5)和式(6-6)，得

$$q_{\mathrm{m}}=\frac{\mu_0 Is}{l},\ I_{\mathrm{m}}=\frac{\mathrm{d}q_{\mathrm{m}}}{\mathrm{d}t}=\frac{\mu_0 s}{l}\frac{\mathrm{d}I}{\mathrm{d}t} \tag{6-7}$$

用复数表示的磁流为

$$I_{\mathrm{m}}=\mathrm{j}\,\frac{\omega\mu_0 s}{l}I \tag{6-8}$$

将式(6-8)代入式(6-4)，经化简可得小电流环的远区场：

$$\begin{cases} E_\varphi = \dfrac{\omega\mu_0 sI}{2\lambda r}\sin\theta \mathrm{e}^{-\mathrm{j}kr} \\ H_\theta = -\dfrac{\omega\mu_0 sI}{2\lambda r}\sqrt{\dfrac{\varepsilon_0}{\mu_0}}\sin\theta \mathrm{e}^{-\mathrm{j}kr} \end{cases} \tag{6-9}$$

小电流环是一种实用天线，称之为环形天线。事实上，对于一个很小的环来说，如果环的周长远小于 $\lambda/4$，则该天线辐射场的方向性与环的实际形状无关，即环可以是矩形、三角形或其他形状。磁偶极子的辐射总功率是

$$\begin{aligned} P_\mathrm{r} &= \oint\!\!\oint_S \boldsymbol{S}_\mathrm{av} \cdot \mathrm{d}\boldsymbol{S} = \oint\!\!\oint_S \frac{1}{2}\mathrm{Re}[\boldsymbol{E} \times \boldsymbol{H}^*] \cdot \mathrm{d}\boldsymbol{S} \\ &= 160\pi^4 I_\mathrm{m}^2 \left(\frac{s}{\lambda}\right)^2 \end{aligned} \tag{6-10}$$

其辐射电阻是

$$R_\mathrm{r} = \frac{2P_\mathrm{r}}{I_\mathrm{m}^2} = 320\pi^4\left(\frac{s}{\lambda^2}\right)^2 \tag{6-11}$$

由此可见，同样电长度的导线绕制成磁偶极子，在电流振幅相同的情况下，远区的辐射功率比电偶极子的要小几个数量级。

6.2.3 辐射场的划分

1. 近区场

$kr \ll 1(r \ll \lambda/(2\pi))$的区域称为近区，此区域内有

$$\frac{1}{kr} \ll \frac{1}{(kr)^2} \ll \frac{1}{(kr)^3}$$

因此忽略式(6-1)中的 $1/r$ 项，并且认为 $\mathrm{e}^{-\mathrm{j}kr} \approx 1$，电基本振子的近区场表达式为

$$\begin{cases} H_\varphi = \dfrac{Il}{4\pi r^2}\sin\theta \\ E_r = -\mathrm{j}\dfrac{Il}{4\pi r^3}\dfrac{2}{\omega\varepsilon_0}\cos\theta \\ E_\theta = -\mathrm{j}\dfrac{Il}{4\pi r^3}\dfrac{1}{\omega\varepsilon_0}\sin\theta \\ E_\varphi = H_r = H_\theta = 0 \end{cases} \tag{6-12}$$

将式(6-12)和静电场中电偶极子产生的电场以及恒定电流产生的磁场作比较，可以发现，除了电基本振子的电磁场随时间变化外，在近区内的场振幅表达式完全相同，故近区场也称为似稳场或准静态场。

近区场的另一个重要特点是电场和磁场之间存在 $\pi/2$ 的相位差，于是坡印亭矢量的平均值 $\boldsymbol{S}_\mathrm{av} = \dfrac{1}{2}\mathrm{Re}[\boldsymbol{E} \times \boldsymbol{H}^*] = \boldsymbol{0}$，能量在电场和磁场以及场与源之间交换而没有辐射，所以近区场也称为感应场，可以用它来计算天线的输入电抗。必须注意，以上的讨论中忽略了很小的 $1/r$ 项，下面将会看到正是它们构成了电基本振子远区的辐射实功率。

2. 远区场

$kr\gg1(r\gg\lambda/(2\pi))$的区域称为远区，在此区域内有

$$\frac{1}{kr}\gg\frac{1}{(kr)^2}\gg\frac{1}{(kr)^3}$$

因此保留式(6-1)中的最大项后，电基本振子的远区场表达式为

$$\begin{cases}H_\varphi=\mathrm{j}\,\dfrac{Il}{2\lambda r}\sin\theta\,\mathrm{e}^{-\mathrm{j}kr}\\[2mm] E_\theta=\mathrm{j}\,\dfrac{60\pi Il}{\lambda r}\sin\theta\,\mathrm{e}^{-\mathrm{j}kr}\\[2mm] H_r=H_\theta=E_r=E_\varphi=0\end{cases}\tag{6-13}$$

由式(6-13)可见，远区场的性质与近区场的性质完全不同，场强只有两个相位相同的分量(E_θ，H_φ)，其电力线分布如图 6-7 所示，场矢量如图 6-8 所示。

图 6-7　电基本振子电力线

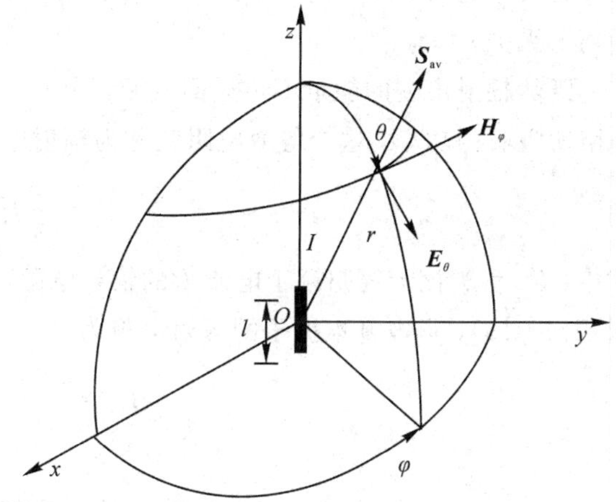

图 6-8　电基本振子远区场场矢量

远区场的坡印亭矢量平均值为

$$\boldsymbol{S}_{\mathrm{av}}=\frac{1}{2}\mathrm{Re}[\boldsymbol{E}\times\boldsymbol{H}^*]=\frac{15\pi I^2l^2}{\lambda^2r^2}\sin^2\theta\boldsymbol{e}_r\tag{6-14}$$

有能量沿 $\boldsymbol{r}$ 方向向外辐射，故远区场又称为辐射场。该辐射场有如下性质：

(1) E_θ、H_φ均与距离 r 成反比，波的传播速度 $c=1/\sqrt{\mu_0\varepsilon_0}$，$E_\theta$和 H_φ中都含有相位因子 $\mathrm{e}^{\mathrm{j}\omega t}$，说明辐射场的等相位面为 r 是常数的球面，所以称其为球面波。$\boldsymbol{E}$、$\boldsymbol{H}$ 和 $\boldsymbol{S}_{\mathrm{av}}$相互垂直，且符合右手螺旋定则。

(2) 传播方向上电磁场的分量为零，故称其为横电磁波，记为 TEM 波。

(3) E_θ和 H_φ的比值为常数，称为介质的波阻抗，记为 η。对于自由空间有

$$\eta=\frac{E_\theta}{H_\varphi}=\sqrt{\frac{\mu_0}{\varepsilon_0}}=120\pi\tag{6-15}$$

这一关系说明在讨论天线辐射场时，只要掌握其中一个场量，另一个即可用式(6-15)求出。通常总是采用电场强度作为分析的主体。

(4) E_θ、H_φ 与 $\sin\theta$ 成正比，说明电基本振子的辐射具有方向性，辐射场不是均匀球面波。因此，任何实际的电磁辐射绝不可能具有完全的球对称性，这也是所有辐射场的普遍特性。

电偶极子向自由空间辐射的总功率称为辐射功率 P_r，它等于坡印亭矢量在任一包围电偶极子的球面上的积分，即

$$\begin{aligned}P_r &= \oiint_S \boldsymbol{S}_{av} \cdot d\boldsymbol{S} = \oiint_S \frac{1}{2}\mathrm{Re}[\boldsymbol{E} \times \boldsymbol{H}^*] \cdot d\boldsymbol{S} \\ &= \int_0^{2\pi} d\varphi \int_0^{\pi} \frac{15\pi I^2 l^2}{\lambda^2} \sin^3\theta \, d\theta \\ &= 40\pi^2 I^2 \left(\frac{l}{\lambda}\right)^2 \end{aligned} \tag{6-16}$$

因此，辐射功率取决于电偶极子的电长度，若几何长度不变，频率越高或波长越短，则辐射功率越大。因为假定空间介质不消耗功率且在空间内无其他场源，所以辐射功率与距离 r 无关。

既然辐射出去的能量不再返回波源，为方便起见，将天线辐射的功率看成被一个等效电阻所吸收的功率，这个等效电阻就称为辐射电阻 R_r。类似于普通电路，可以得出：

$$P_r = \frac{1}{2} I^2 R_r \tag{6-17}$$

式中：R_r 称为该天线归算于电流 I 的辐射电阻，这里 I 是电流的振幅值。将式(6-17)代入式(6-16)，得电基本振子的辐射电阻为

$$R_r = 80\pi^2 \left(\frac{l}{\lambda}\right)^2 \tag{6-18}$$

6.3　天线的电参数

描述天线工作特性的参数称为天线电参数。它们是定量衡量天线性能的尺度，对天线电参数的正确理解有助于正确设计或选择天线。天线的电参数主要有天线的方向性(包括方向图、方向系数、增益、波瓣宽度等)、天线的输入阻抗、天线效率、频带宽度、极化形式等。大多数天线电参数是针对发射状态规定的，以衡量天线把高频电流能量转变成空间电波能量以及定向辐射的能力(下面以发射天线为例说明)。至于接收天线，根据互易原理(又称巴比涅原理，是指同一天线在用于发射和接收时具有相同的性能参数)，其性能参数也是一样的(并以电基本振子或磁基本振子为例说明)。

天线的电参数

6.3.1　方向性参数

由电基本振子的分析可知，天线辐射出去的电磁波虽然是球面波，但不是均匀球面波，因此，任何一个天线的辐射场都具有方向性。所谓方向性，就是在相同距离的条件下天线辐射场的相对值与空间方向(子午角 θ、方位角 φ)的关系，如图 6-9 所示。

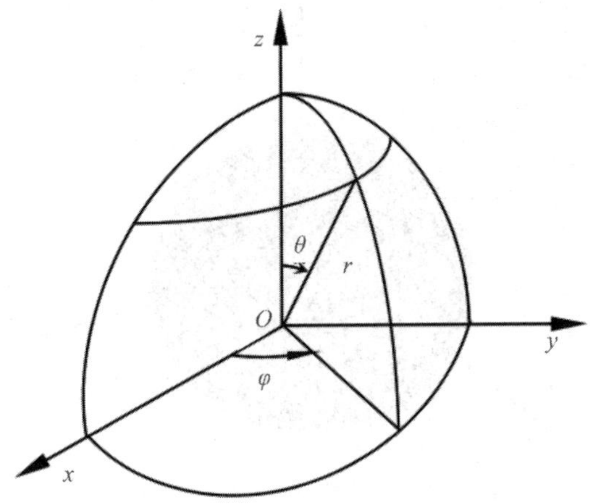

图 6-9　空间方位角

若天线辐射的电场强度为 $\boldsymbol{E}(r, \theta, \varphi)$，则可把电场强度(绝对值)写成

$$|\boldsymbol{E}(r, \theta, \varphi)|=\frac{60I}{r}f(\theta, \varphi) \tag{6-19}$$

式中：I 为归算电流，对于驻波天线，通常取波腹电流 I_{m} 作为归算电流；$f(\theta, \varphi)$为场强方向函数。因此，方向函数可定义为

$$f(\theta, \varphi)=\frac{|\boldsymbol{E}(r, \theta, \varphi)|}{60I/r} \tag{6-20}$$

将电基本振子的辐射场表达式代入式(6-20)，可得电基本振子的方向函数为

$$f(\theta, \varphi)=f(\theta)=\frac{\pi l}{\lambda}|\sin\theta| \tag{6-21}$$

为了便于比较不同天线的方向性，常采用归一化方向函数，用 $F(\theta, \varphi)$表示，即

$$F(\theta, \varphi)=\frac{f(\theta, \varphi)}{f_{\max}(\theta, \varphi)}=\frac{|\boldsymbol{E}(r, \theta, \varphi)|}{|E_{\max}|} \tag{6-22}$$

式中：$f_{\max}(\theta, \varphi)$为方向函数的最大值，$E_{\max}$为最大辐射方向上的电场强度；$E(r, \theta, \varphi)$为同一距离 r 处(θ, φ)方向上的电场强度。

归一化方向函数 $F(\theta, \varphi)$的最大值为 1。因此，电基本振子的归一化方向函数可写为

$$|F(\theta, \varphi)|=|\sin\theta| \tag{6-23}$$

为了分析和对比方便，定义理想点源是无方向性天线，它在各个方向上、相同距离处产生的辐射场的大小是相等的，因此，它的归一化方向函数为

$$F(\theta, \varphi)=1 \tag{6-24}$$

式(6-20)定义了天线的方向函数，它与 r 及 I 无关。将方向函数用曲线描绘出来的图形称为方向图，即与天线等距离处，天线辐射场大小在空间中的相对分布随方向变化的图形。依据归一化方向函数而绘出的图形为归一化方向图。变化 θ 及 φ 得出的方向图是立体方向图。对于电基本振子，由于归一化方向函数 $F(\theta, \varphi)=|\sin\theta|$，因此其立体方向图如图 6-10 所示。

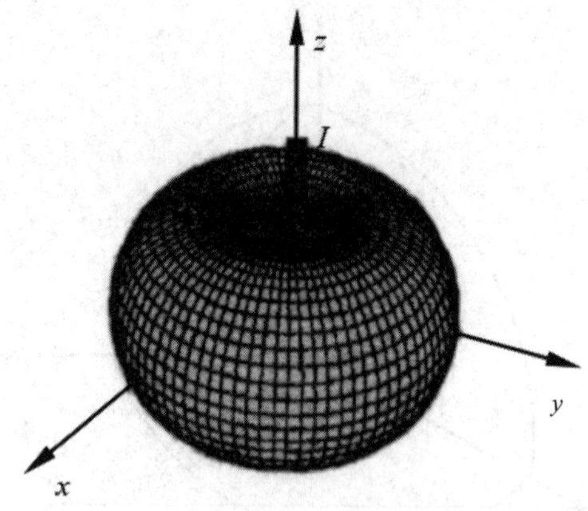

图 6-10 电基本振子立体方向图

工程上常常采用两个特定正交平面方向图。在自由空间中，两个最重要的平面方向图是E面和H面方向图。E面即电场强度矢量所在并包含最大辐射方向的平面，H面即磁场强度矢量所在并包含最大辐射方向的平面。

方向图可用极坐标绘制，角度表示方向，矢径表示场强大小。这种图形直观性强，但零点或最小值点不易分清。方向图也可用直角坐标绘制，横坐标表示方向角，纵坐标表示辐射幅值。由于横坐标可按任意标尺扩展，故图形清晰。如图 6-11(a)所示，对于球坐标系中沿 z 轴放置的电基本振子而言，E面即为包含 z 轴的任一平面，例如 yOz 面，此面的方向函数 $F_E(\theta)=|\sin\theta|$。而H面即为 xOy 面，此面的方向函数 $F_H(\varphi)=1$。如图 6-11(b)所示，H面的归一化方向图为一单位圆。E面和H面方向图就是立体方向图沿E面和H面两个主平面的剖面图。

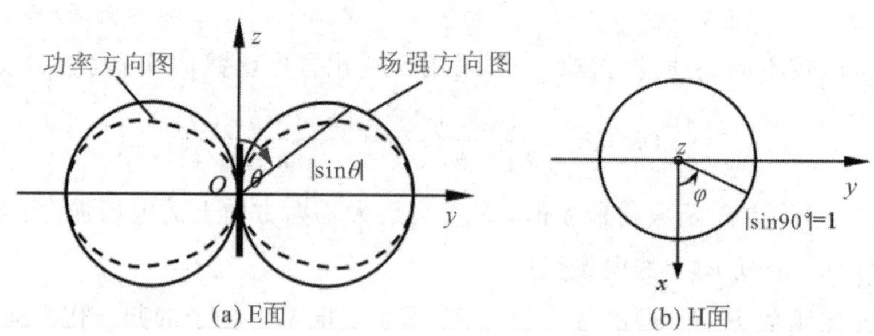

图 6-11 电基本振子方向图

需要注意的是，尽管球坐标系中磁基本振子的方向性和电基本振子的一样，但E面和H面的位置恰好互换。

有时还需要讨论辐射的功率密度(坡印亭矢量模值)与方向之间的关系，因此引进功率方向图 $\Phi(\theta,\varphi)$。容易得出，它与场强方向图之间的关系为

$$\Phi(\theta,\varphi)=F^2(\theta,\varphi) \tag{6-25}$$

电基本振子E面功率方向图也如图 6-11(a)所示。

实际天线的方向图要比电基本振子的复杂，通常有多个波瓣，它可细分为主瓣、副瓣和后瓣，如图 6-12 所示。

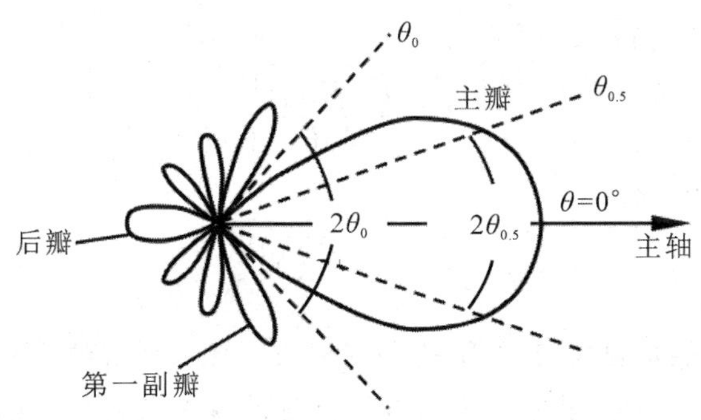

图 6-12　天线方向图的一般形状

用来描述方向图的参数通常有：

(1) 零功率点波瓣宽度 $2\theta_{0E}$ 或 $2\theta_{0H}$(下标 E、H 表示 E、H 面，下同)：主瓣最大值两边两个零辐射方向之间的夹角。

(2) 半功率点波瓣宽度 $2\theta_{0.5E}$ 或 $2\theta_{0.5H}$：主瓣最大值两边场强等于最大值 0.707 倍(或等于最大功率密度的一半)的两辐射方向之间的夹角，又叫 3 dB 波束宽度。如果天线的方向图只有一个强的主瓣，其他副瓣均较弱，则它的定向辐射性能的强弱就可以从两个主平面内的半功率点波瓣宽度来判断。

(3) 副瓣电平：副瓣最大值与主瓣最大值之比，一般以分贝表示，即

$$\mathrm{SLL}=10\lg\frac{S_{\mathrm{av,\ max2}}}{S_{\mathrm{av,\ max}}}=20\lg\frac{E_{\mathrm{max2}}}{E_{\mathrm{max}}} \tag{6-26}$$

式中：$S_{\mathrm{av,\ max2}}$ 和 $S_{\mathrm{av,\ max}}$ 分别为最大副瓣和主瓣的功率密度最大值；E_{max2} 和 E_{max} 分别为最大副瓣和主瓣的场强最大值。副瓣一般指向不需要辐射的区域，因此要求天线的副瓣电平应尽可能地低。

(4) 前后比：主瓣最大值与后瓣最大值之比，通常也用分贝表示。

上述方向图参数虽能从一定程度上描述方向图的状态，但它们一般仅能反映方向图中特定方向的辐射强弱程度，未能反映辐射在全空间的分布状态，因而不能单独体现天线的定向辐射能力。为了更精确地比较不同天线之间的方向性，需要引入一个能定量地表示天线定向辐射能力的电参数，这就是方向系数。

方向系数：在同一距离及相同辐射功率的条件下，某天线在最大辐射方向上的辐射功率密度 S_{max}(或场强 $|E_{\mathrm{max}}|^2$ 的平方)和无方向性天线(点源)的辐射功率密度 S_0(或场强 $|E_0|^2$ 的平方)之比，记为 D。方向系数用公式表示如下：

$$D=\left.\frac{S_{\mathrm{max}}}{S_0}\right|_{P_r=P_{r0}}=\left.\frac{|E_{\mathrm{max}}|^2}{|E_0|^2}\right|_{P_r=P_{r0}} \tag{6-27}$$

式中：P_r、P_{r0} 分别为实际天线和无方向性天线的辐射功率。无方向性天线本身的方向系数为 1。

因为无方向性天线在 r 处产生的辐射功率密度为

$$S_0=\frac{P_{r0}}{4\pi r^2}=\frac{|E_0|^2}{240\pi} \tag{6-28}$$

所以由方向系数的定义可得

$$D=\frac{r^2|E_{\max}|^2}{60P_r} \tag{6-29}$$

因此，在最大辐射方向上有

$$E_{\max}=\frac{\sqrt{60P_rD}}{r} \tag{6-30}$$

式(6-30)表明，天线的辐射场与 P_rD 的平方根成正比，所以对于不同的天线，若它们的辐射功率相等，则在同是最大辐射方向且同一 r 处的观察点，辐射场之比为

$$\frac{E_{\max1}}{E_{\max2}}=\frac{\sqrt{D_1}}{\sqrt{D_2}} \tag{6-31}$$

若要求它们在同一 r 处观察点的辐射场相等，则要求

$$\frac{P_{r1}}{P_{r2}}=\frac{D_2}{D_1} \tag{6-32}$$

即所需要的辐射功率与方向系数成反比。

天线的辐射功率可由坡印亭矢量积分法来计算，此时可在天线的远区以 r 为半径做出包围天线的积分球面：

$$P_r=\oiint_S \boldsymbol{S}_{av}(\theta,\varphi)\cdot d\boldsymbol{S}=\int_0^{2\pi}\int_0^{\pi}S_{av}(\theta,\varphi)r^2\sin\theta\,d\theta\,d\varphi \tag{6-33}$$

由于

$$S_0=\left.\frac{P_{r0}}{4\pi r^2}\right|_{P_{r0}=P_r}=\frac{P_r}{4\pi r^2}=\frac{1}{4\pi}\int_0^{2\pi}\int_0^{\pi}S_{av}(\theta,\varphi)\sin\theta\,d\theta\,d\varphi \tag{6-34}$$

因此由式(6-27)可得

$$\begin{aligned}D&=\frac{S_{av,\max}}{\dfrac{1}{4\pi}\displaystyle\int_0^{2\pi}\int_0^{\pi}S_{av}(\theta,\varphi)\sin\theta\,d\theta\,d\varphi}\\&=\frac{4\pi}{\displaystyle\int_0^{2\pi}\int_0^{\pi}\frac{S_{av}(\theta,\varphi)}{S_{av,\max}}\sin\theta\,d\theta\,d\varphi}\end{aligned} \tag{6-35}$$

由天线的归一化方向函数(见式(6-22))可知

$$\frac{S_{av}(\theta,\varphi)}{S_{av,\max}}=\frac{E^2(\theta,\varphi)}{E_{\max}^2}=F^2(\theta,\varphi) \tag{6-36}$$

方向系数的最终计算公式为

$$D=\frac{4\pi}{\displaystyle\int_0^{2\pi}\int_0^{\pi}F^2(\theta,\varphi)\sin\theta\,d\theta\,d\varphi} \tag{6-37}$$

显然，方向系数与辐射功率在全空间的分布状态有关。要使天线的方向系数大，不仅要求主瓣窄，而且要求全空间的副瓣电平小。

例 6-1　求出沿 z 轴放置的电基本振子的方向系数。

解　已知电基本振子的归一化方向函数为

$$F(\theta,\varphi)=|\sin\theta|$$

将其代入方向系数的表达式得

$$D=\frac{4\pi}{\int_0^{2\pi}\int_0^{\pi}\sin^3\theta\,\mathrm{d}\theta\,\mathrm{d}\varphi}=1.5$$

若以分贝表示，则 $D=10\lg1.5=1.76$ dB。可见，电基本振子的方向系数是很低的。

为了强调方向系数是以无方向性天线作为比较标准得出的，有时将 dB 写成 dBi，以示说明。

当副瓣电平较低(－20 dB 以下)时，可根据两个主平面的波瓣宽度来近似估算方向系数，即

$$D=\frac{41\,000}{(2\theta_{0.5E})(2\theta_{0.5H})}$$

其中波瓣宽度均用度数表示。

如果需要计算天线其他方向上的方向系数 $D(\theta,\varphi)$，则可以很容易得出它与天线的最大方向系数 $D_{\max}$的关系为

$$D(\theta,\varphi)=\left.\frac{S(\theta,\varphi)}{S_0}\right|_{P_r=P_{r0}}=D_{\max}F^2(\theta,\varphi) \tag{6-38}$$

6.3.2　效率与增益

方向系数衡量的是天线定向辐射特性，天线效率用于表示天线在能量上的转换效能，而增益系数(简称增益)则用于表示天线的定向接收程度。

一般来说，载有高频电流的天线导体及其绝缘介质都会产生损耗，因此输入天线的实功率并不能全部转换成电磁波能量，可以用天线效率来表示这种能量转换的有效程度。天线效率定义为天线辐射功率 P_r与输入功率 P_{in}之比，记为 η_A，即

$$\eta_A=\frac{P_r}{P_{in}} \tag{6-39}$$

辐射功率与辐射电阻之间的关系为

$$P_r=\frac{1}{2}I^2R_r$$

依据电场强度与方向函数的关系式，则辐射电阻的一般表达式为

$$R_r=\frac{30}{\pi}\int_0^{2\pi}\int_0^{\pi}f^2(\theta,\varphi)\sin\theta\,\mathrm{d}\theta\,\mathrm{d}\varphi \tag{6-40}$$

与方向系数的计算公式(6－35)对比后可知，方向系数与辐射电阻之间的关系为

$$D=\frac{120f_{\max}^2}{R_r} \tag{6-41}$$

类似于辐射功率和辐射电阻之间的关系，也可将损耗功率 P_L与损耗电阻 R_L联系起来，即

$$P_L=\frac{1}{2}I^2R_L \tag{6-42}$$

R_L是归算于电流 I 的损耗电阻，这样就有

$$\eta_A=\frac{P_r}{P_r+P_L}=\frac{R_r}{R_r+R_L} \tag{6-43}$$

式(6-43)中R_r、R_L应归算于同一电流。

一般来讲，损耗电阻的计算是比较困难的，但可由实验确定。从式(6-43)可以看出，若要提高天线效率，必须尽可能地减小损耗电阻和提高辐射电阻。通常，超短波和微波天线的效率很高，接近1。

值得提出的是，这里定义的天线效率并未包含天线与传输线失配引起的反射损失，考虑到天线输入端的电压反射系数Γ，则天线的总效率为

$$\eta_\Sigma=(1-|\Gamma|^2)\eta_A \tag{6-44}$$

增益系数：在同一距离及相同输入功率的条件下，某天线在最大辐射方向上的辐射功率密度S_{max}(或场强的平方$|E_{max}|^2$)和理想无方向性天线(理想点源)的辐射功率密度S_0(或场强的平方$|E_0|^2$)之比，记为G。增益系数用公式表示如下：

$$G=\left.\frac{S_{max}}{S_0}\right|_{P_{in}=P_{in0}}=\left.\frac{|E_{max}|^2}{|E_0|^2}\right|_{P_{in}=P_{in0}} \tag{6-45}$$

式中：P_{in}、P_{in0}分别为实际天线和理想无方向性天线的输入功率。理想无方向性天线本身的增益系数为1。

考虑到效率的定义，在有耗情况下，功率密度为无耗时的η_A倍，式(6-45)可改写为

$$G=\left.\frac{S_{max}}{S_0}\right|_{P_{in}=P_{in0}}=\left.\frac{\eta_A S_{max}}{S_0}\right|_{P_r=P_{r0}} \tag{6-46}$$

即

$$G=\eta_A D \tag{6-47}$$

由此可见，增益系数是综合衡量天线能量转换效率和方向特性的参数，它是方向系数与天线效率的乘积。在实际中天线的最大增益系数是比方向系数更为重要的电参量，即使它们密切相关。根据式(6-47)，可将式(6-30)改写为

$$E_{max}=\frac{\sqrt{60P_rD}}{r}=\frac{\sqrt{60P_{in}G}}{r} \tag{6-48}$$

增益系数也可以用分贝表示为10lg$G$。因为一个增益系数为10、输入功率为1 W的天线和一个增益系数为2、输入功率为5 W的天线在最大辐射方向上具有同样的效果，所以又将P_rD或$P_{in}G$定义为天线的有效辐射功率。使用高增益天线可以在维持输入功率不变的条件下，增大有效辐射功率。由于发射机的输出功率是有限的，因此在通信系统的设计中，对提高天线的增益常常抱有很大的期望，频率越高的天线越容易得到很高的增益。

6.3.3 极化

天线的极化是指该天线在给定方向上远区辐射电场的空间取向。一般而言，特指为该天线在最大辐射方向上的电场的空间取向。实际上，天线的极化随着偏离最大辐射方向而改变，天线不同辐射方向可以有不同的极化。

所谓辐射场的极化，即在空间某一固定位置上电场矢量端点随时间运动的轨迹，按其轨迹的形状可分为线极化、圆极化和椭圆极化，其中圆极化还可以根据其旋转方向分为右旋圆极化和左旋圆极化。就圆极化而言，一般规定：若手的拇指朝向波的传播方向，四指弯向电场矢量的旋转方向，这时若电场矢量端点的旋转方向与传播方向符合右手螺旋定

则，则为右旋圆极化，若符合左手螺旋定则，则为左旋圆极化。图 6－13 所示为某一时刻，以 z 轴为传播方向的 x 方向线极化的场强矢量线在空间的分布图。图 6－14 和图 6－15 所示为某一时刻，以 z 轴为传播方向的左、右旋圆极化的场强矢量线在空间的分布图。要注意到，固定时间的场强矢量线在空间的分布旋向与固定位置的场强矢量线随时间的旋向相反。椭圆极化的旋向定义与圆极化类似。

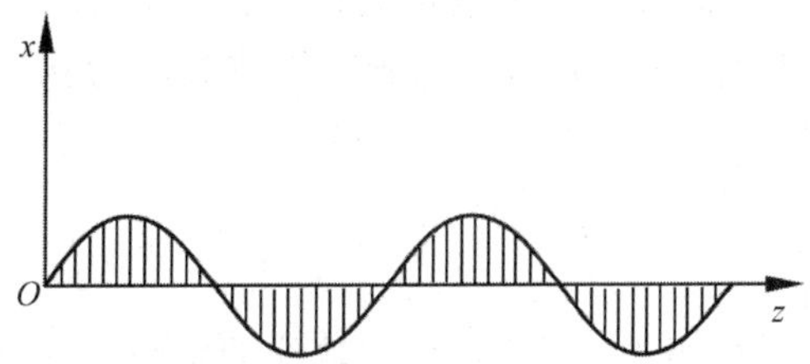

图 6－13　某一时刻 x 方向线极化的场强矢量线在空间的分布图(以 z 轴为传播方向)

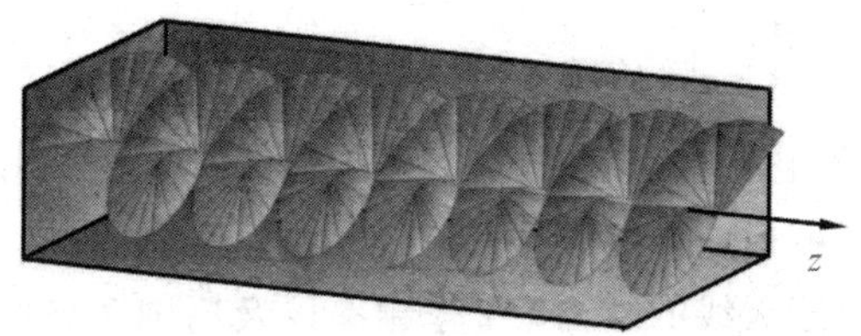

图 6－14　某一时刻左旋圆极化的场强矢量线在空间的分布图(以 z 轴为传播方向)

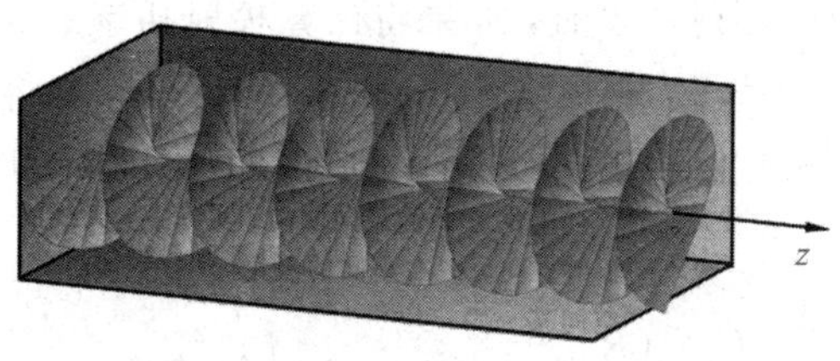

图 6－15　某一时刻右旋圆极化的场强矢量线在空间的分布图(以 z 轴为传播方向)

天线不能接收与其正交的极化分量。例如，线极化天线不能接收来波中与其极化方向垂直的线极化波；圆极化天线不能接收来波中与其旋向相反的圆极化分量，对椭圆极化来波，其中与接收天线的极化旋向相反的圆极化分量不能被接收。极化失配意味着功率损失。为衡量这种损失，特定义极化失配因子 ν_p，其值在 0～1 之间。

6.3.4　频带宽度

天线的所有电参数都和工作频率有关。任何天线的工作频率都有一定的范围，当工作频率偏离中心工作频率 f_0 时，天线的电参数将出现变差，其变差的容许程度取决于天线设备系统的工作特性要求。当工作频率变化时，天线有关电参数变化的程度在所允许的范围内，此时对应的频率范围称为频带宽度。根据天线设备系统的工作场合不同，影响天线频带宽度的主要电参数也不同。

根据频带宽度的不同，可以把天线分为窄频带天线、宽频带天线和超宽频带天线。若天线的最高工作频率为 f_{max}，最低工作频率为 f_{min}，对于窄频带天线，常用相对带宽，即 $[(f_{max}-f_{min})/f_0]\times 100\%$ 来表示其频带宽度。而对于超宽频带天线，常用绝对带宽，即 f_{max}/f_{min} 来表示其频带宽度，即天线能够满足性能指标的前提下，工作的最高频率是最低频率的几个倍频程。

通常，相对带宽只有百分之几的为窄频带天线，如引向天线；相对带宽达百分之几十的为宽频带天线，如螺旋天线；绝对带宽可达到几个倍频程的称为超宽频带天线，如对数周期天线。

6.3.5 阻抗

天线通过传输线与发射机相连，天线作为传输线的负载，与传输线之间存在阻抗匹配问题。天线与传输线的连接处称为天线的输入端，天线输入端呈现的阻抗值定义为天线的输入阻抗，即天线的输入阻抗 Z_{in} 为天线的输入端电压与电流之比：

$$Z_{in}=\frac{U_{in}}{I_{in}}=R_{in}+jX_{in} \tag{6-49}$$

式中：R_{in}、X_{in} 分别为输入电阻和输入电抗，它们分别对应有功功率和无功功率。有功功率以损耗和辐射两种方式耗散掉，而无功功率则驻存在近区中。

天线的输入阻抗取决于天线的结构、工作频率以及周围环境的影响。输入阻抗的计算是比较困难的，因为它需要准确地知道天线上的激励电流。除了少数天线外，大多数天线的输入阻抗在工程中采用近似计算或通过实验测定。

事实上，在计算天线的辐射功率时，如果将计算辐射功率的封闭曲面设置在天线的近区内，用天线的近区场进行计算，则所求出的辐射功率 P_r 同样将含有有功功率及无功功率。如果引入归算电流(输入电流 I_{in} 或波腹电流 I_m)，则辐射功率与归算电流之间的关系为

$$P_r=\frac{1}{2}|I_{in}|^2Z_{r0}=\frac{1}{2}|I_m|^2(R_{r0}+jX_{r0})=\frac{1}{2}|I_{in}|^2Z_{rm}=\frac{1}{2}|I_m|^2(R_{rm}+jX_{rm}) \tag{6-50}$$

式中：Z_{r0}、Z_{rm} 分别为归于输入电流和波腹电流的辐射阻抗 R_{r0}、R_{rm}，X_{r0}、X_{rm} 也为相应的辐射电阻和辐射电抗。因此，辐射阻抗是一个假想的等效阻抗，其数值与归算电流有关。归算电流不同，辐射阻抗的数值也不同。

Z_r 与 Z_{in} 之间有一定的关系，因为输入实功率为辐射实功率和损耗功率之和，当所有的功率计算中均以输入端电流作为归算电流时，则有 $R_{in}=R_{r0}+R_{L0}$，其中 R_{L0} 为归算于输入端电流的损耗电阻。

6.3.6 有效长度

一般而言，天线上的电流分布是不均匀的，也就是说天线上各部位的辐射能力不一样。天线的实际辐射能力常采用有效长度表示。它的定义是：在保持实际天线最大辐射方向上的场强值不变的条件下，假设天线上的电流分布为均匀分布时天线的等效长度。

通常将归算于输入电流 I_{in} 的有效长度记为 $l_{e,in}$，把归算于波腹电流 I_m 的有效长度记为 $l_{e,m}$。

振子有效长度的等效如图 6－16 所示，设实际长度为 l 的某天线的电流分布为 $I(z)$，考虑到各电基本振子辐射场的叠加，此时该天线在最大辐射方向产生的电场为

$$E_{max}=\int_0^l \mathrm{d}E=\int_0^l \frac{60\pi}{\lambda r}I(z)\mathrm{d}z=\frac{60\pi}{\lambda r}\int_0^l I(z)\mathrm{d}z \tag{6-51}$$

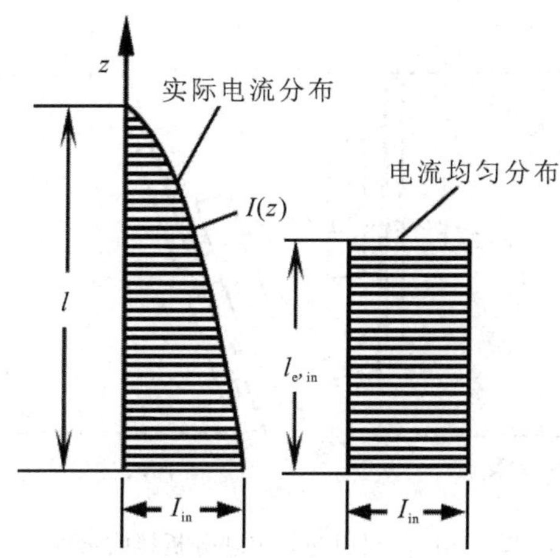

图 6－16　振子有效长度的等效

若以该天线的输入端电流 I_{in} 为归算电流，则电流以 I_{in} 均匀分布、长度为 $l_{e,in}$ 时天线在最大辐射方向产生的电场等于原天线在该方向上的辐射电场，即

$$E_{max}=\frac{60\pi I_{in}l_{e,in}}{\lambda r} \tag{6-52}$$

令以上两式相等，得

$$I_{in}l_{e,in}=\int_0^l I(z)\mathrm{d}z \tag{6-53}$$

由式(6－53)可看出，以高度为一边，则实际电流与等效均匀电流所包围的面积相等。在一般情况下，归算于输入电流 I_{in} 的有效长度与归算于波腹电流 I_m 的有效长度不相等。

引入有效长度以后，考虑到电基本振子的最大场强的计算，可写出线天线辐射场强的一般表达式为

$$|E(\theta,\varphi)|=|E_{max}|F(\theta,\varphi)=\frac{60\pi I l_e}{\lambda r}F(\theta,\varphi) \tag{6-54}$$

式中 l_e 与 $F(\theta,\varphi)$ 均用同一电流 I 归算。

将式(6－41)与式(6－54)结合起来，还可得出方向系数与辐射电阻、有效长度之间的关系式：

$$D=\frac{30k^2 l_e^2}{R_r} \tag{6-55}$$

在天线的设计过程中，有一些专用措施可以加大天线的等效长度，用来提高天线辐射能力。

6.4 天线的互易性

无源天线是互易结构的。如图 6－17 所示，天线通过馈线系统和收发机相连。天线作为发射天线时，可看作发射机的负载，把从发射机得到的功率辐射到空间；作为接收天线时，耦合来自空间的电磁波能量，通过馈线将其传输到接收机输入端，此时接收机可以看作天线的负载。

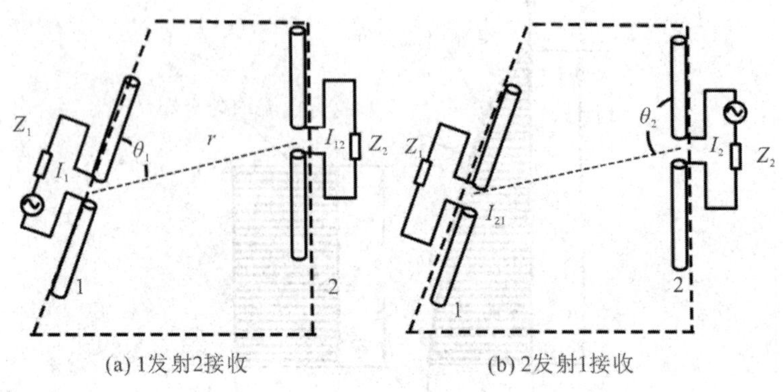

图 6－17　利用互易定理分析接收天线

天线的互易定理通常被用来证明天线用于发射和接收时的互易性，即互易天线在用于发射时和用于接收时的方向图等特性是相同的，所以可以通过分析发射天线来分析接收天线。互易定理的一般形式如下：

$$\int_S(\boldsymbol{E}_1\times\boldsymbol{H}_2-\boldsymbol{E}_2\times\boldsymbol{H}_1)\cdot \mathrm{d}\boldsymbol{S}=\int_{V_1}(\boldsymbol{E}_2\cdot\boldsymbol{J}_1-\boldsymbol{H}_2\cdot\boldsymbol{J}_1^{\mathrm{m}})\cdot \mathrm{d}V-\int_{V_2}(\boldsymbol{E}_1\cdot\boldsymbol{J}_2-\boldsymbol{H}_1\cdot\boldsymbol{J}_2^{\mathrm{m}})\cdot \mathrm{d}V \tag{6-56}$$

这是洛伦兹互易定理的基本形式，两个场源 $\boldsymbol{J}_1$、$\boldsymbol{J}_1^m$ 和 $\boldsymbol{J}_2$、$\boldsymbol{J}_2^m$ 各自所激发的场分别是($\boldsymbol{E}_1$、$\boldsymbol{H}_1$)和($\boldsymbol{E}_2$、$\boldsymbol{H}_2$)，其中 S 为包围体积 V 的封闭面，V_1 和 V_2 是两个场源分别占有的体积，当场源分布在有限区域时，取 S 为无穷大，则此时场源在 S_∞ 面上的面积分为 0，即

$$\int_S(\boldsymbol{E}_1\times\boldsymbol{H}_2-\boldsymbol{E}_2\times\boldsymbol{H}_1)\cdot \mathrm{d}\boldsymbol{S}=0 \tag{6-57}$$

则有

$$\int_{V_1}(\boldsymbol{E}_2\cdot\boldsymbol{J}_1-\boldsymbol{H}_2\cdot\boldsymbol{J}_1^{\mathrm{m}})\cdot \mathrm{d}V=\int_{V_2}(\boldsymbol{E}_1\cdot\boldsymbol{J}_2-\boldsymbol{H}_1\cdot\boldsymbol{J}_2^{\mathrm{m}})\cdot \mathrm{d}V \tag{6-58}$$

式(6－58)也称为卡森形式互易定理，其互易性源自麦克斯韦方程组的线性。

由互易定理可知发射天线和接收天线具有相同的方向图，所以实际测试天线时，可以将发射天线作为被测天线放在接收天线的位置，通过测量出其方向图就可以知道发射天线的方向图。下面详细介绍天线方向图的测量方法。三维空间方向图的测绘十分麻烦，是不切实际的。实际工作中，一般只需测得水平面和垂直面(xy 平面和 xz 平面)的方向图即可。天线方向图可以用极坐标绘制，也可以用直角坐标绘制。极坐标方向图的特点是直观、简单，从方向图可以直接看出天线辐射场强的空间分布特性。当天线方向图的主瓣窄而副瓣低时，直角坐标绘制法可显示出更大的优点。因为表示角度的横坐标和表示辐射强度的

纵坐标均可任意选取，可以更细致、清晰地绘制方向图。天线方向图测量装置如图 6－18 所示。

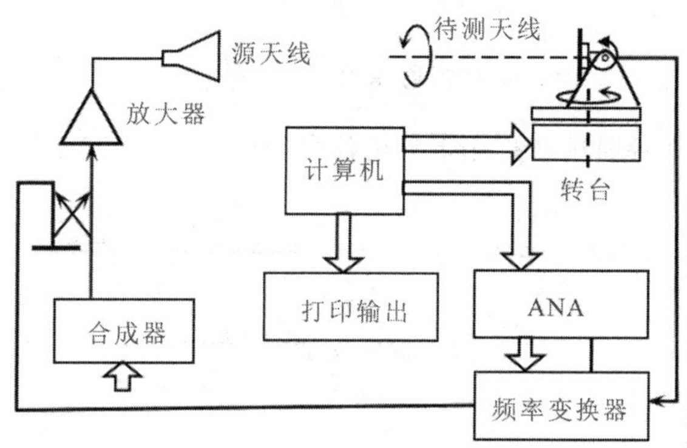

图 6－18　天线方向图测量装置

要测定方向图，就需要两个天线：辅助天线(源天线)固定不动，待测天线安装在特制的有角标指示的转台上，转台由计算机通过步进电机控制。自动网络分析仪(ANA)用来测量两副天线间的传输系数，并通过数据接口将测量结果传给计算机。计算机将角度和 ANA 测试数进行综合处理，通过打印机输出测试结果。测试水平面方向图时，可让待测天线在水平面内旋转，记下不同方位角时相应的场强响应。测试垂直面方向图时，可以将待测天线绕水平轴转动 90°后仍按测水平面方向图的办法得到相应的方向图；也可以直接在垂直面内旋转待测天线，测取不同仰角时的场强响应而得到相应的方向图。

6.5　对称振子天线

6.5.1　电流分布

对称振子天线是由两根同样粗细和同等长度的直导线所构成的，如图 6－19所示。这两根导线称为对称振子的两臂，每臂的长度用 l 表示。对称振子在中间馈电，馈电后，对称振子的两臂将产生一定的电流，并与空间的位移电流构成闭合回路。

对称阵子的辐射场

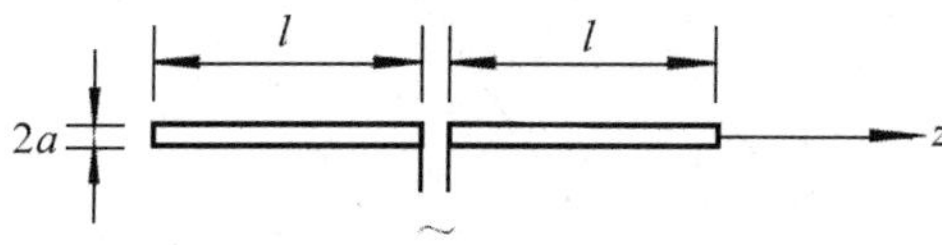

图 6－19　对称振子天线

对称振子可以看成张开的终端开路的双线传输线，振子两臂上的电流分布与张开前的传输线上的电流分布近似一样，即：

(1) 振子端点是电流波节点，而馈电点的电流要视振子长度而定。

(2) 电流按正弦规律分布。

(3) 电流分布对中心点是完全对称的，即振子两臂上对应点的电流大小相等，方向一致。

若取图 6-19 所示的坐标系统，则有

$$I(z)=I_m \sin k(l-|z|) \tag{6-59}$$

式中：I_m 为波腹点的电流幅值，k 为相移常数，$k=\dfrac{2\pi}{\lambda}$。

图 6-20 所示为几种简单对称振子的电流分布图形。

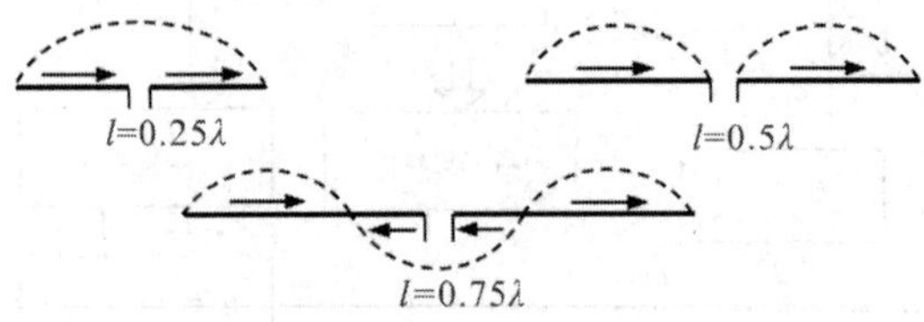

图 6-20　简单对称振子的电流分布

$l/\lambda=0.25$ 的对称振子，由于全长为半个波长，故称为半波振子，电流波腹点正好在馈电输入端。$l/\lambda=0.5$ 的对称振子的全长为一个波长，故称为全波振子，理论上，馈电输入端正好是电流波节点，但这与实际情况不相符合，实际情况如图 6-21 所示。这是因为前面假定的电流分布是由无耗开路均匀传输线得来的，但实际上由于天线存在辐射，故沿线能量必然有损耗。而且振子上各元段之间存在互耦现象，所以会影响振子上的电流分布。例如，左臂上的电流所产生的场会在右臂上产生感应电动势和表面电流，这样就改变了右臂上的电流分布。实际上振子臂上各处的分布参数是不相同的，但是为了分析方便起见，仍以理论上的电流分布为依据进行讨论。

图 6-21　全波振子的实际电流分布

6.5.2　辐射场与方向性

首先假定振子的半径 a 远小于波长，它所在的坐标系如图 6-22 所示。

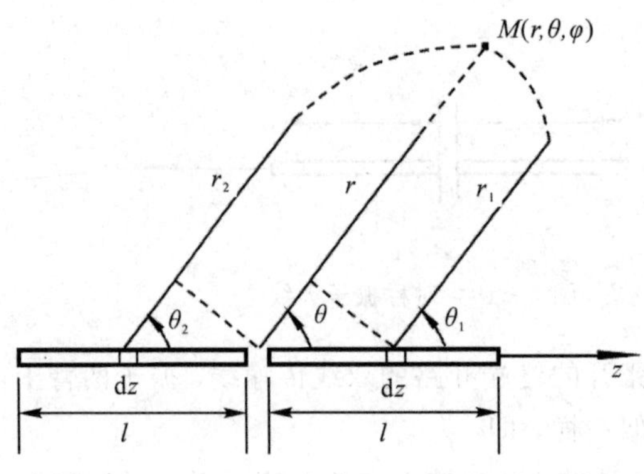

图 6-22　求解对称振子的辐射场

假定把对称振子分割成许多长度相同的小元段 $\mathrm{d}z$，并满足 $a \ll \mathrm{d}z \ll \lambda$ 的条件。这样，每个小元段上的电流在每一瞬间都可近似认为是均匀的，可以把它们看成一个电流元。每个电流元的辐射场可由式(6-4)得到：

$$E_\theta = \mathrm{j}\,\frac{60\pi I\,\mathrm{d}l}{\lambda r}\sin\theta\,\mathrm{e}^{-\mathrm{j}kr} \tag{6-60}$$

在振子左右臂上取两个位置对称的元段 $\mathrm{d}z$，它们距振子中心的距离都是 z，它们的辐射场分别为

$$\mathrm{d}E_{\theta_1} = \mathrm{j}\,\frac{60\pi I(z)\mathrm{d}z}{\lambda r_1}\sin\theta_1\,\mathrm{e}^{-\mathrm{j}kr_1} \tag{6-61a}$$

$$\mathrm{d}E_{\theta_2} = \mathrm{j}\,\frac{60\pi I(z)\mathrm{d}z}{\lambda r_2}\sin\theta_2\,\mathrm{e}^{-\mathrm{j}kr_2} \tag{6-61b}$$

由左右两臂两个对称元段 $\mathrm{d}z$ 在观察点 M 产生的总场强应为

$$\mathrm{d}E_\theta = \mathrm{d}E_{\theta_1} + \mathrm{d}E_{\theta_2} \tag{6-62}$$

由于观察点距离天线很远，即 $r \gg \lambda$，因此可认为 r_1、r_2、r 相互平行。在讨论辐射场的幅度时，可认为 $\theta_1=\theta_2=\theta$，$r_1=r_2=r$。但在讨论辐射场的相位时，不能作这样的近似，必须考虑到由于路程差而引起的相位差，即 $r_1 \neq r_2 \neq r$，它们之间有以下关系：

$$\begin{cases} r_1 = r - z\cos\theta \\ r_2 = r + z\cos\theta \end{cases} \tag{6-63}$$

将式(6-63)代入式(6-62)得

$$\begin{aligned} \mathrm{d}E_\theta &= \mathrm{j}\,\frac{60\pi I(z)\mathrm{d}z}{\lambda r}\sin\theta\,\mathrm{e}^{-\mathrm{j}k(r-z\cos\theta)} + \mathrm{j}\,\frac{60\pi I(z)\mathrm{d}z}{\lambda r}\sin\theta\,\mathrm{e}^{-\mathrm{j}k(r+z\cos\theta)} \\ &= \mathrm{j}\,\frac{60\pi I(z)\mathrm{d}z}{\lambda r}\sin\theta\left[\mathrm{e}^{-\mathrm{j}k(r-z\cos\theta)} + \mathrm{e}^{-\mathrm{j}k(r+z\cos\theta)}\right] \\ &= \mathrm{j}\,\frac{60\pi I(z)\mathrm{d}z}{\lambda r}\sin\theta\,\mathrm{e}^{-\mathrm{j}kr}\left(\mathrm{e}^{\mathrm{j}kz\cos\theta} + \mathrm{e}^{-\mathrm{j}kz\cos\theta}\right) \end{aligned}$$

应用欧拉公式，并将式(6-59)代入得

$$\begin{aligned} \mathrm{d}E_\theta &= \mathrm{j}\,\frac{60\pi I_\mathrm{m}\sin k(l-|z|)}{\lambda r}\sin\theta\,\mathrm{e}^{-\mathrm{j}kr}\left[2\cos(kz\cos\theta)\right]\mathrm{d}z \\ &= \mathrm{j}\,\frac{120\pi}{\lambda r} I_\mathrm{m}\sin\theta\,\mathrm{e}^{-\mathrm{j}kr}\cdot\sin k(l-|z|)\cos(kz\cos\theta)\,\mathrm{d}z \end{aligned}$$

然后沿振子臂长 l 进行积分，即为整个振子的辐射场，其结果为

$$\begin{aligned} E_\theta &= \mathrm{j}\,\frac{120\pi}{\lambda r} I_\mathrm{m}\sin\theta\,\mathrm{e}^{-\mathrm{j}kr}\int_0^l \sin k(l-|z|)\cos(kz\cos\theta)\,\mathrm{d}z \\ &= \mathrm{j}\,\frac{60\pi I_\mathrm{m}}{\lambda r}\left[\frac{\cos(kl\cos\theta)-\cos kl}{\sin\theta}\right]\mathrm{e}^{-\mathrm{j}kr} \end{aligned} \tag{6-64}$$

式(6-64)就是常用的对称振子辐射场强表示式。

由式(6-64)可见，对称振子的长度影响着天线的方向性。这里主要分析其对方向函数、方向图、波瓣宽度和频带宽度的影响。

1. 对方向函数的影响

对称振子的方向函数为

$$f(\theta)=\frac{\cos(kl\cos\theta)-\cos kl}{\sin\theta} \tag{6-65}$$

对称振子的方向函数与 φ 无关。也就是说，它的方向图是围绕振子轴的回转体。

对于半波振子 $l=0.25\lambda$，有

$$f(\theta)=\frac{\cos\left(\frac{\pi}{2}\cos\theta\right)}{\sin\theta} \tag{6-66}$$

对于全波振子 $l=0.5\lambda$，有

$$f(\theta)=\frac{\cos(\pi\cos\theta)+1}{\sin\theta} \tag{6-67}$$

主向值：对于半波振子，$f(\theta=90°)=1$；对于全波振子，$f(\theta=90°)=2$。

即在垂直于振子轴的方向上有最大辐射，但对于臂长更长的对称振子，其主向不一定在 $\theta=\pi/2$ 的方向上。

2. 对方向图的影响

各种不同臂长对称振子的方向图如图 6-23 所示。

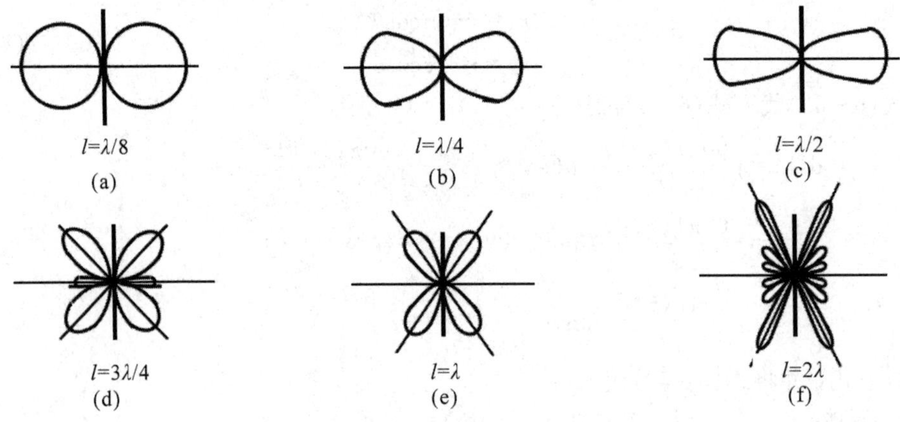

图 6-23　各种不同臂长对称振子的方向图

由图(6-23)可见，当 $l/\lambda<0.5$ 时，随着 l/λ 的增加，方向图变得尖锐，并且只有主瓣($\theta=90°$)。当 $l/\lambda>0.5$ 时，出现副瓣，并随着 l/λ 的增加，原来的副瓣逐渐变成主瓣，而原来的主瓣则变成了副瓣(当 $l/\lambda=1$ 时，原来的主瓣消失)。当 l/λ 再增大时，其主瓣将变得更窄，而副瓣的数目将增多。

方向图随 l/λ 而变是由振子电流分布的变化引起的。当 $l/\lambda<0.5$ 时，天线两臂上的电流始终同相，各个电流元在观察点上所产生的电场之间存在波程差，只有在垂直于振子轴的方向，这种波程差为零，叠加时为同相增加，故辐射最大。当 $l/\lambda=0.5$ 时，天线上开始出现反相的电流分布，由于有一部分反相电流，在 $\theta=90°$的方向上将不可能全部同相叠加，而被反相的部分抵消掉一些，因此主向不在 $\theta=90°$的方向。当 $l=\lambda$ 时，两臂上的电流分布如图 6-24 所示。它可视为四个半波振子组成的天线阵，边缘两半波振子同相，中间两半波振子与前者反相。这样在 $\theta=90°$方向上的辐射场完全抵消，为零辐射方向。

图 6-24　$l=\lambda$ 的对称振子电流分布

以上分析都是假定在天线无衰减的情况下得出的，若考虑衰减，则方向图的零辐射不是真正的零，而有一个最小的值。

3. 对波瓣宽度的影响

已知 $\theta=90°$，$f(\theta)=1$。设半功率点的径向与 z 轴的夹角是 θ_r，令

$$f(\theta_r)=\frac{\cos\left(\dfrac{\pi}{2}\cos\theta_r\right)}{\sin\theta_r}=0.707$$

解得 $\theta_r=51°$。因此半波对称振子半功率点间的夹角(半功率波瓣宽度)为 $2\theta_{0.5}=180°-2\times 51°=78°$。类似上述方法可得出各种不同臂长的对称振子的波瓣宽度。

4. 对频带宽度的影响

振子愈粗，其平均特性阻抗 Z'_c 愈低，输入阻抗随 l/λ 的变化愈缓慢。若振子长度固定不变，改变工作波长，则粗振子能在较宽的频带范围内获得匹配。在天线工程中，常采用降低天线特性阻抗的办法来加宽天线的工作频带，最简单的办法就是加大振子的直径，为使结构简单并减轻重量常将其做成笼形。

6.6　天　线　阵

6.6.1　天线阵的概念

为了增强天线的方向性，可将多个独立天线按照一定的方式排列在一起组成天线阵(或阵列天线)。构成天线阵的单个天线称为单元天线。天线阵的辐射可由阵内各天线的辐射叠加求得，因此，天线阵的方向性与每个天线的形式、相对位置和电流分布有关。选择并调整天线的形式、相对位置和电流关系，就可以得到需要的各种形状的方向图。

阵列天线

由前面的讨论可知电流元方向系数 $D=1.5$、半波对称振子 $D=1.64$，可见它们的方向性很弱。实际无线电系统中大多要求天线具有很强的方向性。增加振子的臂长 l 有可能提高天线的方向性。但由前面的分析可知，随着臂长 l 的增加，电基本振子的方向系数不是单调地不断增加，而是到达最大值 $D=3.2(l\approx 0.625\lambda)$之后，臂长增加方向系数反倒下降。显然，要增强天线的方向性不能单纯依靠增加天线的长度。

原则上讲，组成天线阵的阵元形式可以是各不相同的，阵元之间的相对位置、电流关系可以是任意的，但分析这样没有一定规律的天线阵是相当复杂的，也不实用。下面只研究满足特定条件的天线阵：

(1) 组成天线阵的阵元天线的形式是一致的，而且在空间的取向也一致；

(2) 各阵元按一定的规律排列，且馈电电流的幅度和相位按一定的规律变化。

天线阵根据其排列方法可分为直线阵、平面阵、立体阵等。但基础是直线阵，平面阵和立体阵可从直线阵推广得出。

天线阵理论只适用于由相似天线元组成的直线阵。所谓相似天线元是指组阵的天线单元不仅结构形式相同，而且空间取向、工作波长也相同，即它们的空间辐射场方向图函数完全相同。

6.6.2 均匀二元直线阵

1. 方向性增强原理

设有两个形式和取向都一致的天线排列成二元阵，如图 6-25 所示。天线与天线之间的距离是 d，它们到观察点 P 的距离分别是 r_0 与 r_1。由于观察点很远，可认为 r_0 与 r_1 平行。在 P 点的场强应是两天线在同一点(P 点)辐射场强的矢量叠加，在计算合成场的幅度项时，可认为 $r_0=r_1$，在计算合成场的相位项时，必须考虑由于路程差引起的相位差，应用比较精确的公式 $r_1=r_0-kd\cos\delta$。

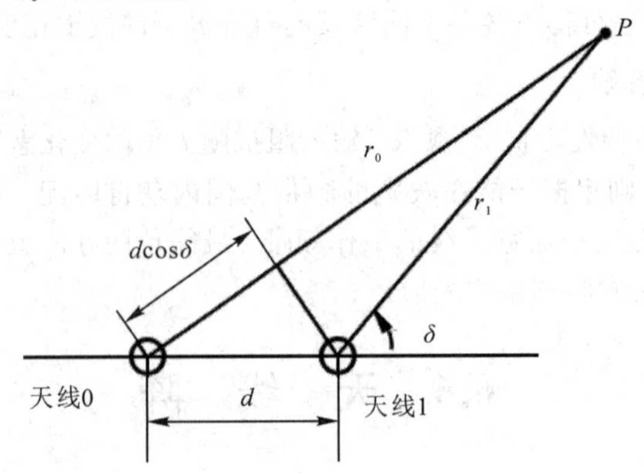

图 6-25　二元天线阵

当两天线的电流分布形式相同时(因天线形式相同)，它们的绝对值的比是 $I_1/I_0=m$。又当电流 I_1 较 I_0 超前 β 角，即 $I_1=mI_0e^{j\beta}$时，天线 1 的辐射波较天线 0 的辐射波在到达 P 点时超前相位为

$$\psi=kd\cos\delta+\beta \tag{6-68}$$

式中：等式右边的第一项是由天线位置引起的，δ 是天线阵由天线 0 到天线 1 的轴线反时针方向旋转到观察点 P 的夹角；第二项是由电流相位引起的。

假若天线 0 产生于 P 点的场强是 E_0，由式(6-64)可见，电场强度正比于电流的一次方。于是，天线 1 产生于 P 点的场强应为 $E_1=mE_0e^{j\psi}$。

合成场强是：

$$E=E_0+E_1=E_0(1+me^{j\psi}) \tag{6-69}$$

可以看到，合成电场是由两部分相乘得到的：第一个因子 E_0 是天线 0 于 P 点产生的场强，由天线 0 的类型来决定，只牵涉到天线 0 的方向图，而与阵无关；第二个因子 $(1+me^{j\psi})$ 只牵涉到两天线之间的电流比值和相位差以及它们的相互位置，而与天线是什么类型没有关系，称为阵因子。因此，由相同天线构成的天线阵，它的合成方向图是单独一副天线的方向图乘上阵因子的方向图。这一原理也适用于多元天线阵，称为方向图相乘原理，即：由很多方向函数均为 $f_1(\psi)$ 的天线单元排列成的天线阵的方向函数 $f_a(\psi)$，可以用单元方向函数 $f_1(\psi)$（又称单元因子）与阵因子 $f_a(\psi)$（又称排列方向函数）的乘积表示：

$$f(\psi)=f_1(\psi)\cdot f_a(\psi) \tag{6-70}$$

其中阵因子 $f_a(\psi)$ 可理解为：在各元的位置上，放入和该位置的单元天线同振幅同相位的无方向性的点源天线时的方向函数。

现在来求式(6-69)的绝对值：

$$\begin{aligned}|E| &= |E_0(1+m\mathrm{e}^{\mathrm{j}\psi})| = |E_0|\,|1+m\cos\psi+\mathrm{j}m\sin\psi| \\ &= |E_0|\sqrt{(1+m\cos\psi)^2+m^2\sin^2\psi}\end{aligned} \tag{6-71}$$

可见阵因子 $f_a(\psi)$ 为

$$f_a(\psi)=\sqrt{(1+m\cos\psi)^2+m^2\sin^2\psi}$$

当 $m=1$ 时有

$$f_a(\psi)=\sqrt{(1+\cos\psi)^2+\sin^2\psi}=2\cos\frac{\psi}{2} \tag{6-72}$$

$$|E|=|E_0|2\cos\frac{\psi}{2}$$

将 ψ 代入得

$$|E|=|E_0|\cdot 2\cos\left(\frac{\pi d\cos\delta}{\lambda}+\frac{\beta}{2}\right) \tag{6-73}$$

2. 天线阵影响方向性的因素

下面讨论在不同的 d 与 β 的情况下，根据式(6-72)作出的阵因子方向图。

1) 同相二元阵

当 $m=1$、$\beta=0$ 时有

$$f_a(\psi)=2\cos\left(\frac{\pi d}{\lambda}\cos\delta\right) \tag{6-74}$$

当 $\frac{d}{\lambda}$ 不同时，所得到的阵因子方向图如图 6-26 所示。

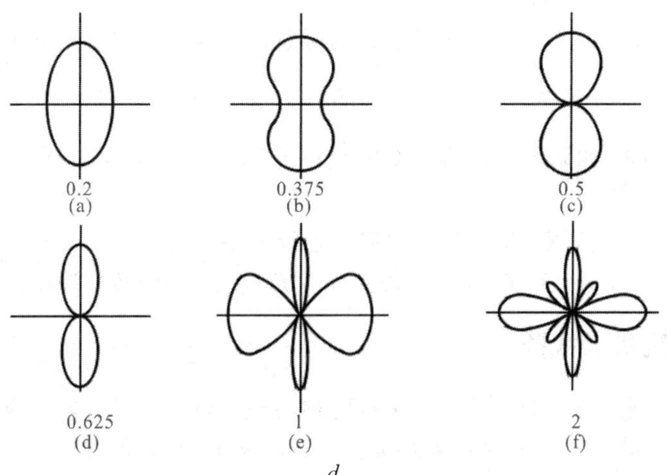

图 6-26　同相二元阵 $\frac{d}{\lambda}$ 不同时的阵因子方向图

2）相位差为 90°的二元阵

当 $m=1$、$\beta=-90°$时有

$$f_a(\psi)=2\cos\left(\frac{\pi d}{\lambda}\cos\delta-\frac{\pi}{4}\right) \tag{6-75}$$

$d/\lambda=0.25$ 的阵因子方向图如图 6-27 所示。由图可知，其产生的方向图呈心脏形，具有单方向性。这是因为在由天线 0 到天线 1 的方向，天线 1 在电流上比天线 0 落后 90°，但在行程上却相差 $\lambda/4$，即比天线 0 又超前 90°，故其场强与天线 0 的场强同相而叠加，得最大辐射。反之，在由天线 l 向天线 0 的方向，天线 l 不但在电流上而且在行程上也比天线 0 落后 90°，总共落后 180°，故其场强与天线 0 为反相，完全抵消，这样就成了单方向性。

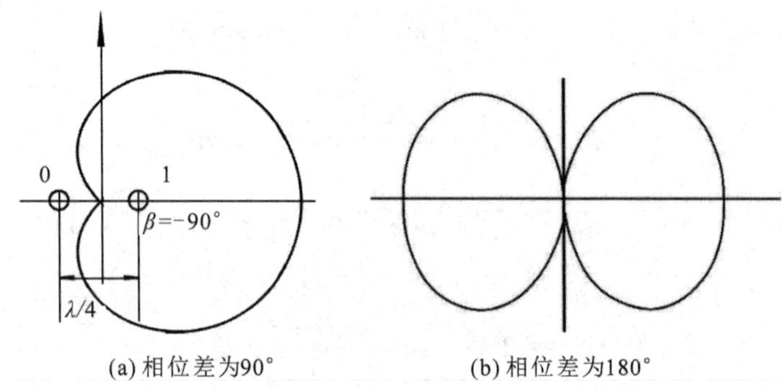

(a) 相位差为90°　　(b) 相位差为180°

图 6-27　相位差为 90°及 180°、$\frac{d}{\lambda}=0.25$ 的阵因子方向图

3）反相二元阵

当 $m=1$、$\beta=180°$时有

$$f_a(\psi)=2\sin\left(\frac{\pi d}{\lambda}\cos\delta\right) \tag{6-76}$$

相应阵因子方向图如图 6-27(b)所示。

由以上讨论的内容可得出以下结论：

(1) 当 n 一定时，阵因子方向图只是 ψ 的函数；当 $\psi=0$ 或 2π 的整数倍时，阵因子有最大值；而当 $\psi=\frac{N2\pi}{n}$(N 为 1 到 $n-1$ 的整数)时，阵因子为 0。即 n 元均匀直线阵有 $n-1$ 个辐射零点值。例如，四元天线阵有三个零点(90°、180°、270°)，五元天线阵有四个零点(72°、144°、216°、288°)。

(2) 均匀直线阵的阵因子方向图是以阵元连线为轴的回转体。

(3) 当天线阵的 d、β 不变而增加元数时，主瓣变尖，副瓣数目增多。

6.6.3　多元直线式天线阵

n 个天线单元排列在一条直线上的天线阵称为直线阵，所谓均匀直线阵，是指各天线单元除了以相同的取向和相等的间距排列成一条直线外，它们的电流大小相等，而相位则以均匀的比例递增或递减。图 6-28 所示为一个 n 元均匀直线天线阵，相邻两天线的距离为 d，相位差为 β。

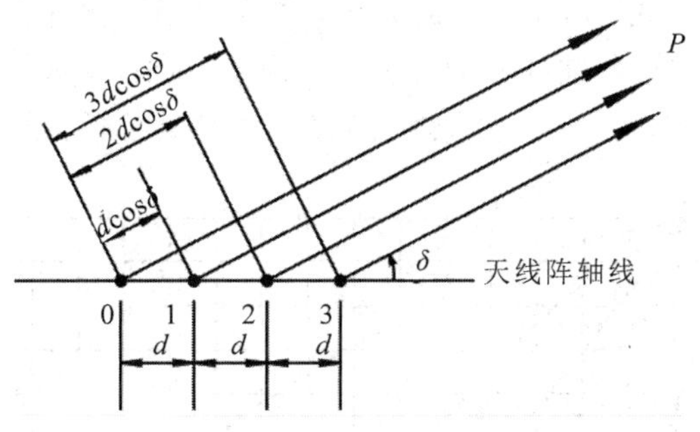

图 6-28 均匀直线式天线阵

天线 1 辐射的电波较天线 0 超前 $\psi_1=kd\cos\delta+\beta$，天线 2 的较天线 0 的超前 $\psi_2=2kd\cos\delta+2\beta=2\psi_1$，天线 3 的较天线 0 的超前 $\psi_3=3kd\cos\delta+3\beta=3\psi_1$，依次类推。因此在观察点的合成场强可写成

$$E=\sum_{i=0}^{n-1}E_i=E_0[1+\mathrm{e}^{\mathrm{j}\psi}+\mathrm{e}^{\mathrm{j}2\psi}+\mathrm{e}^{\mathrm{j}3\psi}+\cdots+\mathrm{e}^{\mathrm{j}(n-1)\psi}] \tag{6-77}$$

式中 $\psi=kd\cos\delta+\beta$。

利用等比级数求和的公式，式(6-77)可写成

$$|E|=|E_0|\left|\frac{1-\mathrm{e}^{\mathrm{j}n\psi}}{1-\mathrm{e}^{\mathrm{j}\psi}}\right|=|E_0|\sqrt{\frac{(1-\cos n\psi)^2+\sin^2 n\psi}{(1-\cos\psi)^2+\sin^2\psi}}=|E_0|\frac{\sin\dfrac{n\psi}{2}}{\sin\dfrac{\psi}{2}} \tag{6-78}$$

阵因子 $f_a(\psi)=\dfrac{\sin\dfrac{n\psi}{2}}{\sin\dfrac{\psi}{2}}$，它取最大值的条件可以由 $\dfrac{\mathrm{d}f_a(\psi)}{\mathrm{d}\psi}=0$ 求得。

式(6-78)仅当 $\psi=0$ 时成立，所以阵因子的最大值条件是 $\psi=0$，此时最大值为

$$f_{a,\max}=\lim_{\psi\to 0}\frac{\sin\dfrac{n\psi}{2}}{\sin\dfrac{\psi}{2}}=n \tag{6-79}$$

由式(6-79)可见，对于 n 元天线阵，当 $\psi=0$ 时，天线最大辐射方向的场强比各元天线增大 n 倍。

为了分析问题和作图方便，可采用归一化阵因子的概念。归一化阵因子定义为

$$F_a(\psi)=\frac{f_a(\psi)}{f_{a,\max}} \tag{6-80}$$

对于 n 元均匀直线阵有 $f_{a,\max}=n$，故其归一化的阵因子方向函数为

$$|F_a(\psi)|=\left|\frac{f_a(\psi)}{f_{a,\max}}\right|=\frac{1}{n}\left|\frac{\sin\dfrac{n\psi}{2}}{\sin\dfrac{\psi}{2}}\right| \tag{6-81}$$

它的方向图的形状与原来的完全一样，只不过缩小为原来的 $\dfrac{1}{n}$，最大值是 1。

根据归一化阵因子公式，对于不同的 n 值，可作出归一化阵因子随 ψ 的变化曲线，不同的 n 值有不同的曲线，这些曲线称为归一化阵因子方向图，如图 6-29 所示，这是一组用直角坐标表示出来的图形。图中 ψ 只画到 180°，根据对称性，曲线在 360°内周期重复。

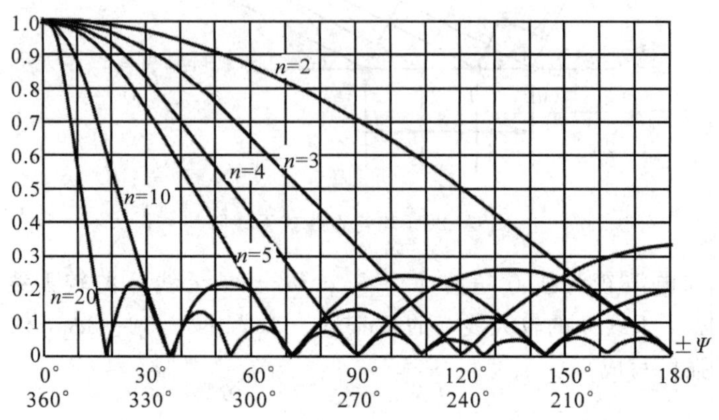

图 6-29　均匀直线阵的归一化阵因子方向图

1. 边射阵

当均匀直线阵的各元电流同相时，$\beta=0°$，$\psi=kd\cos\delta$，这时 $\psi=0$ 的最大辐射条件要求：

$$\delta=(2m+1)\frac{\pi}{2} \tag{6-82}$$

式中 $m=0, 1, 2, \cdots$，换句话说，在 $\delta=\frac{\pi}{2}$ 和 $\frac{3\pi}{2}$ 的方向，亦即与天线阵轴线垂直的方向，天线有最大的辐射。由于在阵轴线两边有最大辐射，故这种各元电流同相的均匀直线阵称为边射式天线阵，其归一化阵因子为

$$|F_{a}(\psi)|=\frac{\left|\sin\frac{n\psi}{2}\right|}{\left|n\sin\frac{\psi}{2}\right|}=\frac{1}{n}\left|\frac{\sin\left(\frac{n\pi d}{\lambda}\cos\delta\right)}{\sin\left(\frac{\pi d}{\lambda}\cos\delta\right)}\right| \tag{6-83}$$

当 $d=\lambda/2$ 时，$n=2$、3、4、6 的阵因子方向图如图 6-30 所示。

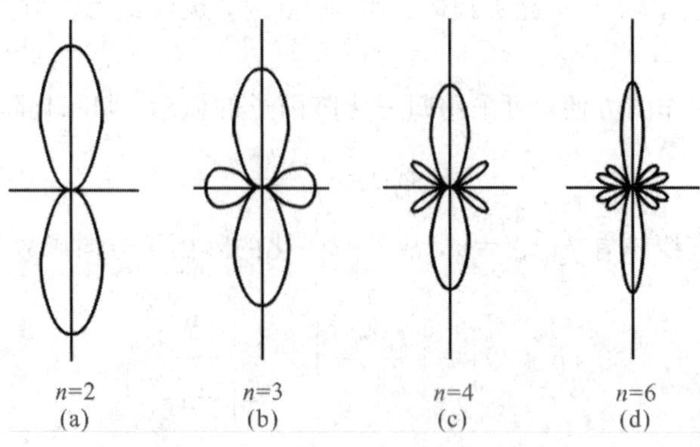

图 6-30　当 $d=\lambda/2$ 时，同相边射阵的阵因子方向图

2. 端射阵

有时由于地形限制，希望在 $\delta=0°$ 的方向有最大辐射。为了获得这一结果，将 $\delta=0°$、$\varphi=0°$ 同时代入 $\psi=kd\cos\delta+\beta$ 公式内，由此得到 $\beta=-kd$，欲使最大辐射集中在 $\delta=0°$ 的方向，每两元天线的相位差应符合 $d=\lambda/4$、$\beta=-90°$ 的条件。这种天线阵的最大辐射方向是从相位超前的天线指向相位落后的天线一侧，由于它是沿着天线阵的轴线方向，因此被称为端射式天线阵。

为了获得单方向辐射，各元天线间的距离 d 不宜大于 $\lambda/4$。图 6-31(a)所示为八元端射式天线阵的方向图，$d=\lambda/4$。而图 6-31(b)所示为四元端射式天线阵的方向图，因各单元天线间的距离 $d=\lambda/2$，此时天线阵已失去单方向的辐射特性。

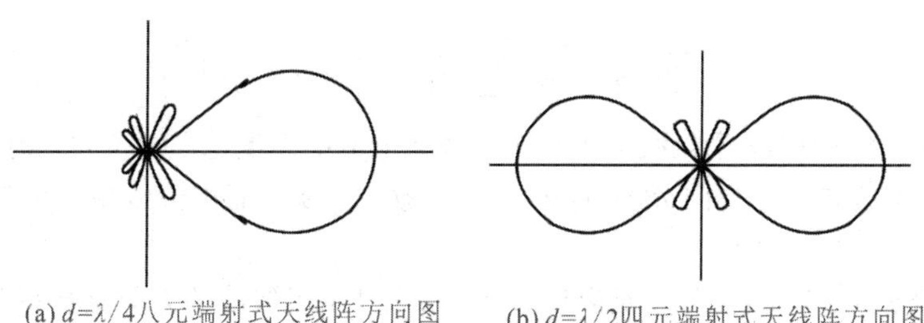

(a) $d=\lambda/4$ 八元端射式天线阵方向图　(b) $d=\lambda/2$ 四元端射式天线阵方向图

图 6-31　端射式天线阵方向图

上面已经谈到天线阵的方向图可由单独天线的方向图与阵因子的方向图相乘求得。但在求复杂天线阵的方向图时，可将天线阵分为几组，先求出每一组的方向图以及组与组之间的阵因子，然后利用方向图相乘原理求出合成方向图。如果天线阵更复杂(面阵或立体阵)，在求一个组的方向图时还必须将它再分为几个对称小组来求这个组的方向图。上述方法的依据是：复杂天线的阵因子可以进行因式分解，阵因子因式分解相当于将天线阵分为几个对称组。下面以四元天线阵的方向图来说明，如图 6-32 所示。

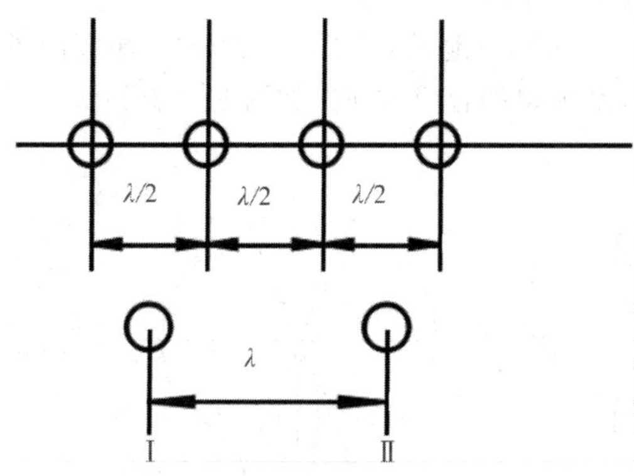

图 6-32　四元天线阵阵因子计算

表示方向图的公式按式(6-77)应为

$$\boldsymbol{E}=\boldsymbol{E}_0(1+e^{j\psi}+e^{j2\psi}+e^{j3\psi}) \tag{6-84}$$

式中：$\boldsymbol{E}_0$ 为单元天线的方向图；$(1+e^{j\psi}+e^{j2\psi}+e^{j3\psi})$ 是阵因子方向图，可进行因式分解。式(6-84)可分解为

$$\boldsymbol{E}=\boldsymbol{E}_0(1+e^{j\psi})(1+e^{j2\psi}) \tag{6-85}$$

式中：$(1+e^{j\psi})$代表二元天线相距 $d=\lambda/2$ 的阵因子，而$(1+e^{j2\psi})$代表二元天线相距 $d=\lambda$ 的阵因子。现在将四元天线阵分成两组，天线 1 与 2 看成一组，用Ⅰ来代表，天线 3 与 4 看成另一组，用Ⅱ来代表。而它们之间的阵因子可以用$(1+e^{j2\psi})$来代表，因此将四元天线阵看成两个组的合成方向图，这是单独天线的方向图 $\boldsymbol{E}_0(1+e^{j\psi})$与阵因子方向图$(1+e^{j2\psi})$的乘积。其结果与式(6-85)一致，说明把阵因子进行因式分解相当于将天线阵分为几个对称组。

用$|f(\delta)|$表示天线阵的场强幅度方向图函数，由式(6-70)知

$$|f(\delta)|=|f_1(\delta)|\cdot|f_a(\delta)| \tag{6-86}$$

式中：$|f_1(\delta)|$为天线单元的方向函数，仅与天线单元的结构形式和尺寸有关，称为单元因子；而

$$|f_a(\delta)|=\left|\sum_{i=1}^{n}m_{1i}e^{j(kd_{1i}\cos\delta+\beta_{1i})}\right| \tag{6-87}$$

其中：m_{1i}与β_{1i}分别为第 i 个天线与第 1 个天线元电流的幅度比和相位差，则$|f_a(\delta)|$仅与天线单元的电流分布 I_i、空间分布 d_i 和元的个数 n 有关，而与天线单元的形式和尺寸无关，因此称为阵因子。

由式(6-86)可知，在各天线元为相似元的条件下，天线阵的方向函数是单元因子与阵因子之积。这就是天线阵方向图函数或方向图乘积定理(简称方向图乘积定理)。

一般情况下，在球坐标系中，单元因子和阵因子不仅是 θ 的函数，还可能是方位角 φ 的函数，故天线阵方向图乘积定理的一般形式是

$$|f(\theta,\varphi)|=|f_1(\theta,\varphi)|\cdot|f_a(\theta,\varphi)| \tag{6-88}$$

特别明确：天线阵方向图乘积定理只适用于相似元组成的天线阵，因为如果天线阵中的各元不是相似元，那么在总方向图函数中就提不出公共的单元因子，方向图乘积定理就不成立。

由方向图乘积定理知，欲求天线阵的方向图，必须先求天线单元因子方向图和阵因子方向图。阵因子与天线单元因子的方向性无关。

上述定理可用图 6-33 来形象地说明，图 6-33(a)为单元因子方向图，图 6-33(b)为阵因子方向图，它们相乘后所得的合成方向图如图 6-33(c)所示。

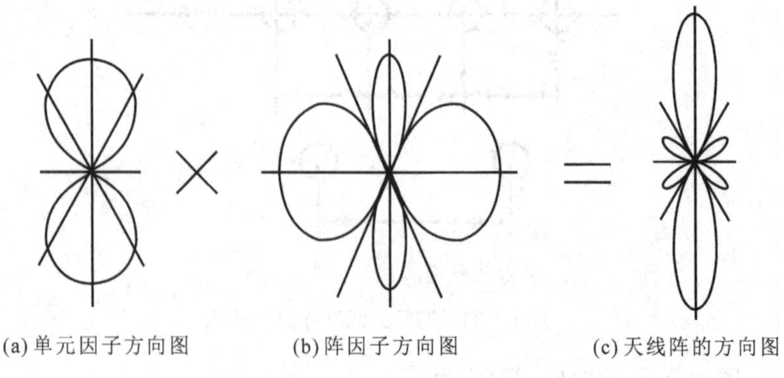

(a) 单元因子方向图　　(b) 阵因子方向图　　(c) 天线阵的方向图

图 6-33　方向图乘法

例 6-2　如图 6-34 所示，由两个半波对称振子组成一个平行二元阵，其间隔距离 $d=0.25\lambda$，电流比 $I_{m2}=I_{m1}e^{j\pi/2}$，求其 E 面(yOz)和 H 面(xOy)的方向函数及方向图。

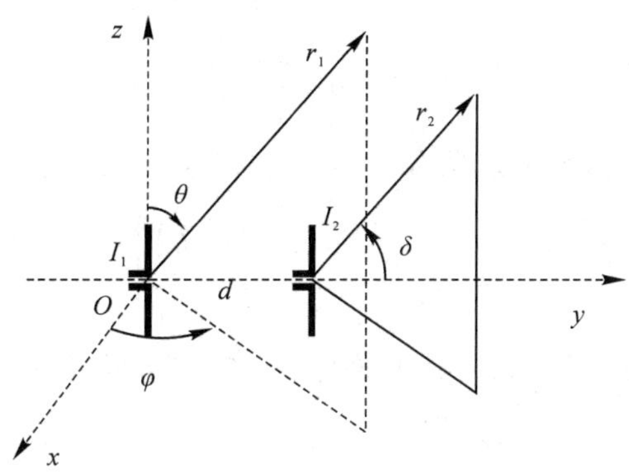

图 6-34　例 6-2 用图

解　此题所设的二元阵属于等幅二元阵，$m=1$，这是最常见的二元阵类型。对于这样的二元阵，阵因子可以简化为

$$|f_a(\theta, \varphi)| = \left|2\cos\frac{\psi}{2}\right|$$

由于此题只需要讨论 E 面和 H 面的方向性，故将 E 面和 H 面分别置于纸面，以利于求解。

(1) E 面(yOz)。

在单元天线确定的情况下，分析二元阵的重要工作就是首先分析阵因子，而阵因子是相位差 ψ 的函数，因此有必要先求出 E 面(yOz)上的相位差表达式。如图 6-35 所示，路径差

$$\Delta r = d\cos\delta = \frac{\lambda}{4}\cos\delta$$

所以相位差为

$$\psi_E(\delta) = \frac{\pi}{2} + kd\cos\delta = \frac{\pi}{2} + \frac{\pi}{2}\cos\delta$$

即在 $\delta=0°$ 和 $\delta=180°$ 时，ψ_E 分别为 π 和 0，这意味着，阵因子在 $\delta=0°$ 和 $\delta=180°$ 方向上分别为零辐射和最大辐射。

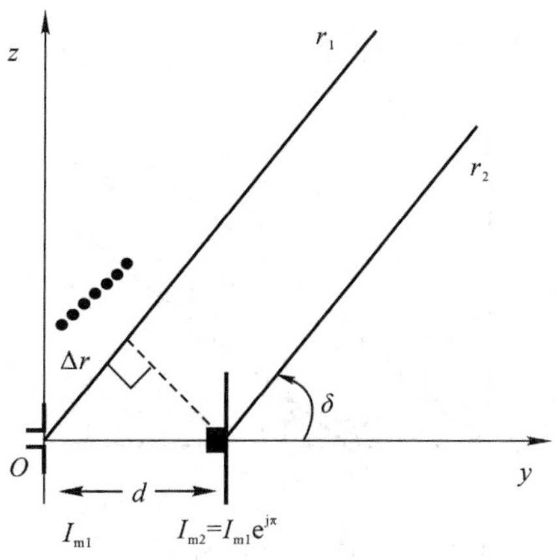

图 6-35　例 6-2 的 E 面坐标图

阵因子可以写为

$$|f_{a}(\delta)|=\left|2\cos\left(\frac{\pi}{4}+\frac{\pi}{4}\cos\delta\right)\right|$$

而半波振子在E面的方向函数可以写为

$$|f_{1}(\delta)|=\left|\frac{\cos\left(\frac{\pi}{2}\sin\delta\right)}{\cos\delta}\right|$$

根据方向图乘积定理，此二元阵在E面(yOz)的方向函数为

$$|f_{E}(\delta)|=\left|\frac{\cos\left(\frac{\pi}{2}\sin\delta\right)}{\cos\delta}\right|\times\left|2\cos\left(\frac{\pi}{4}+\frac{\pi}{4}\cos\delta\right)\right|$$

归一化后得

$$|F_{E}(\delta)|=\left|\frac{\cos\left(\frac{\pi}{2}\sin\delta\right)}{\cos\delta}\right|\times\left|\cos\left(\frac{\pi}{4}+\frac{\pi}{4}\cos\delta\right)\right|$$

由上面的分析，可以画出E面方向图，如图6-36所示。图中各方向图已经过归一化。

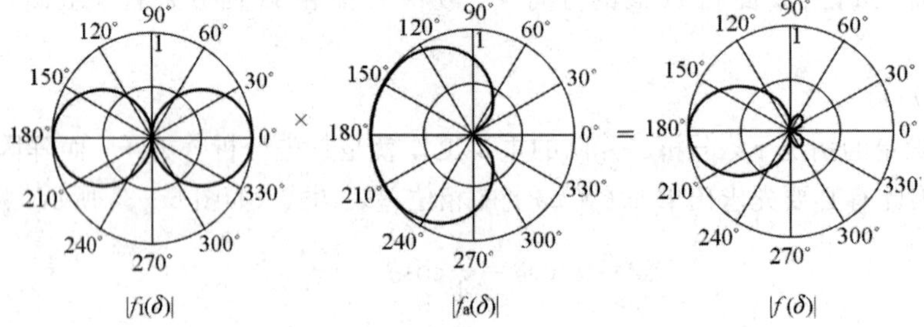

图6-36　例6-2的E面方向图

(2) H面(xOy)。

对于平行二元阵，如图6-37所示，H面阵因子的表达形式和E面阵因子完全一样，只是半波振子在H面无方向性。应用方向图乘积定理，可直接写出H面的方向函数为

$$|F_{H}(\delta)|=1\times\left|\cos\left(\frac{\pi}{4}+\frac{\pi}{4}\cos\delta\right)\right|$$

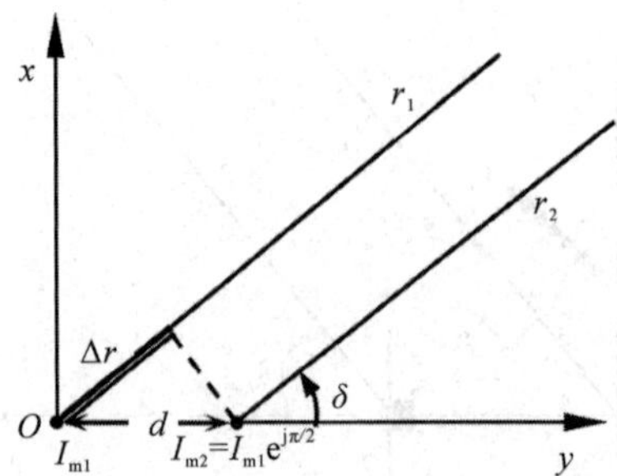

图6-37　例6-2的H面坐标图

H面方向图如图6-38所示。

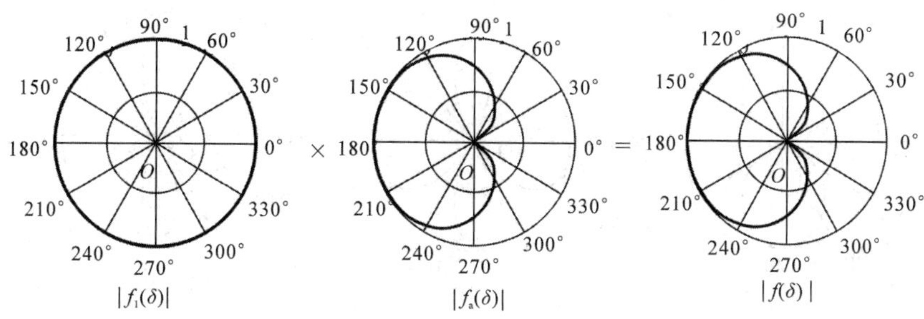

图 6-38　例 6-2 的 H 面方向图

由例 6-2 的分析可以看出，在 $\delta=180°$的方向上，波程差和电流激励相位差刚好互相抵消，因此两个单元天线在此方向上的辐射场同相叠加，合成场取最大；而在 $\delta=0°$方向上，总相位差为 π，因此两个单元天线在此方向上的辐射场反向相消，合成场为零，二元阵具有了单向辐射的功能，从而提高了方向性，达到了排阵的目的。

例 6-3　如图 6-39 所示，由两个半波振子组成一个共线二元阵，其间隔距离 $d=\lambda$，电流比 $I_{m2}=I_{m1}$，求其 E 面和 H 面的方向函数及方向图。

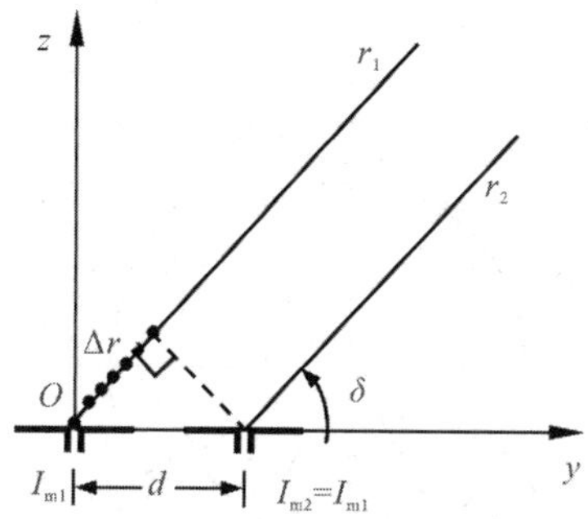

图 6-39　例 6-3 的 E 面坐标图

解　此题所设的二元阵属于等幅同相二元阵，$m=1$，$\beta=0$。相位差 $\psi=k\Delta r$。

(1) E 面(yOz)。

相位差 $\psi_E(\delta)=2\pi\cos\delta$，在 $\delta=0°$、$60°$、$90°$、$120°$、$180°$时，ψ_E 分别为 2π(最大辐射)、-2π(零辐射)、0(最大辐射)、$-\pi$(零辐射)、-2π(最大辐射)。

阵因子为

$$|f_a(\delta)|=|2\cos(\pi\cos\delta)|$$

根据方向图乘积定理，此二元阵在 E 面(yOz)的方向函数为

$$|f_E(\delta)|=\left|\frac{\cos\left(\dfrac{\pi}{2}\cos\delta\right)}{\sin\delta}\right|\times|2\cos(\pi\cos\delta)|$$

归一化后得

$$|F_E(\delta)|=\left|\frac{\cos\left(\dfrac{\pi}{2}\cos\delta\right)}{\sin\delta}\right|\times|2\cos(\cos\delta)|$$

E 面方向图如图 6-40 所示。

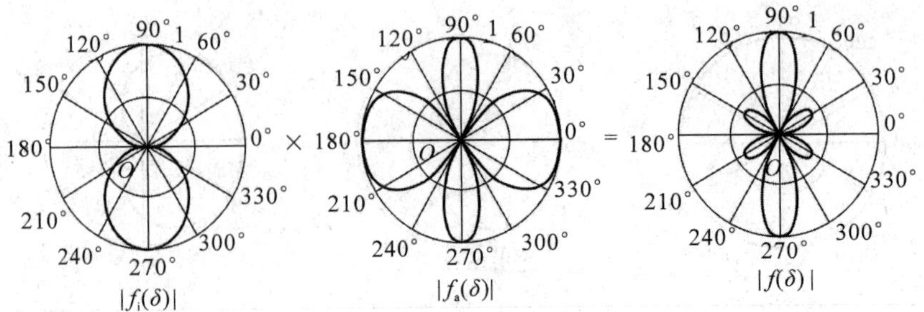

图 6-40　例 6-3 的 E 面方向图

(2) H 面(xOz)

如图 6-41 所示，对于共线二元阵，$\psi_H(\delta)=0$，H 面阵因子无方向性。应用方向图乘积定理，可直接写出 H 面的方向函数为

$$f_H(\delta)=1\times 2=2$$

归一化后得

$$F_H(\delta)=1$$

所以 H 面方向图为一单位圆。

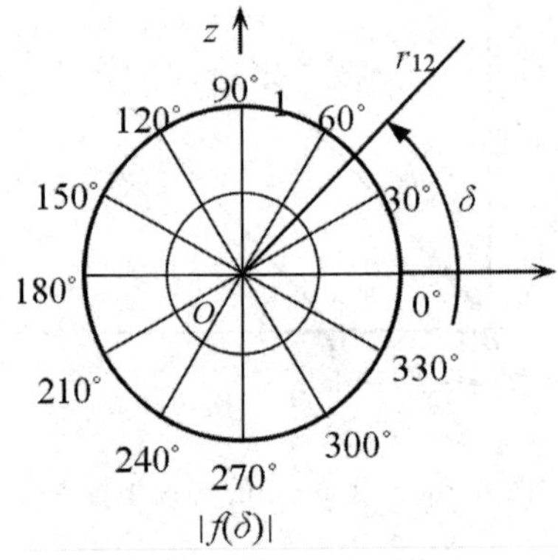

图 6-41　例 6-3 的 H 面坐标及方向图

例 6-4　如图 6-42 所示，由两个半波振子组成一个平行二元阵，其间隔距离 $d=0.75\lambda$，电流比 $I_{m2}=I_{m1}e^{j\pi/2}$，求其方向函数及立体方向图。

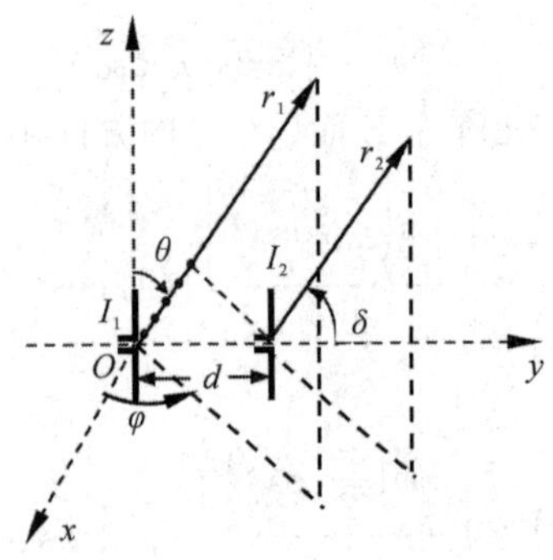

图 6-42　例 6-4 的坐标图

解　先求阵因子。

由题意可知，路径差为

$$\Delta r = d\cos\delta = d\boldsymbol{e}_y \cdot \boldsymbol{e}_r = d\sin\theta\sin\varphi$$

所以总相位差为

$$\psi = \frac{\pi}{2} + 1.5\pi\sin\theta\sin\varphi$$

阵因子为

$$f_a(\theta, \varphi) = \left| 2\cos\left(\frac{\pi}{4} + 0.75\pi\sin\theta\sin\varphi\right) \right|$$

根据方向图乘积定理，阵列方向函数为

$$f(\theta, \varphi) = \left| \frac{\cos\left(\frac{\pi}{2}\cos\theta\right)}{\sin\theta} \right| \times \left| 2\cos\left(\frac{\pi}{4} + 0.75\pi\sin\theta\sin\varphi\right) \right|$$

通过以上实例的分析可以看出，加大间隔距离 d 会加大波程差的变化范围，导致波瓣个数变多；而改变电流激励初始相差，会改变阵因子的最大辐射方向。常见二元阵阵因子见图 6－43。

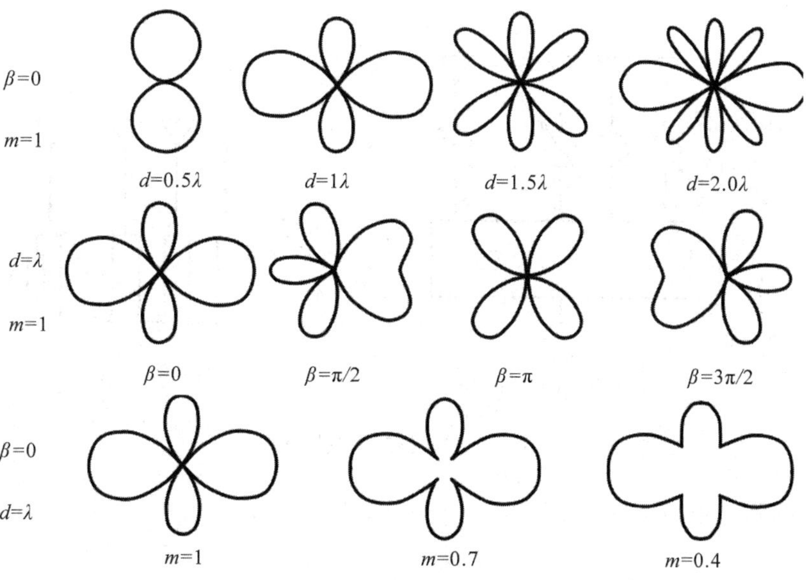

图 6－43　常见二元阵阵因子

由前面的讨论可知，对于 n 元相似直线阵，相邻两个单元在空间同一点的辐射场的相位差为 $\Psi = kd\cos\delta + \beta$，即第 $i+1$ 元的辐射场领先于第 i 元的辐射场的相位。式中表明，Ψ 取决于两个相位因素：一是 $kd\cos\delta$，由相邻元的辐射场到达同一观察点的波程差 $d\cos\delta$ 所引起的相位差(称为空间相位差)；二是 β，即相邻两单元的电流相位差。形成天线阵方向性的根本因素是上述随方向变化的波程差。它产生随方向变化的空间相位差，使诸天线元的辐射场在不同方向上以不同的相位关系叠加而获得总辐射场，形成天线阵辐射场随方向变化的特性。相邻元的间距以及电流的幅度比和相位差是通过形成天线阵方向性的根本因素(随方向变化的波程差)产生效应的。

从 ψ 的物理意义可知：当 $\psi=2m\pi$ 时，天线阵的辐射场因各天线元的辐射场是同相叠加的，所以场强达到最大，方向图出现最大值。$f_{a,\max}=n$ 是各元电流等幅的结果，通常要求天线阵方向图只有一个最大值在 $\psi=0$ 的主瓣。设主瓣最大值方向(天线阵最大辐射方向)为 δ_M，由式(6-68)得 $\beta=-kd\cos\delta_M$，即阵中各元的电流依次滞后 $kd\cos\delta_M$ 相位时，δ_M 方向的领先空间相位差正好为电流滞后相位差所补偿，各天线元的辐射场是同相叠加的，故该方向成为天线阵最大辐射方向，即

$$\delta_M=\arccos\left(-\frac{\beta}{kd}\right) \tag{6-89}$$

直线阵相邻元电流相位差 β 变化，将引起方向图最大辐射方向相应变化。如果 β 随时间按一定的规律重复变化，天线阵不转动，则最大辐射方向连同整个方向图就能在一定空域内往复运行，即实现方向图扫描。由于是利用 β 的变化使方向图扫描，这种扫描称为相位扫描，通过改变相邻元电流相位差实现方向图扫描的天线阵，称为相位扫描天线阵。图6-44(a)所示是相位扫描天线阵的原理图。各阵元电流的相位变化由串接在各自馈线中的电控移相器控制。

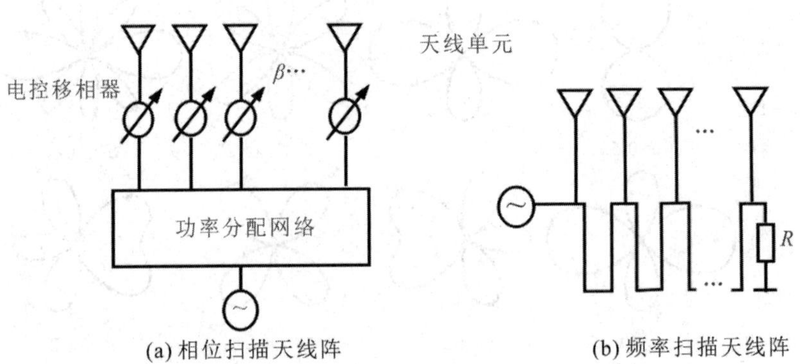

图 6-44　扫描天线原理

相位扫描阵的相邻元电流相位差 $\beta=-kd\cos\delta_M$，且有

$$\psi=kd(\cos\delta-\cos\delta_M) \tag{6-90}$$

$$|F_a\delta|=\frac{1}{n}\left|\frac{\sin\left[\frac{n}{2}kd(\cos\delta-\cos\delta_M)\right]}{\sin\left[\frac{1}{2}kd(\cos\delta-\cos\delta_M)\right]}\right| \tag{6-91}$$

由式(6-89)可知，δ_M 亦与工作频率有关，改变工作频率可以实现方向图扫描(称为频率扫描)。图6-44(b)表示频率扫描天线阵原理。馈线末端接匹配负载。当信号频率电控改变时，随之改变的馈线电长度可引起天线元电流的相位变化。图6-45是 $d=\lambda/4$ 的十元相位扫描阵在含阵直线平面内的阵方向图($\delta_M=60°$)。

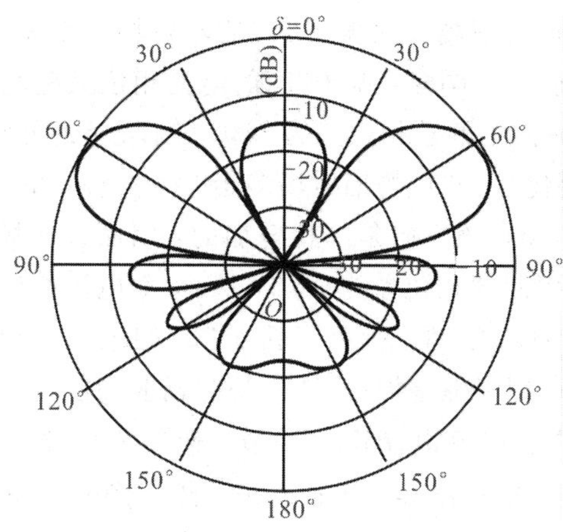

图 6 - 45　相位扫描阵方向图($n=10$，$d=\lambda/4$，$\delta_M=60°$)

6.6.4　引向天线

引向天线是一个紧耦合的寄生振子端射阵，结构如图 6 - 46 所示，由一个(有时是两个)有源振子及若干个无源振子构成。有源振子近似为半波振子，主要作用是提供辐射能量；无源振子的作用是使辐射能量集中到天线的端向。其中稍长于有源振子的无源振子起反射能量的作用，称为反射器；较有源振子稍短的无源振子起引导能量的作用，称为引向器。无源振子起反射或引向作用的大小与它们的尺寸及离开有源振子的距离有关。

引向天线

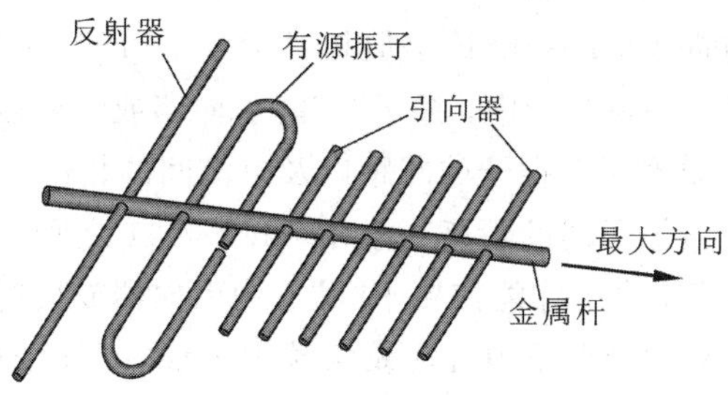

图 6 - 46　引向天线

通常有几个振子就称为几单元或几元引向天线。图 6 - 46 所示共有八个振子，就称八元引向天线。

由于每个无源振子都近似等于半波长，中点为电压波节点；各振子与天线轴线垂直，它们可以同时固定在一根金属杆上，金属杆对天线性能的影响较小；不必采用复杂的馈电网络，因而该类天线具有体积不大、结构简单、牢固、便于转动、馈电方便等优点。其增益可以做到十几分贝(具有较高增益)，缺点是调整和匹配较困难，工作带宽较窄。

1. 二元引向天线

为了分析产生“引向”或“反射”作用时振子上的电流相位关系，先观察两个有源振子的情况。设有平行排列且相距 $\lambda/4$ 的两个对称振子，如图 6 - 47 所示。若两振子的电流幅度相等，但振子“2”比振子“1”的电流相位超前 90°，即 $I_2=I_1 e^{j\pi/4}$，如图 6 - 47(a)所示。此时

在 $\varphi=0°$方向上，振子“2”的辐射场要比振子“1”的辐射场少走 $\lambda/4$ 路程，即由路程差引起的相位差导致振子“2”超前 90°，同时，振子“2”的电流相位又超前振子“1”的电流相位 90°，则两振子辐射场在 $\varphi=0°$方向上的总相位差为 180°，因而合成场为零。反之，在 $\varphi=180°$方向上，振子“2”的辐射场要比振子“1”的辐射场多走 $\lambda/4$ 路程，相位落后 90°，但其电流相位却领先 90°，则两振子辐射场在该方向是同相叠加的，因而合成场强最大。在其他方向上，两振子辐射场的路程差所引起的相位差为$(\pi/2)\cos\varphi$，而电流相位差恒为 $\pi/2$。因而合成场强介于最大值与最小值(零值)之间。所以当振子“2”的电流相位领先于振子“1” 90°，即 $I_2=I_1e^{j\pi/4}$时，振子“2”的作用好像是把振子“1”朝它辐射的能量“反射”回去，故振子“2”称为反射振子。如果振子“2”的馈电电流可以调节，使其相位滞后于振子“1” 90°，即 $I_2=I_1e^{j\pi/4}$，如图 6-47(b)所示，则其结果与上面相反，此时振子“2”的作用好像是把振子“1”辐射的能量引导至自己所在一侧，则振子“2”称为引向振子或引向器。

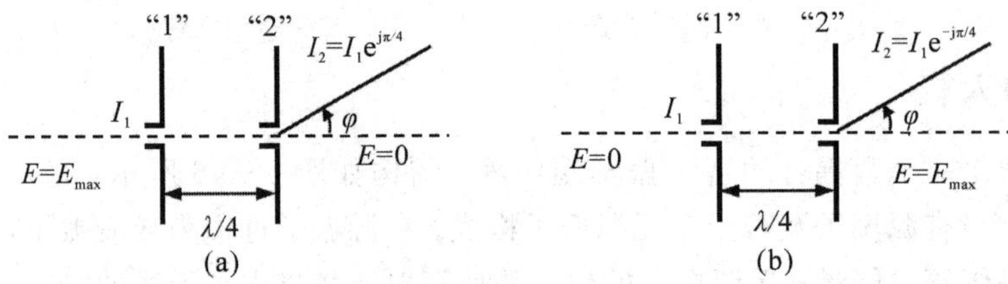

图 6-47　引向天线原理

如果将振子“2”的电流幅度改变一下，例如减小为振子“1”的 1/2，它的基本作用会不会改变呢？此时，E_2 对 E_1 的相位关系并没有因为振幅变化而改变，虽然在 $\varphi=0°$方向上，$E=1.5E_1$，在 $\varphi=180°$方向上，$E=0.5E_1$，但相对于振子“1”，振子“2”仍然起着引向器的作用。由这一结果可知：在一对振子中，振子“2”起引向器或反射器作用的关键不在于两振子的电流幅度关系，而主要在于两振子的间距以及电流间的相位关系。

实际工作中，引向天线振子间的距离一般在 $0.1\lambda\sim0.4\lambda$ 之间，在这种条件下，振子“2”对振子“1”的电流相位差等于多少才能使振子“2”成为引向器或反射器呢？下面作一般性分析。为了简化分析过程，只比较振子中心连线两端距天线等距离的两点 M 和 N 处辐射场的大小(见图 6-48)。若振子“2”所在方向的 M 点辐射场较强，则“2”为引向器；反之，则为反射器。设 $I_2=I_1e^{j\beta}$，间距 $d=0.1\lambda\sim0.4\lambda$，则在 M 点 E_2 对 E_1 的相位差 $\psi=kd+\beta$。根据 d 的范围，可知 $36°\leqslant kd\leqslant144°$。如果 $0°<\beta<180°$，即 I_2 的初相超前于 I_1，则在 N 点 E_2 对 E_1 超前的电流相位差将与落后的波程差有相互抵消的作用，辐射场较强，所以振子

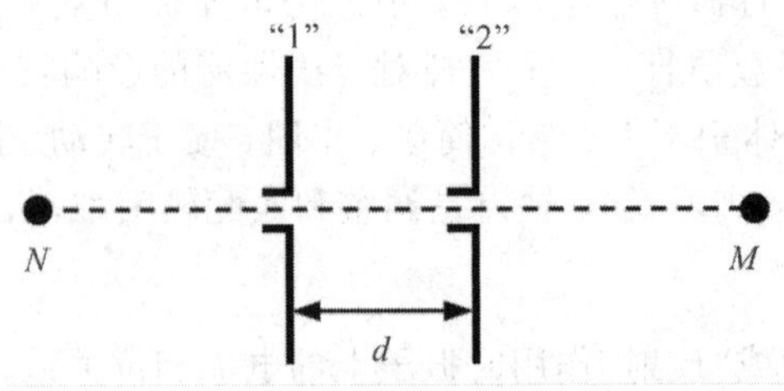

图 6-48　电流相位条件

“2”起反射器的作用。如果 $-180°<\beta<0°$，即 I_2 落后于 I_1，则在 M 点 E_2 对 E_1 超前的波程差与落后的电流相位差相抵消，辐射场较强，振子“2”起引向器的作用。

综上可知，在 $d/\lambda\leqslant 0.4$ 的前提下，振子“2”作为引向器或反射器的电流相位条件是

$$\begin{cases}\text{反射器：} 0°<\beta<180° \\ \text{引向器：} -180°<\beta<0°\end{cases} \tag{6-92}$$

2. 多元引向天线

为了得到足够的方向性，实际使用的引向天线大多是更多元的，图 6－49(a)就是一个六元引向天线，其中的有源振子是普通的半波振子。

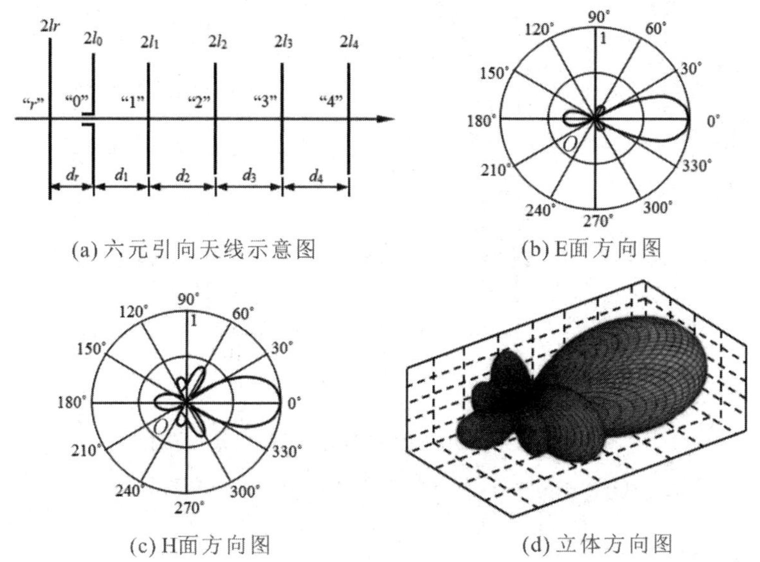

(a) 六元引向天线示意图　(b) E面方向图

(c) H面方向图　(d) 立体方向图

图 6－49　某六元引向天线及其方向图

通过调整无源振子的长度和振子的间距，可以使反射器上的感应电流相位超前于有源振子(满足式(6－92))；使引向器“1”的感应电流相位落后于有源振子；使引向器“2”的感应电流相位落后于引向器“1”；使引向器“3”的感应电流相位再落后于引向器“2”，如此下去便可以使各个引向器的感应电流相位依次落后下去，直到最末一个引向器落后于其前一个为止。这样就可以把天线的辐射能量集中到引向器的一边(z 方向，通常称 z 方向为引向天线的前向)，获得较强的方向性。图 6－49(b)、(c)、(d)所示为某六元引向天线($2l_r=0.5\lambda$，$2l_0=0.47\lambda$，$2l_1=2l_2=2l_3=2l_4=0.43\lambda$，$d_r=0.25\lambda$，$d_1=d_2=d_3=0.30\lambda$，$2a=0.0052\lambda$)的 E、H 面和立体方向图。

由于已经有了一个反射器，再加上若干个引向器对天线辐射能量的引导作用，在反射器的一方(通常称为引向天线的后向)的辐射能量已经很弱，再加多反射器对天线方向性的改善不是很大，通常只采用一个反射器就够了。至于引向器，一般来说数目越多，其方向性就越强。但是实验与理论分析均证明：当引向器的数目增加到一定程度以后，再继续加多，对天线增益的贡献相对较小。图 6－50 给出了包括引向器、反射器在内的所有相邻振子间距都是 0.15λ，振子直径均为 0.0025λ 的引向天线增益与总元数的关系曲线。由图可以

看出，若采用一个反射器，当引向器由 1 个增加到 2 个($N=3$ 变为 $N=1$)时，天线增益能大约增大 1 dB，而引向器个数由 7 个增至 8 个($N=9$ 变为 $N=10$)时，增益只能增加约 0.2 dB。不仅如此，引向器个数多了还会使天线的带宽变窄，输入阻抗减小，不利于与馈线匹配。加之从机械上考虑，引向器数目过多，会造成天线过长，也不便于架设支撑。因此，在米波波段实际应用的引向天线引向器的数目通常很少会超过十三四个。

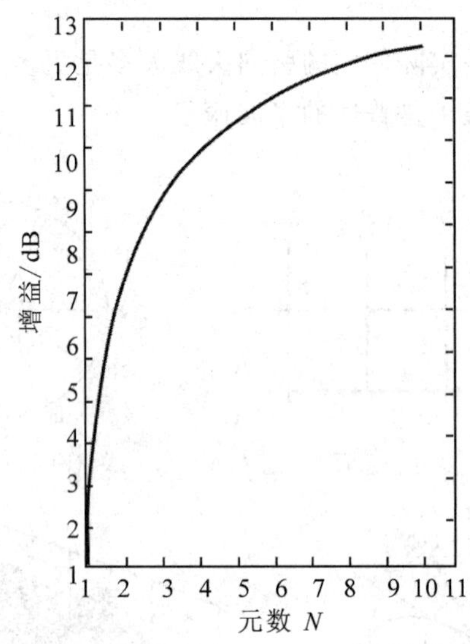

图 6-50　典型引向天线的增益与总元数的关系

($d_r=d_1=d_2=\cdots=0.15\lambda$，$2a/\lambda=0.0025$)

6.6.5　相控阵天线

相控阵天线是依靠控制阵元的馈电相位来实现波束扫描的阵列天线。随着数字相移器性能的不断完善，目前相控阵天线以其扫描快速、波束控制灵活等优点在雷达天线中得到了广泛的应用。下面仅介绍相控阵天线的基本原理。

相控阵天线

1. 一维扫描阵

图 6-51 所示为一个由无方向性阵元组成的间距为 d 的 N 元直线阵。

图 6-51　一维扫描阵

激励各阵元的电流振幅相同，但相位沿阵轴方向按等差级数递变，各天线元之间的相

位差是 $\psi=\alpha d$，阵方向函数 $|f_{a}(\theta, \varphi)|=\left|2\cos\dfrac{\psi}{2}\right|$，且

$$F(\theta)=I_0\sum_{n=0}^{N-1}\mathrm{e}^{\mathrm{j}(n\alpha d+knd\sin\theta)} \tag{6-93}$$

若 $\psi=\alpha d=-kd\sin\theta_s$，则式(6-93)成为

$$F(\theta)=I_0\sum_{n=0}^{N-1}\mathrm{e}^{\mathrm{j}nkd(\sin\theta-\sin\theta_s)} \tag{6-94}$$

当 $\theta=\theta_s$ 时，激励电流引入的相位差与波程引起的相位差相互抵消，各阵元的辐射场同相叠加，使该方向成为最大辐射方向。只要在各阵元上加一相移量为 $n\psi=-nkd\sin\theta_s$ 的相移器，主瓣方向将随阵元间相位差 ψ 的改变而改变，从而实现空间扫描。

阵方向函数为

$$F(\theta)=\frac{\sin\left[\dfrac{1}{2}Nkd(\sin\theta-\sin\theta_s)\right]}{\sin\left[\dfrac{1}{2}kd(\sin\theta-\sin\theta_s)\right]} \tag{6-95}$$

式(6-95)除了在 $\theta=\theta_s$ 处有最大值外，在 $\dfrac{1}{2}kd(\sin\theta-\sin\theta_s)=m\pi(m=\pm1, \pm2, \cdots)$，即 $\sin\theta=\sin\theta_s\pm\dfrac{m\lambda_0}{d}$ 处也会出现最大值，这些最大值即栅瓣。为使在可见区 $-\dfrac{\pi}{2}<\theta<\dfrac{\pi}{2}$ 范围内不出现栅瓣，应使 $-\pi<\dfrac{1}{2}kd(\sin\theta-\sin\theta_s)<\pi$，即

$$\frac{d}{\lambda_0}<\left|\frac{1}{1+\sin\theta_s}\right| \tag{6-96}$$

将 $-\pi<\dfrac{1}{2}kd(\sin\theta-\sin\theta_s)<\pi$ 在 θ_s 处附近用泰勒级数展开得

$$\sin\theta-\sin\theta_s\approx(\theta-\theta_s)\cos\theta_s\approx\sin(\theta-\theta_s)\cos\theta_s$$

从而阵方向函数式(6-96)可以写成

$$F(\theta)=\frac{\sin\left[\dfrac{1}{2}Nkd\cos\theta_s(\theta-\theta_s)\right]}{\sin\left[\dfrac{1}{2}kd\cos\theta_s(\theta-\theta_s)\right]}\xrightarrow{\theta\to\theta_s}\frac{\sin\left[\dfrac{1}{2}Nkd\cos\theta_s\sin(\theta-\theta_s)\right]}{\sin\left[\dfrac{1}{2}kd\cos\theta_s\sin(\theta-\theta_s)\right]} \tag{6-97}$$

式(6-97)可以看成阵长为 $Nd\cos\theta_s$，法线方向为 θ_s 方向的边射阵的阵因子。可见扫描的影响等效于使阵投影到与扫描角 θ_s 垂直的平面上，从而阵的有效长度减小，主瓣宽度变宽，主瓣宽度展宽因子为 $1/\cos\theta_s$。

2. 二维扫描阵

二维扫描阵的各单元通常配置在一个平面上，最简单的二维扫描阵是等间距平面阵。下面研究如图 6-52 所示的等间距平面阵，该阵由沿 x 方向的 M 个无方向性的阵元和沿 y 方向的 N 个无方向性的阵元组成，共有 $M\times N$ 个阵元。x 方向的阵元间距为 d_x，y 方向的阵元间距为 d_y。

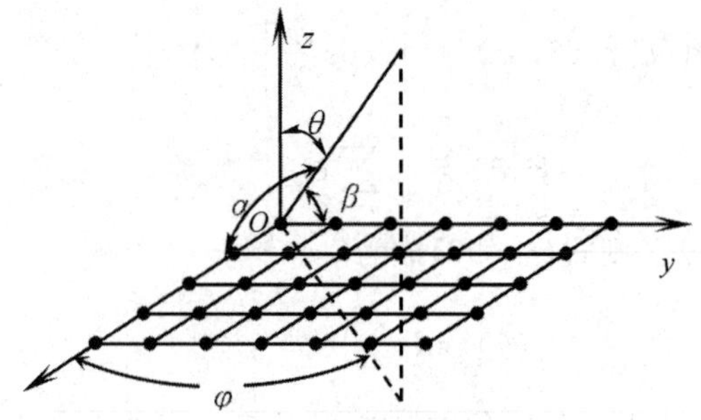

图 6-52 等间距平面阵

激励各阵元的电流振幅相同，但相位沿 x 方向和沿 y 方向按等差级数递变。设空间任意方向与 x 轴和 y 轴的夹角分别为 α 和 β；阵元激励电流沿 x 轴和 y 轴之间的相移分别为 $\psi_x=kd_x\cos\alpha_s$ 和 $\psi_y=kd_y\cos\beta_s$，即阵的主瓣方向在 α_s、β_s 上，阵方向函数为

$$F(\alpha,\beta)=\sum_{m=0}^{M-1}\sum_{n=0}^{N-1}e^{jnkd_x(\cos\alpha-\cos\alpha_s)+jnkd_y(\cos\beta-\cos\beta_s)} \tag{6-98a}$$

$$|F(\alpha,\beta)|=\left|\frac{\sin\left(\frac{1}{2}Mkd_x\tau_x\right)}{\sin\left(\frac{1}{2}kd_x\tau_x\right)}\right|\times\left|\frac{\sin\left(\frac{1}{2}Nkd_y\tau_y\right)}{\sin\left(\frac{1}{2}kd_y\tau_y\right)}\right| \tag{6-98b}$$

式中：$\tau_x=\cos\alpha-\cos\alpha_s$，$\tau_y=\cos\beta-\cos\beta_s$。方向图的最大辐射方向($\alpha_s$，$\beta_s$)取决于相邻单元间的相位差 ψ_x、ψ_y，即

$$\cos\alpha_s=\frac{\psi_x}{kd_x},\ \cos\beta_s=\frac{\psi_y}{kd_y} \tag{6-99}$$

为了研究波束的扫描特性，定义复数 $T=\cos\alpha+j\cos\beta$，则最大值为其复平面 T 上的一点 $T_s=\cos\alpha_s+j\cos\beta_s$，此时阵因子可以写成

$$F(\alpha,\beta)=\sum_{m=0}^{M-1}\sum_{n=0}^{N-1}e^{jnkd_x\mathrm{Re}(T-T_s)+jnkd_y\mathrm{Im}(T-T_s)} \tag{6-100}$$

在图 6-52 中，坐标(α，β)与极轴($\theta=0$)在指向阵列法线方向的球坐标系(θ，φ)中有下列关系：

$$\begin{cases}\cos\alpha=\sin\theta\cos\varphi\\ \cos\beta=\sin\theta\sin\varphi\\ \sin^2\theta=\cos^2\alpha+\cos^2\beta\\ \tan\varphi=\dfrac{\cos\alpha}{\cos\beta}\end{cases} \tag{6-101}$$

当波束在空间扫描时，T_s 改变，画在 T 平面上的方向图将在 T 平面上移动，但形状不变。由式(6-101)可见，T 平面上的点恰好就是球坐标系(θ，φ)中单位球面上的点在 T 平面上的投影。将式(6-101)中前两个式子代入式(6-100)，得 T 与球坐标系(θ，φ)的关系为 $T=\sin\theta e^{j\varphi}$，因为 $|T|=\sin\theta$，所以 T 平面也称 $\sin\theta$ 平面。在 T 平面单位圆以内的区域满足 $|T|=\sin\theta\leqslant1$，$\cos^2\alpha+\cos^2\beta\leqslant1$，即 $0\leqslant\theta\leqslant\pi/2$，波束位于可见区内，称为实空间。单位圆以外的区域为不可见区，称为虚空间，见图 6-53。

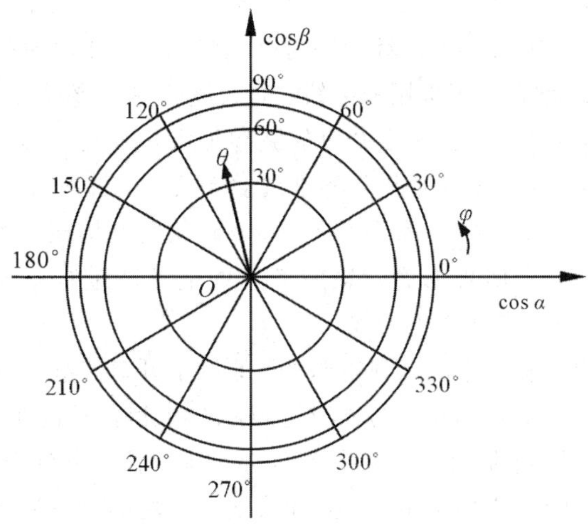

图 6-53　单位球在 T 平面上的投影示意图

6.7 面 天 线

6.7.1 面天线的基本概念

前面讨论的线天线的辐射特性与天线上的电流状态密切相关，即和天线导线的形状、线上电流的振幅分布及相位分布、线的长度等有关。而且单个线天线的增益有限，半波对称振子的方向系数 $D=2.15$ dB，这对于遥远距离的通信是远远不够的；虽然由多个天线排成的天线阵系统可获得很高的增益，但馈电网络复杂、体积庞大、结构笨重及调整困难，成本较高；而且提高频率后虽然可使天线电尺寸增大从而提高增益，但当频率提高到一定程度即波长很短时，单元天线的尺寸很小，这时天线的功率容量不可能提高，极易发生高功率击穿，而且天线阻抗很难控制，阵列中各单元的互耦问题很难解决。

为了解决线天线固有的弱点，出现了面天线。最简单的面天线是一个开口波导，如图 6-54 所示。馈电同轴电缆的一段芯线伸入波导内，在波导内激励起某种模式的电磁导波，

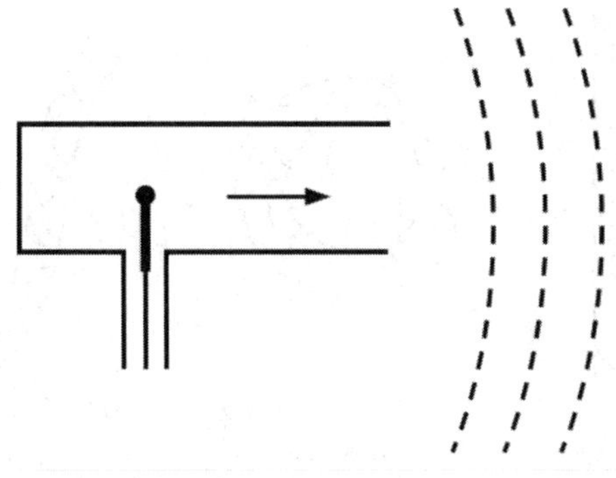

图 6-54　最简单的面天线——开口波导

传至波导开口端后将向空间辐射电磁波。其空间辐射特性基本上由波导口径尺寸及波导口上的电磁场结构决定，而不必考虑探针状态与电流状态，因此称为口径天线或面天线。

在 $\lambda<10$ cm(微波)波段，多采用面天线。面天线的主要形式有：

(1) 喇叭天线：喇叭天线是由终端开口的波导加大口径逐渐张开而形成的，常用的有矩形喇叭天线、圆形喇叭天线；通常用作标准增益天线、反射面天线的馈源。

(2) 反射面天线：它由馈源(也称照射器)和金属反射面构成。馈源(照射器)通常由振子天线或喇叭天线构成，金属反射面对馈源产生的电磁波进行全反射，形成天线的方向性。常用的有抛物面天线、卡塞格伦天线。

面天线的基本问题是确定它的辐射电磁场，原则上开口波导辐射器的辐射特性可通过对芯线上电流及波导内、外壁的电流的辐射进行积分求得，但这在数学上是非常困难的，同样对其他面天线将更加困难。由惠更斯-菲涅尔原理(下一小节介绍)知，面天线的辐射特性基本上由口径面上的电磁场决定，因此面天线辐射场的计算通常采用口径场积分的方法，称为口径积分或辐射积分。

6.7.2 惠更斯-菲涅尔原理

在波动理论中，惠更斯原理认为，波在传播过程中，波阵面上的每一点都是子波源，由这些子波源产生的球面波波前的包络构成了下一时刻的波阵面。这个原理定性解释了波在前进中的绕射现象。后来，菲涅尔发展了这个原理，认为波在前进过程中，空间任一点的波场是包围波源的任意封闭曲面上各点的子波源发出的波在该点以各种幅度和相位叠加的结果。把惠更斯-菲涅尔原理用于电磁辐射问题，则表明空间任一点的电磁场是包围天线的任意封闭曲面上各点产生的电磁场在该点叠加的结果。对于开口波导，可把封闭面取为紧贴波导外壁和口径的平面。对于理想导体，波导外壁上的电场切线分量为零、磁场不为零。为分析方便，假定导体表面电流为零，因此开口波导的辐射场只由口径平面上的场决定。对于实际情况，导体表面附近的场不为零，对辐射场仍有贡献，这点贡献可由导体表面的电流求得。把惠更斯-菲涅尔原理用于电磁波辐射就发展为了研究面天线的口径积分法。

惠更斯原理如图 6-55 所示，波阵面上每一点的作用都相当于一个小球面波源，从这些波源可产生二次辐射的球面子波。相继的波阵面就是这些二次子波波阵面的叠加。

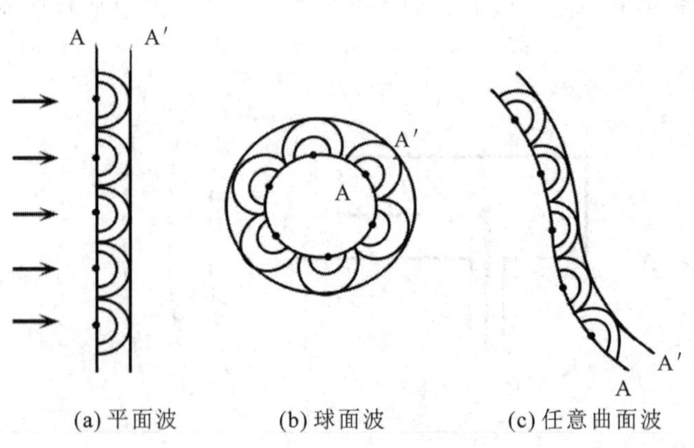

图 6-55 惠更斯原理

或者说，新的波阵面是这些子波波面的包络面。在图 6-55(b)中，A 是原波阵面，A′是传播中的下一个波阵面。可以看到 A′是 A 上各个球面子波波面的包络面。这些小球面波源常称为惠更斯元。

惠更斯原理是波动中的一个普遍原理，在机械波和电磁波中都同样适用。电磁波本身就是以波动形式存在的电磁场。因此，就电磁波而言，惠更斯元就是在传播过程中，在一定的波阵面上振动着的电磁场。下面进一步说明在电磁场中这种惠更斯元的性质。

设想在空间传播着横电磁波，在它的波阵面上取无穷小的一个小方块(称为面元)。在此面元上电场强度 $\boldsymbol{E}$ 和磁场强度 $\boldsymbol{H}$ 都是均匀分布的。把此面元放在坐标系中与 xOy 平面重合，如图 6-56 所示，电场 $\boldsymbol{E}$ 在 x 轴正方向，磁场 $\boldsymbol{H}$ 在 y 轴正方向，电磁场的传播方向为 z 轴正方向。此外根据 TEM 波的特点，在传播中，储于电场和储于磁场的能量是相同的。因此，如果要把此面元上的电场 $\boldsymbol{E}$ 看作惠更斯源，则电场 $\boldsymbol{E}$ 的振动将激起一个电磁场；磁场 $\boldsymbol{H}$ 的振动也将激起一个电磁场。这两个电磁场之和才是此面元上电磁场激起的子波辐射场。那么什么样的辐射源所产生的电磁场才分别与图 6-56 所示的电场和磁场相当呢？这就需要回忆电基本振子(电流元)和磁基本振子(电流环)的电磁场。如果像图 6-57 那样放置电基本振子和磁基本振子，则相应的磁场和电场将如图 6-56 所示。因此，横电磁波波阵面上任一点的惠更斯元都可用电基本振子和磁基本振子来等效。从这种等效可以导出惠更斯元所产生的辐射场的一般表示式。

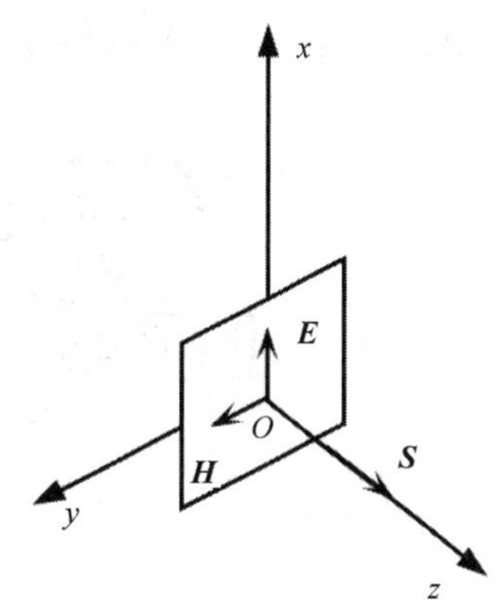

图 6-56　波阵面上的面元

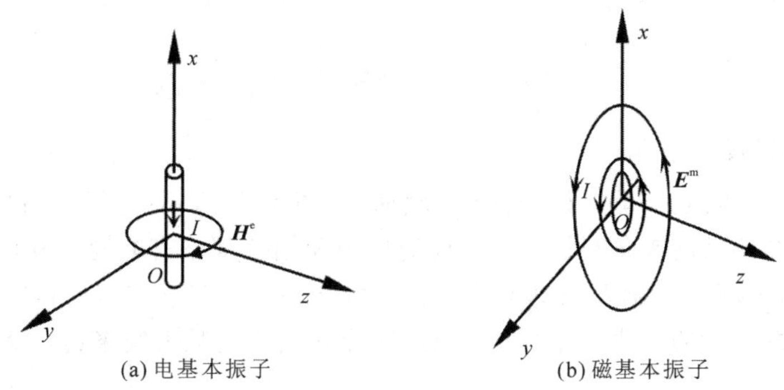

图 6-57　等效惠更斯元

6.7.3　喇叭天线

在面天线中，喇叭天线是最常用的微波天线之一。它既可作为馈源，也可单独作为天线。其主要特点是：若尺寸选得适当，可以获得较尖锐的波束，且副瓣很小；频率特性好，适用于较宽的频带；结构简单等。所以，喇叭天线在雷达和通信中获得了广泛的应用。

1. 喇叭天线的种类

喇叭天线可以看成由波导截面逐渐张开而形成的。由于波导末端开口处相当于一个向空间辐射电磁波的“窗口”。因此，它也是一种形式的天线，称为波导辐射器。喇叭天线馈电方便，可以用同轴线馈电，也可以用波导直接馈电。但它的截面积(口径面积)较小，所以辐射的方向性很差。为了提高方向性和增强辐射功率，就要设法增大口径面积和减小向内反射的功率。将其截面逐渐扩大，变成喇叭形状，就可解决这两个问题。事实证明，当喇叭的边长大于几个波长时，喇叭口上的反射很小，以至于可以忽略不计。最常见的喇叭天线如图 6-58 所示，矩形波导辐射器在 E 面逐渐张开，称为 E 面扇形喇叭天线；在 H 面逐渐张开，称为 H 面扇形喇叭天线；在 E 面和 H 面都逐渐张开，称为角锥喇叭天线；圆锥喇叭天线则是圆波导辐射器逐渐张开而形成的。

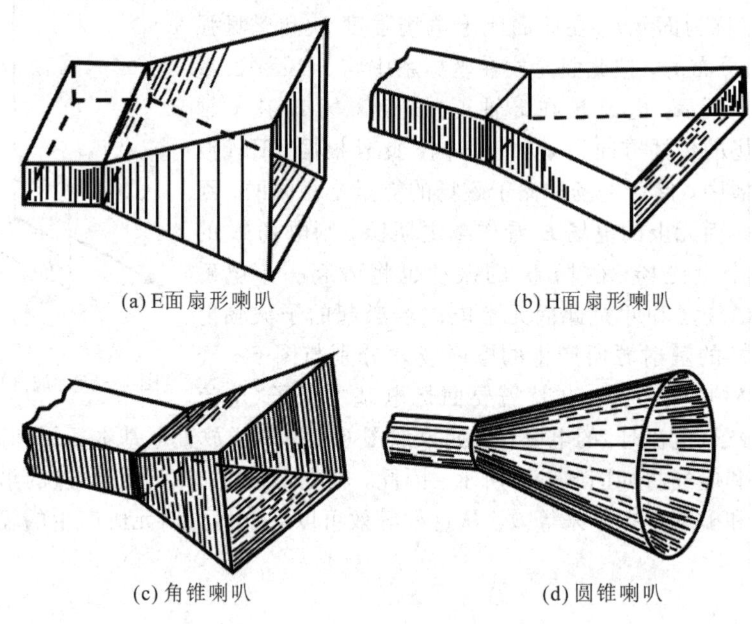

图 6-58　各种喇叭天线

2. 喇叭的口径场

要计算辐射场，须先知道口径场分布。然而，要精确计算喇叭天线的口径场分布是很困难的。这是因为喇叭逐渐张开后，口径场的振幅和相位都略有畸变。为此，只能做近似计算。一般认为，喇叭的口径场分布和它相连的波导内的波型相接近，其振幅的畸变可以不考虑，而只考虑相位的变化。对于一个矩形波导馈电的喇叭天线来说，设波导的口径场分布为(TE_{10}波)：$E_y=E_0\cos\left(\frac{\pi}{a}x\right)$。此处，坐标原点 O 选在波导口径的中心(这是为了以后计算方便)，且场在 xOy 面上是等相位的，那么喇叭的口径场分布仍可近似看作 $E_y=E_0\cos\left(\frac{\pi}{a}x\right)$，但口径面不是等相位面。下面将具体讨论喇叭天线。由于数学推导复杂，这里不做详细介绍，以后也只给出分析结果，以供分析计算具体天线的主要参数时参考。

1) E 面扇形喇叭的口径场分布

E 面扇形喇叭的场结构如图 6-59 所示。在喇叭口径面上的电场振幅分布近似与波导内的电场振幅分布相同，即按 $E_y=E_0\cos\left(\frac{\pi}{a}x\right)$分布。但口径面上的等相位面不是平面，而是柱面了。这就是说，若能把其相位分布求出来，那么其辐射场分布也就确定了。

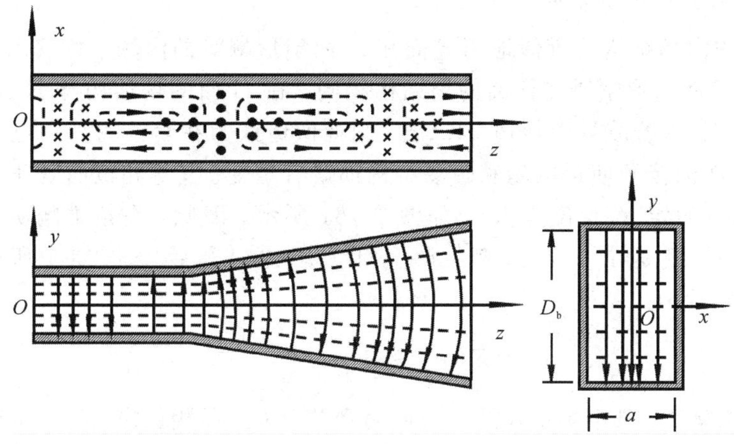

图 6－59　E 面扇形喇叭的场结构

E 面扇形喇叭的口径场分布可表示为

$$E_y = E_0 \cos\left(\frac{\pi}{a}x\right) e^{-j\frac{\pi y^2}{\lambda R_E}} \tag{6-102}$$

故对于 E 面扇形喇叭，电场振幅在 x 方向为余弦分布，相位在 y 方向为平方律分布。

2) H 面扇形喇叭的口径场分布

H 面扇形喇叭的场结构如图 6－60 所示。若波导中传输 TE_{10} 波，则在喇叭内也近似认为传输 TE_{10} 波。其区别仅在于 H 面的张开使磁场有些变形，而等相位面为柱面。与 E 面扇形喇叭的分析方法相同，H 面扇形喇叭的电场振幅为余弦分布，相位为平方律分布，即

$$E_y = E_0 \cos\left(\frac{\pi}{D_a}x\right) e^{-j\frac{\pi x^2}{\lambda R_H}} \tag{6-103}$$

式中：D_a 为沿 H 面(x 方向)扩展的口径尺寸，R_H 为 H 面扩展的三角形的高度。

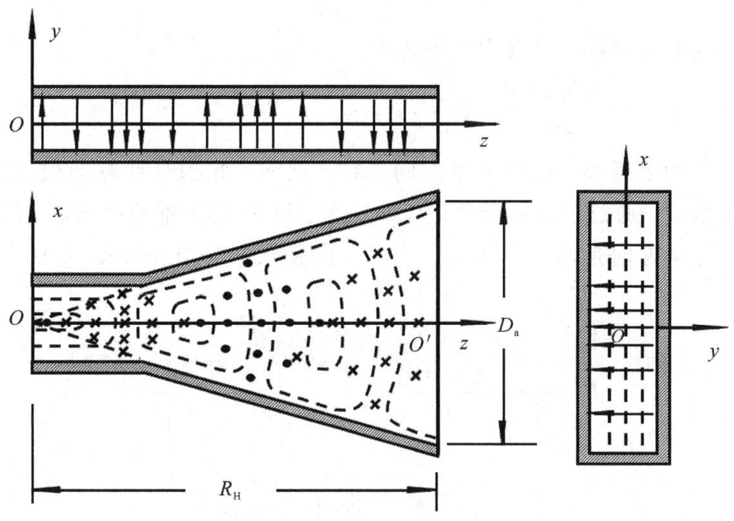

图 6－60　H 面扇形喇叭的场结构

3) 角锥喇叭的口径场分布

角锥喇叭的内场结构可近似地用E面和H面扇形喇叭的内场结构表示。即认为在E面的场结构与E面扇形喇叭在该面的场结构相同,在H面的场结构与H面扇形喇叭在该面的场结构相同。若波导中传输TE_{10}波,则近似地认为在角锥喇叭中也传输TE_{10}波,只是E面和H面的张开使得电场和磁场结构都略有畸变。其等相位面既非平面,也非柱面,而是球面了(假定$R_E=R_H=R$),如图6-61所示。因此,在角锥喇叭的口径面上,无论是在x方向,还是在y方向,都将产生相位差(比O'落后)φ_{xy}。综上所述,角锥喇叭口径场分布可表示为

$$E_y=E_0\cos\left(\frac{\pi}{D_a}x\right)e^{-j\frac{\pi}{\lambda}\left(\frac{x^2}{R_H}+\frac{y^2}{R_E}\right)} \tag{6-104}$$

故对于角锥喇叭,其电场振幅沿x方向为余弦分布,而相位沿x、y方向都是平方律分布。

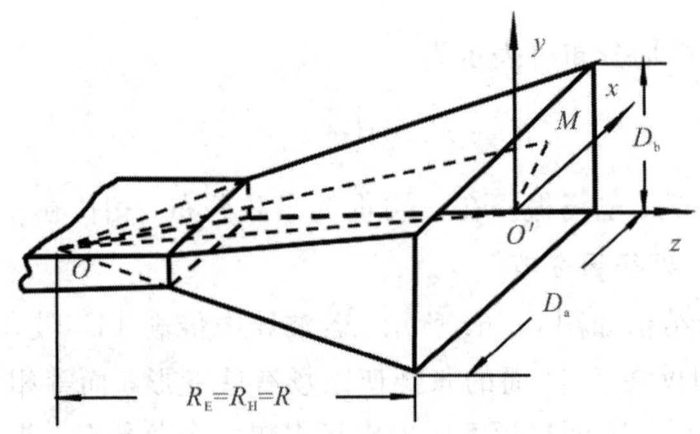

图6-61 角锥喇叭口径场的相位计算

3. 喇叭天线的方向性

1) 方向函数

有了喇叭天线的口径场,将它代入下式中:

$$E(\theta,\varphi)=j\frac{1+\cos\theta}{2\lambda r_0}e^{-jkr_0}\iint_S E_y(x,y)e^{-jk(x_s\sin\theta\cos\varphi+y_s\sin\theta\sin\varphi)}dx_s dy_s$$

便可获得喇叭天线的辐射场,从而可得方向函数。然而,此积分计算却很复杂。为此改用近似方法求方向函数。通过前面的分析可知,E面、H面及角锥喇叭三者的口径场振幅分布的共同点是,沿y方向是均匀分布的,沿x方向是余弦分布。那么,E面和H面的方向性函数可近似为

$$F_H(\theta)\approx\frac{\cos u_x}{1-\left(\frac{2}{\pi}u_x\right)^2}=\frac{\cos\left(\frac{\pi D_a}{\lambda}\sin\theta\right)^2}{1-\left(\frac{\pi D_a}{\lambda}\sin\theta\right)^2} \tag{6-105}$$

$$F_E(\theta)\approx\frac{\sin u_y}{u_y}=\frac{\cos\left(\frac{\pi D_b}{\lambda}\sin\theta\right)}{\frac{\pi D_b}{\lambda}\sin\theta} \tag{6-106}$$

式中：D_a、D_b 分别为喇叭口径面在 x 方向(H 面对应方向)及 y 方向(E 面对应方向)上的尺寸。

2) 增益系数

一般地，增益系数的计算应从辐射场公式中求出总辐射功率和最大辐射方向的场强，由于数学推导很烦琐，故此处只给出其结果：

E 面扇形喇叭：

$$G_E=\frac{4\pi}{\lambda^2}A\times0.8\upsilon_E \tag{6-107}$$

H 面扇形喇叭：

$$G_H=\frac{4\pi}{\lambda^2}A\times0.8\upsilon_H \tag{6-108}$$

角锥喇叭：

$$G=\frac{4\pi}{\lambda^2}A\times0.8\upsilon_E\upsilon_H \tag{6-109}$$

以上各式中的 υ_E、υ_H 是因口径场平方相位偏移所引起的新的口径面积利用系数，它们都与喇叭尺寸(D_b、R_E 或者 D_a、R_H)有关的复杂的数学表达式。根据式(6-107)、式(6-108)画出的增益系数与喇叭尺寸的关系曲线如图 6-62 及图 6-63 所示，这些是在喇叭天线的工程设计中常用的曲线。由图可见，对于每种喇叭长度，都有一个增益系数为最大值的口径宽度最佳值(此时的增益系数最大)。这是因为尺寸一定时，增加 D_a、D_b 或 D 的值，可使口径面积 A 增加，故增益系数增加。但同时口径场的相位偏移也在增加，当超过最佳值以后，相位偏移使增益系数的减小占了上风，因而再增加 D_a、D_b 或 D 时，增益系数反而下降。尺寸对应于增益系数最大值时的喇叭称为最佳喇叭。

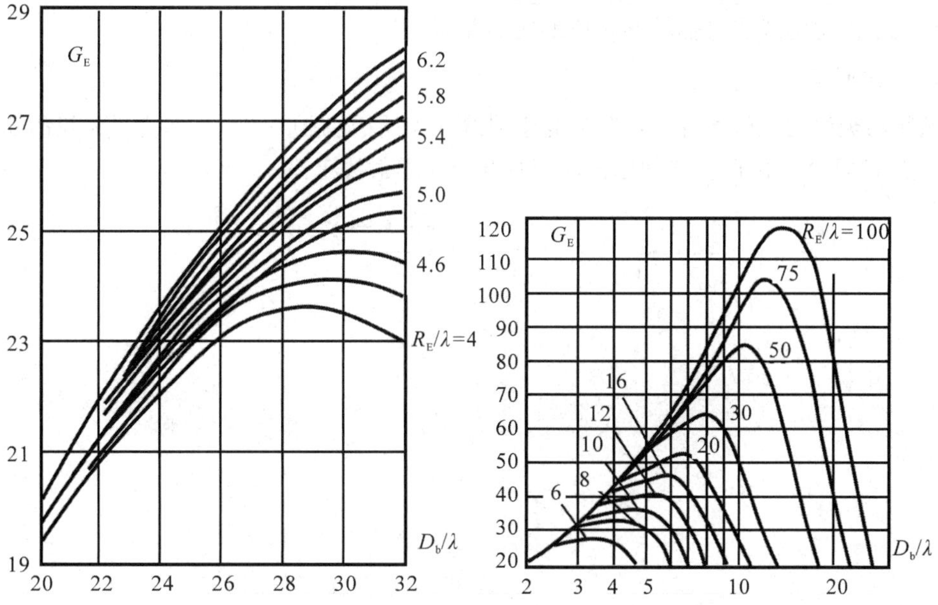

图 6-62　E 面扇形喇叭增益系数与喇叭尺寸的关系曲线

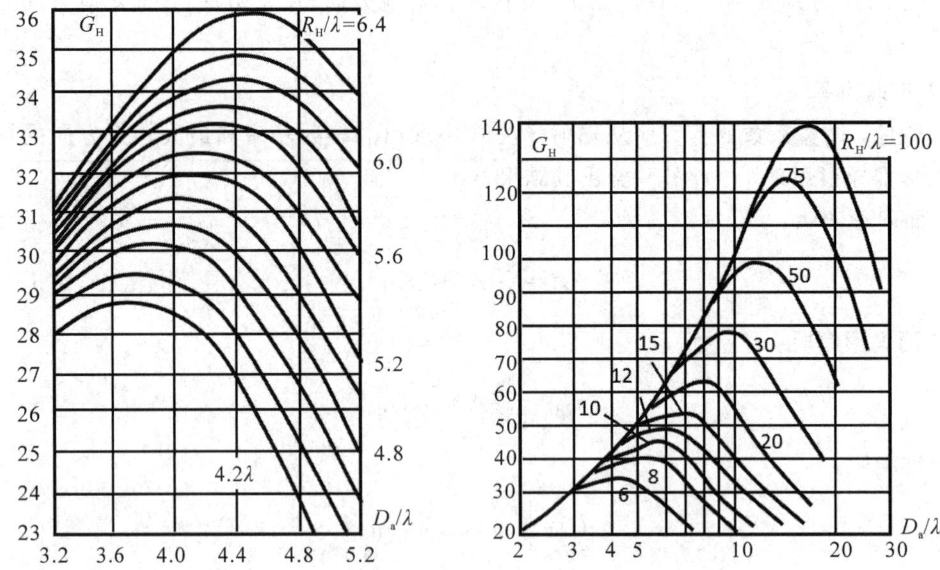

图 6-63　H 面扇形喇叭增益系数与喇叭尺寸的关系曲线

6.7.4　抛物面天线

随着卫星通信、电视技术的普及，从城市到农村，从平原到深山，到处都架设着大"铝锅"，这就是现代信息传输技术中的主力——抛物面天线。

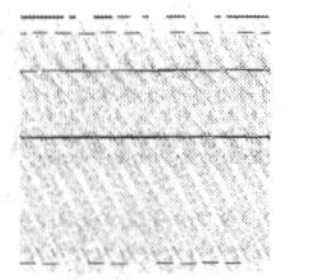

抛物面天线

抛物面天线(单镜面)是借鉴于光学望远镜所产生的。它由一个轻巧的抛物面反射器和一个置于抛物面焦点的馈源构成，通常分为圆锥抛物面和抛物柱面两大类，本节只讨论前一种，而且主要讨论圆口径的圆锥抛物面。所谓圆锥抛物面是由抛物线绕对称轴旋转所形成的曲面。

1. 工作原理

抛物面天线的工作原理可用几何光学射线法说明(见图 6-64)。令馈源天线的相位中心与焦点 F 重合，由 F 发出的球面波服从几何光学射线定律。

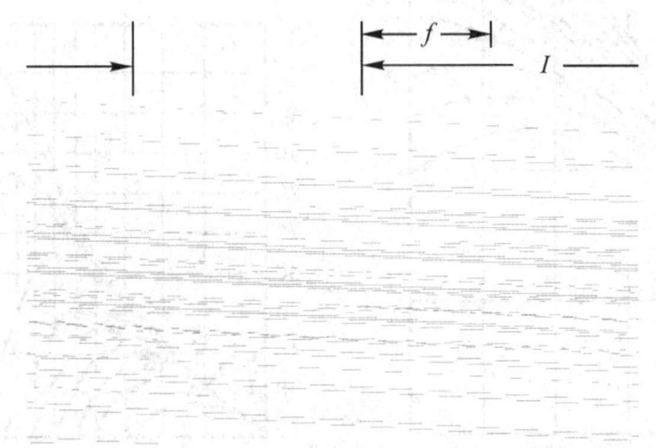

图 6-64　抛物面天线工作原理图

1) 反射线平行律

反射线平行律即由焦点 F 发出的射线经抛物面反射后，反射线与轴线平行。如入射线为 FM，反射线为 MM'，M 点的法线为 Mn，对于抛物面，有 $\angle FMn=\angle M'Mn=\psi/2$，即反射线 MM' 与轴平行，反射面上的任意点均如此。

2) 等光程律

等光程律即所有由 F 点发出的射线经抛物面反射后到达任何与 $Oz(OF)$ 轴垂直的平面上的光程相等，即 $FO+OF'=f+l=FM+MM'=\rho+MM'$（$\boldsymbol{\rho}$ 是由 F 到 M 的矢径），因为 $MM'=\rho\cos\psi+(l-f)$，所以有

$$\rho=\frac{2f}{1+\cos\psi}=\frac{f}{\cos^2(\psi/2)}=f\sec^2\left(\frac{\psi}{2}\right)\tag{6-110}$$

实际上，式(6-110)正是极坐标系中抛物线的定义式，这个式子和等光程律互为因果，式中 f 为抛物线的焦距。综上可知，抛物面天线的工作原理为：由焦点 F 发出的球面波经抛物面反射后变为波前垂直 Oz 轴的平面波，在口径上各点的场同相，因而沿 Oz 方向可得最强辐射。直角坐标系下的抛物面方程为 $x^2+y^2=4fz$。

抛物面的口径直径 d、焦距 f 和半张角 φ 有如下关系：

$$\tan\frac{\varphi}{2}=\frac{d}{4f}\text{或}d=4f\tan\frac{\varphi}{2}\tag{6-111}$$

为了使抛物面天线获得高增益，通常都按最佳增益设计抛物面的结构。即要求口径场同相等辐分布(均匀分布)，同时抛物面从馈源截获功率最多，漏失功率最少。显然，上述是两个矛盾的要求。因此，在最佳状态时可以使口径获得较均匀的照射从而使口径效率 υ 较大，而且抛物面从馈源处截获的功率多，从而截获效率 η_a（$\eta_a=\dfrac{\text{投射到反射面上的功率}}{\text{馈源总辐射功率}}$）也较高，结果使增益因子 $g=\upsilon\eta_a$ 最大。偏离最佳状态时，不是 υ 小 η_a 大就是 υ 大 η_a 小，结果使 g 下降。因此要求馈源的方向图与抛物面的半张角有恰当配合，才能使得抛物面天线获得最佳增益，通常用焦径比 f/d 描述。

通常实用天线的焦径比为 $f/d=0.25\sim0.5$，大多数在 0.3～0.4 间。抛物面天线的增益可按下式计算：

$$G=\frac{4\pi}{\lambda^2}Sg,\ S=\pi\left(\frac{d}{2}\right)^2\tag{6-112}$$

式中：d 为天线直径，S 为口径面积。

2. 卡塞格伦天线

卡塞格伦天线(简称卡式天线)是一种双反射面天线，主反射面是抛物面，副反射面是置于主面与其焦点之间的一个小双曲反射面。其性能和单镜面天线相似，不同之处是由于多了副面，可以把本应置于焦点的馈源放到抛物面顶点附近。

卡塞格伦天线出现在 20 世纪 60 年代初期，同期出现的单脉冲跟踪天线和深空探测射电望远镜天线都要求馈源靠近天线顶部(后馈方式)。而原来单镜面抛物面天线的前馈方式(馈源置于焦点)将大大损害单脉冲天线和射电望远镜天线的性能。借鉴于卡塞格伦式光学望远镜的工作原理，产生了卡式天线。由于卡式天线可采用小焦径比($f/d<0.3$)工作，且

馈源靠近天线底座，结构紧凑，以致后来大、中型卫星地面站天线都采用这种方案。卡塞格伦天线的工作原理可用图 6 - 65 来说明。

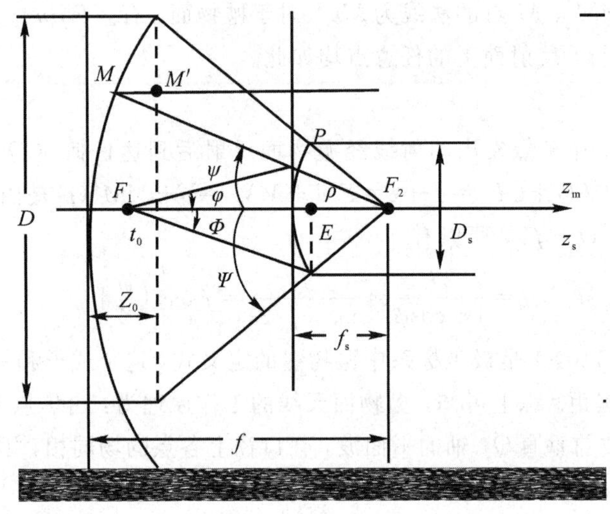

图 6 - 65　卡塞格伦天线工作原理图

和主反射面类似，副反射面是双曲线绕对称轴旋转的双曲面，双曲面的一个焦点 F_1(实焦点)靠近抛物面顶部，另一个焦点 F_2(虚焦点)与抛物面焦点重合。双曲面具有这样的性质：从焦点 F_1 发出的球面波经双曲面反射后变为相位中心在另一焦点 F_2 的球面波，由于 F_2 与抛物面的焦点重合，反射后的球面波经主面反射后形成同相的口径场，从而获得沿 z 轴的最大辐射。因此，有了副面后，抛物面得以从前馈变为后馈。然而，由于抛物面的半张角 ψ 一般比双曲面的半张角 Φ 大，后馈馈源的方向图比前馈馈源的方向图要窄一些，因此要使主面处于最佳增益状态，边缘电平应该约为 -10 dB($A=0.16$)。从卡式天线的工作原理可知，若口径尺寸 d 和口径场的照射相同(如最佳增益照射)，则单镜抛物面天线和双镜卡式天线的性能一样。分析证明，用一个馈源放在实焦点作主面焦距为 f 的卡式天线的照射器时，主面口径场分布与用这个馈源直接去照射焦距为 Mf 的抛物面的口径场分布一样，后者称为卡式天线的等效抛物面，而 $M=(e+1)/(e-1)$ 称为放大率，e 是双曲面的偏心率，一般情况下，取 $M=4\sim8$。$f_e=Mf$ 称为等效焦距。

6.8　常用天线

6.8.1　单极子天线

单极子天线是指在理想导电平面(地面)上直立放置的线天线，故也称为直立天线。图 6 - 66 中给出了在无限大理想导电平面上的单极子天线及其镜像图，根据镜像原理，在地面上长度为 h 的单极子天线与其镜像可以构成一个全长为 $2h$ 的偶极子(对称振子)。因此，单极子的场在导电平面的上半空间与偶极子的上半部分相同，但在导电平面下半空间的场为零。

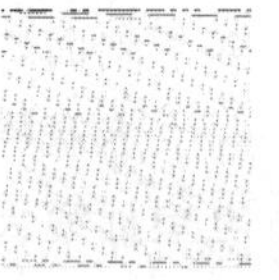

单极子天线

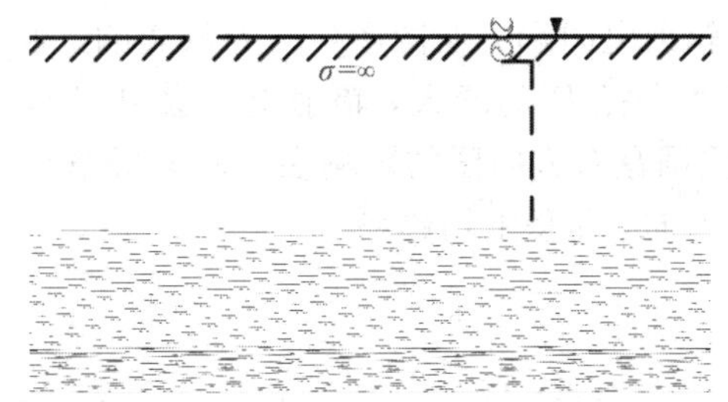

图 6-66　单极子天线及其镜像图

由于单极子天线输入端的缝隙宽度只有偶极子的一半，故其端电压只有偶极子的一半，二者的输入电流相同，因此单极子输入阻抗只有相应偶极子的一半，即

$$Z_{单极子}=\frac{V_{单极子}}{I_{单极子}}=\frac{\frac{1}{2}V_{偶极子}}{I_{偶极子}}=\frac{1}{2}Z_{偶极子} \tag{6-113}$$

由于单极子天线只在上半空间辐射，辐射功率只有相同电流的偶极子辐射功率的一半，因此其辐射电阻也是相应偶极子辐射电阻的一半，即

$$R_{单极子}=\frac{P_{单极子}}{\frac{1}{2}|I_{单极子}|^2}=\frac{\frac{1}{2}P_{偶极子}}{\frac{1}{2}|I_{偶极子}|^2}=\frac{1}{2}R_{偶极子} \tag{6-114}$$

由于导电平面上方的单极子天线所激发的场与相应偶极子一样，故二者的辐射方向图在导电平面上方也是相同的，而单极子的波束立体角($\Omega_{单极子}$)只有自由空间中相应偶极子($\Omega_{偶极子}$)的一半，导致其方向性是相应偶极子的两倍，即

$$D_{单极子}=\frac{4\pi}{\Omega_{单极子}}=\frac{4\pi}{\frac{1}{2}\Omega_{偶极子}}=2D_{偶极子} \tag{6-115}$$

单极子天线可以广泛应用在长、中、短波以及超短波段，一般直立天线的高度 h 要比波长 λ 小得多，故可以将导电平面视为理想无限大的地面，但工作在超短波波段单极子天线的尺寸可与波长相比拟，此时要考虑有限尺寸导电平面的大小对于天线性能以及天线加载的影响，实际的单极子天线的导电平面可以用导体圆盘或几根径向导体棒实现(构成布朗天线)，如图 6-67 所示。

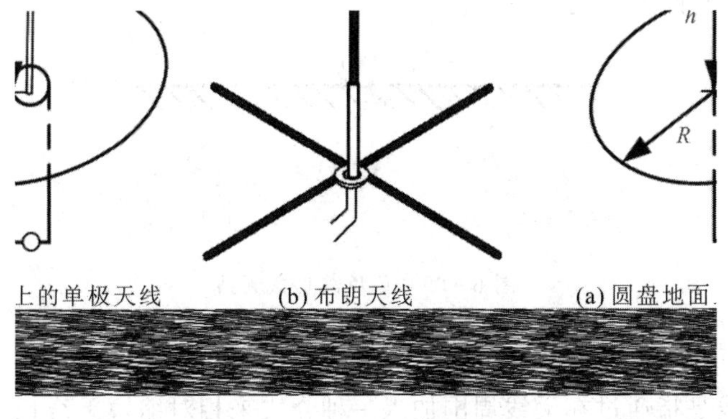

图 6-67　两种接地单极天线

有限尺寸会对天线的辐射电阻和方向图产生一定的影响。根据前人的经验，对辐射电阻的影响在于随着圆盘尺寸半径 R 的增大，辐射电阻会以周期 λ(约)发生上下起伏的变化，最终趋于稳定值。有限圆盘对方向图的影响在于随着圆盘尺寸半径的增大，方向图的最大辐射方向不再是水平方向，而呈上扬趋势。

6.8.2 加载天线

加载是指在天线的适当位置插入某种元件或网络，以改变天线中的电流分布。加载技术是天线工程中一种常用的小型化与宽带化方法。广义地说，加载元件包括无源器件和有源网络，实际工程中以无源加载最为常见，常见的加载方式有顶部加载、介质加载、分布加载、集总加载等。对于工作频率不高的情况常采用集总加载，而工作频率较高时则采用分布加载。

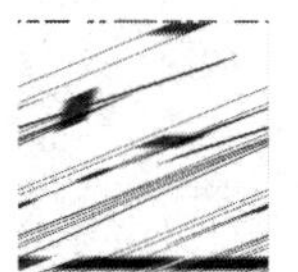

加载天线

1. 顶部加载

顶部加载的作用是降低天线容性阻抗，提高天线辐射电阻，并能满足天线自谐振所需电长度。顶部加载天线的形式有多种(如图 6-68 所示)，可在天线顶端加一水平金属板、球或柱，在短波单极子天线的顶端加一星状辐射叶片；或在天线顶端加一根或几根水平导线或从顶端向四周引出几根倾斜导线，构成 T 形、倒 L 形或伞形天线。

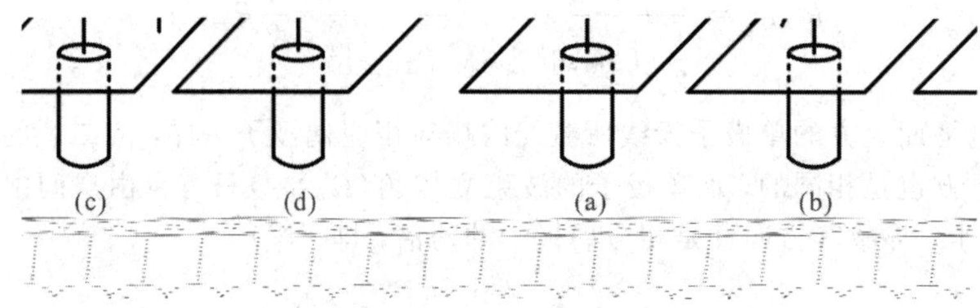

图 6-68 顶部加载天线

对于顶部加载，线、板、片等都称为天线的顶负载，其作用是增大顶端对地的分布电容，使天线顶端的电流不再为零，其基本结构如图 6-69 所示。顶负载加载亦改善了下半段上电流的分布，提高了天线的有效高度。但其仍存在一定的弊端，通常来说，顶部加载线越长越好，但过大就会导致很大的负担，由于增大了天线空间半径，易造成使用中的不良后果，故移动中的短波电台等顶部加载不宜过大，否则太重会导致行动不便。对固定或半固定式电台，可允许顶负载大一些。

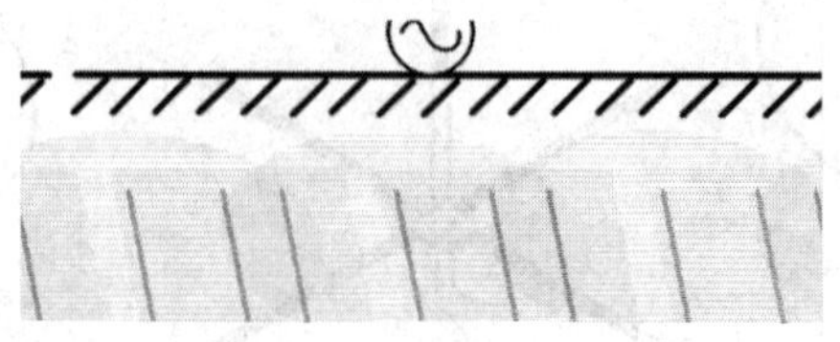

图 6-69 顶负载加载天线

2. 介质加载

介质加载天线是指通过在天线周围加入一种介质来相对缩短天线长度，改变天线周围的电介质或磁介质，原理是通过缩短电波在高介电常数物质中的波长来达到天线小型化目的。但同样介质加载也会引起天线效率的降低。如图 6－70 所示，由介质材料中带来的功率损耗和低输入阻抗，使得天线效率、增益等都受到影响。

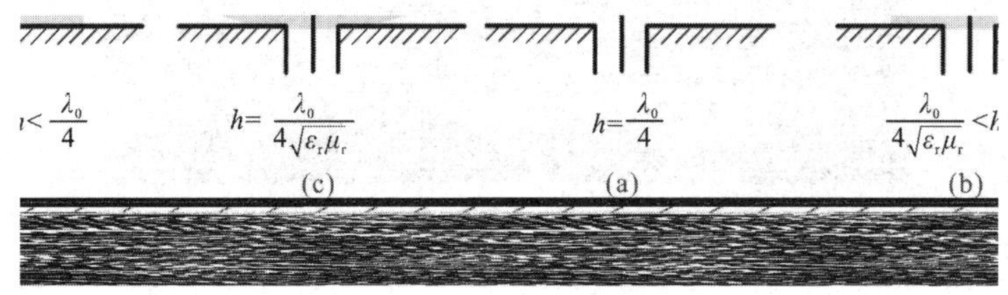

图 6－70　介质加载天线

3. 分布加载

分布加载是指对天线按一定的位置函数加载，其输入阻抗也会呈一定的规律变化。如果天线中电流的密度和天线中连续分布的轴向电场强度成比例，则称此类天线为串联型分布加载天线，加载元件包括阻性元件、容性元件、感性元件以及混合性机载元件等。加载元件可以是均匀或者非均匀地分布在整个或者部分天线上。理论上加载的分布段数越多，天线的宽频特性越好，但考虑到段数过多会给天线加工带来困难，故需结合实际需求慎重选择。通常分布加载应用在工作波长较短、频率较高的频段中，例如在 VHF 和 UHF 频段可以通过在介质棒上涂覆导电物质来实现，但由于制作难度大，不宜应用在高频段。下面给出一个容性分布加载的例子。

如图 6－71 所示，分布电容加载是采用多个具有缝隙的金属段连接而成的，其中每个缝隙都构成了一个加载电容，由于使用的元件是无耗的，因此其效率比电阻元件加载的效率略高一些(分布电阻会吸收部分能量，以牺牲效率为代价获得较宽的工作频带)，但是所形成的带宽不如电阻加载的行波天线宽。

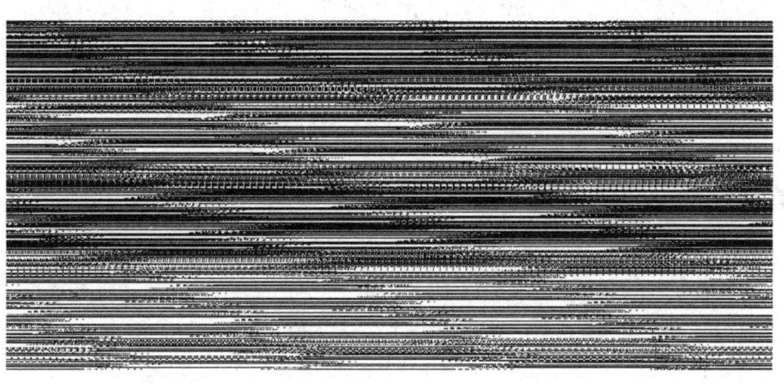

图 6－71　分布电容加载天线结构图

4. 集总加载

集总加载天线是指在天线上一个或者几个位置加入集总参数元件(包括电感、电容等)，以此来改变天线上电流的分布。在频率较低的短波、中波波段，由于天线的几何长度太大，不利于分布加载天线的加工，故在实际中多采用集总加载天线。相比分布加载天线而言，集总加载天线具有结构简单、容易制作的特点，因此在实际工程中得到了广泛应用。

电感线圈加载天线结构如图 6－72 所示，通过线圈加载改善了下半段上电流的分布，一方面提高了天线的有效高度，另一方面匹配也得到了改善，其中线圈加载的位置与数值存在最优化的问题，通过对参数进行优化可达到实际工程需求。

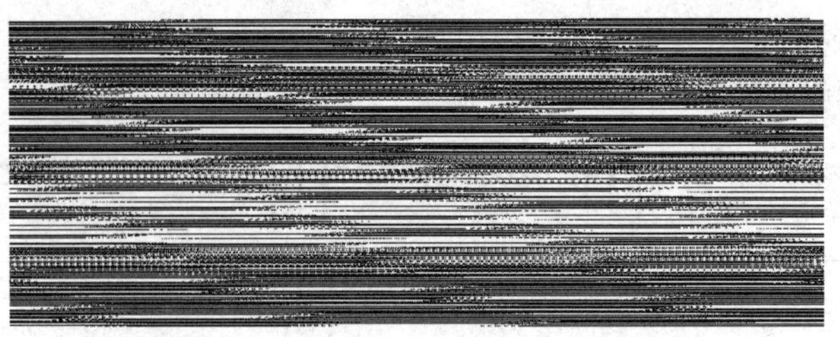

图 6－72　电感线圈加载天线结构图

6.8.3　折合振子

折合振子是一种非常流行且实用的导线天线，实际的折合振子的长度通常取为半波长，它可以看成全波对称振子折合而成的。由于特性阻抗大、容易构建以及结构的刚性，折合振子被广泛应用到超短波波段。半波折合振子的特性阻抗十分接近 300 Ω 双导线传输线，而且改变导体的直径还可以改变输入阻抗，除具有预期的阻抗特性外，半波折合振子的带宽还比普通半波振子的大，所以它常常用作八木天线阵及其他天线的馈电天线。

折合振子

折合振子可看作由短路双线传输线在 a、b 两点处左右拉开形成的。折合振子示意如图 6－73 所示，在折合振子的两端 a、b 处为电流波节点，中间为波腹点，并且折合振子两线上的电流等幅同相，因此，折合振子可以等效为平行排列、间距很近、馈电相同的二元对称振子阵。

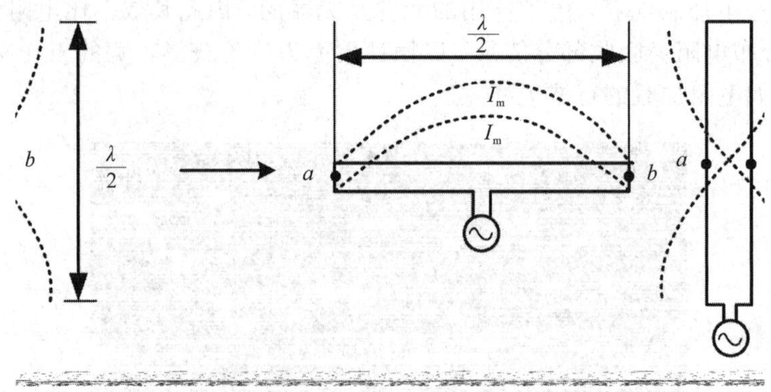

图 6－73　折合振子示意图

对于远场区，由于间距很小，两个对称振子之间的相位差可以忽略，因此折合振子的辐射场相当于两个对称振子辐射场的叠加，所以在折合振子与单个对称振子馈电电流相同的条件下，折合振子的辐射功率是单个对称振子辐射功率的两倍。在辐射功率相同的条件下，折合振子的输入电流是单个对称振子输入电流的一半。

折合阵子还具有以下特性：

(1) 辐射阻抗：折合振子的总辐射阻抗为单个半波振子辐射阻抗的 4 倍，即

$$R_{\Sigma}=R_{in}=4\times73=292\approx300(\Omega)$$

(2) 宽带特性：折合振子天线的带宽比同等粗细的对称振子宽。

(3) 方向图：方向图与半波振子的方向图相同。

6.8.4　螺旋天线

螺旋天线是指将导线绕制成螺旋形线圈而构成的天线。通常它由同轴线馈电，同轴线的内导体与螺旋线相接，外导体与导体圆盘(可提供金属接地板)相连，其具体结构和参数如图 6-74 所示。圆盘的直径一般取 $d_g=0.75\lambda$，导线的直径一般取 $d=0.005-0.05\lambda$，螺旋的直径为 D，周长 $C=\pi D$，螺距为 S，螺距角为 α，螺旋一圈的长度为 l，则含有 N 圈的螺旋天线的轴向长度为

$$L=NS$$

其中 $l=\sqrt{C^2+S^2}$，$\tan\alpha=S/C$。

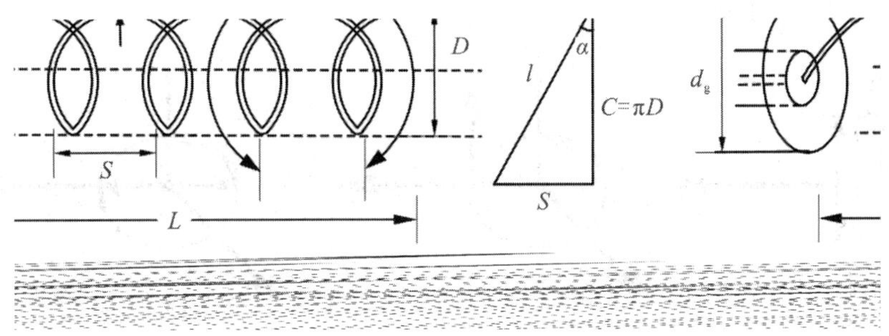

图 6-74　螺旋天线结构图及其参数间的关系

根据在不同电尺寸下工作的方向图可以将螺旋天线的工作模式分为如图 6-75 所示的以下几种：

(1) 法向模式天线：当 $\dfrac{C}{\lambda}\ll 1$ 时，最大辐射方向与螺旋轴线相垂直。

(2) 轴向模式天线：当 $0.75\leqslant\dfrac{C}{\lambda}\leqslant 1.3$，即 $C\approx\lambda$ 时，最大辐射方向沿轴线方向。

(3) 圆锥模式天线：当 $\dfrac{C}{\lambda}$ 进一步增大，最大辐射方向偏离轴线分裂成两个方向时，其方向图呈圆锥形。

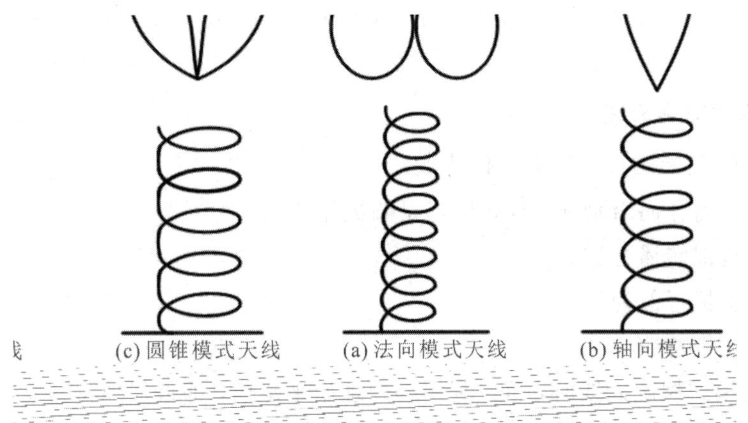

图 6-75　螺旋天线的不同工作模式分类

其中最实用的就是法向模式天线和轴向模式天线，下面对这两种模式进行详细介绍。

1. 法向模式螺旋天线

工作于法向模式的螺旋天线的方向图类似于单极子天线，N 圈的螺旋天线可以看成由 N 个单元组成，每个单元都由一个小电流环(磁流元)和一个偶极子(电流元)组成，由于螺旋直径远远小于波长，小电流环的辐射场很小，在计算中主要考虑电流元的辐射，故法向模式螺旋天线也可以看成分布加载电感的单极子天线，但相比单极子而言减小了长度，所以常用在车载天线和手机外置天线中。螺旋天线单元可等效为电流环和偶极子的叠加，如图 6－76 所示，由于法向模式螺旋天线的尺寸远小于波长，其远场图与圈数 N 无关，故只在这里研究一圈的辐射即可。

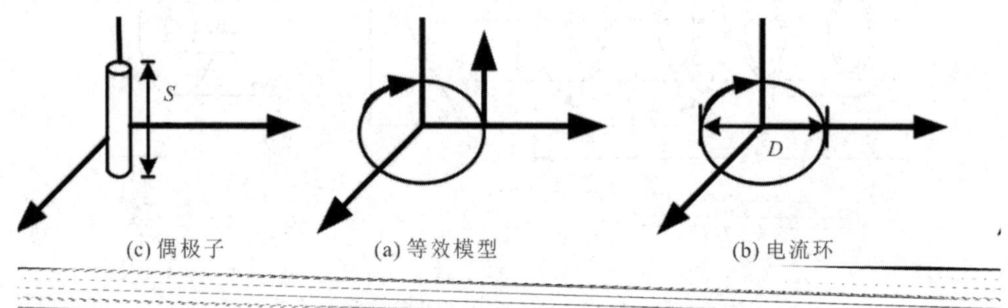

图 6－76　螺旋天线单元等效为电流环和偶极子的叠加

根据小电流环的远区场公式可以得到直径为 D 的小电流环远区场为

$$E_{\varphi}=\frac{\eta I\pi^2 D^2}{4r\lambda^2}\sin\theta \mathrm{e}^{-\mathrm{j}kr}=\frac{30\pi IC^2}{r\lambda^2}\sin\theta \mathrm{e}^{-\mathrm{j}kr} \tag{6-116a}$$

而长度为 S 的电偶极子的远区场为

$$E_{\theta}=\mathrm{j}\,\frac{\eta IS}{2\lambda r}\sin\theta \mathrm{e}^{-\mathrm{j}kr}=\mathrm{j}\,\frac{60\pi IS}{\lambda r}\sin\theta \mathrm{e}^{-\mathrm{j}kr} \tag{6-116b}$$

上面两个公式说明，两个相互垂直、相位相差 90°且方向图相同(都为 $\sin\theta$)的场可组成椭圆极化波，对于法向模式螺旋天线，由于 $C\ll\lambda$，故轴比很大，其辐射可近似为垂直极化波。

2. 轴向模式螺旋天线

轴向模式螺旋天线具有以下工作特点：

(1) 最大辐射方向沿轴线，且辐射场是圆极化波。

(2) 沿线近似转播行波。

(3) 输入阻抗近似为纯电阻。

(4) 具有宽带特性。

分析轴向模式螺旋天线时，可以利用阵列理论来建模，即近似地将其看成由 N 个环形天线组成的阵列，每一圈看作一个阵元。为简单起见，设螺旋线一圈的周长为 λ。首先讨论单个阵元(圆环)的辐射特性，如图 6－77 所示。

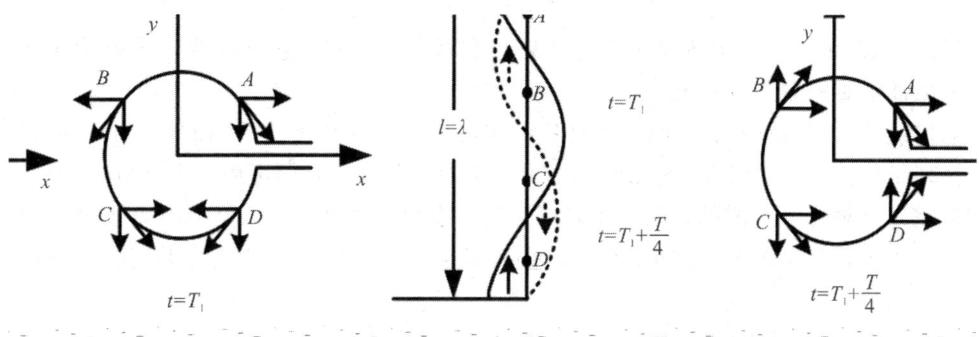

图 6-77　T_1 时刻和 $T_1+T/4$ 时刻阵元的电流分布和场

从电流分布变化情况可以看出，经过 1/4 周期后，轴向辐射场绕 z 轴旋转了 90°，显然经过一个周期的时间间隔，电流矢量将旋转一周。由于电流振幅不变，辐射场值也不会变化，因此可得到结论：周长为 λ 的行波圆环沿轴向辐射圆极化波。按不同的螺旋绕制方式(左/右手螺旋)可将螺旋天线分为左旋圆极化天线(左手螺旋)和右旋圆极化天线(右手螺旋)。

考虑到螺旋天线的电性能会受到其几何结构的影响，前人总结经验发现：在 $12°<\alpha<15°$ 时，天线的工作效果最佳，对于在 $\frac{3}{4}<\frac{C}{\lambda}<\frac{4}{3}$ 和 $N>3$ 的螺旋天线，有以下经验公式：

半功率波束宽度：

$$\mathrm{HP}=\frac{52°}{(C/\lambda)\sqrt{NS/\lambda}}$$

增益：

$$G=\frac{26\ 000}{\mathrm{HP}^2}=6.2\left(\frac{C}{\lambda}\right)^2 N\,\frac{S}{\lambda}$$

方向系数：

$$D=12\left(\frac{C}{\lambda}\right)^2 NS/\lambda$$

沿轴向的轴比：

$$\mathrm{AR}=\frac{2N+1}{2N}$$

输入阻抗：

$$R_{\mathrm{in}}=140\left(\frac{C}{\lambda}\right)$$

6.9　超材料天线

超材料天线就是利用超材料的超常规特性，与常规的天线设计结合起来，突破常规天线设计中的一些限制，实现天线的小型化、高增益、波束控制等。

迄今为止，研究人员已经研制出了 2D 超材料结构、超表面和各种组合结构，并利用它们实现了各种效果，其中包括制作超表面，让结构周围的射频和微波能量发生折射，如光线折射隐形衣。此外，研究人员还制作了射频和微波“透镜”，它可以像光学透镜那样实现射频和微波能量的聚焦和校准。

与传统的天线设计相比，此类超材料结构可以大大提高天线结构的性能，其中包括开口谐振环结构、周期性结构、分形结构和其他超材料结构，它们可用于设计具备大幅增益、更宽带宽以及独特方向图的天线。许多超材料增强型天线可以使用低成本电子电路制造技术在平面支撑材料上制造。因此，可以利用阵列天线、蜂窝天线等现代平板天线设计实现超材料天线的低成本制造。

通常，电小天线的辐射电阻很小、电抗很大，与源阻抗之间严重失配，天线的辐射效率很低。在电小天线近场加载超材料介质层，通过适当的设计，超材料介质层可以在很大程度上抵消电小天线的电抗，从而提高天线的辐射效率。同时，在天线本体的激励下，加载的超材料介质结构通过空间耦合成为天线的寄生辐射元，进一步提高了天线的效率和增益。

利用复合左右手传输线具有负数阶、零阶谐振的特性，不仅可以极大地缩小天线的尺寸，还能改善谐振天线的性能，具有优于传统微带天线的奇异特性。天线的谐振频率仅与电容、电感的大小有关，与结构的物理尺寸无关，这就意味着天线的尺寸可以任意小，最小尺寸的极限是加工制作技术实现所需 LC 值元件的最小尺寸。

超介质的等效介电常数或磁导率可以趋于零，其折射率也趋近 0，这种材料被称为零折射率超材料(Zero Index Metamarerial，ZIM)。当电磁波入射到 ZIM 与自由空间的分界面时，不论电磁波以何种入射角入射到 ZIM 上，在其出射面都能以趋近平行于法线的方向射入自由空间，将原本发散的电磁波整理成趋近分界面法线方向的近似平行波，起到汇聚能量的作用。在天线近区场，可以认为电磁波的频率与 ZIM 结构产生强烈的谐振，电磁场在结构上发生强烈的场耦合，此时 ZIM 可以耦合成为一个阵列辐射源，产生近似平行波的辐射。利用 ZIM 这一特性，将其覆盖于天线阵列上方，可以有效地使电磁波汇聚，从而提高阵列天线的方向性和增益，使其在同等增益下减少天线单元的个数，这对阵列天线的小型化有着十分重要的意义。

习　题

6-1　设有一无方向性天线，其辐射功率 $P_r=100$ W，计算 $r=10$ km 处的辐射场强值。当改用方向系数 $D=20$ 时，求在最大辐射方向上天线的场强值。若要求在产生相等场强的条件下，则此有方向性天线的辐射功率应为多少?

6-2　电基本振子如题图所示放置在 z 轴上，请解答下列问题：

(1) 指出辐射场的传播方向、电场方向和磁场方向。

(2) 辐射的是什么极化的波?

(3) 指出过 M 点的等相位面的形状。

(4) 若已知 M 点的电场 $\boldsymbol{E}$，试求该点的磁场 $\boldsymbol{H}$。

(5) 辐射场的大小与哪些因素有关?

(6) 指出最大辐射的方向和最小辐射的方向。

(7) 指出 E 面和 H 面，并概画方向图。

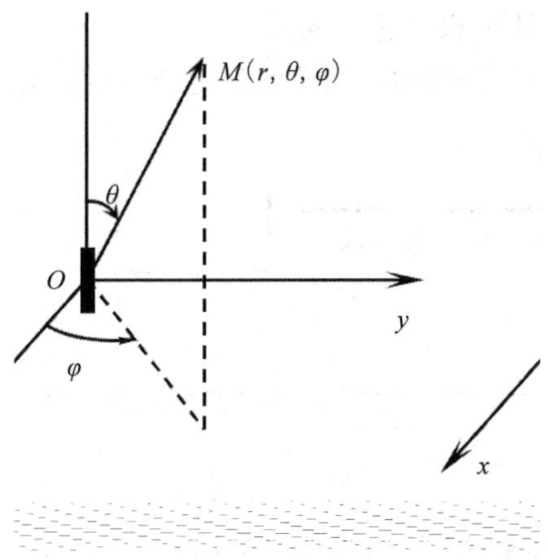

题 6-2 图

6-3　某电基本振子的辐射功率 $P_r=100$ W，试求 $r=10$ km 处，$\theta=0°$、45°和 90°的场强，θ 为射线与振子轴之间的夹角。

6-4　已知某天线归一化方向函数为

$$F(\theta)=\cos\left(\frac{\pi}{4}\cos\theta-\frac{\pi}{4}\right)$$

用直角坐标绘出 E 面方向图，并计算其 $2\theta_{3\text{ dB}}$。

6-5　试画出 $l=1.5\lambda$、$l=2\lambda$ 对称振子的电流分布，写出该两个对称振子的方向函数公式。

6-6　设一半波振子的轴线平行于 x 轴，画出该天线的水平面方向图和垂直面方向图（z 轴与地面垂直）。

6-7　设在相距 1.5 km 的两个站之间进行通信，每站均以半波振子为天线，工作频率为 300 MHz。若一个站发射的功率为 100 W，则另一个站的最大接收功率为多少？

6-8　有人说，E 面扇形喇叭在 E 面内口径逐渐张开，则 E 面波瓣宽度窄；H 面扇形喇叭在 H 面内口径逐渐张开，则 H 面波瓣宽度窄，对吗？为什么？

6-9　试述 E 面、H 面扇形喇叭以及角锥喇叭的口径分布规律。

6-10　简述卡塞格伦天线的工作原理及等效抛物面的概念。

6-11　四个电基本振子排列如题图所示，辐射功率相同，均为 0.15 W，求 $r=1$ km，$\alpha=45°$方向上的观察点的场强。

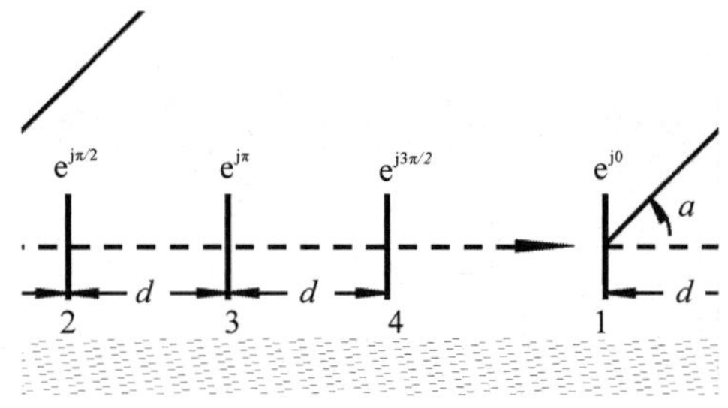

题 6-11 图

6-12　同上题。但各振子的激励相位依图中所标次序依次为(1) e^{j0}、(2) $e^{j\pi/4}$、(3) $e^{j\pi}$ 和(4) $e^{j3\pi/2}$，试绘出 E 面和 H 面极坐标方向图。

6-13　两基本振子同相等幅馈电，其排列如题图所示，画出(a)、(b)两种情况下 E 面和 H 面的方向图。

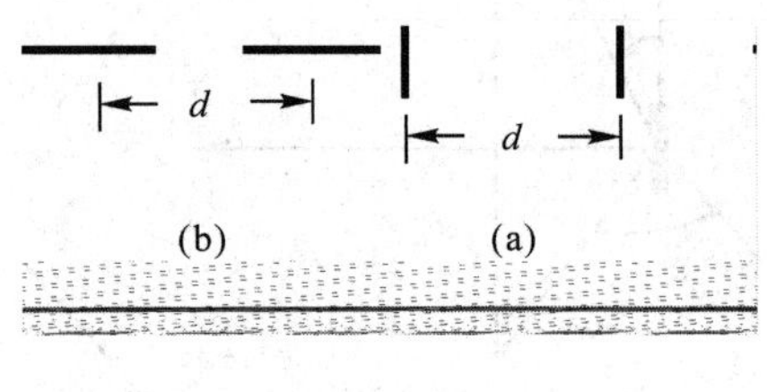

题 6-13 图

6-14　五个无方向性图理想点源组成沿 z 轴排列的均匀直线阵。已知 $d=\lambda/4$，$\beta=\pi/2$，试应用归一化阵因子图绘出含 z 轴平面及垂直于 z 轴的方向图。

6-15　通过计算，画出水平架高于地面 $H=\lambda/4$ 的对称振子的阵因子方向图。

6-16　两基本振子同相等辐馈电，其排列如题图所示，画出(a)、(b)两种情况下的 E 面和 H 面方向图。

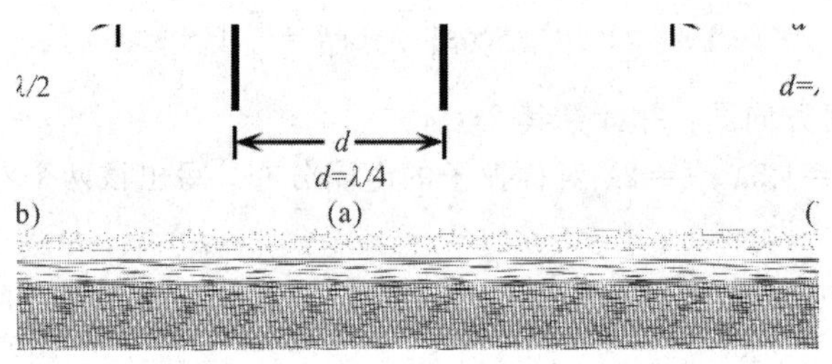

题 6-16 图

第 7 章　电波传播基础

电磁波从发射天线辐射出去后，要通过一段相当长的自然环境区域，才被对方接收天线所接收(如通信，导航)或被目标散射沿原来的传播路径返回反射点被雷达天线接收。电波传播就是研究电磁波在这种自然环境中的传播规律。

本章介绍电波传播的四种方式和空间介质对电波传播的影响。

7.1　电波传播的四种方式

电波传播的方式有四种，分别是地面波传播、天波传播、视距传播和散射波传播。

7.1.1　地面波传播

1. 地球表面的电特性

电波沿着地球表面传播，形成地面波，这种传播方式称为地面波传播，如图 7-1 所示。其特点是电波波长越长，其传播损耗就越小，并有较强的穿透海水和土壤的能力，超长波、长波和中波常采用此种传播方式。地面波可以传播很远的距离，且不受电离层的影响，信号稳定，常用于海上无线电导航、对潜艇的通信、标准频率和时间信号的广播等。军用短波和超短波小型移动电台进行近距离通信时也采用此种传播方式。

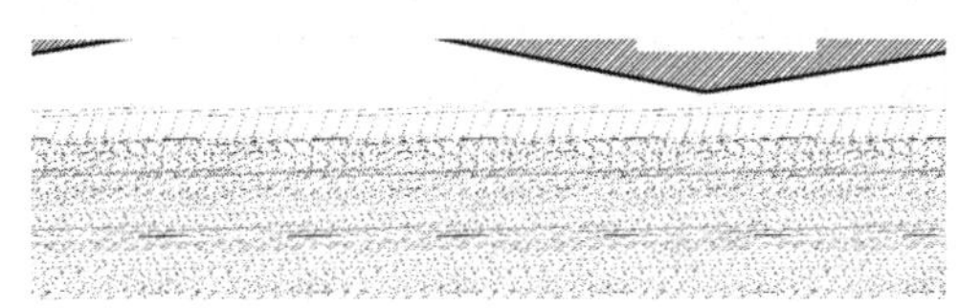

图 7-1　地面波传播方式

地球是一略扁些的旋转椭球体，赤道半径稍长为 6378 km，极地半径稍短为 6357 km，平均半径为 6371 km，赤道周长为 40 076 km，地球表面积为 5.1 亿平方千米，其中 71%为海洋，29%为陆地。地球内部由地核、地幔、地壳三部分构成，如图 7-2 所示。地壳的厚度各处不同，海洋下面薄，最薄处约为 5 km，陆地的平均厚度为 33 km；地幔的厚度为 2850 km；地核的半径为 3460 km。地壳由土壤、水和岩石组成，形成地球坚硬的外壳，地壳物质的密度一般为 2.6～2.9 g/cm^3，上部密度较小，下部密度较大。地幔占地球体积的 82.3%，质量占地球质量的 67.8%。地幔可近似看成横向均匀的，纵向以 650 km 深处为界分为上地幔和下地幔，上地幔的平均密度为 3.5 g/cm^3，上地幔上部约从 70 km 延伸到 250 km 左右存在一个软流圈，是熔岩的主要产生地，火山喷发就从这里开始。下地幔的平均密度为 5.1 g/cm^3。地核占地球体积的 16.2%，质量占地球质量的 31.3%，地核密度为 9.98～12.5 g/cm^3。

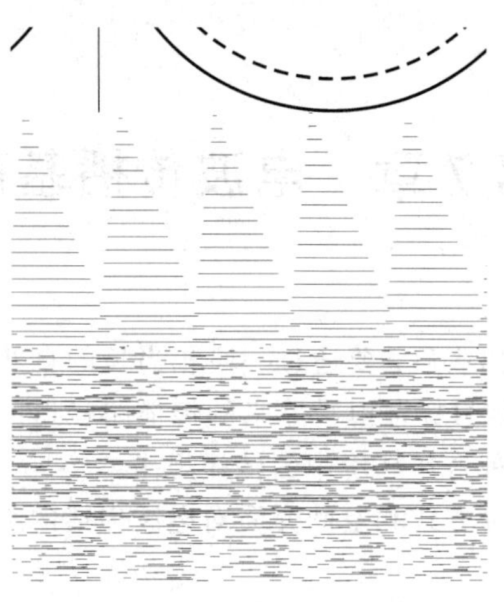

图 7-2　地球的结构

通过地壳运动、火山喷发、气候演变等，地球表面形成了高山、河流、海洋、湖泊、沙漠、丘陵、草原、森林等地貌地形，对无线电波的传播造成了影响。表 7-1 给出了各类地面的电参数。通常各类地面的相对磁导率 μ_r 取 1。

表 7-1　各类地面的电参数

地面类型	相对介电常数 ε_r	电导率 σ/(S/m)
海水	80	4
淡水(湖泊等)	80	5×10^{-3}
湿润土壤	20	10^{-2}
干燥土壤	4	10^{-3}
高原沙土	10	2×10^{-3}
森林	1～2	10^{-3}～1
山地	5～9	10^{-4}
大城市	3	10^{-4}

在交变电磁场的作用下，大地土壤内既有位移电流又有传导电流，位移电流密度为 $\omega\varepsilon E$，传导电流密度为 σE。通常把传导电流密度和位移电流密度的比值 $\sigma/(\omega\varepsilon)=60\lambda_0\sigma/\varepsilon=1$ 看作导体和电介质的分界线，λ_0 为无线电波在自由空间中的波长。可见其比值和无线电波的频率成反比，同一种介质，当频率较低时可能是导体，当频率较高时又会成为介质体。当传导电流密度远大于位移电流密度，即 $\sigma/(\omega\varepsilon)\gg1$ 时，土壤可看作良导体；反之，当位移电流密度远大于传导电流密度，即 $\sigma/(\omega\varepsilon)\ll1$ 时，土壤可看作理想介质体。表 7-2 给出了各种介质中，比值 $\sigma/(\omega\varepsilon)$ 在频率为 300 MHz 和 3 kHz 时的变化情况。从表 7-2 中可以看出频率对介质的性质影响很大。

表 7-2　各种介质中不同频率无线电波传导电流密度与位移电流密度的比值

介质类型	比　值	
	300 MHz	3 kHz
海水($\varepsilon_r=80$, $\sigma=4$)	3	3×10^5
湿土($\varepsilon_r=20$, $\sigma=10^{-2}$)	3×10^{-2}	3×10^3
干土($\varepsilon_r=4$, $\sigma=10^{-3}$)	1.5×10^{-2}	1.5×10^3
岩石($\varepsilon_r=6$, $\sigma=10^{-7}$)	10^{-6}	10^{-1}

一般无线电波都是简谐波，这时大地可看作半导电的各向同性线性介质，大地电参数可以用复介电常数 ε_c 来表示，即

$$\varepsilon_c=\varepsilon-\mathrm{j}\frac{\sigma}{\omega} \tag{7-1}$$

式中：ε 是大地的介电常数，σ 是大地的电导率，ω 是无线电波的角频率。相对复介电常数 ε_{cr} 为

$$\varepsilon_{cr}=\frac{\varepsilon_c}{\varepsilon_0}=\varepsilon_r-\mathrm{j}\frac{\sigma}{\omega\varepsilon_0}=\varepsilon_r-\mathrm{j}60\lambda_0\sigma \tag{7-2}$$

式中 λ_0 为无线电波在自由空间中的波长。

2. 地面波的传播特性

大地可看作高低起伏的半导电介质，当无线电波沿地表传播时，不仅会在空气中传播，而且会在大地中激起位移电流和传导电流，使无线电波的部分能量传入地下沿大地传播。无线电波在大气中传播会形成损耗，进入大地的无线电波，由于大地的损耗作用更大，也会产生损耗。所以无线电波沿地面传播，损耗有两方面，一是大气中的传播损耗，二是进入大地中的电磁场能量引起的损耗。

为了适应地面波传播的特点，一般采用在地面架设直立天线辐射垂直极化的无线电波，如图 7-3 所示。取地面向上的方向为 z 轴正方向，波的传播方向为 x 轴正方向。为了便于描述，我们设大气为介质 1，大地为介质 2。设天线辐射的垂直极化无线电波的电场强度矢量沿 z 轴正方向，即有分量 E_{z1}，磁场强度矢量只有 $-H_{y1}$ 分量。另一方面，无线电波

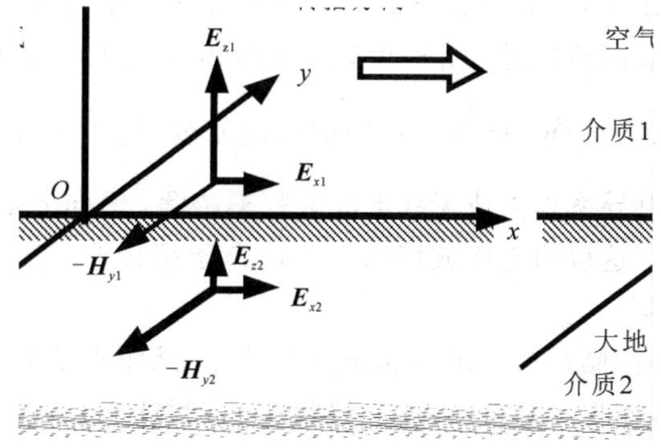

图 7-3　地面处的场

沿地面传播，会在大地中激起传导电流，传导电流沿无线电波的传播方向，即 x 轴正方向，故在大地中电场强度矢量存在沿 x 方向的分量 E_{x2} 和沿 z 轴方向的 E_{z2}，磁场强度矢量仅存在 $-H_{y2}$ 分量，根据电磁场的边界条件可以得到大气中在接近地面处存在 E_{x1} 分量，且有

$$E_{x1}=E_{x2} \tag{7-3}$$

$$\varepsilon_0 E_{z1}=\varepsilon_c E_{z2} \tag{7-4}$$

$$H_{y1}=H_{y2} \tag{7-5}$$

由于 $|\varepsilon_{cr}|\gg 1$，有如下近似关系：

$$H_{y1}\approx\frac{1}{\eta_0}E_{z1}=\sqrt{\frac{\varepsilon_0}{\mu_0}}E_{z1} \tag{7-6}$$

$$H_{y2}\approx\frac{1}{\eta_c}E_{x2}=\sqrt{\frac{\varepsilon_c}{\mu_0}}E_{x2} \tag{7-7}$$

所以大地中的垂直分量 E_{z2} 要远小于大气中的垂直分量 E_{z1}。大气中的能流密度矢量即坡印亭矢量不仅存在 x 方向分量 S_{x1}，还存在进入地面的分量 $-S_{z1}$。合成的能流密度矢量 $\boldsymbol{S}_1$ 不再平行于 x 轴，而是和 x 轴有一个夹角 φ，我们称为波前发生了倾斜，这个夹角 φ 和大气中的电场强度矢量 $\boldsymbol{E}_1$ 和垂直分量 $\boldsymbol{E}_{z1}$ 的夹角相等，如图 7-4 所示，倾斜角度 φ 可由

$$\tan\varphi=\left|\frac{E_{x1}}{E_{z1}}\right|=\sqrt[4]{\varepsilon_{cr}^2+\left(\frac{\sigma}{\omega\varepsilon_0}\right)^2}=\sqrt[4]{\varepsilon_{cr}^2+(60\lambda_0\sigma)^2} \tag{7-8}$$

进行计算。

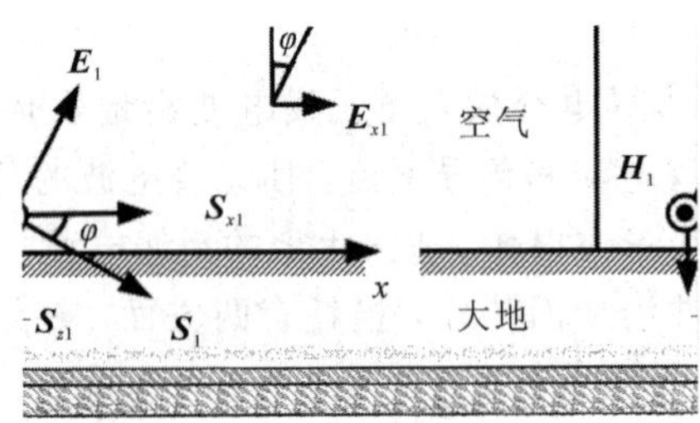

图 7-4　地波的能流密度矢量

通过以上分析，可以得出以下结论：

(1) 地面波是横磁波(TM 波)，沿传播方向(x 方向)，电场强度矢量的分量不为 0，横向分量 E_{z1} 远大于纵向分量 E_{x1}，合成场是一个沿 x 方向传播的椭圆极化波。

(2) 垂直极化波沿地面传播时，由于大地对无线电波的吸收作用，电场产生了纵向分量 E_{x1}；相应地，沿 z 轴负方向，向地下传输的能流密度 $S_{z1}=\frac{1}{2}\mathrm{Re}(E_{x1}H_{y1}^*)$ 代表着地面波的传播损耗。大地的电导率越大或无线电波的频率越低，纵向分量 E_{x1} 就越小，这时，地面波的传播损耗就越小。这说明地面波传播方式适合于超长波、长波波段。中波也可以利用地面波进行近距离传播。

(3) 地面波传播使波前倾斜，电场产生纵向分量 E_{x1}，从而使部分能量进入地下传播，我们可以利用架低的水平天线接收空中的水平极化波能量和利用埋地水平天线接收地下波能量。

(4) 地面波是沿着地表传播的，仅受地表地貌地形的影响，但这些因素一般不随时间变化，同时不受天气、天文现象影响，故信号传播稳定，这是地面波传播的优点。

3. 地面波场强的计算

首先介绍无线电波沿平面地面传播时场强的计算问题。当无线电波从直立天线发出，以球面波的形式不断向外传播时，大气和大地会使无线电波能量产生损耗，因此接收点的场强可以写为

$$E_{z1}=\frac{\sqrt{60P_{t}G_{t}}}{r}W \tag{7-9}$$

式中：P_t是天线的输入功率，G_t是天线的增益，W 是计及地面吸收作用的地面衰减因子。一般对于长度小于四分之一波长的短直立天线，G_t可取 3。由式(7-9)计算出的单位是国际单位制单位，为 V/m。另外，场强的计算也可以采用

$$E_{z1}=\frac{245\sqrt{P_{t}G_{t}}}{r}W \tag{7-10}$$

由式(7-10)计算出的单位是 mV/m。

地面衰减因子由大地的电参数决定，所以地面衰减因子是传播距离 r，大地电参数 ε、σ、μ 以及频率 f 的函数，即

$$W=W(r, \varepsilon, \sigma, \mu, f) \tag{7-11}$$

当把大地看作理想导体时，$W=1$。一般情况下，工程中计算 W 取为

$$W\approx\frac{2+0.3x}{2+x+0.6x^{2}} \tag{7-12}$$

式中：x 为辅助参量，称为数值距离，无量纲，其计算式为

$$x=\frac{\pi r}{\lambda_{0}}\frac{\sqrt{(\varepsilon_{r}-1)^{2}+(60\lambda_{0}\sigma)^{2}}}{\varepsilon_{r}^{2}+(60\lambda_{0}\sigma)^{2}} \tag{7-13}$$

当 $60\lambda_0\sigma\gg\varepsilon_r$ 时，有

$$x\approx\frac{\pi r}{60\lambda_{0}^{2}\sigma} \tag{7-14}$$

当 $x>25$，即地面属于不良导电和在较短波长情况下时，W 的计算可简化为

$$W\approx\frac{1}{2x} \tag{7-15}$$

式(7-15)说明当数值距离较大时，W 和 x 成反比关系。也就是说地面波的场强随传播距离的变化规律由 $1/r$ 变为了 $1/r^2$，随距离增大衰减得更快。

式(7-9)和式(7-10)的应用条件为地面是平面，只有通信距离较短、波长较长时才适用。表 7-3 给出了可以把地面看作平面的限制距离。

表 7-3　可以作为平面地面的限制距离

波长/m	限制距离/km
200～20 000	300～400
50～200	50～100
10～50	10

当超出限制距离时，由于无线电波的绕射作用，因此问题变得复杂。这时可以根据国际无线电咨询委员会(CCIR)推荐的一簇曲线进行计算，如图 7-5～图 7-7 所示。

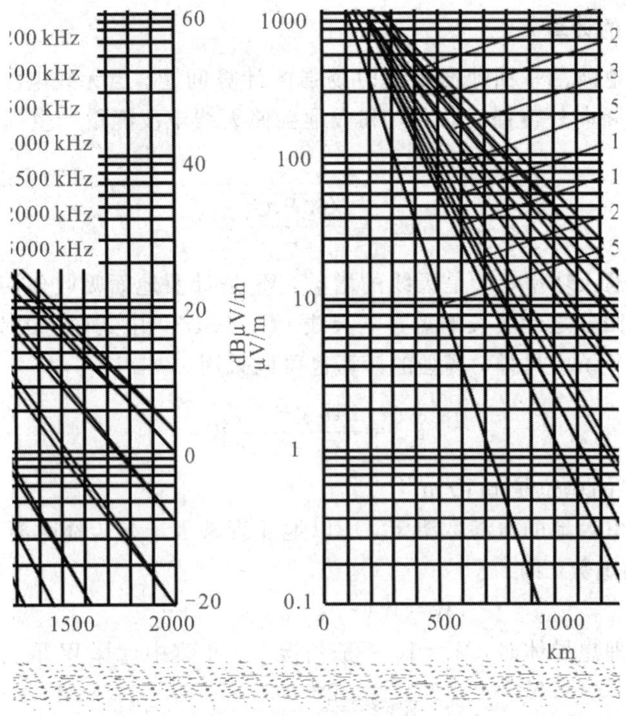

图 7-5　海面上地面波场强与距离的关系

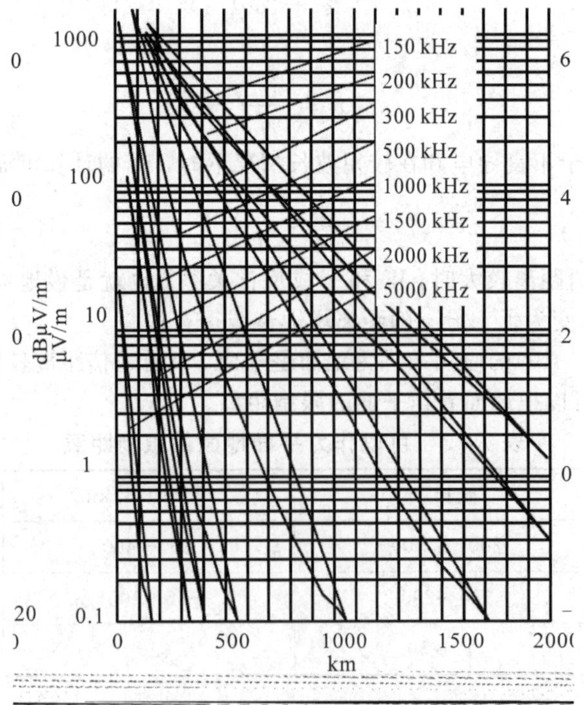

图 7-6　湿土上地面波场强与距离的关系

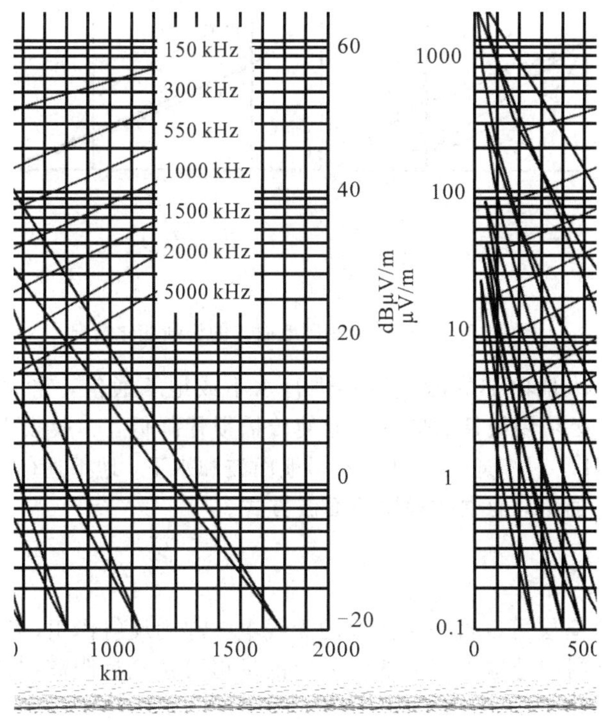

图 7-7　干土上地面波场强与距离的关系

上述曲线是输入功率为 1 kW 的短天线($G_t=3$)在海面、湿土、干土地面上场强与距离的关系。若输入功率变为 P_t(kW)，增益为 G_t，则所求场强等于曲线上求得的数值乘以$\sqrt{P_tG_t/3}$。

4. 其他因素对地面波传播的影响

前面讨论的情况是把地面看成均匀的半导电介质的情况。实际上，经常会碰到地面波在几种不同形式的地面传播的情况。如无线电波先在陆地上传播，后又在海面上传播，再到陆地上传播；或者先在海面上传播，再到陆地上传播；或先后经过平原、森林、沙漠、沼泽、山地等。这时我们就需要讨论不同性质地面引起的地面波的变化，这就需要考虑不同性质地面的电参数进行求解计算。这里不做详细讨论，仅给出两种情况加以说明。

图 7-8 给出了无线电波沿陆地-海面-陆地和海面-陆地-海面两种组合情况的地面波的传播变化。从图中可以看出，海面导电性能强，陆地导电性能弱，海面上的场强较陆地上的场强衰减得慢；从陆地到海洋，地面波的场强会有一个增大的过程，随后再衰减；而从海洋到陆地场强则没有增大过程，直接快速衰减。从图 7-8 中还可以看出，对相同的传播距离，按陆地-海洋-陆地组合比按海洋-陆地-海洋组合场强衰减得要大。也就是说两端地面导电性能好可以降低地面波的传播损耗，而中间部分对地面波传播的影响较小。这就是所谓的“起飞-降落”现象，就好像在发射天线发射时，发射天线附近的地面的性质对地面波传播的影响较大，随着传播距离增大，无线电波从地面“起飞”到空中，随后在一定高度的自由大气中传播，地面影响小，到达接收天线处，无线电波又从空中“降落”到地面，被接收天线接收，这时接收天线附近地面的性质对地面波传播的影响较大。所以收发天线应假设在导电性能良好的地面上，这样可以改善接收和发射的性能，从而降低总的传播损耗。

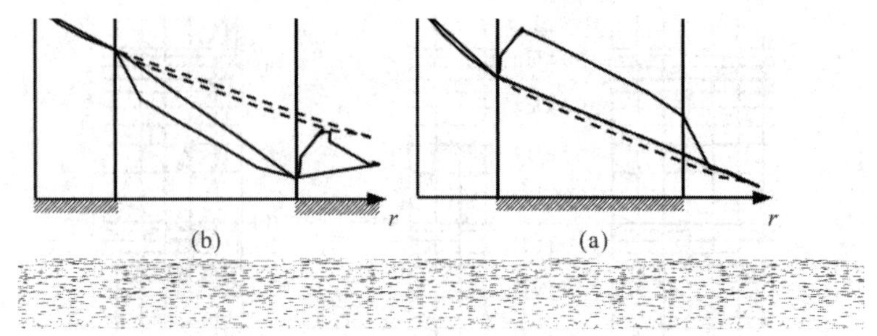

图 7-8　三种不同性质地面波的场强变化情况

利用地面波进入大地内部的能量可以进行水下或地下通信，完成对潜艇的导航和通信。水下和地下通信必须用极低的频率才能使传播损耗降低，一般频率会选择在 100 kHz 以下，最低可达 1 kHz，对潜通信也可以采用地面波和水下、地下通信相结合的方式，如在两端采用地下或水下通信，而中间采用地面波方式。

7.1.2　天波传播

地球大气中的电离层可以对一定波段的无线电波起到反射作用，类似于金属对无线电波的反射。无线电波利用地球大气中的电离层的反射可达到远距离传播的目的，这种方式称为天波传播，如图 7-9 所示。其特点是传播距离远，有时可以利用电离层和地面形成多次反射，可以传播到更远的距离。但电离层由于受太阳影响较大，在白天、夜里和不同季节都有不同，传播不很稳定。中波、短波无线通信和广播、船岸间的航海移动通信、飞机地面间航空移动通信采用此种传播方式。

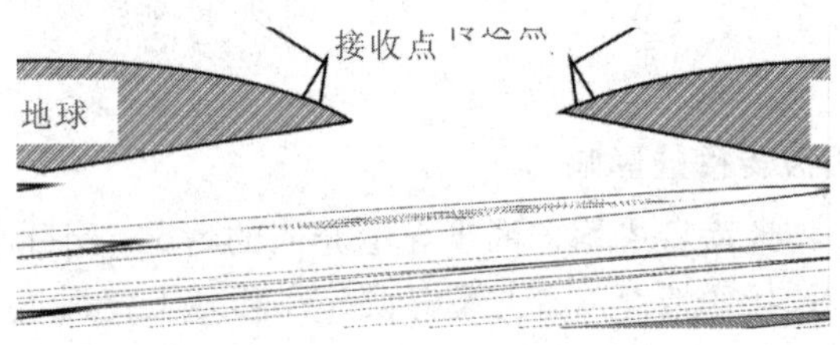

图 7-9　天波传播方式

无线电波能在地面和电离层之间来回反射而传播至较远的地方，其中每经过一次电离层反射称为一跳，如图 7-10 所示。我们把经过电离层反射到地面的无线电波称为天波，而把经过电离层反射的无线电波的传播方式称为天波传播。可见电离层对天波传播起着至关重要的作用。

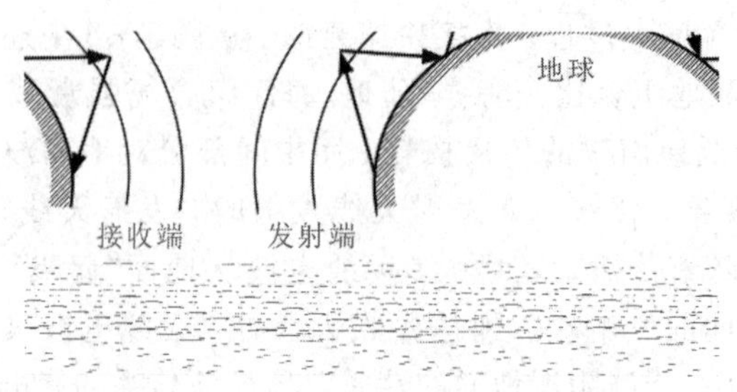

图 7-10　电离层对无线电波的反射

1. 电离层的结构

电离层是指分布在地球周围的大气层中，从距地面 60 km 以上开始一直到 1000 km 之间存在大气的电离区域。在这个区域中，存在有大量的自由电子和正离子，还存在着大量的负离子以及未被电离的中性分子、原子。

电离层的结构和大气的性质密切相关。距离地面 100 km 以内的区域，由于上升气流和下降气流的作用，与地表的大气组成大致相同；在 100 km 以上区域，由于不同气体质量的关系，大气出现了分层现象，质量较大的气体在下层，质量较小的气体在上层，从下到上依次为：恒定成分层、氧分子层、氮分子层、氧原子层、氮原子层。

当大气被太阳光中的紫外线照射时，会发生电离现象。电离的程度可以用单位体积重的自由电子数 N，即电子密度来表示，它与大气分层的密度和太阳光的强度有关。实验证明，大气中电子密度的极值发生在几个不同的高度上，每一个极值所在的范围称为一个层。在白天有 4 个电离层存在，由下至上分别是 D 层、E 层、F_1层和 F_2层；晚上，由于太阳光消失，电离源消失，电离层的电子密度普遍下降，D 层消失，F_1层和 F_2层合并为一层，仍称为 F_2层。电离层的结构如图 7-11 所示，D 层在大气恒定成分层，较均匀，高度在 60～80 km 之间，E 层在氧分子层，其高度在 100～120 km 之间，E 层在白天、晚上都存在；F_1层位于氮分子层，只在白天存在，高度在 200～250 km 之间；F_2在氧原子层，在白天、晚上都存在，其电子密度是各层中最大的，高度在 350～400 km 之间。

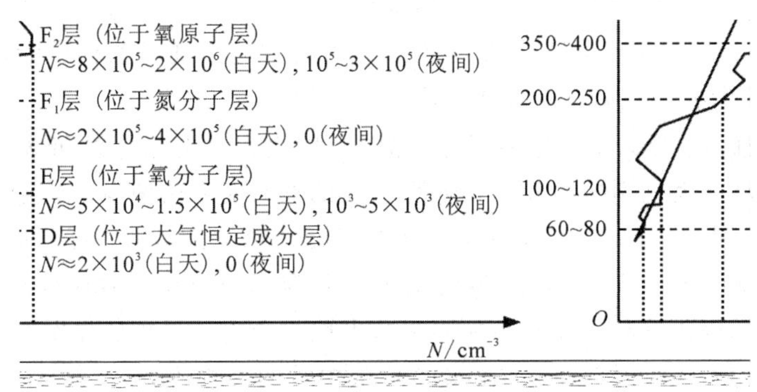

图 7-11　电离层结构

2. 电离层的变化规律

电离层的参数包括高度和电子密度，和地理位置、季节、时间以及太阳活动有关，其变化分为规则变化和不规则变化。

1）电离层的规则变化

(1) 日变化。日变化是指昼夜 24 小时内的变化规律。日落后 D 层由于电子和离子的不断复合而消失，F_1层和 F_2层合并，而 E 层和 F_2层的电子密度则在日落后相应地减小，极小值出现在黎明前。日出之后，各层的电子密度开始增长，在正午后达到最大值，以后又开始减小。

(2) 季节变化。这是由地球绕太阳公转引起的季节性周期变化规律。在夏季的北半球（南北半球刚好相反），D 层、E 层、F_1层的电子密度都比冬季的大，但 F_2层则例外，这是由

于 F_2层的大气在夏季受热向高空膨胀，气体密度降低，使可能增到很大的电子密度反而变小了。

(3) 随太阳黑子周期变化。太阳黑子是指太阳表面出现的黑斑或黑点。据天文观测，太阳黑子的数目和大小经常改变，黑子成群成双或单个出现，它是以 11 年为周期变化的。太阳的活动性是以太阳一年中出现的平均黑子数来表征的。在太阳黑子数最大的年份，即太阳活动的高年，电离层中各层的电离增加，电子密度增大；在太阳活动性弱的年份，电子密度就减小。

(4) 随地理位置变化。这是指电离层参数随地理位置变化的规律。低纬度区上空电离层的电子密度高，高纬度区上空电离层的电子密度小。纬度越高，太阳照射就越弱，电离就越弱，电离层的电子密度就越小。

2) 电离层的不规则变化

除了规则变化外，有时电离状态还会发生一些随机的、非周期的、突发的急剧变化，称为不规则变化。

(1) 突发 E 层。突发 E 层是指发生在 E 层高度上的一种常见的较为稳定的不均匀结构。由于它的出现不太有规律，故称为突发 E 层，或称为 E_s层。它是由一些电子浓度很高的“电子云块”、彼此间被弱电离气体所分开，形如网状聚集而成的电离薄层。E_s层对无线电波有时呈半透明性质，即入射波的部分能量遭到反射，部分能量将穿透 E_s层，因此产生附加损耗。有时入射波受到 E_s 层的全反射而到达不了 E_s层以上的区域，形成所谓的“遮蔽”现象，这样就使得借助于从 F_2层反射而构成的短波定点通信遭到中断。我们也可以运用 E_s 层电子密度大的特点来改善天波通信。

(2) 电离层骚扰。当太阳发生耀斑时，常常辐射出大量的紫外线和 X 射线，以光速到达地球，当穿透高层大气到达 D 层时，会使 D 层的电离度突然增强，D 层的电子密度显著增大，可比正常值大 10 倍，大大增加了电离层对无线电波的吸收，可造成短波通信中断。由于这种现象的发生往往是突然的，持续时间一般为几分钟到几小时不等，因此称这种现象为电离层骚扰。因为这种现象是在太阳耀斑出现时产生的强辐射作用所致，所以只发生在太阳照射的区域。一般对低纬度区传播的无线电波的影响较大。

(3) 电离层暴。当太阳耀斑爆发时，除了会辐射较强的紫外线和 X 射线外，还会喷发出大量的带电微粒流。当带电微粒流与高层大气发生相互作用时，正常的电离层状态遭到破坏。这种电离层状态的异常变化称为电离层暴。这种情况在 F_2层表现得最为明显，随着电子密度最大值出现的高度不断上升，带电微粒流与高层大气的作用更加明显，会使通信质量下降。电离层暴持续时间长，范围广，对短波通信危害极大。

3. 无线电波在电离层中的传播

假设无线电波在均匀的电离气体中传播，电离气体的电子密度为 N，无线电波的频率为 f，电子与其他粒子碰撞的频率为 ν。则不计及电子碰撞的等效的相对介电常数为

$$\varepsilon_{er}=1-80.8\frac{N}{f^2} \tag{7-16}$$

式中：N 的单位取 cm^{-3}，f 的单位取 kHz。当计及电子与其他粒子的碰撞后，就会产生电子动能损耗，等效为介质的导电率 σ_e不为 0。这时等效的相对介电常数和等效的 σ_e为

$$\varepsilon_{\text{er}}=1-3190\,\frac{N}{\nu^2+\omega^2} \tag{7-17}$$

$$\sigma_{\text{e}}=2.82\times10^{-8}\frac{N\nu}{\nu^2+\omega^2}\quad(\text{S}\cdot\text{m}) \tag{7-18}$$

式中：ω 为无线电波的角频率，$\omega=2\pi f$。N 和 f 的单位取法同式(7-16)。

无线电波在电离气体中传播，其相速度(等相位面移动的速度 v_{p})和其群速度(能量传播的速度 v_{g})分别为

$$v_{\text{p}}=\frac{c}{\sqrt{\varepsilon_{\text{er}}}}=\frac{c}{n} \tag{7-19}$$

$$v_{\text{g}}=nc \tag{7-20}$$

式中：$n=\sqrt{\varepsilon_{\text{er}}}$ 为电离气体的折射率，c 为自由空间中的光速。

无线电波在电离气体中的传播，由于受地磁场的影响，任意一个线极化波都可以分解为两个线极化波。其中一个线极化波的电场强度矢量平行于地磁场方向，我们称之为寻常波；另一个线极化波的电场强度矢量垂直于地磁场方向，我们称之为非寻常波。无线电波的电场可以引起电离气体中电子沿电场方向的振动，而磁场只作用于垂直于磁场运动的电子，也就是说地磁场只作用于非寻常波，而对寻常波不起作用。这样就使得电离气体对两种波表现出不同的电参数性质，这两种波将会按不同的程度发生折射，这种现象称为双折射现象。由于电离气体在地磁场的作用下有双折射现象的存在，故会使来自一个方向的无线电波经过电离气体后产生两个不同方向传播的波。

通常电离层的电子密度随高度而变化，在某一个高度层，会形成电子密度逐渐增加的情况，这时有

$$n=\sqrt{\varepsilon_{\text{er}}}=\sqrt{1-80.8\,\frac{N}{f^2}} \tag{7-21}$$

我们把这样的电离层看成电子密度逐层变化的分层结构，折射率 n 逐渐减小，无线电波会在电离层中逐渐折射向下弯曲，如图 7-12 所示。设无线电波在第 n 层被折射回地面，根据折射定律，电离层能够反射无线电波，返回地面的条件是

$$\sin\varphi_0=n_n=\sqrt{1-80.8\,\frac{N_n}{f^2}} \tag{7-22}$$

式中：n_n是第 n 层的折射率，N_n为第 n 层的电子密度。从式(7-22)中可以看出，入射角相

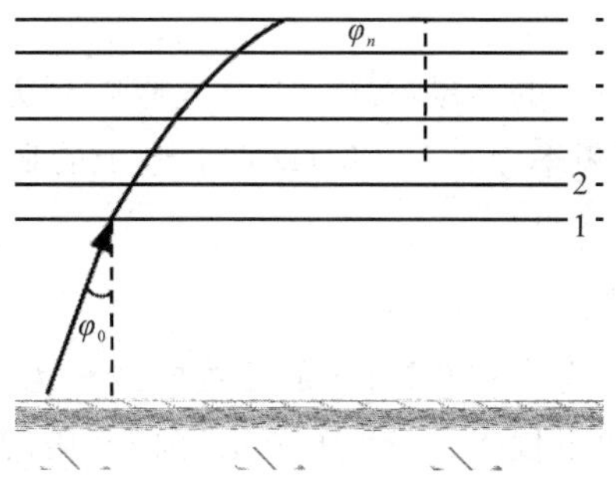

图 7-12　电波在电离层中的折射

同，无线电波频率越大，需要的电子密度越大，即需要在电离层较高的地方才能反射回来；电离层不变，入射角越小，需要的电子密度也越大。当 $\varphi_0=0$ 时(极限情况)，反射条件为

$$f=f_c=\sqrt{80.8N_n}\approx 9\sqrt{N_n} \tag{7-23}$$

式中 f_c称为临界频率。将式(7-23)代入式(7-22)可得

$$f=f_c\sec\varphi_0 \tag{7-24}$$

这就是通常的正割定律，它表明无线电波从电离层中某定点反射回来时，斜入射波的反射频率 f 比垂直入射波的反射频率 f_c高。

由正割定律可得电离层能够反射的最大频率为

$$f_{max}=\sqrt{\frac{80.8N_{max}}{\cos^2\varphi_{max}}} \tag{7-25}$$

式中：N_{max}为电离层的最大电子密度，φ_{max}为无线电波的最大入射角。考虑到地球的曲率，可以得到仰角为 Δ 时，电离层能反射的最大频率为

$$f_{max}=\sqrt{\frac{80.8N_{max}(1+2h/R)}{\sin^2\Delta+2h/R}} \tag{7-26}$$

式中：R 为地球平均半径，h 为电离层高度。

无线电波在电离层中传播，电子的碰撞效应会引起能量的吸收损耗，这种损耗主要发生在电离层底层 D 层和发生折返效应的顶层。在 D 层中气体密度大，电子碰撞频繁，无线电波能量损耗大，由于本层折射系数接近 1，可以近似认为无线电波直线穿过 D 层，故称 D 层的吸收为无偏吸收。在顶层接近折返点时，无线电波的入射角增大，等效的折射系数小，无线电波的传播速度小，增加了电子的碰撞机会，使无线电波吸收衰减增大，传播损耗增加。由于无线电波在此区域传播的轨迹是曲线，故把电离层顶部的吸收称为偏移吸收。

实际上电离层的吸收作用可以通过积分式沿无线电波的传播路径积分得到

$$L=\int_l \frac{60\pi Ne^2\nu}{\sqrt{\varepsilon_{er}}\,m(\omega^2+\nu^2)}\mathrm{d}l \tag{7-27}$$

式中：$e=1.602\times10^{-19}$ C 为电子电量，$m=9.109\ 56\times10^{-31}$ kg 为电子质量，l 为无线电波的传播路径。通常此计算非常复杂，一般都采用半经验公式计算。其损耗规律有以下几点：

(1) 对短波传播而言，一般情况下，电离层吸收主要是无偏吸收，正午时刻无线电波的衰减较大，夜晚较小。

(2) 在短波通信中要尽可能选用较高的频率。因为无线电波频率越高，被电离层吸收的就越少。

(3) 地磁场的存在影响电子的运动状态，因此也影响到无线电波的衰减。尤其是当无线电波的频率接近磁旋谐振频率 $f=1.4$ MHz 时，电子的振荡速度大增，波的衰减就会大增。

4. 波长对天波传播的影响

波长为 10～100 m，频率为 3～30 MHz 的无线电波称为短波，又称为高频无线电波。短波使用天波传播时，具有以下优点：一是电离层这种介质的抗毁性能好，只有高空核爆才能对其造成破坏；二是传播损耗小，适合远距离通信；三是设备简单，成本低。

由于短波天线增益低，波束发散，同时，电离层是分层的，电波传播时可能有多次反

射，存在多个路径，即存在多径效应，其结果会使接收电平有严重衰落现象，并引起传输失真，因此短波天波传播要应用抗衰落技术进行改善。

短波天波传播还会形成所谓的静区现象，这时由于短波的地面波传播较近，而天波经反射又达到了较远的地方，中间就形成了无线电波不能到达的静区。静区是一个以发射天线为中心的环形区域。静区的正确设计和使用可以起到保密通信的效果。

波长为 100～1000 m，频率为 300 kHz～3 MHz 的无线电波称为中波，中波也可以采用天波传播。因为中波频率在电离层临界频率以下，故电离层能反射中波，且通常是在 E 层反射。由于夜晚 D 层消失，随之 D 层的吸收也消失了，因此中波多在晚上使用天波传播。中波天波传播也存在衰落现象，这主要是由近距离的地面波传播和天波传播的叠加形成的。由于电离层的昼夜变化，因此中波信号日夜变化也大。由于中波天波传播多在晚上，因此太阳活动性及电离层暴对中波天波传播的影响极小。

波长为 1～10 km，频率为 300 Hz～30 kHz 的无线电波称为长波，长波主要依靠地面波传播，也可以采用天波传播。白天电波由 D 层下缘反射，而夜间 D 层消失，由 E 层下缘反射，经一跳或多跳，电波的传播距离可达数千米到数万米。电离层对长波而言就像良导体，对电波的吸收小，损耗小。太阳的活动性和电离层暴对长波传播的影响小，长波信号稳定。

7.1.3　视距传播

当无线电波的频率达到超短波波段和微波波段，即当频率大于 30 MHz 以后，无线电波以地面波传播时，地面吸收加剧；当无线电波投射到电离层时，其频率又大于电离层的临界频率，无线电波不能重新返回地面，天波传播方式失去了作用，这时，无线电波只能用视距传播方式或散射传播方式进行传播。

视距传播是指无线电波在传送点与接收点之间可以相互“看得见”，形成视距内传播的方式，如图 7-13 所示。由于受地球曲率和地貌的影响，地面上视距传播的距离较近，一般为 18～25 km。采用架高天线的方法可以拓展视距，最远可达 50 km。地面的微波通信采用此种传播方式。地面和空中或空中和空中的通信也采用这种方式，如地对空或空对空雷达探测就采用此种传播方式。

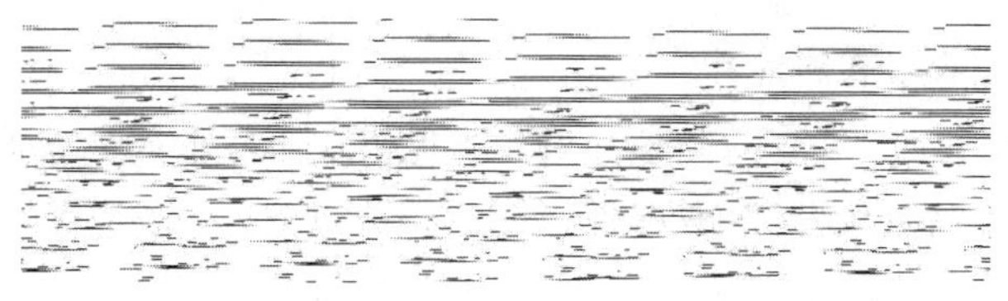

图 7-13　视距传播方式

1. 视线距离的计算

由于地球是球形的，当收发距离较远时，收发天线就不能“互见”。当收发天线高度一定时，收发天线能够“互见”的最大地面距离称为视线距离。设发射天线的高度为 h_t，接收天线的高度为 h_r，地球平均半径为 a，则视线距离 r_0 的计算如图 7-14 所示。图中，C 为视线 AB 与地面的切点，A' 为发射天线在地面的投影点，B' 为接收天线在地面的投影点，r_1 为点 C 与点 A 的视线距离，r_2 为点 C 与点 B 的视线距离。则有

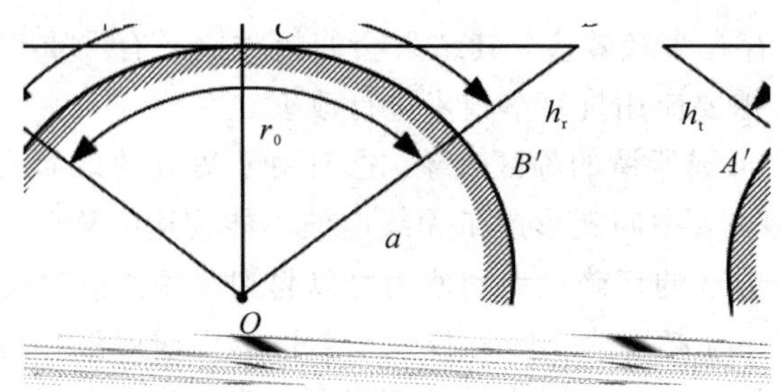

图 7-14　视线距离的计算示意图

$$AC^2 = AO^2 - OC^2$$

$$AC^2 = (a+h_t)^2 - a^2 = 2ah_t + h_t^2$$

由于 $a \gg h_t$，因此有

$$AC = \sqrt{2ah_t}$$

当 AB 距离较远，h_t较小时，有 $r_1 \approx AC$，于是有

$$r_1 = \sqrt{2ah_t} \tag{7-28}$$

同理，当 AB 距离较远，h_r较小时，有

$$r_2 = \sqrt{2ah_r} \tag{7-29}$$

则

$$r_0 = r_1 + r_2 = \sqrt{2ah_t} + \sqrt{2ah_r} \tag{7-30}$$

当把地球半径 $a=6370$ km 代入，可得

$$r_0 = 3.57(\sqrt{h_t} + \sqrt{h_r})(\text{km}) \tag{7-31}$$

由式(7-31)可以看出，收发天线架设的高度决定了收发天线之间的视线距离。

设接收点和发射点之间的距离为 d，视线距离为 r_0，则依据 d 的取值，可以把通信区域分为亮区($d<0.7r_0$)、阴影区($d>1.2r_0 \sim 1.4r_0$)、半阴影区($0.7r_0 < d < 1.2r_0 \sim 1.4r_0$)。在不同的区域，接收点场强的变化规律不同。亮区的场强主要由直射波决定，半阴影区的场强由直射波和绕射波决定，而阴影区的场强主要由绕射波决定。

2. 无限大地面接收场强的计算

首先不考虑地球的曲率影响，将地面看作是无限大半导电的平面地面，如图 7-15 所示。无线电波从 A 点辐射出去，有两条路径到达接收点 B，一条是直射波 AB，另一条是经

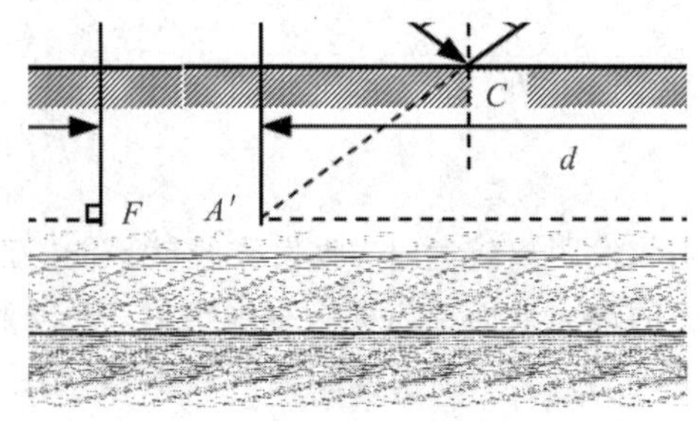

图 7-15　接收场强的计算

地面 C 点反射到达 B 点的路径 ACB，无线电波的入射角为 θ_i，反射角为 θ_r，$\theta_r=\theta_i$。接收点 B 处的场强 E 是直射波场强 E_1 和反射波场强 E_2 的叠加。根据电磁理论，可知

$$E=E_1+E_2=E_1[1+|R|e^{-j(k\Delta r+\varphi)}] \tag{7-32}$$

式中：R 为地面的反射系数，其模值为$|R|$，相角为 φ，Δr 为直射波和反射波的路径差，即

$$\Delta r=r_2-r_1 \tag{7-33}$$

对于水平极化波有

$$R=R_h=\frac{\cos\theta_i-\sqrt{\varepsilon_{cr}-\sin^2\theta_i}}{\cos\theta_i+\sqrt{\varepsilon_{cr}-\sin^2\theta_i}} \tag{7-34}$$

对于垂直极化波有

$$R=R_v=\frac{\varepsilon_{cr}\cos\theta_i-\sqrt{\varepsilon_{cr}-\sin^2\theta_i}}{\varepsilon_{cr}\cos\theta_i+\sqrt{\varepsilon_{cr}-\sin^2\theta_i}} \tag{7-35}$$

式中：ε_{cr}为大地的等效相对介电常数，满足

$$\varepsilon_{cr}=\frac{\varepsilon_c}{\varepsilon_0}=\varepsilon_r-j\frac{\sigma}{\omega\varepsilon_0}=\varepsilon_r-j60\lambda_0\sigma \tag{7-36}$$

对于视距通信来说，通常无线电波接近水平传播，对地面而言入射角接近 $\pi/2$，这时，不管是水平极化波还是垂直极化波，地面的反射系数 $R\approx-1$，其模值接近 1，相角为 π。这时直射波和反射波合成的场强取决于二者的路径差 Δr。这时接收点场强为

$$\begin{aligned}E&=E_1+E_2=E_1[1+|R|e^{-j(k\Delta r+\varphi)}]\\&=2E_1\left|\sin\left(\frac{\pi}{\lambda}\Delta r\right)\right|\end{aligned} \tag{7-37}$$

从图 7-15 中可以看出，当 $d\gg h_t$，$d\gg h_r$时，有

$$r_1=\sqrt{d^2+(h_r-h_t)^2}\approx d\left[1+\frac{(h_r-h_t)^2}{2d^2}\right] \tag{7-38}$$

$$r_2=\sqrt{d^2+(h_t+h_r)^2}\approx d\left[1+\frac{(h_t+h_r)^2}{2d^2}\right] \tag{7-39}$$

$$\Delta r=r_2-r_1=\frac{2h_th_r}{d} \tag{7-40}$$

将式(7-40)代入式(7-37)可得接收点的场强为

$$E=2E_1\left|\sin\left(\frac{2\pi h_th_r}{\lambda d}\right)\right| \tag{7-41}$$

可见当反射波和直射波相位相同时相加增强，此时接收点场强值为最强值，为直射波场强的 2 倍；当反射波和直射波相位相反时相消减弱，此时接收点场强值为最弱值(理论上可以降到 0，但实际上直射波和反射波的幅度有微小的差别，加上其他绕射波的存在等，不可能降为 0)。从式(7-41)还可以看出，适当调整接收天线或发射天线的高度也可以使接收场强的幅度增强。

3. 地球曲率的影响

实际上地球是一个球体，地面不可能是一个无限大的半导电平面，那么我们还怎样利用式(7-41)计算接收场强呢？我们可以将球形曲面用某一平面来等效，这样就可以运用已有的场强计算公式(7-41)来进行计算。

球形曲面的等效平面如图 7-16 所示。在图中，通过反射点 C 作一切平面 MN，h'_t和h'_r分别是发射天线和接收天线至切平面 MN 的距离。以参量 h'_t和 h'_r代替 h_t和 h_r，接收点的接收场强取决于 r_1和 r_2的路径差。对于球面来说，场强也是由这个路径差决定的。由此可见，在计算接收场强时，此平面与球面等效。用平面代替球面后，就可利用式(7-41)来计算接收场强。分析这两种情形时，由于 d 很大，故二者的距离 d 可以认为是相等的，而高度相差较大，即 $h'_t<h_t$，$h'_r<h_r$。h'_t、h'_r是用式(7-41)计算时所应用的天线的有效高度。天线的有效高度要小于它的实际高度。当 d 很大时，因为 E 正比于 h_t和 h_r的乘积，所以当考虑地球曲率后，天线的有效高度比实际高度减小，电场强度 E 是减小的。

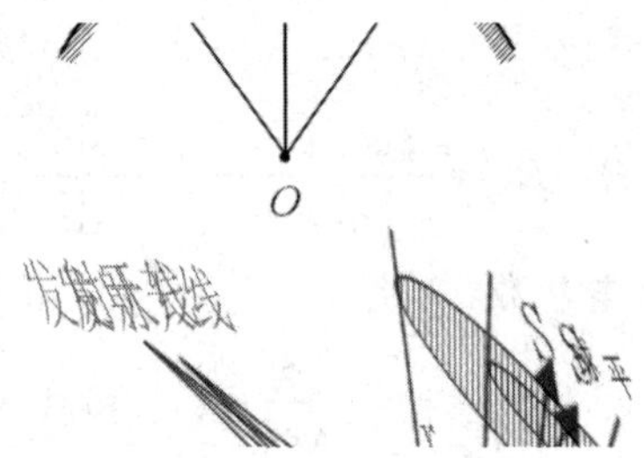

图 7-16　球形曲面的等效平面

由于地球曲率的影响，无线电波在球面上的反射比在平面上的反射扩散作用要大，如图 7-17 所示。

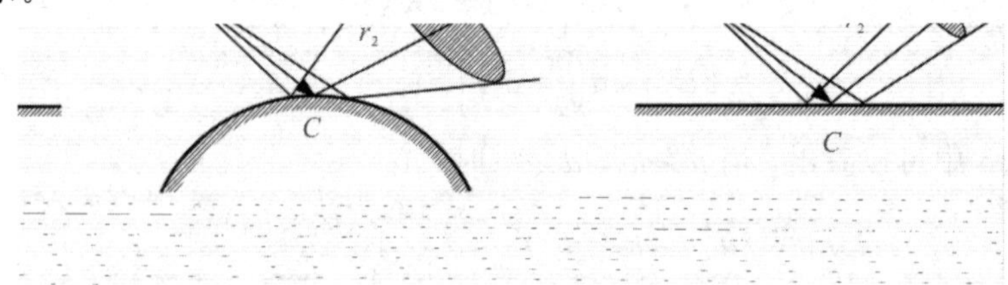

图 7-17　球面反射的扩散作用

一般通信距离 d 很大，要远大于天线的高度，而这时直射波和反射波的相位差为 π，直射波和反射波反相，地球曲率的影响使反射波的扩散作用增大，相对就减小了反射波的强度，而直射波基本不变，这样就使得接收总场强略有增强。

4. 地面起伏的影响

当地面不能看作光滑平面而有起伏时，对视距传播是有影响的，特别是对反射波的影响要比直射波大。地面起伏对无线电波的视距传播的影响又和无线电波的波长和地面的起伏幅度有密切关系。

(1) 当地面略有起伏，波长又较长时，地面起伏的影响较低。一般米波段受地面起伏的影响可以忽略，而分米波和厘米波所受的影响就很大。因为这时地面的起伏幅度和周期可以和波长相比拟，能够形成某种电磁谐振效应，使地面起伏的电磁效应增加。

如果某区域地面的反射波的相位差超过 $\pi/4$，那么这种反射就具有漫反射的性质，地面本身就被认为是粗糙的；反之，就可以认为地面仍是光滑的。所以地面的粗糙程度和无线电波的波长密切相关。在厘米波段，大多数地面都会引起漫反射。当地面粗糙时，漫反射的产生相当于降低了反射系数的模值。

对于粗糙地面而言，不仅要考虑反射点处的入射场引起的反射场，而且应考虑包括反射点在内的某个区域的场的影响，而这一区域以外的场不对反射场构成显著影响。这一区域称为第一菲涅尔区。简单地讲，第一菲涅尔区就是以从波源(发射天线处)到反射点的路程为基准，路径差在 $\lambda/2$ 以内的区域，可以证明，这一区域是一个椭圆形区域。

(2) 当地面起伏较大，波长较短时，地面起伏的影响就很大。当超短波在丘陵地带传播，或翻越山脉时，传播的物理状态就变得复杂。如图 7-18 所示，设发射天线架设于山梁 A 点处，接收天线架设于山梁 B 点处，中间是起伏丘陵地带或山脉，根据电磁理论，只有第一菲涅尔区内部的地貌或障碍物才会对通信造成影响。而此时最大可能的会对接收场构成影响的区域是与直射波路径相比所有路径差在 $\lambda/2$ 以内的点所构成的区域，这是一个以 A 点、B 点为焦点的扁长椭球区域。若障碍物不在此区域内，则不构成影响；若障碍物在此区域内，则有影响。实际工作中，为了简化运算，常常只考虑传播距离内障碍物最高点的情况，即只需计算障碍物最高点处作为反射点时，路径差是否大于 $\lambda/2$，若大于则没有落入第一菲涅尔区，反之则落入了第一菲涅尔区。其中直射波射线 AB 高于地形最高点 C 的距离称为传播余隙 H_c，传播余隙一般取为

$$H_c=\sqrt{\frac{\lambda d_1 d_2}{3(d_1+d_2)}}\sim\sqrt{\frac{\lambda d_1 d_2}{d_1+d_2}} \tag{7-42}$$

式中：d_1、d_2为最高点 C 分别到发射点 A 和接收点 B 的地面距离。传播余隙不宜过大，否则发射天线和接收天线会架设得过高。有时传播余隙为 0 或小于 0，接收点也能收到信号，这是由无线电波的绕射作用和多径效应引起的。

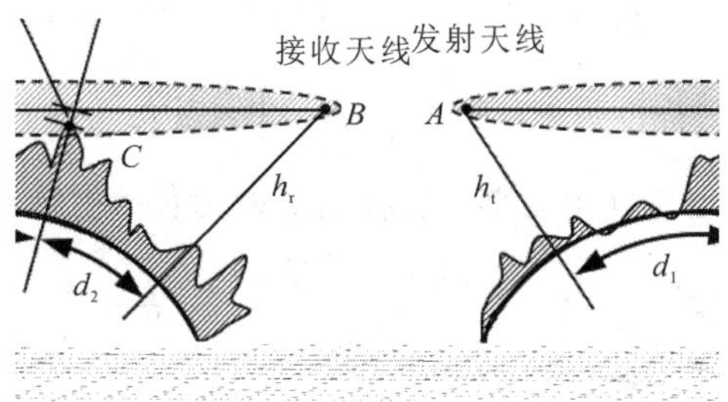

图 7-18　视距传播越过丘陵山脉

5. 低层大气的影响

低层大气对无线电波的影响主要体现在两个方面，一是大气折射的影响使无线电波不再沿直线传播，二是大气吸收的影响，引起无线电波的附加衰减。

大气低层主要是对流层，位于地面至上空约 10～18 km，对流层的空气成分大致与地面相同，主要由氧气、氮气组成，还包括水汽和二氧化碳等。对流层一般随高度增加而温度下降，每升高 1000 m，温度下降 6℃，这样就使得大气密度随高度增加而逐渐减小，随之，对流层的折射率也会随高度增加而逐渐减小。但由于气象的变化，也会出现温度逆升的情况，而使折射率随高度增加而增加。

对流层的折射率大致按下列经验公式计算：

$$(n-1)\times 10^6=\frac{77.6}{T}\left(p+\frac{4810}{T}e\right) \tag{7-43}$$

式中：n 是大气折射率，p 是大气压强(单位是 mbar)，e 是水汽压强(单位也是 mbar)，T

是绝对温度(单位是 K，$T=t+273$，t 是摄氏温度)。由于 n 与 1 相差极小，一般差值为 $10^{-4}\sim10^{-6}$。为了方便，定义折射指数 N 为

$$N=(n-1)\times10^{6} \tag{7-44}$$

于是有

$$N=\frac{77.6}{T}\left(p+\frac{4810}{T}e\right) \tag{7-45}$$

N 的单位记为 N。

国际航空委员会规定：当海面上的气压为 1013 mbar，气温为 288 K，温度梯度为 −6.5℃/km，相对湿度为 60%，水汽压强为 10 mbar，水汽压强梯度为 −3.5 mbar/km 时的大气称为“标准大气”。紧贴海面的标准大气的折射指数为 318 N，温带地区地面处的大气折射指数为 310～320 N。大气折射指数平均为 315 N，梯度为

$$\frac{\mathrm{d}N}{\mathrm{d}h}=-39(\mathrm{N/km}) \tag{7-46}$$

随着气象变化，不同高度的大气气压、温度、水汽压强都是不同的，大气的折射率和折射指数也是不同的。正如前述，一般大气的折射指数梯度小于 0，这使得无线电波的传播路径逐渐向下弯曲，如图 7-19 所示。若 $\frac{\mathrm{d}N}{\mathrm{d}h}=-157$ N/km，此时无线电波水平传播，使得传播路径恰好与地面平行，称为临界折射。若 $\frac{\mathrm{d}N}{\mathrm{d}h}<-157$ N/km，大气折射能力急剧增加，可能使无线电波在一定高度的大气层内连续折射，称为超折射或波导效应。而典型的情况 $\frac{\mathrm{d}N}{\mathrm{d}h}=-39$ N/km 称为标准折射。随着气象变化，当大气折射指数梯度大于 0 时，就会使得无线电波的传播路径逐渐向上弯曲，这种情况称为负折射现象。

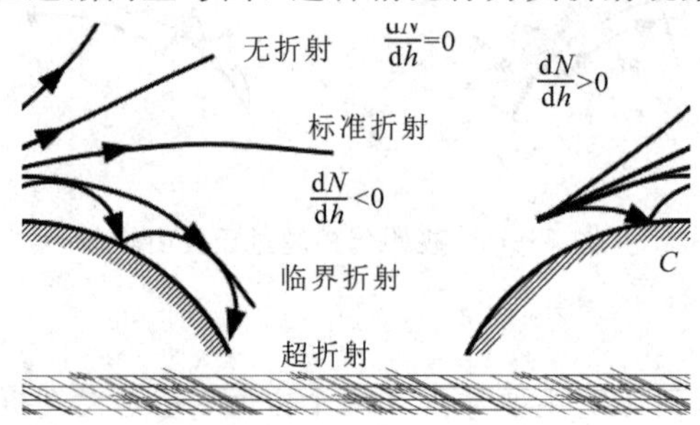

图 7-19　低层大气的折射现象

由于大气的折射作用，无线电波的传播路径弯曲，此时难以直接运用直线传播的公式来计算实际传播问题。我们引入等效地球半径的概念，这时可以把无线电波路径的弯曲“拉直”，仍可将其看成直线传播，这样就可以解决实际无线电波传播的计算问题。

等效的方法是，当无线电波沿实际路径传播时，路径上任意一点到地面的距离和无线电波沿直线路径在等效地球上空传播时同一点到等效地球地面的距离相等；或者设实际传播路径在任意一点的曲率半径为 ρ，该点处的曲率和地球表面的曲率差与等效的直线的曲率(直线的曲率为 0)和等效的地球表面的曲率差保持不变。设地球的半径为 a，等效地球半径为 a_e，则有

$$\frac{1}{a}-\frac{1}{\rho}=\frac{1}{a_e} \tag{7-47}$$

所以，等效地球的半径为

$$a_e=\frac{a}{1-\dfrac{a}{\rho}}=Ka \tag{7-48}$$

式中：K 称为等效地球半径系数，标准折射时，$K=4/3$。不同的 K 值对视线距离也会引起相应的变化。此时视线距离修正为

$$r_0=\sqrt{2Ka}\,(\sqrt{h_t}+\sqrt{h_r}) \tag{7-49}$$

在标准折射条件下，$K=4/3$，这时的视线距离为

$$r_0=4.12(\sqrt{h_t}+\sqrt{h_r}) \tag{7-50}$$

大气低层和直到 90 km 高度范围内的大气成分有氧气、氮气、氩气、二氧化碳、水汽等，其中水汽分子和氧气分子对微波起主要的吸收作用。当无线电波频率与水汽分子、氧气分子形成的电偶极矩和磁偶极矩的谐振频率相同或相近时，会产生强烈的谐振吸收效应。氧分子的吸收峰为 60 GHz 和 118 GHz，水汽分子的吸收峰为 22 GHz 和 183 GHz。图 7-20 给出了大气中水汽和氧气的吸收衰减率与频率的关系。在 100 GHz 以下大气中存在三个吸收较小的频段，称为大气传播的“窗口”，分别是 19 GHz、35 GHz 和 90 GHz。在 20 GHz 以下，氧的吸收作用与频率的关系较小，在 4 GHz 时吸收约为 0.0062 dB/km；而水汽的吸收则与频率的关系较明显，在 2 GHz 时为 0.000 12 dB/km，8 GHz 时为 0.0012 dB/km，20 GHz 时为 0.12 dB/km。在微波频率 $f<10$ GHz 时，可以不考虑大气吸收的影响。

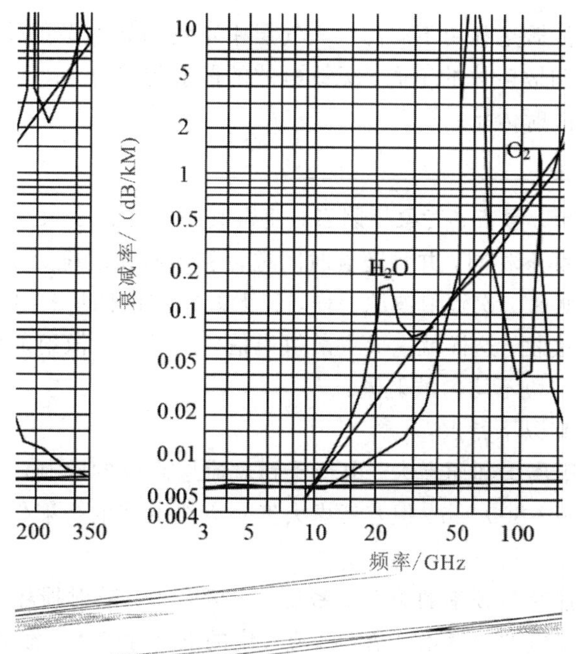

图 7-20　大气中水汽和氧气的吸收衰减率与频率的关系

计算大气吸收衰减时，要根据传播路径，用其长度乘以在该频率下大气每千米的吸收率得到。若传播路径穿过不同的大气区域，则要分段计算其吸收衰减。

7.1.4 散射波传播

对流层在大气的最下层，从地球表面开始向空中伸展，直至对流层顶，它的厚度不一，在 8～19 km 之间，且会随着纬度的变化而变化。由于风、雨、雪、大气湍流、密度变化或存在流星余迹等，都会引起对流层的不均匀，并对无线电波起到散射作用，就会有一部分无线电波到达要传播的地方，利用这种机理传播的方式称为散射波传播，如图 7 - 21 所示。也可以利用大气中电离层不稳定、不均匀的特性进行无线电波的散射传播。散射波传播的特点是信号弱，传播很不稳定，需采用多种技术加以修正和抗衰落，以达到稳定传输的目的。基于散射波传播的特点，散射通信利于保密，现代军用远距离通信常采用这种传播方式。

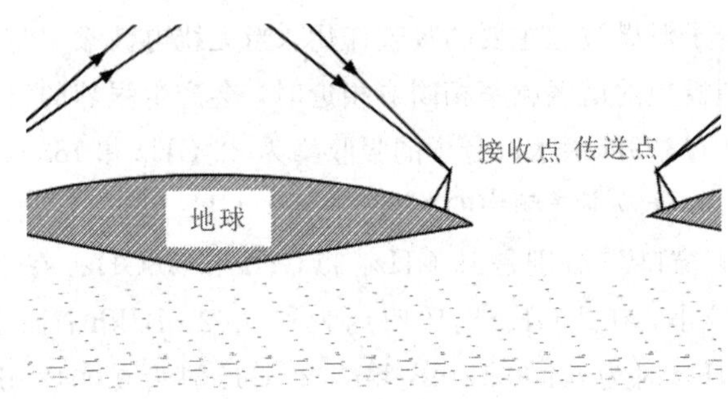

图 7 - 21　散射波传播方式

无线电波的散射传播是利用不同高度大气层中不均匀体的散射作用进行传播通信的。依据大气高度的不同和散射体的不同，无线电波的散射传播分为对流层散射传播、电离层散射传播和流星余迹散射传播。

1. 对流层散射传播

对流层中由于季节、昼夜、气象等因素，使得其中存在很多尺度小的湍流体，每个湍流体等效的介电常数都不相同，并且随着时间进行着快速和慢速变化。无线电波照射到湍流体上，每个湍流体就像二次辐射波源一样，使无线电波向四周扩散。这些扩散到四周的无线电波在接收点被接收，这样就完成了散射通信。为了提高散射通信的质量，发射天线与接收天线要对准同一块不均匀散射体。

对流层散射传播有以下特点：

(1) 散射损耗随距离增加而增大。由于受到对流层高度的限制，一般认为对流层散射通信的最大距离为 600～800 km。但若考虑大气对无线电波的折射作用，则最大通信距离可达 1000 km。

(2) 散射体散射损耗与频率的关系不密切。一般来说，散射损耗随着频率的增加而略有增大。这是由于无线电波频率增加后，湍流尺度的电尺寸变大，散射体的前向散射变强，相对而言其他方向的散射波略有减小，使散射损耗略有增大。

(3) 接收信号电平随时间变化大。散射传播的信号变化分为快变化和慢变化两类。

快变化是指接收信号电平在十几分钟内的变化，它主要是由于接收信号是来自散射湍流体不同部分的叠加，随着湍流体的快速变化，湍流体不同部分散射的波到达接收点的振幅和相位也在发生变化，而这些变化都是随机的，从而使接收信号也快速变化，所以快变化具有随机起伏的衰落现象。

慢变化是指接收信号电平在一小时到几个月的时间内的变化。它主要是由对流层中的气象条件变化引起的。这主要是昼夜交替、季节变换、大的气象变化而引起的大尺度、大范围的对流层中参数的变化所致。慢变化虽然也是随机的，但仍有一定的规律可循。

(4) 散射传播的信号带宽受通信距离和天线的增益(方向性)影响。散射波的散射源分布在空间中一个区域的不同位置，使接收信号出现衰落现象，同时各个散射源散射出的散射波到达接收点时，也具有不同的时间延迟(相位)，这些不同延迟的散射波叠加后就会引起信号波形的畸变，从而使信号带宽变窄。为了获得较宽的信号带宽，可以缩短通信距离和提高天线的增益(方向性)，使参与散射传播的有效区域减小，从而减小各散射波的时间延迟，改善信号波形和信号带宽。

2. 电离层散射传播

电离层散射传播主要是利用电离层中电子密度的不均匀性进行无线电波的散射传播的。电离层散射传播的机理和对流层散射传播的机理类似，电离层中由于太阳光照、大气微小湍流引起的大气密度的变化，也存在电子密度的不均匀区域，且随机变化，从而引起等效的大气介电常数变化，进而形成不均匀的散射区域，对照射过来的无线电波进行散射，传向四周。电离层散射一般发生在 E 层底部，由于电离层较对流层高，利用电离层进行散射通信的距离比对流层要远得多，一次反射距离可达 1000～2200 km，而且在此范围内接收信号变化不大。电离层散射与无线电波的频率关系较密切，能被电离层散射的无线电波的频率范围是 30～100 MHz，常用频率范围是 40～60 MHz，而且频率越高，信号电平的减弱就越显著。电离层散射由于高度高、距离远，不失真的带宽只有 2 Hz～2 kHz，同时由于衰落的原因必须相应地采用抗衰落措施，如分集接收等。由于电离层散射就是依靠电离层中电子密度的不均匀进行的，故电离层的骚扰等不会造成无线电波传播的中断，这是电离层散射的优点。

3. 流星余迹散射传播

在星际空间中，存在着大量的宇宙尘埃微粒和微小的固体物质块，其中有一些是由于彗星经过太阳附近时被太阳强大的辐射和引力所破坏激发出来的，还有一些是其他天体运动产生的。所有这些能够侵入地球大气层的物质块都称为流星体。流星体的质量一般很小，大部分可见的流星体的质量在 1 g 以下，直径在 0.1～1 cm 之间，速度为 11～72 km/s 之间。随着地球的运动，流星体受到地球引力的影响或由于地球运行穿过流星体的轨道，会使流星体进入地球大气层，高速运动的流星体与大气摩擦产生高温，使大气电离，就会在大气中造成大量的流星余迹，在夜晚天空中表现为一条光迹，这种现象叫流星，一般发生在距地面高度为 80～120 km 的高空中。流星包括偶发的单个流星、火流星和流星雨三种。火流星看上去非常明亮，会发着“沙沙”的响声，有时还有爆炸声，流星体质量较大，一般大于几百克，进入地球大气后在高空不能燃烧殆尽，而进一步闯入低层稠密大气后，会以极高的速度和地球大气剧烈摩擦，发出耀眼的光亮。火流星消失后，有时会留下云雾状的长带，可存在几秒到几分钟，甚至几十分钟。流星雨是地球进入了某个彗星轨道，而有大量的流星余迹产生，一般会持续几天或几个月。流星虽然绝大多数都是微小的，但数量极大，每年落入地球大气层的总质量约有 20 万吨之巨。流星余迹中的电子、离子密度大且不均匀，这时，无线电波照射到流星余迹也会产生散射波，形成流星余迹散射。流星余迹的平均高度约为 90 km，平均在空中的暂留时间为几毫秒到几秒。由于流星余迹数量巨大，可以利用它们进行散射通信，也可以利用偶发的大的流星余迹进行保密散射通信。

例 7-1　一条 6 GHz($\lambda=0.05$ m)的传播电路，在距离为 100 km 时，自由空间传播损耗为 149 dB。

当考虑到电波传播的实际路径时，由传播介质和障碍所造成的种种影响可以用一个衰减因子 V 来表示。设接收点的实际场强振幅为 E，通过自由空间传播而到达的场强为 E_0，则衰减因子 V 规定为 $V=E/E_0$，这是一个无量纲的量。由此，接收点的实际场强振幅可写为

$$E=E_0V$$

$$S_r=\frac{1}{2}(E_0^2/Z_0)=\frac{P_tD_t}{4\pi r^2}$$

式中：S_r 为接收点处每单位面积通过的辐射功率。E_0可由上式计算，写成分贝值则为

$$V=20\lg\left(\frac{E}{E_0}\right) \tag{7-51}$$

从通信系统的设计观点来看，电波传播研究工作的重要内容之一就是确定衰减因子的大小和变化规划。

7.2　空间介质对电波传播的影响

无线电波传播的实际介质包括地球环境和宇宙空间。它对电波的影响主要是两方面：一是电波在其中传播时受其电参数的影响，二是电波遇到两种不同介质时交界面(实际上是两种不同的电参数)的影响。

1. 均匀介质的复介电常数

均匀介质是指全部介质所占区域内，介电常数 $\varepsilon=\varepsilon_0\varepsilon_r$，磁导率 $\mu=\mu_0\mu_r$ 和电导率 σ 都不变化的介质。在这种介质中，如果存在着随时间按照正弦变化的稳定电磁场，并不计及磁化，就可以把电导率的作用包括到介电常数中去，即采用复介电常数 ε'来描述：

$$\varepsilon'=\varepsilon-\mathrm{j}\,\frac{\sigma}{\omega} \tag{7-52}$$

若用ε'代替原来绝缘介质中的介电常数ε，就自然地计入了电导率的影响。ε'的相对值 $\varepsilon'=\varepsilon/\varepsilon_0$ 称为相对复介电常数，即

$$\varepsilon_r'=\varepsilon_r-\mathrm{j}\,\frac{\sigma}{\varepsilon_0\omega}=\varepsilon_r-\mathrm{j}60\lambda\sigma \tag{7-53}$$

式中：ε_r 是相对介电常数；λ 是波长，单位为米；σ 是电导率，单位是西门子/米。

在大多数情况下，实际的介质都是非铁磁介质，因而常认为介质的磁导率和真空一样，即 $\mu=\mu_0$，此时相对磁导率 $\mu_r=1$。

2. 半导电介质中的平面电磁波

在均匀绝缘介质中传播的平面电磁波，其相位常数 β 与介质的电参数、频率和波的相速度之间的关系为

$$\beta=\frac{\omega}{v}=\omega\sqrt{\mu\varepsilon},\ v=\frac{1}{\sqrt{\mu\varepsilon}}$$

考虑到 $\mu=\mu_0$，$\varepsilon=\varepsilon_0\varepsilon_r$ 及真空中的光速有 $v=c=1/\sqrt{\mu\varepsilon}$，可知 $v=c/\sqrt{\varepsilon_r}$，由此得

$$\beta=\frac{\omega\sqrt{\varepsilon_r}}{c}=\frac{\omega n}{c} \tag{7-54}$$

式中：$n=\sqrt{\varepsilon_r}$，称为介质的折射率，它是真空中的光速 c 与介质中波的相速度 v 之比。对于半导体电介质，应把 ε_r 换为相对复介电常数 ε'_r。这样一来 $\sqrt{\varepsilon'_r}$ 是一个复数，相应的 n 也应为一个复数。把 n 换为 $n-\mathrm{j}p$，则由式(7-53)可得

$$(n-\mathrm{j}p)^2=\varepsilon'_r=\varepsilon_r-\mathrm{j}60\lambda\sigma \tag{7-55}$$

这样，我们可得到两个方程，即

$$\begin{cases}n^2-p^2=\varepsilon_r\\ np=30\lambda\sigma\end{cases} \tag{7-56}$$

解此方程组，可求出折射率 n 和吸收系数 p，即

$$n=\left[\frac{1}{2}\left(\sqrt{\varepsilon_r+(60\lambda\sigma)^2}+\varepsilon_r\right)\right]^{\frac{1}{2}},\ p=\left[\frac{1}{2}\left(\sqrt{\varepsilon_r+(60\lambda\sigma)^2}-\varepsilon_r\right)\right]^{\frac{1}{2}} \tag{7-57}$$

在这种情况下传播常数 γ 为复数，可写成

$$\gamma=\alpha+\mathrm{j}\beta=\mathrm{j}(\beta-\mathrm{j}\alpha)$$

即有

$$\beta-\mathrm{j}\alpha=\frac{\omega(n-\mathrm{j}p)}{c} \tag{7-58}$$

$$\beta=\frac{\omega n}{c},\ \alpha=\frac{\omega p}{c} \tag{7-59}$$

这里 α 表示振幅在传播过程中的衰减，称为衰减常数。

若平面波的电场矢量为 x 方向分量并沿 x 方向传播，则根据电磁场理论可知，在半导电介质中可表示为

$$E_x=E_0\mathrm{e}^{-\gamma z}=E_0\mathrm{e}^{-\alpha z}\mathrm{e}^{-\mathrm{j}\beta z}=E_0\mathrm{e}^{-\frac{\omega}{c}pz}\mathrm{e}^{-\mathrm{j}\frac{\omega}{c}nz} \tag{7-60}$$

由相速度 $v=c/n$ 及式(7-57)还可以导出相速度为

$$v=c\left[\frac{1}{2}\left(\sqrt{\varepsilon_r^2+(60\lambda\sigma)^2}+\varepsilon_r\right)\right]^{\frac{1}{2}} \tag{7-61}$$

由式(7-57)和式(7-59)可以看出：平面电磁波在半导电介质中传播时，由于介质导电而吸收能量使振幅逐渐衰减，衰减的快慢与 ε_r、σ 及 λ 有关，σ 越大衰减越快(因为 σ 越大，电场在导体中引起的电流越大)，波长越短(频率高)衰减越大。

另外，电波在半导电介质中的传播速度也与 ε_r、σ 及 λ 有关，ε_r、σ 越大，相速度越慢；频率越低相速度也越慢。电波在介质中传播的相速度的大小与频率有关的现象称为色散，与此相应的介质称为色散介质。它表明频率不同的电磁波在同一种半导电介质中传播时的

速度不同。

由式(7－57)可知，如果 $60\lambda\sigma \ll \varepsilon_r$，则介质接近完美绝缘体。这时折射率 n 和吸收系数 p 分别为

$$n \approx \sqrt{\varepsilon_r}, \ p \approx \frac{30\lambda\sigma}{\sqrt{\varepsilon_r}} \tag{7-62}$$

衰减常数为

$$\alpha = \frac{\omega p}{c} = \frac{60\pi\sigma}{\sqrt{\varepsilon_r}} \tag{7-63}$$

由式(7－61)得相速度为

$$v = \frac{c}{\sqrt{\varepsilon_r}} \tag{7-64}$$

如果 $60\lambda\sigma \gg \varepsilon_r$，则介质接近良导体，此时有

$$n = p \approx \sqrt{30\lambda\sigma} \tag{7-65}$$

衰减常数和相速度为

$$\alpha = \frac{\omega p}{c} \approx 2\pi\sqrt{30\sigma/\lambda}, \ v = \frac{c}{\sqrt{30\lambda\sigma}} \tag{7-66}$$

可见，对无线电波传播来说，某种介质是绝缘体还是良导体，不仅取决于介质本身电导率的大小，还取决于电波的频率。

3. 在不同介质交界面上的反射和折射

当电波从一种介质进入另一种介质时，在交界面上电波分为两部分，一部分电波被反射，另一部分电波进入第二介质，发生折射，改变了传播方向，折射波与反射波的传播方向规律如下：

(1) 对反射波，入射角等于反射角(如图 7－22 和图 7－23 中的 φ 角)。

(2) 对折射波，入射角 φ 和折射角 ϕ 与两种介质的折射率有关，它们遵守如下折射率：

$$\frac{\sin\varphi}{\sin\phi} = \frac{n_2}{n_1} \tag{7-67}$$

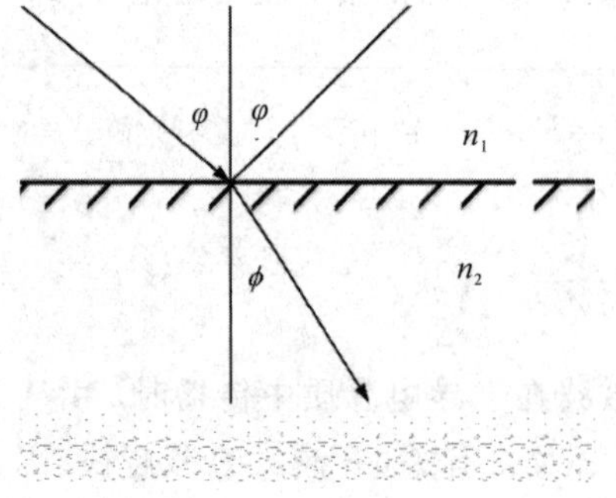

图 7－22　$n_1 < n_2$

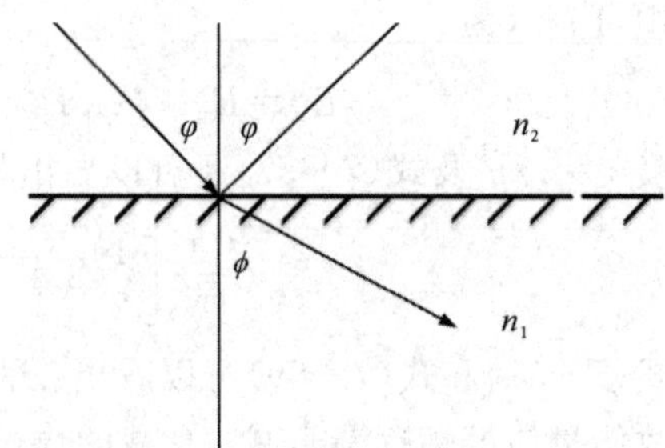

图 7－23　$n_1 > n_2$

由此可见，假定入射角 φ 不变，则若 $n_2 > n_1$，则波折向界面法线方向，即 $\varphi < \phi$(见图7－22)；若 $n_2 < n_1$，则波折向界面，即 $\varphi > \phi$(见图 7－23)。两种介质的折射率 n 相差越

大折射得越厉害。

在 $n_1>n_2$ 的情况下，逐渐增大入射角 φ，折射角也随之增大。当 $\phi=\pi/2$ 即 $\sin\varphi=\sin\pi/2=1$ 时是一种临界状态，这时，没有折射波而只有反射波，与之相应的入射角 φ_0 由下式决定：

$$\sin\varphi_0=\frac{n_2}{n_1}(n_1>n_2) \tag{7-68}$$

它称为全反射的临界角。

习　题

7-1　电离气体内的电子密度为 106 个/cm^3，求频率为 20 MHz 的无线电波在此电离气体内的相速度和群速度(假设不存在外磁场)。

7-2　设 F_2层的临界频率为 $f_c=10$ MHz，若入射角为 70°，求最高可用频率及最佳工作频率。

7-3　设某地冬季 F_2层的电子密度为：白天 $N=2\times10^6$ 个/cm^3，夜间 $N=10^5$ 个/cm^3，试计算临界频率。在实际通信中，其夜间工作波长比白天工作波长长还是短？

7-4　设某地某时电离层的临界频率为 5 MHz，无线电波以仰角 $\Delta=30°$投射其上，求它能返回地面的最短波长。

7-5　试求频率为 5 MHz 的无线电波在电子密度为 1.5×10^5 个/cm^3的电离层反射时的最小入射角。

7-6　无线电波的波长为 50 m，进入电离层的入射角为 45°，试求能使无线电波返回的电离层的电子密度。

7-7　收、发天线的高度分别为 36 m 和 400 m，求几何视线距离和无线电波视线距离，假设大气为标准大气。

参 考 文 献

[1] 甘本祓，冯亚伯，叶佑铭. 微波网络元件和天线[D]. 西安：西安电子科技大学，1979.

[2] 沈致远. 微波技术[M]. 北京：国防工业出版社，1980.

[3] 洪仲如. 微波技术与天线[D]. 桂林：空军第二高射炮兵学院，1981.

[4] 吴明英. 微波技术[D]. 西安：西安电子科技大学，1985.

[5] 毕德显. 电磁场理论[M]. 北京：电子工业出版社，1985.

[6] 万伟. 微波技术与天线[M]. 西安：西北工业大学出版社，1986.

[7] 杨恩耀. 天线[M]. 北京：电子工业出版社，1987.

[8] 盛振华. 电磁场微波技术与天线[M]. 西安：西安电子科技大学出版社，1995.

[9] 甄蜀春. 电磁场与微波技术[D]. 西安：空军工程大学，2003.

[10] 杨儒贵. 电磁场与电磁波[M]. 北京：高等教育出版社，2003.

[11] 廖承恩. 微波技术基础[M]. 西安：西安电子科技大学出版社，2005.

[12] 谢处方，饶克瑾. 电磁场与电磁波[M]. 北京：高等教育出版社，2006.

[13] 梁昌洪. 简明微波[M]. 北京：高等教育出版社，2006.

[14] 周希朗. 微波技术与天线[M]. 3 版. 南京：东南大学出版社，2015.

[15] 全绍辉. 微波技术基础[M]. 北京：高等教育出版社，2015.

[16] 王新稳，李萍，李延平. 微波技术与天线[M]. 4 版. 北京：电子工业出版社，2016.

[17] 龙光利. 微波技术与天线[M]. 北京：清华大学出版社，2017.

[18] 栾秀珍. 微波技术与微波器件[M]. 北京：清华大学出版社，2020.

[19] 张晨新. 天线与电波传播[M]. 西安：西安电子科技大学出版社，2020.

[20] 刘学观. 微波技术与天线[M]. 5 版. 西安：西安电子科学出版社，2021.

[21] KRAUS J D，MARHEFKA R.天线[M]. 3 版. 北京：电子工业出版社，2012.

[22] 李明阳. HFSS 应用详解[M]. 北京：人民邮电出版社，2010.

[23] 刘源. FEKO 仿真原理与工程应用[M]. 北京：机械工业出版社，2017.

[24] 金明涛. CST 仿真月工程设计[M]. 北京：电子工业出版社，2014.